工业和信息化部“十二五”规划专著

制导兵器气动特性工程计算方法

ENGINEERING PREDICTION METHODS OF AERODYNAMIC CHARACTERISTICS FOR GUIDED WEAPON

雷娟棉　吴甲生　编著

北京理工大学出版社
BEIJING INSTITUTE OF TECHNOLOGY PRESS

内 容 简 介

本书介绍了适用于制导兵器初步设计阶段空气动力特性计算的工程计算方法，较详细地说明了气动部件的绕流图画、表面压力分布，以加深对空气动力特性变化规律物理机理的理解。全书共分13章：第1章绪论；第2章制导兵器气动布局；第3章制导兵器气动特性工程计算的部件组合法；第4章旋成体弹身轴向力和法向力工程计算方法；第5章弹翼轴向力和法向力工程计算方法；第6章弹翼—弹身—尾翼组合体法向力和轴向力工程计算方法；第7章压心系数及力矩系数工程计算方法；第8章动导数工程计算方法；第9章舵面效率和铰链力矩工程计算方法；第10章特殊部件气动特性工程计算方法；第11章弹箭旋转空气动力效应；第12章高超声速飞行器气动特性工程计算方法；第13章制导兵器气动外形布局设计。

本书适用于航天、武器领域从事制导兵器气动外形设计计算的工程技术人员，对制导兵器总体设计、弹道和飞行方案设计、控制系统设计的工程技术人员以及高等院校与制导武器设计相关的飞行器总体、空气动力学、飞行力学、制导与控制等专业的教师、本科生和研究生也有参考价值。

图书在版编目（CIP）数据

制导兵器气动特性工程计算方法／雷娟棉，吴甲生编著. —北京：北京理工大学出版社，2015.2

ISBN 978-7-5640-9056-2

Ⅰ.①制… Ⅱ.①雷… ②吴… Ⅲ.①制导武器-气动力计算-计算方法 Ⅳ.①TJ011

中国版本图书馆CIP数据核字（2014）第065625号

出版发行／北京理工大学出版社有限责任公司
社　　址／北京市海淀区中关村南大街5号
邮　　编／100081
电　　话／（010）68914775（总编室）
　　　　　82562903（教材售后服务热线）
　　　　　68948351（其他图书服务热线）
网　　址／http：//www.bitpress.com.cn
经　　销／全国各地新华书店
印　　刷／北京地大天成印务有限公司
开　　本／787毫米×1092毫米　1/16
印　　张／19.75
字　　数／368千字
版　　次／2015年2月第1版　2015年2月第1次印刷
定　　价／68.00元

责任编辑／张慧峰
文案编辑／张慧峰
责任校对／周瑞红
责任印制／王美丽

序

FOREWORD

制导兵器空气动力特性计算包括工程计算方法和数值计算（CFD）方法，它们各有各的特点和应用领域。在制导兵器方案设计阶段，需要在广阔的飞行参数范围内进行多个外形布局方案的筛选及多个外形参数的调整，此情况下，采用简单、快速、物理概念清晰的工程计算方法是最合宜的。工程计算方法能很快地给出空气动力特性的大小、外形参数对空气动力特性的影响规律，能较容易地确定提高气动性能的主要参数，提出改进气动性能的措施，因此，现在仍然是制导兵器初步设计阶段的主要工具。

制导兵器与战术导弹、飞机的差别很大。制导兵器种类繁多，外形各异，飞行弹道多种多样，速域、空域、攻角变化范围很大。这些差别不仅使制导兵器与战术导弹、飞机的气动布局型式有很大不同，而且会出现一些特殊的空气动力学问题。

作为在空气动力学领域的工作者，我很期望能有一部专著，系统完整地论述制导兵器上述的气动特性，并给出相应的工程计算方法。因此，本书的出版必将受到相关工程技术设计和研究人员的欢迎。工业和信息化部将本书列入“十二五”规划专著出版，对空气动力学知识的普及和该学科的发展具有非常重要的意义。

本书作者长期从事弹箭/制导兵器气动布局与气动特性的教学和科研工作，参加过大量弹箭/制导兵器型号的预研和研制，完成了多种型号的气动设计、反设计及有关气动特性计算和风洞实验，具有深厚的理论基础和丰富的工程实践经验。该专著正是作者数十年来从事兵器空气动力学教学、研究和进行工程型号设计工作经验的总结，内容丰富，是一本实用性强，理论联系实际，很有创新价值和特色的专著。

张涵信

2015. 1. 15.

PREFACE

前言

《制导兵器气动特性工程计算方法》以空气动力学基本理论（主要是细长体理论和线性理论）为基础，通过实验数据（主要是风洞实验数据）和经验对理论计算公式加以修正，提高计算结果精度，扩展使用范围。在制导兵器的初步设计阶段，该方法能快速、经济地给出不同飞行条件及外形参数条件下的气动特性数据，且精度能满足总体性能分析、飞行特性和控制特性仿真计算对气动数据的要求。

一直以来，制导兵器气动外形设计工作者都是参照常规外形战术导弹或飞机的空气动力特性预测方法，进行制导兵器空气动力特性计算和气动外形设计的。实际上，制导兵器与常规外形战术导弹、飞机差别很大，它种类繁多，外形五花八门；飞行弹道多种多样；在一次飞行中，其速域、空域、攻角变化范围很大。这些不仅使制导兵器与战术导弹和飞机的气动布局形式有很大不同，而且使其具有很多特殊的空气动力学问题。在制导兵器气动外形设计过程中，能否预测这些空气动力特性，给出比较可靠的气动特性数据，关系到制导兵器总体方案的选择及性能指标的实现，而到目前为止还没有一部完全适用于制导兵器空气动力预测和气动外形设计的书籍。

本书旨在将作者多年来在制导兵器空气动力特性预测方面的研究成果和实践经验进行总结、整理，并选用国内外公开发表的有关文献中适用于制导兵器气动特性预测的公式、曲线和数据表，给出一套既有理论根据又有实用价值的制导兵器空气动力特性预测方法，让更多从事制导兵器设计的科技人员和高校师生从中受益，更好地为国防现代化建设服务。

本书共分 13 章。第 1 章绪论；第 2 章介绍制导兵器气动布局；第 3 章介绍制导兵器气动特性工程计算的部件组合法；第 4 章介绍旋成体弹身轴向力和法向力工程计算方法；第 5 章介绍弹翼轴向力和法向力工程计算方法；第 6 章介绍弹翼—弹身—尾翼组合体法向力和轴向力工程计算方法；第 7 章介绍压心系数及力矩系数工程计算方法；第 8 章介绍动导数工程计算方法；第 9 章介绍舵面效率和铰链力矩工程计算方法；第 10 章介绍特殊部件气动特性的工程计算方法；第 11 章介绍弹箭旋转空气动力效应；第 12 章介绍高超声速飞行器气动特性工程计算方法；第 13 章介绍制导兵器气动外形布局设计。

本书的特色体现在以下四个方面:

(1)气动特性预测方法与理论分析相结合。

本书以介绍制导兵器气动特性预测方法为主，同时介绍气动特性预测方法的理论依据，较详细地说明了气动部件的绕流图画、表面压力分布，以加深对流场特性及气动特性变化的物理本质的理解。

(2)扩展了气动特性预测的攻角范围。

不同于传统的飞行器气动特性工程计算是在风轴系中以计算升力系数、阻力系数和压心系数为主，本书中气动部件及组合体常规气动特性计算，是在体轴系中以计算法向力系数、轴向力系数、压心系数为主，升力系数、阻力系数通过坐标转换得到。另外，所给出的气动特性预测方法，突破了常规的工程计算仅可给出气动系数对攻角的导数，或仅可适用于小攻角范围气动系数计算的局限性，可在很大攻角范围内进行气动特性计算，可满足制导兵器大攻角机动飞行时的气动设计计算需求。

在轴向力系数计算时考虑攻角变化的影响，将其表示为零攻角轴向力系数 C_{A0} 和与攻角有关的轴向力系数 $C_A(\alpha)$ 两部分，即 $C_A = C_{A0} + C_A(\alpha)$ 。将 $C_A(\alpha)$ 表示为 $C_A(\alpha) = A\alpha + B\alpha^2 + C\alpha^3 + D\alpha^4$，其中系数 A、B、C、D 由风洞实验数据库得到，轴向力系数的计算攻角范围为 α=0° ~±90° 。

将部件的法向力系数表达为线性和非线性两部分，即 $C_N = (C_N)_L + (C_N)_{NL}$ 。线性部分采用基于线化理论并以风洞实验数据修正的公式和曲线进行计算。非线性部分采用基于风洞实验数据库和随攻角呈四次方变化的公式进行计算，法向力系数计算攻角范围为 α=0° ~180° 。

弹翼—弹体、弹翼—尾翼干扰因子用基于气动部件拆分—组合的风洞实验数据库整理的经验公式计算，从而扩大了攻角的计算范围。

(3)给出了制导兵器特殊部件及特殊空气动力问题的计算方法。

为了满足特殊需要，制导兵器常采用一些特殊的气动部件，如为了提高升力或弹药装填密度而采用非圆截面弹身；为便于在发射管中折叠而采用卷弧翼；为便于折叠，提高稳定性、操纵效率，减小铰链力矩而采用格栅翼；为提高法向过载或纵、横向稳定裕度而采用多片弹翼或多片尾翼。本书单独用一章简述这些特殊气动部件气动特性的近似计算方法。

“旋转”是制导兵器经常采用的飞行方式，旋转空气动力效应是旋转制导兵器的特殊气动问题。本书单独用一章阐述旋转空气动力效应机理、计算方法。由于可用的风洞实验数据有限，特别是几乎找不到旋转弹大攻角的风洞实验数据，所以该部分计算方法仅适用于小攻角。

(4)所介绍的气动特性预测方法经过了实践检验。

本书中所介绍的预测方法，大部分都经过作者的计算实践，证明其在制导兵器气动特性预测中的适用性；同时通过将预测结果与有关风洞实验结果的比较，表明预测结果的精度能满足制导兵器初步设计阶段飞行特性、控制特性分析计算对气动特性的要求。

本书作者长期从事常规兵器和制导兵器气动外形设计和气动特性研究，完成了包括系列反坦克导弹、系列制导航弹、系列制导火箭、系列炮射导弹、制导迫弹、多用途导弹、巡飞弹等多种型号的制导兵器气动特性计算和气动外形设计工作；开展了旋转弹气动理论与实验、卷弧翼气动特性、自旋尾翼气动特性及其在鸭式布局制导兵器上的应用、旋转弹的锥形运动与抑制、高升阻比制导兵器气动外形设计与滑翔增程技术等多项制导兵器气动问题的专题研究；为本科生、研究生讲授过“制导兵器气动特性工程计算”“制导兵器气动外形设计”“飞行器气动设计”“空气动力学”“飞行器空气动力学”等课程。在教学和制导兵器型号研制过程中，收集了国内外大量相关文献资料，通过分析、计算实践，积累了大量的制导兵器气动特性工程计算经验。

本书获工业和信息化部“十二五”规划专著立项后，作者邀请中国空气动力研究与发展中心杨其德研究员和中国航天空气动力技术研究院纪楚群研究员对书稿进行了审阅。他们不仅空气动力学基础理论深厚，而且有丰富的战术导弹型号气动外形设计和气动特性研究实践经验，编著过空气动力特性计算的有关书籍。杨其德研究员作为编写组的负责人，组织并参与了大型工具书《航空气动力手册》（国防工业出版社，1983 年）的编写工作。纪楚群研究员主编了《有翼飞行器气动力计算手册》（国防工业出版社，1979 年）和《导弹空气动力学》（中国宇航出版社，1996 年）。两位专家在繁忙的工作中抽出宝贵时间对全书进行了仔细审读，提出了大量具体而中肯的修改意见和建议。两位专家的审阅对减少书稿错漏，提高书稿质量起到了重要作用，对他们的辛勤劳动和热心帮助在此给予诚挚的感谢。

由于作者的水平有限，本书中的疏漏和错误在所难免，恳请读者批评指正。

作　者

CONTENT SUMMARY

This book introduced engineering prediction methods for aerodynamic characteristics used in preliminary design stage of guided weapons, and presented the flow pattern and surface pressure distribution of aerodynamic components to make it easier for readers to understand the flow mechanism of aerodynamic Characteristics variation.

There are 13 chapters in this book. Chapter 1: Introduction. Chapter 2: Aerodynamic Configuration of Guided Weapons. Chapter 3: Component Buildup of Aerodynamics for Guided Weapons. Chapter 4: Engineering Calculation Methods of Normal Force and Axial Force for Body of Revolution. Chapter 5: Engineering Calculation Methods of Axial Force and Normal Force of Wing. Chapter 6: Engineering Calculation Method of Normal/Axial Force of Wing-Body-Tail Configurations. Chapter 7: Engineering Calculation Method of Pressure Center Coefficient and Moment Coefficients . Chapter 8: Engineering Calculation Method of Dynamic Derivatives. Chapter 9: Engineering Calculation Method of Control Efficiency and Hinge Moment of Aerodynamic Rudder. Chapter 10: Engineering Calculation Method of Aerodynamic Characteristics of Special Aerodynamic Components. Chapter 11: Spinning Aerodynamic Effect of Rockets and Missiles. Chapter 12: Engineering Calculation Method of Aerody- namic Characteristics for Hypersonic Flight vehicles. Chapter 13: Aerodynamic Configuration Design of Guided Weapons.

This book applies to technicians and engineers working in the field of guided weapons aerodynamic configuration design and aerodynamic characteristics calculation. It may be used as a reference book to engineers of general design, ballistic design and control system design of guided weapons. It also may be served as textbook or reference book of university teachers and students majoring in flight vehicle design, aerodynamics, flight mechanics, guidance and control.

目 录

CONTENTS

CONTENTS

第1章　绪　　论

制导兵器主要包括反坦克导弹、末制导/末敏弹、制导航空炸弹、炮射导弹、便携式防空导弹、直升机载空地导弹、制导火箭，它们是大气中飞行的有翼飞行器。制导兵器种类繁多，外形布局变化多样，飞行弹道各不相同，速度范围宽，攻角范围大，气动特性计算方法与其他有翼战术导弹既有相同之处，又有自身特点。

1.1　制导兵器气动外形设计与气动特性预测的关系

制导兵器外形设计中的气动工作包括气动布局选择、外形几何参数的确定和气动特性预测三个方面。这里强调的是气动布局选择而不是气动布局研究，即已有了气动布局研究的结果，气动外形设计者根据型号要求和使用特点，选择正常式布局，还是鸭式布局、旋转弹翼式布局、无尾式布局或无翼式布局。外形几何参数的确定和气动特性预测是紧密相连和交替进行的。当气动外形布局确定后，其气动特性取决于外形几何参数和飞行条件，而飞行条件往往是总体或战技指标要求给定的，要通过外形几何参数选择和气动特性的反复计算最终确定满足飞行特性、控制特性对气动特性要求的外形几何参数。对制导兵器，外形几何参数很多，有些外形参数受限制，不能随便选择。如为155自行火炮研制的制导炮弹，其弹径为155 mm；为已有的轰炸机研制的外挂式制导炸弹，其挂点位置已限定，翼展也都受到限制。在制导兵器气动外形设计时，导引头往往是选定的，因此其头部外形和长度往往也已限定。即使这样，在外形几何参数确定和气动特性预测之间也需要多次反复，目的是在某些限定条件下使所设计的气动外形具有最好的气动特性。气动特性数据是飞行轨迹、飞行速度、飞行高度、射程、稳定性、操纵性、控制系统设计、强度设计、材料选择的原始数据，气动外形设计往往是气动特性预测——飞行特性计算——控制特性计算多次反复循环的过程，所以最终所确定的外形参数所具有的气动特性往往并不是空气动力特性最优，而是各分系统协调综合平衡的结果。为了保证飞行特性、控制特性或毁伤效果，在气动特性上做出一些牺牲的情况是常有的。

预测制导兵器气动特性通常采用两种手段，即计算（包括工程计算和数值计算）和地面实验（主要是风洞实验，还有其他一些模拟实验）。飞行试验成本高、周期长，在制导兵器气动外形设计中不作为气动特性预测的手段，而往往是作为气动特性评估和考核的手段。虽然工程计算只能给出气动特性数据，不能给出流场结构，但由于该方法快速、经济、方便，而且工程计算方法是以大量的试验、经验数据整理出来的公式和图线为基础，对于制导兵器气动特性的预测有相当好的准确性，能满足初步设计要求，所以在早期制导兵器气动设计中的气动特性预测主要依靠工程计算方法完成，目前仍是设计部门用来预测制导兵器气动特性的重要手段。在气动外形设计中，一般是以工程计算结果为基础，运用风洞实验对外形参数和气动特性进行检验和修正，再通过飞行试验重点校核某些主要气动特性参数，最后确定制导兵器的气动外形，给出气动特性。

一个优秀的制导兵器气动外形设计者，肯定十分熟悉气动特性工程预测方法，并根据气动外形就能迅速地估计出它的阻力系数、升阻比、控制效率、铰链力矩、过载、使用条件、所适宜的飞行方案，指出其外形特点，评价其先进性。这除了得益于他们所具有的深厚的空气动力学基础，对气动特性工程预测方法的熟悉，还与他们对相关学科——飞行力学、发动机、结构、控制、电磁场理论等的了解以及长期、大量实践经验的积累有关。

1.2　制导兵器气动特性预测精度对飞行特性的影响

在制导兵器设计中，气动特性预测的精确度越高越好，即要求预测的误差尽可能的小。据统计，目前制导兵器气动特性预测结果的相对误差为：纵向气动特性，包括阻力、升力、俯仰力矩和压心等为±10%；滚动力矩、铰链力矩和动导数为±20%。

制导兵器的飞行特性与其气动特性的预测精度有密切的关系，气动特性预测的误差必将给飞行性能指标的确定带来相应的误差。因此，在确定制导兵器战术技术指标的容许误差范围时，必须考虑到气动特性误差的影响，并找出两者之间的关系。例如，对于无控弹箭，升力系数±10%的误差将给射程带来±5%的误差；阻力系数±10%的误差将给射程带来±10%的误差。

1.3　制导兵器气动外形设计步骤

制导兵器气动设计一般按下列步骤进行。

1）选择初步外形方案

根据战术技术指标要求，在经验或参考有关样弹的基础上，设想几个初步外形方案，这些初步外形方案可以是不同的气动布局形式。然后，采用工程或数值方法计算气动特性，确定外形参数，给出供六自由度刚体弹道计算和控制系统计算用的全部气动特性数据。根据飞行特性、控制特性计算结果修改外形方案，重新进行气动特性——飞行特性——控制特性计算，直到所给出的气动特性满足飞行特性、控制特性要求为止。在此过程中，也要与结构、发动机、战斗部等进行反复协调，气动布局一经选定，外形几何参数也基本确定。

2）进行风洞实验，确定试制方案的气动外形

采用部件组合法设计初步外形方案的风洞实验模型，除了不可改变的外形参数外，对于可改变外形几何参数的气动部件——弹翼、尾翼、舵面等，以计算确定的外形参数为基准在允许范围内进行变化。在典型马赫数下进行组合模型的实验，检查主要气动特性是否满足要求。为此在风洞实验时需提出试制方案外形的气动特性标准。对于尾翼稳定的无控火箭弹，标准一般有两个：一个是发动机工作结束最大飞行速度时保证稳定飞行必须达到的最低静稳定度；另一个是为了达到要求射程所允许的最大阻力系数。对于亚、跨声速飞行的无动力制导炸弹，气动特性标准一般也有两个：一个是静稳定度范围；一个是平衡比 $(\alpha/\delta)_{\mathrm{bal}}$ 范围。确定气动外形的风洞实验一般在测力实验中进行。对于某些特殊外形，有时还要规定动态气动特性，如俯仰动导数、滚转动导数等要达到的指标，因此还要进行测量动导数的风洞实验。对于达到气动特性标准的外形要按照实验大纲的实验条件（马赫数、攻角、侧滑角、滚转角、舵偏角等）进行系统的实验，取得完整的实验数据。

在风洞实验中，选择典型实验条件也是十分重要的，这些内容在一般教材及专业书中很难找到。对于不同的制导兵器有不同的气动特性标准；对于同一种制导兵器，如制导火箭弹，其最大速度不同，所要求的最小静稳定度标准也不同；即使最大飞行速度相同，卷弧形尾翼稳定的火箭弹与平直尾翼稳定的火箭弹的最小静稳定度标准也不同。有些标准需要在最大超声速马赫数下满足，有些标准需在亚、跨声速下满足。从气动特性标准和典型实验条件确定中往往可以看出一个气动外形设计者的空气动力学理论造诣和实践经验。经常看到一些型号设计部门，对外形基本一致，只是局部尺寸有些差别（头部长度不同、尾翼位置不同、尾翼翼展不同、尾翼弦长不同、尾翼后掠角不同等）的大量模型，在相同的马赫数、攻角范围内进行实验。实验量很大，但往往达不到确定外形参数的目的。

3）提供全套气动特性数据

通过一系列理论计算和其他地面模拟实验及飞行试验来修正各种气动特性数据，并及时分析处理试制过程和飞行试验中出现的有关气动力问题，在制导兵器外形确定后，要提供飞行性能计算和总体及分系统设计所需要的全套气动特性数据。

应该特别指出的是，气动设计必须和总体、弹道、控制、结构等设计反复进行协调，才可能设计出合适的气动外形。

随着计算流体力学和计算机的飞速发展，流场的数值模拟和气动特性的数值计算已成为制导兵器气动外形设计的一种重要手段，将来会成为主要手段，但目前其作用还仅限于不能通过风洞实验获得数据或风洞实验的费用太高的情况，如横向喷流/外流

的气动干扰，抛撒分离多体干扰等。流场计算结果在分析流动机理、气动特性变化趋势，提出外形修改意见方面是很重要的。

1.4 制导兵器对气动特性的一些要求

不同类型的制导兵器对气动特性有不同的要求。无控或简易控制的火箭弹，在主动段终点要具有较高的静稳定度以保证飞行稳定，一般要求$\left|m_{zg}^{C_L}\right|$=10%～20%，对于高速卷弧形尾翼稳定的远程火箭弹，最好是$\left|m_{zg}^{C_L}\right|\geqslant$18%。对于机动性要求较高的制导兵器，静稳定度不宜大，比如反坦克导弹、反坦克/反直升机两用导弹，一般要求$\left|m_{zg}^{C_L}\right|$=2%～5%。对付静止地面目标的滑翔增程型制导兵器，静稳定度不能太低，而且δ_z、α_{bal}要合理匹配。比如机载布撒器，一般要求$\left|m_{zg}^{C_L}\right|$=3%～8%，$\delta_z$=5°时，$\alpha_{bal}$=3°～5°。远程制导炮弹，在鸭舵张开之前，$\left|m_{zg}^{C_L}\right|$应大些，一般要求$\left|m_{zg}^{C_L}\right|\geqslant$10%；鸭舵张开之后，$\left|m_{zg}^{C_L}\right|$应小些，一般要求$\left|m_{zg}^{C_L}\right|$=2%～6%。对于无动力滑翔型机载布撒器，升阻比是最重要的气动性能指标，通常要求升阻比$L/D>6$，在布撒器气动设计时，既要考虑如何增升，又要考虑如何减阻。对于制导火箭弹、远程制导炮弹，由于 90%以上时间为无动力飞行，减阻是实现增程的重要措施，在气动设计中要想方设法降低零攻角阻力，弹道设计时应避免大攻角飞行。对于末敏弹和某些执行战场侦察攻击任务的巡飞弹，要求留空时间长、弹体能自旋，在气动设计时除应保证有较大的升阻比外，还要保证弹体有与扫描性能要求相匹配的自旋转速。

1.5 制导兵器气动特性工程预估程序简介

制导兵器气动外形设计就是选择气动布局，确定外形几何参数，给出气动特性。目前这些工作都是通过计算机完成的，因此需要有数学模型和计算程序。通常有气动工程计算和数值计算两类程序。工程计算程序一般仅给出整体和部件的气动力和力矩，计算速度快，所需机时少，并容易与其他计算程序（弹道计算程序、控制设计程序、结构设计程序等）连接进行一体化或优化设计。数值计算程序一般是建立在较复杂的数学模型上，需要较大的计算机和较长的计算时间，可以给出飞行器及其部件上的压力分布和流场特性，可对外形进行微观评价和修改，可为结构设计提供分布载荷。

无论是气动工程计算程序还是数值计算程序，在进入工程应用之前，都需要经过严格的考核评定，将其结果与风洞实验和飞行试验结果进行比较，确定方法（程序）的适用范围、条件和精度，只有这样才能保证气动特性计算和外形设计的质量。

美国很多兵器研发机构都开发了战术弹气动特性工程预估程序。对于轴对称外形的气动特性，工程预估程序主要有：美国海面战争中心（Naval Surface Warfair Center，NSWC）开发的 Aeroprediction 程序，尼尔森工程研究公司（Nielsen Engineering & Research Inc.）开发的 NEAR Missile Ⅱ、Missile ⅡA，麦克多内尔道格拉斯公司（McDonnel Douglas Aircraft Company）开发的 Aerop I 程序。对于任意弹体外形的气动特性，工程预估程序主要有：美国空军（United States Air Force，USAF）开发的 DATCOM 程序、超声速/高超声速程序 SHABP，美国洛克威尔国际公司（Rockwell International Corp.）开发的气动初步分析系统 APAS Ⅱ。大攻角程序主要有：美国国家航空航天局（National Aeronautics and Space Administration，NASA）开发的大攻角程序，美国阿诺德工程发展中心（Arnold Engineering Development Center，AEDC）开发的大攻角程序，美国陆军开发的 Martin Marietta 大攻角程序等。

美国海面战争中心开发的气动工程预估程序是计算兵器气动特性的最好程序之一。该程序由 Frank G. Moore 等人建立，部件气动特性计算主要采用近似方法：细长体理论、线性理论、牛顿理论、横流理论、范·戴克（Van Dyke）混合理论、Van Driest 平板理论等。部件之间的气动干扰以 PNK（Pitts–Nielsen–Kaatari）方法为基础。非线性气动特性计算则直接使用风洞实验数据库，或使用基于风洞实验数据库发展的经验方法。

1.6 坐标系与空气动力系数

1.6.1 坐标系

在制导兵器气动特性计算与分析中常采用以下四种坐标系，参见图 1.1。

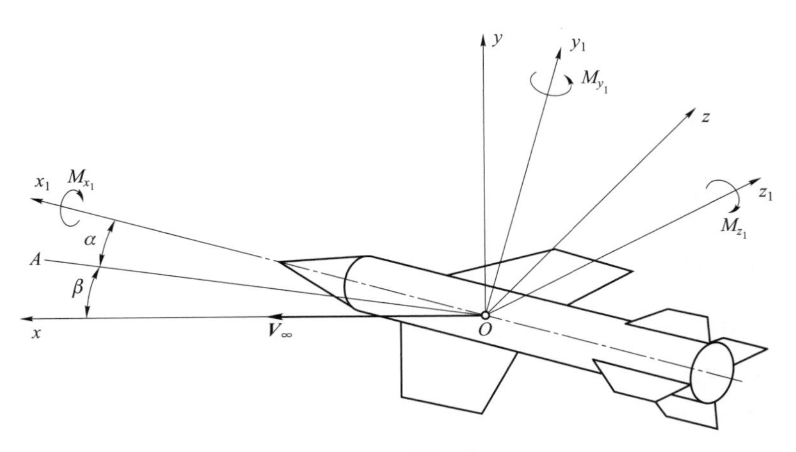

图 1.1 坐标系

（1）弹体坐标系 $Ox_1y_1z_1$。

坐标系原点 O 通常取在质心上；Ox_1 轴与弹体纵轴重合，指向头部为正；Oy_1 轴位于弹体纵向对称面内，垂直于 Ox_1 轴，指向上方为正；Oz_1 轴与 x_1Oy_1 平面垂直，并与 Ox_1、Oy_1 轴构成右手坐标系。弹体坐标系与弹体固连在一起，随弹体滚转，是动坐标系。

（2）速度坐标系 $Oxyz$。

坐标系原点 O 通常取在质心上；Ox 轴沿飞行速度矢量方向，向前为正；Oy 轴位于弹体纵向对称面内，垂直于 Ox 轴，指向上方为正；Oz 轴与 xOy 平面垂直，并与 Ox、Oy 轴构成右手坐标系。速度坐标系也是动坐标系。

（3）准弹体坐标系 $Ox_1'y_1'z_1'$。

坐标系原点 O 通常取在质心上；Ox_1' 轴与弹体纵轴重合，指向头部为正；Oy_1' 轴位于包含弹体纵轴的铅垂平面内，垂直于 Ox_1' 轴，指向上方为正；Oz_1' 轴与 $x_1'Oy_1'$ 平面垂直，并与 Ox_1'、Oy_1' 轴构成右手坐标系。准弹体坐标系不随弹体滚转，Oy_1' 轴始终位于包括弹体纵轴的铅垂平面内，指向上方。为书写方便，在指明为准弹体坐标系的情况下，一般将上标“′”略去不写。

（4）准速度坐标系 $Ox'y'z'$。

坐标系原点 O 通常取在质心上；Ox' 轴沿飞行速度方向，向前为正；Oy' 轴位于包含 Ox' 轴的铅垂平面内，垂直于 Ox' 轴，指向上方为正；Oz' 轴与 $x'Oy'$ 平面垂直，并与 Ox'、Oy' 轴构成右手坐标系。准速度坐标系也不随弹道滚转，Oy' 轴始终位于包括 Ox' 轴的铅垂平面内，指向上方。为书写方便，在指明为准速度坐标系的情况下，一般将上标“′”略去不写。

对于绕弹体纵轴旋转飞行的制导兵器气动特性的计算与分析，采用准弹体坐标系和准速度坐标系比较方便。

飞行速度矢量 $\boldsymbol{V}_\infty$（即 Ox 轴）在弹体纵向对称面 x_1Oy_1 上的投影 OA 与 Ox_1 轴的夹角称为攻角α，即$\alpha=\angle x_1OA$。若 Ox_1 轴位于 $\boldsymbol{V}_\infty$投影线 OA 的上方（即产生正升力）时，攻角α为正；反之为负。

飞行速度矢量 $\boldsymbol{V}_\infty$与纵向对称面 x_1Oy_1 之间的夹角称为侧滑角β，即$\beta=\angle xOA$。沿飞行方向观察，若来流从右侧流向弹体（即产生负的侧向力），则所对应的侧滑角β为正；反之为负。

规定攻角α和侧滑角β的几何和为复合攻角 α_e，即 $\alpha_e=\sqrt{\alpha^2+\beta^2}$ 。

1.6.2 空气动力和力矩

飞行器在大气中飞行时作用其上的总空气动力矢量 $\boldsymbol{R}$ 和总空气动力矩矢量 $\boldsymbol{M}$ 沿准弹体坐标系分解，得 X_1、Y_1、Z_1 和 M_{x_1}、M_{y_1}、M_{z_1}。称 X_1 为轴向力（指向 Ox_1 轴反方向为正），Y_1 为法向力，Z_1 为横向力。称 M_{x_1} 为滚转力矩，M_{y_1} 为偏航力矩，M_{z_1} 为俯仰力矩。将 $\boldsymbol{R}$ 沿准速度坐标系分解得 X、Y、Z，称 X 为阻力（指向 Ox 轴反方向为正），Y 为升力，Z 为侧向力。$\boldsymbol{M}$ 也可按准速度坐标系分解，但用得不多。

1.6.3 空气动力系数

空气动力系数和空气动力矩系数定义为：

$C_{x_1}=\dfrac{X_1}{\frac{1}{2}\rho_\infty V_\infty^2 S_{\text{ref}}}$，称为轴向力系数，本书中以 C_A 表示；

$C_{y_1}=\dfrac{Y_1}{\frac{1}{2}\rho_\infty V_\infty^2 S_{\text{ref}}}$，称为法向力系数，本书中以 C_N 表示；

$C_{z_1}=\dfrac{Z_1}{\frac{1}{2}\rho_\infty V_\infty^2 S_{\text{ref}}}$，称为横向力系数。

$C_x=\dfrac{X}{\frac{1}{2}\rho_\infty V_\infty^2 S_{\text{ref}}}$，称为阻力系数，本书中以 C_D 表示；

$C_y=\dfrac{Y}{\frac{1}{2}\rho_\infty V_\infty^2 S_{\text{ref}}}$，称为升力系数，本书中以 C_L 表示；

$C_z=\dfrac{Z}{\frac{1}{2}\rho_\infty V_\infty^2 S_{\text{ref}}}$，称为侧向力系数。

$m_{x_1}=\dfrac{M_{x_1}}{\frac{1}{2}\rho_\infty V_\infty^2 S_{\text{ref}} L_{\text{ref}}}$，称为滚转力矩系数；

$m_{y_1}=\dfrac{M_{y_1}}{\frac{1}{2}\rho_\infty V_\infty^2 S_{\text{ref}} L_{\text{ref}}}$，称为偏航力矩系数；

$m_{z_1}=\dfrac{M_{z_1}}{\frac{1}{2}\rho_\infty V_\infty^2 S_{\text{ref}} L_{\text{ref}}}$，称为俯仰力矩系数。

在 m_{x_1}、m_{y_1}、m_{z_1} 中，通常将下标“1”略去不写。

在准弹体坐标系和准速度坐标系中，空气动力系数的转换关系见表 1.1。

表 1.1 空气动力系数的转换关系

	x	y	z
x_1	$\cos\alpha\cos\beta$	$\sin\alpha$	$-\cos\alpha\sin\beta$
y_1	$-\sin\alpha\cos\beta$	$\cos\alpha$	$\sin\alpha\sin\beta$
z_1	$\sin\beta$	0	$\cos\beta$

第 2 章　制导兵器气动布局

2.1　概　　述

制导兵器的气动布局与非制导兵器的气动布局有很大区别。例如：非制导榴弹采用陀螺稳定，利用高速旋转（转速一般在 10 000 r/min 以上）的陀螺效应使静态不稳定的弹丸成为动态稳定的弹丸，从而提高了落点精度。制导兵器，如炮射导弹和末制导炮弹虽然也采用旋转飞行方式，但旋转的目的在于简化控制系统和消除推力偏心、质量偏心、气动偏心对飞行性能的影响，导弹的稳定飞行主要是靠尾翼保证的。此外还需要有操纵执行机构——空气动力舵面、燃气动力舵面或横向脉冲喷流控制器等。

非制导航空炸弹一般用尾翼（包括环形尾翼）保证投弹后炸弹的稳定飞行。由于载机的气动力干扰和阵风等气象条件的影响，非制导航空炸弹精度不高。制导航空炸弹用尾翼保证飞行稳定，用鸭舵或尾舵控制飞行，使落点精度大大提高。

在这一章里首先介绍气动布局的概念，然后介绍制导兵器的典型气动布局，最后介绍制导兵器气动布局发展趋势及气动关键技术问题。

2.2　制导兵器气动布局

在制导兵器中，使用量大、综合作战效能高的有反坦克导弹、末制导炮弹、末敏弹、制导航空炸弹、简易制导火箭、便携式防空导弹等。

气动布局也叫气动构型（aerodynamic configuration），是指空气动力面（包括弹翼、尾翼、操纵面等）在弹身周向及轴向互相配置的形式以及弹身（包括头部、中段、尾部等）构型的各种变化等。

2.2.1　翼面沿弹身周向布置形式

根据战术技术特性的不同需要，制导兵器的翼面沿弹身周向布置主要有图 2.1 所示的几种形式。

1）“一”字形或平面形翼

“一”字形布置是由飞机移植而来的，与其他多翼面布置相比，具有翼面少、质量

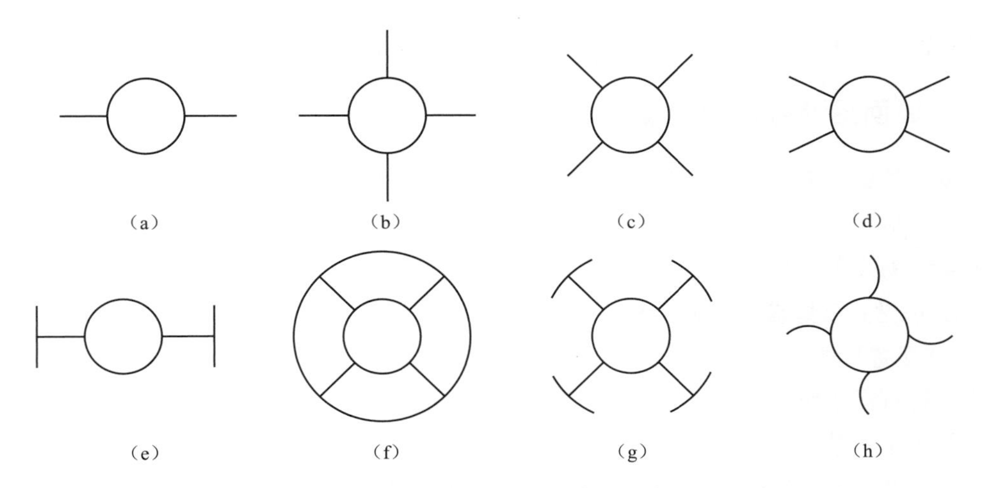

图 2.1　翼面沿弹身周向布置形式

(a)“一”字形翼；(b)“+”形翼；(c)“×”形翼；(d) 斜“×”形翼；(e) H 形翼；
(f) 环形翼；(g) 改进环形翼；(h) 弧形翼

小、阻力小、升阻比大的特点。而侧向机动一般要靠倾斜才能产生，因此航向机动能力差，响应慢，通常用于远距离飞航式导弹和机载布撒器等。

“一”字形布局飞行器的侧向机动可采取倾斜转弯技术（BTT）。它利用控制面来旋转弹体，使平面翼产生的法向力转到要求机动的方向，这样既充分利用了平面形布局升阻比大的优点，又满足了导弹机动过载的要求。

2）“＋”形与“×”形翼

这两种翼面布置的特点是各方向都能产生差不多的机动过载，并且在任何方向产生法向力都具有快速的响应特性，从而简化了控制系统的设计。但是由于翼面多，与平面形布置相比，质量大，阻力大，升阻比低，为了达到相同的速度特性必须多损耗一部分能量。同时在大攻角下将引起较大的诱导滚转干扰。

3）环形翼

鸭舵控制有很多优点，但鸭舵产生法向力的同时还会对后翼面产生下洗，减少后翼面的法向力。在鸭舵起副翼作用进行滚动控制时，尾翼产生的反向滚转力矩较大。研究表明，环形翼具有降低反向滚转力矩的效果，但环形翼使制导兵器的纵向性能变差，尤其是阻力增大。实验数据表明，超声速时环形尾翼的阻力要比非环形尾翼增加（6～20）%。

4）改进环形翼

由 T 形翼片组成的改进环形翼既能降低鸭舵带来的反向滚转力矩，又具有比环形翼大的升阻比。此外，结构简单，并使鸭舵能进行俯仰、偏航、滚转三方向控制。

制导兵器的弹身大多为轴对称形，为保证气动特性的轴对称性，必须使翼面沿弹身周向轴对称布置，“＋”形和“×”形是最常用的形式。

2.2.2 翼面沿弹身轴向配置形式与性能特点

按照弹翼与舵面沿弹身纵轴相对配置形式和控制特点，制导兵器通常有五种布局形式：正常式布局、鸭式布局、全动弹翼布局、无尾式布局、无翼式布局。其中正常式布局和鸭式布局是最常采用的两种布局形式。

1. 正常式（尾翼控制）布局

1）配置形式

弹翼布置在弹身中部质心附近，尾翼（舵）布置在弹身尾段的布局为正常式布局。当尾翼（舵）是“＋”形时，尾翼相对弹翼有两种配置形式。一种是尾翼面与弹翼面同方位的“＋—＋”或“×—×”配置；一种是尾翼面相对弹翼面转动 45° 方位角的“＋—×”或“×—＋”配置，见图 2.2。两种配置各有特点，小攻角时，“＋—×”（或“×—＋”）配置前翼的下洗作用小，尾翼（舵）效率高。但是，“＋—×”配置会使发射装置结构安排困难一些。

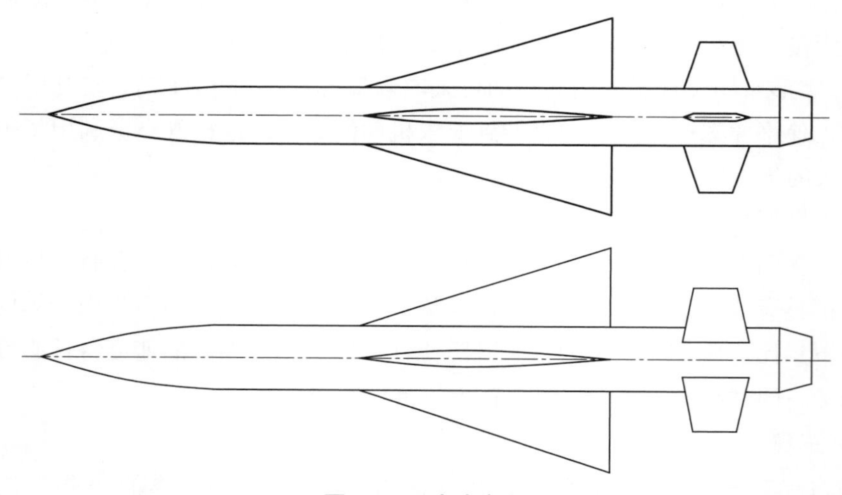

图 2.2　正常式布局

2）性能特点

图 2.3 是尾翼控制正常式布局的法向力作用状况。静稳定条件下，在控制开始时由舵面负偏转角 $-\delta$ 产生一个使头部上仰的力矩，舵面偏转角始终与弹身攻角增大方向相反，舵面产生的控制力的方向也始终与弹身攻角产生的法向力增大方向相反，因此导弹的响应特性比较差。图 2.4 为全动弹翼控制、鸭式控制和尾翼控制响应特性的比较，从中看出，正常式布局的响应是最慢的。

由于正常式布局舵偏角与攻角方向相反，全弹的合成法向力 Y_1 是攻角产生的法向

力 $Y_{1\alpha}$减去舵偏角产生的法向力 $Y_{1\delta}$，即

$$Y_1 = Y_{1\alpha} - Y_{1\delta}$$

因此，正常式布局的升力特性也总是较鸭式布局和全动弹翼布局要差。由于舵面受前面弹翼下洗影响，其效率也有所降低。当固体火箭发动机出口在弹身底部时，由于尾部弹体内空间有限，可能使控制机构安排有困难。此外，尾舵有时不能提供足够的滚转控制。

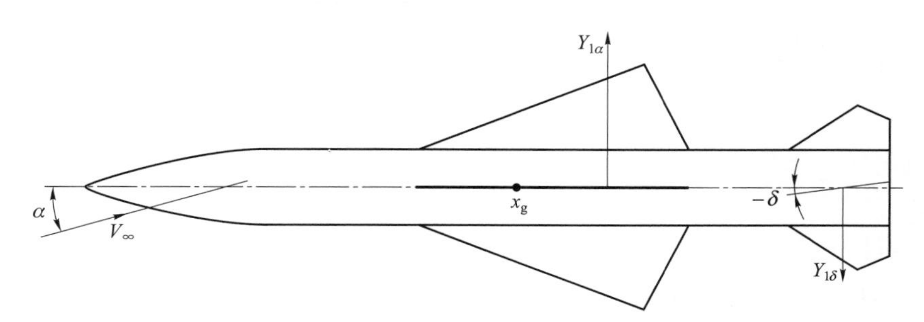

图 2.3　正常式布局法向力作用状况

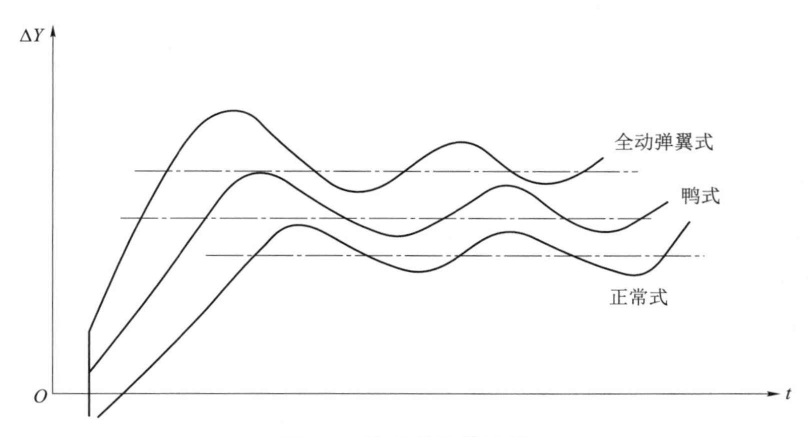

图 2.4　响应特性的比较

正常式布局的主要优点是尾翼的合成攻角小，从而减小了尾翼的气动载荷和舵面的铰链力矩。因为总载荷大部分集中在位于质心附近的弹翼上，所以可大大减小作用于弹身的弯矩。由于弹翼是固定的，对后舵面带来的洗流干扰要小些，因此尾翼控制布局的空气动力特性比弹翼控制、鸭式控制布局更为线性，这对要求以线性控制为主的设计具有明显的优势。此外，由于舵面位于全弹尾部，离质心较远，舵面面积可以小些。在设计过程中改变舵面尺寸和位置对全弹基本气动力特性影响很小，这一点对总体设计十分有利。

2. 鸭式（控制）布局

1）配置形式

与正常式布局相反，鸭式布局的控制面（又称为鸭翼）位于弹身靠前部位。弹翼

位于弹身的中后部，布局形式见图 2.5。鸭式布局全弹的法向力 Y_1 是攻角产生的法向力 $Y_{1\alpha}$与鸭舵产生的法向力 $Y_{1\delta}$之和，即

$$Y_1 = Y_{1\alpha} + Y_{1\delta}$$

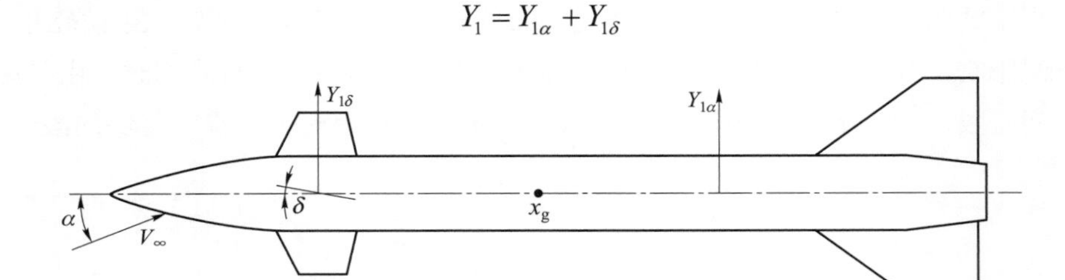

图 2.5　鸭式布局

2）性能特点

鸭式布局是导弹的基本气动布局形式之一。从气动力观点看，鸭式布局的优点是控制效率高，舵面铰链力矩小，能降低导弹跨声速飞行时过大的静稳定性。从总体设计观点看，鸭式布局的舵面离惯性测量组件、导引头、弹上计算机近，连接电缆短，铺设方便，避免了将控制执行元件安置在发动机喷管周围的困难。

鸭式布局的主要缺点是当舵面做副翼偏转对导弹进行滚转控制时，在尾翼上产生的反向诱导滚转力矩减小甚至完全抵消了鸭舵的滚转控制力矩，使得舵面难以进行滚转控制，甚至出现滚转控制反效的现象。因此，鸭式布局的战术导弹，或者采用旋转飞行方式无需进行滚转控制，或者采用辅助措施进行滚转控制，或者设法减小诱导滚转力矩，使鸭舵能够进行滚转控制。

采用旋转飞行方式的鸭式布局导弹，鸭舵只需进行俯仰和偏航控制，而且俯仰和偏航控制可用一个控制通道来完成，这就简化了控制系统，为导弹的小型化创造了条件。因此鸭式布局的旋转弹一般都是小型的战术导弹，甚至是便携式导弹，比如俄罗斯的 SA-7、美国的毒刺（Stinger）等单兵便携式防空导弹。采用其他辅助滚转控制措施的导弹有美国的响尾蛇系列空对空导弹，由安装在稳定尾翼梢部的四个陀螺舵产生滚转控制力矩；俄罗斯的近程空对地导弹 X-25MЛ、X-29T、X-29Л，由尾翼后缘舵的差动偏转辅助进行滚转控制。减小鸭舵诱导滚转力矩的措施有：

① 减小尾翼翼展；

② 采用环形尾翼；

③ 采用 T 形翼片组合尾翼（见图 2.6）；

④ 采用自由旋转尾翼；

⑤ 采用具有前缘“断齿”的鸭舵。

减小尾翼翼展往往难以保证纵向静稳定性；环形尾翼或 T 形翼片组合尾翼会使导弹的阻力增大很多；鸭舵前缘“断齿”的位置、形状只能通过大量实验确定，而且一

种断齿往往只适用于一个导弹外形。相比较而言，自由旋转尾翼结构既简单，控制效果又好，因此已在一些战术导弹上被采用，如俄罗斯的 SA-8“Gecko”地空导弹、法国的 R • 550“Magic”空空导弹等，都是通过采用自旋尾翼来消除反向诱导滚转力矩，从而使鸭舵可以对导弹进行滚转控制的。

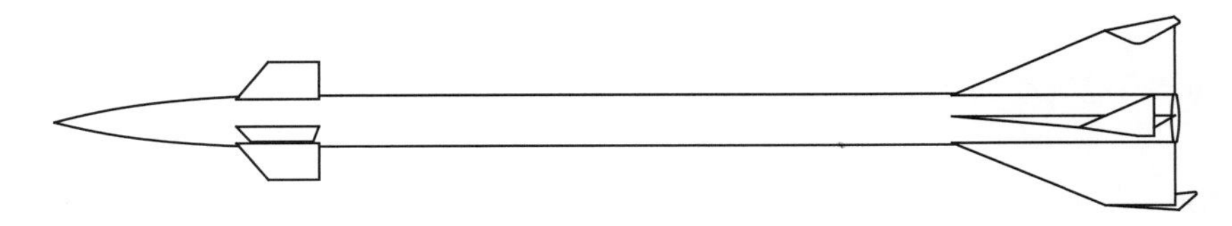

图 2.6　T 形翼片组合尾翼

3. 全动弹翼布局

1）配置形式

全动弹翼布局又称为弹翼控制布局。弹翼是主升力面，是提供法向过载的主要部件，同时又是操纵面，翼面的偏转控制导弹的俯仰、偏航、滚转三种运动。稳定尾翼是固定的，见图 2.7。

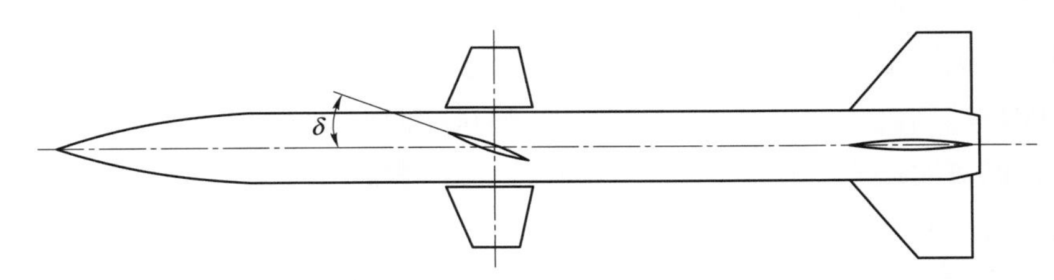

图 2.7　全动弹翼布局

2）性能特点

图 2.8 是全动弹翼布局导弹法向力作用状况。从图可见，当全动弹翼偏转 δ 角时，产生正的（当弹翼法向力 $Y_{1W} = Y_{1W(\alpha+\delta)}$ 位于质心之前时）或负的（当弹翼法向力 $Y_{1W} = Y_{1W(\alpha+\delta)}$ 位于质心之后时）俯仰力矩。由静平衡可得下式（在线性范围内）

$$m_{zg} = m_{zg}^{\alpha} \cdot \alpha_{\text{bal}} + m_{zg}^{\delta} \cdot \delta = 0$$

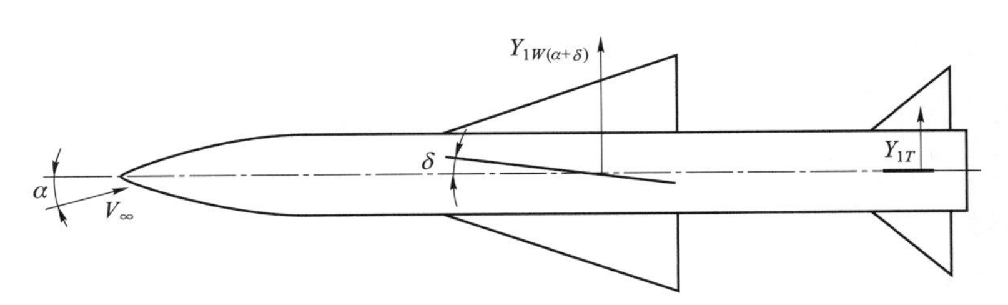

图 2.8　全动弹翼布局法向力作用状况

于是平衡攻角为

$$\alpha_{\text{bal}} = -\frac{m_{zg}^{\delta} \cdot \delta}{m_{zg}^{\alpha}}$$

或

$$\left(\frac{\alpha}{\delta}\right)_{\text{bal}} = -\frac{m_{zg}^{\delta}}{m_{zg}^{\alpha}}$$

对于静稳定气动布局来说，$m_{zg}^{\alpha} < 0$。所以，当$m_{zg}^{\delta} > 0$时，$\left(\frac{\alpha}{\delta}\right)_{\text{bal}} > 0$；当$m_{zg}^{\delta} < 0$时，$\left(\frac{\alpha}{\delta}\right)_{\text{bal}} < 0$；当$m_{zg}^{\delta} = 0$时，$\left(\frac{\alpha}{\delta}\right)_{\text{bal}} = 0$。

3）优缺点

（1）全动弹翼式布局的主要优点如下：

① 由于导弹依靠弹翼偏转及攻角两个因素产生法向力，且弹翼偏转产生的法向力所占比例大，所以导弹飞行时不需要多大的攻角。这对带有进气道的冲压发动机和涡喷发动机的工作是有利的。

② 对指令的反应速度最快。弹翼是产生法向力的主要部件。只要弹翼偏转，马上就会产生机动飞行所需要的法向力。这是因为弹翼偏转本身就能产生过载n_y，不像正常式布局，操纵面偏转的方向并不对应于产生过载n_y的方向，操纵面偏转后需再依靠攻角改变弹翼法向力才能产生需用过载，导弹从舵面偏转至某一攻角下平衡，需要一个时间较长的过渡过程。全动弹翼式布局的过渡过程时间要短得多，控制力的波动也比正常式布局的要小。

③ 对质心变化的敏感程度比其他气动布局要小。在飞行过程中，质心的改变将引起静稳定性的变化，稳定性的变化要引起平衡攻角α_{bal}的改变，这就改变了平衡升力（$C_{L\text{bal}} = C_L^{\alpha} \cdot \alpha_{\text{bal}} + C_L^{\delta}\delta$）。平衡升力$C_{L\text{bal}}$改变太大会产生不允许的过载，对于正常式或鸭式布局，$C_L^{\alpha}\alpha_{\text{bal}}$远大于$C_L^{\delta}\delta$，$\alpha_{\text{bal}}$对$C_{L\text{bal}}$的影响很大。对于全动弹翼式布局，$C_L^{\alpha}\alpha_{\text{bal}}$与$C_L^{\delta}\delta$接近，$\alpha_{\text{bal}}$的变化对$C_{L\text{bal}}$的影响不太大，不会产生大的过载变化。

④ 质心位置可以在弹翼压力中心之前，也可以在弹翼压力中心之后，降低了对气动部件位置的限制，便于合理安排。

（2）全动弹翼式布局的主要缺点如下：

① 弹翼面积较大，气动载荷很大，使得气动铰链力矩相当大，要求舵机的功率比其他布局时大得多，将使舵机的质量和体积有较大的增加。

② 由于控制翼布置在质心附近，所以全动弹翼的俯仰、偏航控制效率通常是很低的。此外弹翼转到一定角度时，弹翼与弹身之间的缝隙加大，将使升力损失增加，控制效率进一步降低。

③ 攻角和弹翼偏转角的组合影响使尾翼产生诱导滚转力矩，该诱导滚转力矩与弹

翼上的滚转控制力矩方向相反，从而降低了全动弹翼的滚转控制能力。

4. 无尾式布局

1）配置形式

无尾式布局由一组布置在弹身后部的主翼（弹翼）组成，主翼后缘有操纵舵面，有时在弹身前部安置反安定面，以减小过大的静稳定性，如图 2.9 所示。

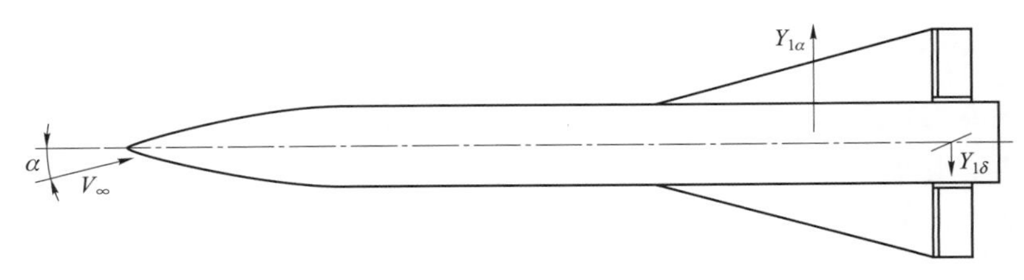

图 2.9　无尾式布局

2）性能特点

与正常式布局一样，因舵面在质心之后，故 $\left(\frac{\alpha}{\delta}\right)_{\text{bal}}<0$。这种布局的特点是翼面数量少，相当于弹翼与尾翼合二为一，从而减小了阻力，降低了制造成本。但是弹翼与尾翼的合并使用，给主翼位置的安排带来了困难，因为此时稳定性与操纵性的协调，由弹翼与尾翼的共同协调变成了单独主翼的位置调整。主翼安置太靠后则稳定度太大，需要大的操纵面和大的偏转角。如果主翼位置太靠前，则操纵效率降低，难以达到操纵指标，俯仰（偏航）阻尼力矩也会大大降低。

下面的方法可以克服无尾式布局的缺点：

（1）加大弹翼根弦长度。这样可以在不增加翼展条件下增大主翼面积，获得所需要的升力，还有助于提高结构强度和刚度。同时，因为弦长加大，操纵面到导弹质心的距离加大，从而提高了操纵效率。

（2）在弹身前部安置反安定面。反安定面的安装可以使主翼面后移，以协调稳定性和操纵性之间的要求。在主翼因总体部位安排及结构安排等原因需要向前或向后移动时，可以用改变反安定面尺寸和位置的方法进行协调。

（3）操纵面与主翼之间留有一定的间隙。这一方面可以减弱主翼对舵面的干扰，使操纵力矩和铰链力矩随攻角和舵偏角呈线性变化，以便于控制系统设计。另一方面，舵面后移增加了操纵力臂，也相应地提高了操纵效率。

5. 无翼式布局

1）配置形式

无翼式布局又称尾翼式布局，是由弹身和一组（三片、四片或六片）布置在弹身尾部的尾翼组成，如图 2.10 所示。

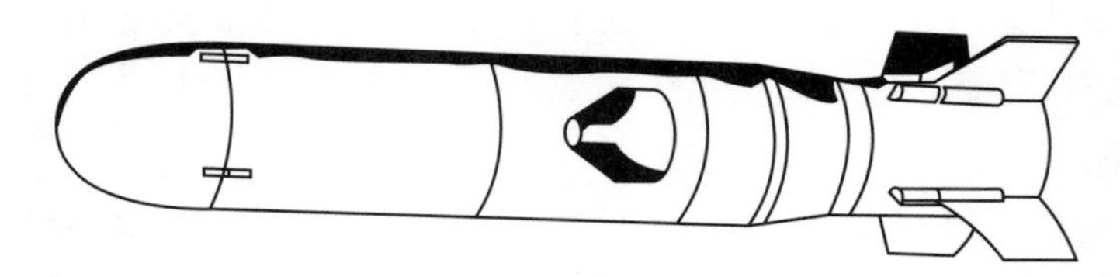

图 2.10　无翼式布局

2）性能特点

（1）尾翼主要起稳定作用，不能提供高机动飞行所需的过载，因此尾翼式布局的导弹一般要采用推力矢量控制，如法、德、英三国联合研制的中程崔格特反坦克导弹，美国的掠夺者近程反坦克导弹，法国的艾利克斯近程反坦克导弹，以色列的哨兵反坦克导弹等。另一类是采用脉冲发动机控制，如美国 M47 龙式轻型反坦克导弹、超高速动能导弹，俄罗斯的旋风火箭弹等。

（2）具有较小的质量和较小的气动阻力。由于取消了主翼面，使结构质量有所降低，零升阻力和诱导阻力也有所减小。

（3）无控飞行时有较大的静稳定度，提高了抗干扰能力。

（4）值得说明的是，有些防空导弹也采用尾翼式布局。随着空中威胁的增大，要求防空导弹具有很高的机动性，即要求导弹能提供大的过载和控制力矩，这种要求可由提高使用攻角来实现。具有细长弹身和“×”形舵面的尾翼式布局可使最大使用攻角由 10°～15° 提高到 30°，最大使用舵偏角可由 20° 增加到 30°。这样既可达到降低结构质量和减小阻力的目的，又有利于解决高低空过载要求的矛盾。美国的“爱国者”防空导弹采用的就是无翼式布局。

2.3　制导兵器典型气动布局

2.3.1　反坦克导弹的典型气动布局

反坦克导弹从开始研制到现在已有 50 多年的历史，发展了三代产品，有 80 多个型号。据对 70 多个型号的初步统计，正常式气动布局约占 26%，鸭式布局约占 14%，无尾式布局约占 36%，尾翼式布局约占 24%。

下面介绍俄罗斯 9M14（AT-3A）反坦克导弹的气动布局与气动特性。

1. 9M14（AT-3A）气动布局与气动特性

9M14（AT-3A）外形如图 2.11 所示，从气动力角度看具有如下特点：采用无尾式气动布局，结构简单，重量轻，阻力小；采用小展弦比双后掠十字形弹翼，具有空气动力轴对称性；采用旋转飞行方式，简化了控制系统，能一定程度上克服偏心影响，但旋转产生的马格努斯效应又引起纵、横向运动交连；起飞发动机四个喷管出口位于弹体前中部，要考虑燃气流对空气动力的影响。

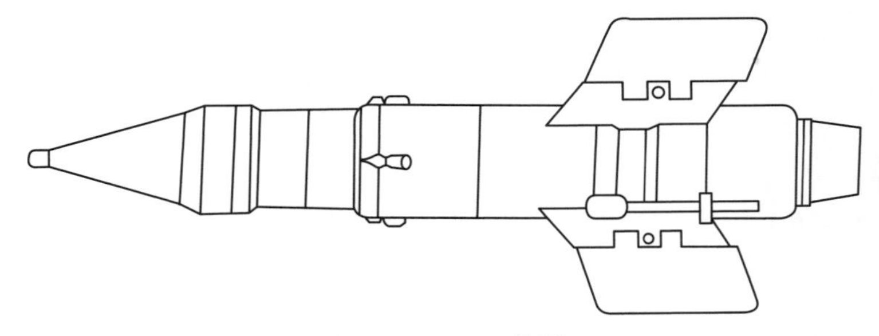

图 2.11　9M14 外形

在 9M14（AT-3A）的零升阻力中，弹身约占 85%，弹翼约占 15%，压差阻力略大于摩擦阻力。弹身上发动机喷管、曳光管、导轨槽、卡簧等附件使阻力增加 20%左右。诱导阻力情况刚好相反，弹身约占 15%，弹翼约占 85%。弹翼是产生升力、提供机动飞行过载的主要部件，这是无尾式布局反坦克导弹的共同特点。

9M14（AT-3A）的弹翼有 3° 15′安装角，在飞行中提供使导弹绕纵轴顺时针旋转（后视）的滚转力矩。如果风洞实验是在模型固定状态下进行，测得的阻力将偏大 5%左右。因此，对于旋转弹应该在旋转状态下进行风洞实验。

在 9M14（AT-3A）的升力中，单独弹身的贡献不过 10%，翼—身干扰升力可达 40%，弹翼的升力大于 50%。风洞实验结果表明，弹体旋转对升力没有影响。

9M14（AT-3A）的压心由四部分组成。单独弹身的压心很靠前，位于弹身长度的 2%至 9%处；单独弹翼的压心与弹身对弹翼干扰的压心位置很接近，约位于弹长的 72%处；弹翼对弹身干扰的压心在根弦前缘靠后的地方，约占弹长的 65%。全弹压心系数 $\bar{x}_p$=0.64～0.65。在起飞段 9M14（AT-3A）的静稳定度很小，在起飞发动机工作结束时，静稳定度约为 2%；续航发动机工作结束时，静稳定度约为 4%。

2. 9M14（AT-3A）特殊气动问题

在 9M14（AT-3A）的气动力特性中，下面两个问题值得注意。

1）旋转效应

（1）在 Ma=0.3～0.4，$\alpha = 0° \sim 8°$ 范围内，旋转使阻力减小（4～6）%；压心前移（0.5～8）%；静稳定度降低（5～50）%。

（2）旋转使导弹产生马格努斯（magnus）力和力矩，引起纵向与横向运动交连，即当对导弹实施俯仰控制时，会同时引起导弹的左偏或右偏；当对导弹实施航向控制时，导弹会出现抬头或低头。研究表明，9M14（AT-3A）的马格努斯力不到相应升力的 5%，对飞行性能的影响可不予考虑。马格努斯力矩能达到相应俯仰力矩的（20～30）%，在飞行性能计算及控制系统设计时必须予以考虑。对于 9M14（AT-3A）之类无尾式旋转反坦克导弹，马格努斯力矩主要由弹翼产生。

（3）旋转对动稳定性有重要影响。对尾翼稳定旋转弹动稳定性影响最大的是静稳定导数 m_z^α 、俯仰动导数 $m_z^{\bar{\omega}_z}$ 和马格努斯力矩系数导数 $m_{ym}^{\alpha\bar{\omega}_x}$ 。m_z^α 、 $m_z^{\bar{\omega}_z}$ 是增加动稳定性的，而 $m_{ym}^{\alpha\bar{\omega}_x}$ 是减少动稳定性的。引起动态不稳定的临界转速约为 13 r/s，而 9M14（AT-3A）的实际转速约为 9 r/s。

2）喷流效应

9M14（AT-3A）弹翼前方有四个起飞发动机喷管，出口距翼根前缘 125 mm，喷管与弹翼呈 45° 布置，对导弹外形部件有不大的气动干扰影响。除前喷流影响外，在 9M14（AT-3A）尾部尾罩两侧还有两个续航发动机喷管出口。续航发动机燃气喷流对周围空气流的强力引射作用使得尾部表面上的压力系数下降，导致尾部阻力增大。随 *Ma* 数增大，喷流的引射作用降低，尾部阻力的增大值减小。尾喷流使得底部的真空度降低，压强增大，底部阻力减小甚至变成“推力”。但因后者的作用低于前者，所以尾喷流作用的总效果是使阻力增大。

2.3.2 制导航弹的典型气动布局

制导航空炸弹的使用始于第二次世界大战，至今已有 50 多年的历史，已成为重要的精确制导兵器之一，在现代战争中起着重大作用，世界各国都在积极研制和装备。随着各种新技术的应用，制导航空炸弹的威力越来越大，应用范围越来越广，技术也日益复杂。

目前世界上大量使用的制导航空炸弹有两种类型：激光制导型和光电（电视）制导型。激光制导型多为半主动制导，即需要地面或空中使用激光目标指示器——激光束一直对目标进行照射，才能使投弹飞机完成对目标的瞄准与轰炸。美国的宝石路Ⅰ、Ⅱ、Ⅲ，法国的比基埃尔，俄罗斯的 КАБ-500Л、КАБ-1 500Л 都是激光制导航空炸弹。美国的 AGM-130/A、AGM-62A 型白星眼，俄罗斯的 КАБ-500КР 为电视图像制导航空炸弹；美国的 AGM-130/B 为红外图像制导航空炸弹；美国的 GBU-15（V）为模块化制导航空炸弹，既可以电视图像制导，也可以红外图像制导；美国的宝石路Ⅳ为红外图像/毫米波雷达主动制导航空炸弹。

现有的激光制导航空炸弹基本有两种气动布局：鸭式和无尾式。以美国为首的西方国家习惯采用鸭式布局，四片鸭舵与四片弹翼呈“×—×”配置。俄罗斯（苏联）习惯采用无尾式布局。下面介绍俄罗斯的 КАБ-500Л 激光制导航空炸弹的气动布局与气动特性。

1. КАБ-500Л 气动布局与气动特性

КАБ-500Л 的外形如图 2.12 所示，为无尾式布局。两对小展弦比后掠弹翼布置在弹身尾部，在弹翼后缘装有空气动力操纵面。为了减小这种布局带来的过大静稳定度，在弹体头部加装了四片反安定面，反安定面与弹翼呈“×—×”型配置。

图 2.12　КАБ-500Л 激光制导航弹

实验、计算结果表明：

（1）КАБ-500Л 的零升阻力系数随马赫数向 1 趋近而显著增大；阻力系数随攻角呈抛物线变化。小攻角时阻力系数随舵偏角增大而增大；攻角较大时，阻力系数随舵偏角增大而减小。

（2）$Ma \leqslant 0.8$ 时，升力线斜率 C_L^{α} 相差很小，马赫数向 1 趋近，C_L^{α} 值增大。小攻角时，升力系数随攻角基本呈线性变化；攻角较大时，升力系数随攻角的非线性增大。

（3）攻角较小时，m_z 随 α 基本呈线性变化；攻角较大时，$m_z \sim \alpha$ 的非线性十分显著。静稳定度随攻角增大略有增大，随马赫数变化比较缓慢。

（4）在一定舵偏角下，平衡攻角随马赫数增大而减小。平衡攻角与舵偏角的关系是非线性的。平衡攻角下的升阻比随马赫数变化缓慢。

（5）КАБ-500Л 的俯仰控制效率很高，而滚转控制效率较低，这是后缘舵控制的共同特点。

2. КАБ-500Л 的特殊气动力问题

1）弹体滚转角影响

实验结果表明，无舵偏小攻角时阻力系数随滚转角变化不大；攻角较大时，阻力系数随滚转角增大而减小。“×”形状态（$\theta = 45°$）的阻力系数明显小于“+”形状态（$\theta = 0°$）的阻力系数。

无舵偏时，升力系数随滚转角增大而减小，“×”形状态的升力系数比“+”形状态的小。

弹体滚转使得 $|m_z|$ 减小，静稳定度降低。“×”形状态的 $|m_z|$ 比“+”形状态低得多。“×”形状态的平衡攻角比“+”形状态的高得多。

小攻角时，“×”形状态的俯仰控制效率 C_L^{δ}、m_{zg}^{δ} 约为“+”形状态的 $\sqrt{2}$ 倍。大攻角时，“×”形状态与“+”形状态的控制效率接近。

以上结果表明，即使对于纵向气动特性也不能用“＋”形状态的结果代替“×”形状态的结果，实验必须在实际的滚转角下进行。

2）气动特性随攻角的非线性

实验结果表明 КАБ-500Л 的 $C_N \sim \alpha$，$m_{zg} \sim \alpha$ 曲线有明显的“S”形。在 $\alpha = 20°$ 附近 $C_N \sim \alpha$ 曲线的斜率开始变小；在 $\alpha = 10°$ 附近，$m_{zg} \sim \alpha$ 曲线的斜率（绝对值）开始变小。弹体滚转使 $C_N \sim \alpha$，$m_{zg} \sim \alpha$ 曲线的“S”形减弱。

3）后体对风标头非对称气动力干扰——风标头失调角

采用追踪法导引的制导炸弹，无论是鸭式布局还是无尾式布局，在弹体前部都有一个装有光学位标器的风标头。理论上风标头的指向应始终与飞行速度矢量一致。实际上由于亚声速下后弹体（相对风标头来说后弹体大得多）的非对称气动力干扰，风标头的轴线与飞行速度方向并不完全重合，而是有一个小的失调角存在，见图 2.13。在误差探测器按追踪法导引规律测量炸弹的速度矢量与弹目线之间的夹角，形成误差信号和控制指令时，应该把这个失调角考虑进去。因此风标头失调角的确定是激光制导炸弹研制中的一项重要工作。风标头失调角实验结果表明，由于后弹体对风标头的非对称气动力干扰，即使风标头是静稳定的，也存在失调角。失调角不大，但随攻角增大改变符号。小攻角时失调角为负值，大攻角时失调角为正值。

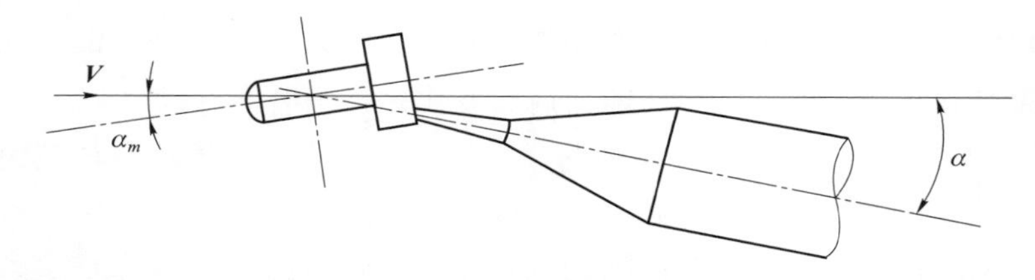

图 2.13　风标头失调角

2.3.3　末制导炮弹的典型气动布局

末制导炮弹是一种利用制导装置，在外弹道末段进行制导，对目标实施精确打击的炮弹。一般由导引头、聚能装药战斗部和自动驾驶仪组成，是攻击坦克、装甲车辆、自行火炮等军事目标的有效兵器。末制导炮弹与反坦克导弹相比具有射程远、经济性好的优点；与普通炮弹相比具有精度高、通用性和灵活性好的特点。

早在 20 世纪 40 年代就有人设想对常规无控炮弹进行制导，但当时还不具备所需的技术条件。直到 70 年代末，随着电子技术、光电技术、微处理技术和导弹技术的发展，末制导炮弹的研制条件才得以成熟。

美国是发展末制导炮弹最早的国家，M712 铜斑蛇末制导炮弹于 1972 年开始研制，1980 年进入批量生产，1982 年开始装备美国陆军。铜斑蛇的弹径为 155 mm，弹长为

1 372 mm，弹重为 63.5 kg，射程为 4～17 km，激光半主动制导，制导精度（CEP）为 0.3～1.0 m，用 155 mm 口径榴弹炮发射。“铜斑蛇—Ⅱ”末制导炮弹是 M712 铜斑蛇的改进型。主要改进有四项，一是提高了抗轴向过载能力，使过载系数达到 12 000；二是加大了四片弹翼面积，提高了升力，采用滑翔弹道技术使射程增加到 25 km；三是将激光半主动制导改为红外成像/激光半主动复合制导；四是采用新型串联战斗部。“铜斑蛇—Ⅱ”的弹长缩短至 990 mm，战斗部侵彻深度达 332.5 mm。

“红土地”（КРАСНОПОЛЬ）末制导炮弹是俄罗斯（苏联）于 20 世纪 70 年代开始研制，1984 年装备使用的第一代末制导炮弹，采用惯性制导、激光半主动寻的制导方式，由制式 152 mm 加榴炮发射，射程为 3～20 km，弹长为 1 305 mm，弹径为 152 mm，弹重为 50 kg，命中概率为 90%。

末制导炮弹的气动布局形式有正常式、鸭式、无尾式和尾翼式。据对 20 多个型号的统计，采用正常式布局的最多，约占 50%，其次是鸭式布局约占 22%，尾翼式和无尾式布局约各占 14%。

现有的激光半主动末制导炮弹有两种气动布局：正常式和鸭式。美国的铜斑蛇 155 mm 末制导炮弹、“铜斑蛇—Ⅱ”155 mm 末制导炮弹，德国的布萨德 120 mm 末制导迫击炮弹，以色列的 CLAMP155 mm 末制导炮弹，南非的 120 mm 末制导迫击炮弹为正常式布局。美国的神枪手 127 mm 末制导炮弹、105 mm 轻型末制导炮弹，俄罗斯的“红土地”末制导炮弹为鸭式布局。

下面介绍“红土地”末制导炮弹的气动布局与气动特性。

1.“红土地”气动布局与气动特性

“红土地”末制导炮弹采用鸭式气动布局。在弹体头部安装两对鸭舵，用作俯仰和偏航控制。弹体尾段安装两对尾翼，用于产生升力和保证导弹飞行稳定。鸭舵和尾翼呈“＋—＋”形布置，见图 2.14 和图 2.15。

弹身前端的鼻锥为激光半主动导引头的保护罩，后接导引头和控制舱段，形成近似拱形的头部。战斗部舱段和发动机舱段基本为圆柱体，尾部有一短船尾。弹长为 1 305 mm，名义直径为 152 mm。

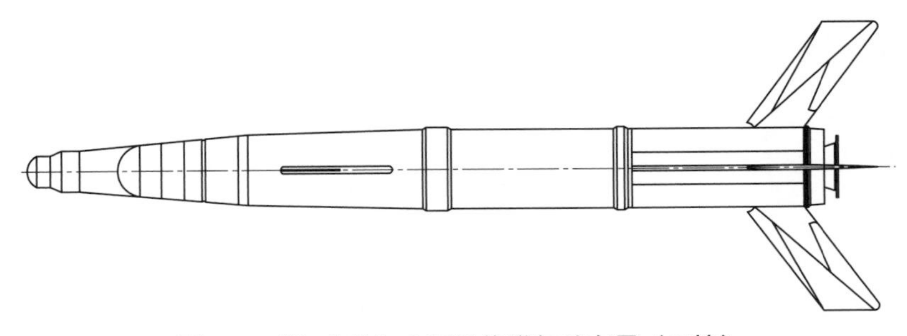

图 2.14　“红土地”末制导炮弹气动布局（无控）

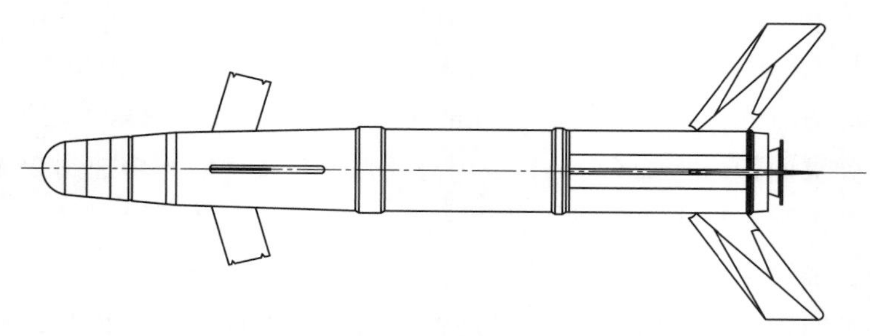

图 2.15 “红土地”末制导炮弹气动布局（有控）

鸭舵有四片，平面形状近似为矩形，剖面形状为非对称六边形，舵片厚度沿展向变化。在炮管内鸭舵向后折叠插入弹体内，控制舵舱段外形为锥台，鸭舵折叠后虽有部分凸出锥面，但尺寸仍小于炮管直径。进入惯性制导段鸭舵向前张开到位，呈后掠状态。

尾翼有四片，平面形状为矩形，剖面形状为非对称六边形。翼弦较小，翼展较大，属大展弦比尾翼。在炮管内尾翼向前折叠插入发动机四个燃烧室之间的翼槽内。导弹飞离炮管后翼片靠惯性力解锁，靠弹簧张开机构迅速向后张开到位并锁定，呈后掠状态，保证导弹稳定飞行。飞行中靠尾翼片的扭转角产生顺时针（后视）的滚转力矩，使弹体顺时针旋转。

“红土地”末制导炮弹飞行弹道多变，全弹道上动作较多。一般可分为无控弹道、惯性弹道和导引弹道。而无控弹道又分为两段，即无动力无控飞行段和增速飞行段。再加上膛内滑行段，则远区攻击的全弹道共分为五段，即膛内滑行段、无控飞行段、增速飞行段、惯性制导段和末端导引段，见图 2.16。出炮口时导弹的最大飞行速度约为 550 m/s，转速为 6～10 r/s。在无控飞行段和增速飞行段舵片不张开，由张开的尾翼提供稳定力矩，保证

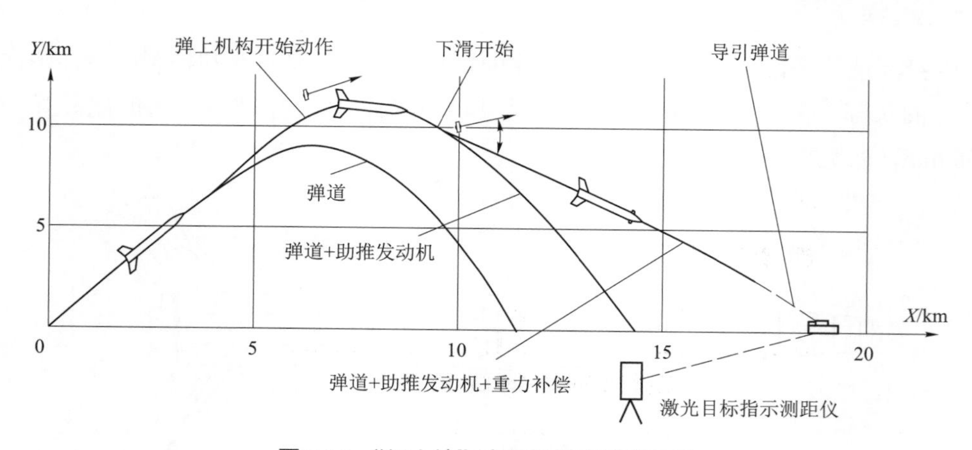

图 2.16 “红土地”末制导炮弹弹道特性

稳定飞行。在惯性制导段，舵片张开并按重力补偿指令偏转，控制导弹滑翔飞行，同时鼻锥部脱离，以便激光导引头接收目标信号。当导弹飞至距目标约 3 km 时，进入末端导引段，导引头接收到目标反射来的信号后，捕获、跟踪并命中目标。舵片呈三位式动作。

按上述弹道特点，“红土地”末制导炮弹应有五种外形和工作状态的气动参数，分别为：

（1）舵片不张开，发动机不工作，用于无控无动力飞行段飞行特性计算。

（2）舵片不张开，增速发动机工作，有排气羽流影响和质心变化，用于增速飞行段飞行特性计算。

（3）舵片不张开，发动机工作完（已不存在排气羽流影响），用于刚过增速飞行段终止点飞行特性的计算。

（4）不带鼻锥部的无药舵面张开状态。导引头工作时要将前面的鼻锥部抛掉，导引头前端为球冠形，导弹长度减小，用于远区攻击时末端导引段飞行特性计算。

（5）不带鼻锥部的有药舵面张开状态。鼻锥部被抛掉，发动机不工作，舵片张开，用于近区攻击时导弹飞行特性计算。

实验、计算结果表明：

（1）在无控飞行段导弹的阻力最小，进入惯性制导段后由于头部变钝、舵片张开使阻力有所增大。

（2）舵片尺寸虽小，但对升力却有很大贡献，约使升力增大 30%。

（3）无控飞行段，在亚声速时随马赫数增大$\left|m_{zg}^{\alpha}\right|$增大；超声速时随马赫数增大$\left|m_{zg}^{\alpha}\right|$减小。进入惯性制导段后，由于鸭舵张开使$\left|m_{zg}^{\alpha}\right|$迅速下降，特别是对于有药（发动机未工作）外形，$\left|m_{zg}^{\alpha}\right|$更小。对于无控飞行外形，亚声速时随马赫数增大压心略向后移；超声速时随马赫数增大压心前移；跨声速时压心最靠后。对于有控飞行外形，亚声速时随马赫数增大压心略向后移；跨声速时又向前移。鸭舵张开使压心系数减小 20%以上。

（4）无控飞行外形的纵向静稳定度很大；有控飞行外形的纵向静稳定度很小，尤其是近区攻击时静稳定度更小。

（5）平衡攻角与舵偏角呈非线性变化，可使用的舵偏角很小。

2.“红土地”特殊气动力问题

关于鸭式布局末制导炮弹的气动特性，有下面六个共性问题值得注意：

1）“＋”形鸭舵控制效率高，导弹机动性好

对于旋转导弹，一字型舵就可以实现俯仰和偏航两个方向的控制。早期鸭式旋转导弹都采用一对鸭舵，比如 SA-7 导弹。一对舵控制两个方向的飞行，必然降低控制效率，影响导弹的机动性。毒刺导弹虽有两对鸭翼，但一对固定不动，仅一对偏转。从导弹的气动轴对称性来说，这一改进有好处，但未改善鸭舵的控制效率，对导弹机动性的改善也不大。“红土地”导弹采用两对全动鸭舵，将使控制效率大幅度提高，导弹

的机动性大加改善。

2）在无控飞行段鸭舵不张开的好处

“红土地”末制导炮弹飞离炮口后，舵片仍折插于弹身内，对于远区攻击模式直至增速发动机工作完，进入惯性制导段后舵片才张开。这样做的好处有：

（1）阻力小，减小了无控飞行段的速度损失。在增速段末端速度要求一定的情况下，可以减少增速发动机的装药量。

（2）滚转阻尼小，减小了导弹飞离炮口后转速的衰减，容易建立起由气动滚转力矩产生的转速。

（3）保证导弹在无控飞行段有较大的静稳定度，提高抗扰动能力。

（4）进入惯性制导段张开鸭舵，此时质心已前移，既能保证导弹飞行所需的静稳定度，又能保证导弹机动飞行具有良好的操纵性。

3）大展弦比后掠尾翼—炮射折叠尾翼导弹的共同特点

“红土地”末制导炮弹采用大展弦比后掠尾翼，一方面便于折叠；另一方面可以提高尾翼的稳定效率，保证无控飞行时导弹所需的纵向静稳定度和滑翔增程时所需的升阻比。

4）膛外滚转措施——尾翼安装角（或扭转角）

“红土地”末制导炮弹出炮口时的转速 $\omega_x=6\sim10$ r/s，该转速是由膛线的缠角和闭气减旋弹带赋予的，出炮口后要靠尾翼气动滚转力矩维持导弹滚转。气动转速随飞行马赫数基本呈线性变化。气动滚转力矩可由尾翼安装角产生，也可由尾翼的几何扭转角产生。“红土地”末制导炮弹采用尾翼扭转角产生气动滚转力矩，其扭转角相当于 1° 50′ 的安装角。由于尾翼翼展很大，滚转阻尼也较大，所以“红土地”的转速并不高。在惯性制导段，转速不到 7 r/s。在末制导段，转速约为 6 r/s。

5）鸭舵后拖涡螺旋形畸变与洗流气动力干扰

导弹在旋转飞行中，当攻角很小时，从舵面向后拖出的尾涡很快卷成集中涡。由于弹体旋转，其涡线将绕着弹体发生扭曲，涡的强度和起始位置将随导弹旋转方位的变化而变化，流动是非定常的。另一方面旋转鸭式导弹的下洗流不仅使尾翼的升力减小，同时还将产生一个垂直于攻角平面的侧向力，这是攻角和旋转耦合作用的结果。

6）舵面和尾翼折放槽对导弹气动特性的影响

“红土地”末制导炮弹在膛内滑行时，尾翼前折插入弹体内，鸭舵后折插入弹体内。导弹飞离炮口后，四片尾翼同步向后张开呈后掠状态。飞过弹道最高点，四片鸭舵同步向前张开呈后掠状态。增速发动机的四个燃烧室之间上下左右贯通的槽缝用于折放四片尾翼。气流可通过槽缝流进后弹体，并有横向流动，但气流不能从弹体底部流出。鸭舵和尾翼的折放槽对阻力、升力、压心、力矩、稳定度都有影响。

2.4　制导兵器气动布局发展趋势及有关的气动问题

制导兵器的发展趋势是远射程、高机动、高精度、高威力。不同制导兵器其发展趋势侧重点不同。

制导型航弹、制导型火箭、制导型炮弹主要是攻击小的固定面目标，在追求远射程的同时，还应保证毁伤面目标所需的精度和威力。近程反坦克导弹要在近距离内有效地攻击有一定机动能力的坦克、装甲车辆，要求导弹具有很高的精度和机动飞行能力。

以下气动技术问题是制导兵器发展中遇到的和必须研究解决的关键技术问题。

（1）高升阻比气动布局技术。

滑翔增程是无动力制导航弹最有效的增程方式。升阻比越大，滑翔增程效果越好。为了提高升阻比，就需降低零升阻力，提高升力，从而出现了大展弦比上弹翼、大展弦比下弹翼、大展弦比双层翼、钻石背形弹翼布局。应对这些高升阻比气动布局的气动特性进行深入研究。

（2）多片翼布局技术。

对于正常式布局的近程反坦克导弹，为了增加法向过载，提高机动性，往往采用多片弹翼布局。关于多片弹翼的增升效果，对尾舵控制效率的影响，弹翼片数选择等问题都需进行深入系统的研究。为了提高高速远程火箭飞行稳定性，需要采用多片尾翼布局，初步研究表明，对于超声速飞行的火箭弹，6 片尾翼的稳定效果最好。翼片数目增加时，阻力也随之增大。当翼片数目增多到一定程度时，零升阻力增大的比例大于升力和法向力增大的比例，从而导致升阻比下降，所以在选择翼片数目时要仔细权衡和折中。

（3）弹道高对飞行稳定性、舵面操纵能力的影响。

远程制导火箭、远程制导炮弹（Extended Range Guided Munition，ERGM）等为了提高射程常采用大射角发射，弹道高可达 30 km 以上。弹道高对飞行的稳定性和舵面的操纵效率有重要影响，需深入研究。

（4）远程旋转弹箭的锥形运动。

采用旋转飞行方式的弹箭，在面外力和面外力矩的作用下，弹体纵轴将绕飞行速度方向旋转，即以一定锥角作锥形运动。如果锥角过大，将使阻力大大增加，速度损失过大，难以达到远射程，这是影响旋转弹箭增程的关键问题。

（5）高速远程大长径比弹箭的气动弹性。

高速远程大长径比弹箭在发动机工作结束后，中后部弹体为一薄壁结构，刚度较低。如果动压较大，弹体将发生弹性弯曲变形，导致尾翼的攻角减小，头部的攻角增大，导弹的稳定性降低。另外，由于尾翼片厚度小、刚度低，很容易发生颤振。这也是高速远程弹箭研制中需引起重视和解决的一个关键问题。

（6）飞行中可变布局的气动问题。

制导炮弹的气动外形在飞行过程中往往是变化的，在最大弹道高之前，为了减阻和保证飞行稳定，鸭舵折插在弹体内，此时的外形为弹身—尾翼组合体。在弹道顶点之后，鸭舵张开以进行滑翔增程和捕获、跟踪、攻击目标。飞行中外形的变化将引起稳定性等气动特性的变化。要认真研究无控飞行时稳定性的选择，有控飞行时稳定性与操纵性，舵偏角和平衡攻角的匹配和优化。

（7）鸭舵的滚转控制问题。

制导火箭、制导炮弹多采用鸭式布局，鸭舵难以进行滚转控制已是熟知的问题。解决的途径有两个：一是采用低速旋转飞行方式，鸭舵只进行俯仰和偏航控制，不进行滚转控制。但是对于以攻击面目标为主的远程弹箭，一般采用惯导（INS）与全球定位（GPS）的组合导航，对转速范围有一定的限制，速度跨度很大的飞行兵器，控制转速范围很困难。解决鸭舵滚转控制问题的另一个措施是采用自旋尾翼段。尾翼段自旋后只承受法向力和俯仰力矩，而不能承受滚转力矩，这样可以有效地消除或减小鸭舵副翼偏转进行滚转控制时所产生的诱导反向滚转、耦合面外力、耦合面外力矩及弹体滚转角对面外力和面外力矩的影响。

第 3 章　制导兵器气动特性工程计算的部件组合法

3.1　空气动力特性的部件组合法

空气动力学的部件组合法是气动力工程计算程序中经常采用的方法，其理论基础是线化理论。在线性意义下方程的解可以彼此叠加。空气动力学的部件组合法有两种含义：一种是导弹单独部件空气动力分量的组合法；另一种是某一空气动力项的组合法。以图 3.1 所示外形为例说明这两种部件组合法。

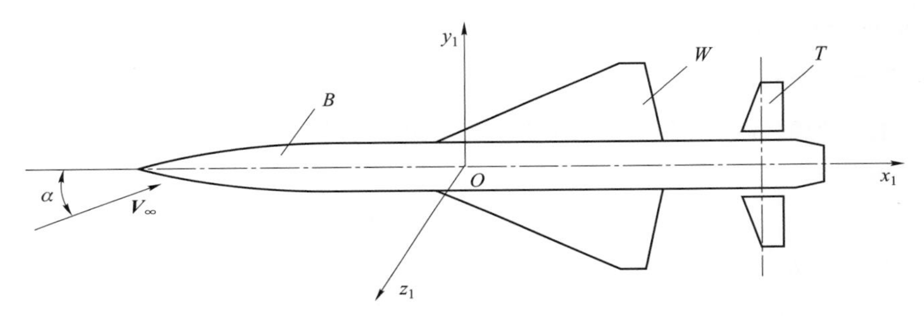

图 3.1　典型导弹外形图

在部件组合法中，将导弹的气动特性系数表示为

$$C_A = C_{AB} + C_{AW} + C_{AT} \tag{3.1}$$

$$\begin{aligned} C_N &= C_{NB} + C_{NW(B)} + \Delta C_{NB(W)} + C_{NT(B)} + \Delta C_{NB(T)} + C_{NT(V)} \\ &= C_{NB} + C_{NW} + \Delta C_{NW(B)} + \Delta C_{NB(W)} + C_{NT} + \Delta C_{NT(B)} + \Delta C_{NB(T)} + C_{NT(V)} \end{aligned} \tag{3.2}$$

$$\begin{aligned} m_z &= m_{zB} + m_{zW(B)} + \Delta m_{zB(W)} + m_{zT(B)} + \Delta m_{zB(T)} + m_{zT(V)} \\ &= m_{zB} + m_{zW} + \Delta m_{zW(B)} + \Delta m_{zB(W)} + m_{zT} + \Delta m_{zT(B)} + \Delta m_{zB(T)} + m_{zT(V)} \end{aligned} \tag{3.3}$$

$$\bar{x}_p = -\frac{m_z}{C_N} \tag{3.4}$$

$$m_z^{\varpi_z} + m_z^{\bar{\dot{\alpha}}} = \left(m_z^{\varpi_z} + m_z^{\bar{\dot{\alpha}}}\right)_B + \left(m_z^{\varpi_z} + m_z^{\bar{\dot{\alpha}}}\right)_{W(B)} + \left(m_z^{\varpi_z} + m_z^{\bar{\dot{\alpha}}}\right)_{T(B)} \tag{3.5}$$

$$m_x^{\varpi_x} = \left(m_x^{\varpi_x}\right)_B + \left(m_x^{\varpi_x}\right)_{W(B)} + \left(m_x^{\varpi_x}\right)_{T(B)} \tag{3.6}$$

式中　C_A、C_N、m_z——分别为轴向力系数、法向力系数和俯仰力矩系数；

$\Delta C_{NW(B)}$——由于弹身存在在弹翼上产生的附加法向力系数；

$\Delta C_{NT(B)}$——由于弹身存在在尾翼上产生的附加法向力系数；

$\Delta C_{NB(W)}$——由于弹翼存在在弹身上产生的附加法向力系数；

$\Delta C_{NB(T)}$——由于尾翼存在在弹身上产生的附加法向力系数；

$C_{NT(V)}$——由前翼后拖涡在尾翼上产生的附加法向力系数；

$\Delta m_{zW(B)}$——由于弹身存在在弹翼上产生的附加俯仰力矩系数；

$\Delta m_{zT(B)}$——由于弹身存在在尾翼上产生的附加俯仰力矩系数；

$\Delta m_{zB(W)}$——由于弹翼存在在弹身上产生的附加俯仰力矩系数；

$\Delta m_{zB(T)}$——由于尾翼存在在弹身上产生的附加俯仰力矩系数；

$m_{zT(V)}$——由前翼后拖涡在尾翼上产生的附加俯仰力矩系数；

$\overline{x}_p$——压心系数；

$m_z^{\varpi_z}$——由常值俯仰速率产生的俯仰阻尼；

$m_z^{\bar{\dot{\alpha}}}$——由常值垂直加速度产生的俯仰阻尼；

$m_x^{\varpi_x}$——滚转阻尼。

第二种类型的部件组合法是对力和力矩项进行分解。例如研究单独弹身的轴向力时，可表示为

$$C_{AB} = C_{ABw} + C_{ABb} + C_{ABf} \tag{3.7}$$

式中，下标 w、b、f 分别表示波阻、底阻和摩阻系数。

对单独弹身的法向力系数 C_{NB}，可表示为

$$C_{NB} = (C_{NL})_B + (C_{NNL})_B \tag{3.8}$$

式中　C_{NL}——线性法向力系数；

C_{NNL}——非线性法向力系数。

在气动特性工程计算中，线性部分通常用以细长体理论或线性理论为基础的工程方法计算，非线性部分通常用经验或半经验方法计算。

3.2 线化理论

3.2.1 流动控制方程的线性化

线化流动方程可从欧拉方程在某些假设条件下得到。完全气体略去质量力，定常、等熵流动的方程组为

连续方程

$$\frac{\partial(\rho v_x)}{\partial x}+\frac{\partial(\rho v_y)}{\partial y}+\frac{\partial(\rho v_z)}{\partial z}=0 \tag{3.9}$$

动量方程

$$\begin{aligned}
v_x\frac{\partial v_x}{\partial x}+v_y\frac{\partial v_x}{\partial y}+v_z\frac{\partial v_x}{\partial z}&=-\frac{1}{\rho}\frac{\partial p}{\partial x}\\
v_x\frac{\partial v_y}{\partial x}+v_y\frac{\partial v_y}{\partial y}+v_z\frac{\partial v_y}{\partial z}&=-\frac{1}{\rho}\frac{\partial p}{\partial y}\\
v_x\frac{\partial v_z}{\partial x}+v_y\frac{\partial v_z}{\partial y}+v_z\frac{\partial v_z}{\partial z}&=-\frac{1}{\rho}\frac{\partial p}{\partial z}
\end{aligned} \tag{3.10}$$

能量方程

$$\frac{1}{2}(v_x^2+v_y^2+v_z^2)+\frac{\gamma}{\gamma-1}\frac{p}{\rho}=\text{常数} \tag{3.11}$$

状态方程

$$\frac{p}{\rho}=RT \tag{3.12}$$

由方程（3.9）和方程（3.10）可得

$$\begin{aligned}
&\left(1-\frac{v_x^2}{a^2}\right)\frac{\partial v_x}{\partial x}+\left(1-\frac{v_y^2}{a^2}\right)\frac{\partial v_y}{\partial y}+\left(1-\frac{v_z^2}{a^2}\right)\frac{\partial v_z}{\partial z}-\frac{v_xv_y}{a^2}\left(\frac{\partial v_x}{\partial y}+\frac{\partial v_y}{\partial x}\right)-\\
&\qquad\frac{v_yv_z}{a^2}\left(\frac{\partial v_y}{\partial z}+\frac{\partial v_z}{\partial y}\right)-\frac{v_zv_x}{a^2}\left(\frac{\partial v_z}{\partial x}+\frac{\partial v_x}{\partial z}\right)=0
\end{aligned} \tag{3.13}$$

因为流动是无旋的，所以有速度势 $\phi(x,y,z)$ 存在，且

$$v_x=\frac{\partial\phi}{\partial x},\quad v_y=\frac{\partial\phi}{\partial y},\quad v_z=\frac{\partial\phi}{\partial z}$$

将其代入方程（3.13）得

$$\begin{aligned}
&\left(1-\frac{v_x^2}{a^2}\right)\frac{\partial^2\phi}{\partial x^2}+\left(1-\frac{v_y^2}{a^2}\right)\frac{\partial^2\phi}{\partial y^2}+\left(1-\frac{v_z^2}{a^2}\right)\frac{\partial^2\phi}{\partial z^2}-2\frac{v_xv_y}{a^2}\frac{\partial^2\phi}{\partial x\partial y}-\\
&\qquad 2\frac{v_yv_z}{a^2}\frac{\partial^2\phi}{\partial y\partial z}-2\frac{v_zv_x}{a^2}\frac{\partial^2\phi}{\partial z\partial x}=0
\end{aligned} \tag{3.14}$$

方程（3.14）为定常等熵势流方程。在柱坐标系（见图 3.2）下，定常等熵势流方程为

$$\begin{aligned}
&\left(1-\frac{v_x^2}{a^2}\right)\frac{\partial^2\phi}{\partial x^2}+\left(1-\frac{v_r^2}{a^2}\right)\frac{\partial^2\phi}{\partial r^2}+\left(1-\frac{v_\theta^2}{a^2}\right)\frac{1}{r^2}\frac{\partial^2\phi}{\partial\theta^2}-2\frac{v_xv_r}{a^2}\frac{\partial^2\phi}{\partial x\partial r}-\\
&\qquad 2\frac{v_rv_\theta}{a^2}\frac{1}{r}\frac{\partial^2\phi}{\partial r\partial\theta}-2\frac{v_xv_\theta}{a^2}\frac{1}{r}\frac{\partial^2\phi}{\partial x\partial\theta}+\left(1+\frac{v_\theta^2}{a^2}\right)\frac{1}{r}\frac{\partial\phi}{\partial r}=0
\end{aligned} \tag{3.15}$$

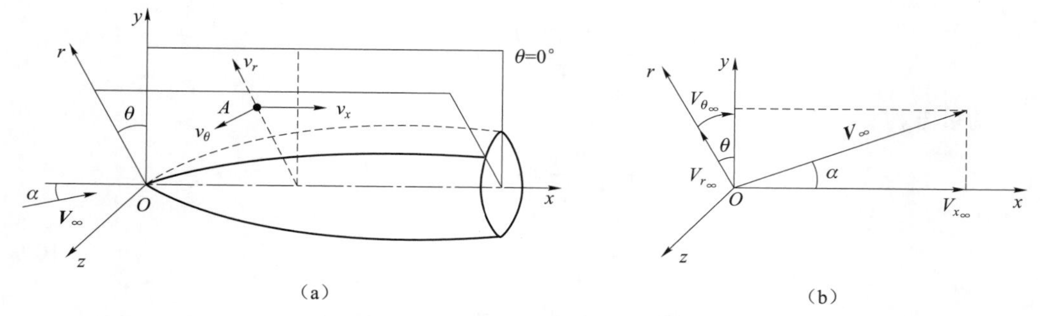

图 3.2　柱坐标系中有攻角的旋成体绕流

方程（3.14）、方程（3.15）是二阶非线性偏微分方程，没有一般解。在小扰动条件下，可对方程进行线化。以V_∞、p_∞、ρ_∞、a_∞表示未扰动气流的速度、压力、密度和声速。在小扰动下流场中任一点的气流参数为

$$v_x = V_\infty + v_x',\quad v_y = v_y',\quad v_z = v_z',\quad p = p_\infty + p',\quad \rho = \rho_\infty + \rho',\quad a = a_\infty + a'$$

式中，带“′”的量是扰动量，为微量。

设$\phi = V_\infty x + \varphi$，$\varphi$为扰动速势，$\varphi$与$v_x'$、$v_y'$、$v_z'$的关系为

$$v_x' = \frac{\partial \varphi}{\partial x},\quad v_y' = \frac{\partial \varphi}{\partial y},\quad v_z' = \frac{\partial \varphi}{\partial z}$$

于是有

$$v_x = \frac{\partial \phi}{\partial x} = V_\infty + \frac{\partial \varphi}{\partial x}$$

再利用能量方程可得到

$$v_x^2 - a^2 \approx V_\infty^2 - a_\infty^2 + (\gamma+1)V_\infty v_x'$$
$$v_y^2 - a^2 \approx -a_\infty^2 + (\gamma-1)V_\infty v_x'$$
$$v_z^2 - a^2 \approx -a_\infty^2 + (\gamma-1)V_\infty v_x'$$

而

$$v_x v_y \approx V_\infty v_y',\quad v_z v_x \approx v_z' V_\infty,\quad v_y v_z \approx v_y' v_z'$$

将上述等式和近似式代入方程（3.14），略去二阶小量后得到

$$\left[V_\infty^2 - a_\infty^2 + (\gamma+1)V_\infty v_x'\right]\frac{\partial^2 \varphi}{\partial x^2} + \left[-a_\infty^2 + (\gamma-1)V_\infty v_x'\right]\frac{\partial^2 \varphi}{\partial y^2} +$$
$$\left[-a_\infty^2 + (\gamma-1)V_\infty v_x'\right]\frac{\partial^2 \varphi}{\partial z^2} + 2V_\infty v_y'\frac{\partial^2 \varphi}{\partial x \partial y} + 2V_\infty v_z'\frac{\partial^2 \varphi}{\partial x \partial z} = 0$$

在非跨声速下V_∞不趋于a_∞，于是$V_\infty^2 - a_\infty^2$不是小量；在非高超声速下，V_∞不趋于$V_{\max}$，于是$V_\infty v'$为小量。在亚声速和超声速下，同$V_\infty^2 - a_\infty^2$相比，$V_\infty v_x'\dfrac{\partial^2 \varphi}{\partial x^2}$、$V_\infty v_x'\dfrac{\partial^2 \varphi}{\partial y^2}$、$V_\infty v_x'\dfrac{\partial^2 \varphi}{\partial z^2}$可以略去，$V_\infty v_y'\dfrac{\partial^2 \varphi}{\partial x \partial y}$、$V_\infty v_z'\dfrac{\partial^2 \varphi}{\partial x \partial z}$也可略去，这样上式成为

$$(V_\infty^2 - a_\infty^2)\frac{\partial^2\varphi}{\partial x^2} - a_\infty^2\frac{\partial^2\varphi}{\partial y^2} - a_\infty^2\frac{\partial^2\varphi}{\partial z^2} = 0$$

即

$$(1 - Ma_\infty^2)\frac{\partial^2\varphi}{\partial x^2} + \frac{\partial^2\varphi}{\partial y^2} + \frac{\partial^2\varphi}{\partial z^2} = 0 \tag{3.16}$$

该式称为定常小扰动速势方程。在柱坐标系中小扰动速势方程为

$$(1 - Ma_\infty^2)\frac{\partial^2\varphi}{\partial x^2} + \frac{\partial^2\varphi}{\partial r^2} + \frac{1}{r^2}\frac{\partial^2\varphi}{\partial\theta^2} + \frac{1}{r}\frac{\partial\varphi}{\partial r} = 0 \tag{3.17}$$

对于亚声速流动，一般地将方程（3.16）、方程（3.17）写成

$$\beta^2\frac{\partial^2\varphi}{\partial x^2} + \frac{\partial^2\varphi}{\partial y^2} + \frac{\partial^2\varphi}{\partial z^2} = 0 \tag{3.18}$$

$$\beta^2\frac{\partial^2\varphi}{\partial x^2} + \frac{\partial^2\varphi}{\partial r^2} + \frac{1}{r^2}\frac{\partial^2\varphi}{\partial\theta^2} + \frac{1}{r}\frac{\partial\varphi}{\partial r} = 0 \tag{3.19}$$

式中，$\beta^2 = 1 - Ma_\infty^2$。方程（3.18）、方程（3.19）为椭圆型二阶偏微分方程。

对于超声速流动，一般地将方程（3.16）、方程（3.17）写成

$$B^2\frac{\partial^2\varphi}{\partial x^2} - \frac{\partial^2\varphi}{\partial y^2} - \frac{\partial^2\varphi}{\partial z^2} = 0 \tag{3.20}$$

$$B^2\frac{\partial^2\varphi}{\partial x^2} - \frac{\partial^2\varphi}{\partial r^2} - \frac{1}{r^2}\frac{\partial^2\varphi}{\partial\theta^2} - \frac{1}{r}\frac{\partial\varphi}{\partial r} = 0 \tag{3.21}$$

式中，$B^2 = Ma_\infty^2 - 1$。方程（3.20）、方程（3.21）为双曲型二阶偏微分方程。

对于升力面，用方程（3.18）、方程（3.20）比较方便；对于旋成体弹身用方程（3.19）、方程（3.21）比较方便。

对于有攻角的流动，可将 φ 表示为

$$\varphi = \varphi_a + \varphi_c \tag{3.22}$$

式中，$\varphi_a(x,y,z)$ 或 $\varphi_a(x,r)$ 为以速度 $V_\infty\cos\alpha \approx V_\infty$ 绕流物体的扰动速度势，即纵向流动的扰动速度势；$\varphi_c(x,y,z)$ 或 $\varphi_c(x,r,\theta)$ 为以 $V_\infty\sin\alpha \approx V_\infty\alpha$ 绕流物体的扰动速度势，即横向流动的扰动速度势。

3.2.2　边界条件

1）无限远处

$$\varphi = \frac{\partial\varphi}{\partial x} = \frac{\partial\varphi}{\partial y} = \frac{\partial\varphi}{\partial z} = 0$$

或

$$\varphi = \frac{\partial\varphi}{\partial x} = \frac{\partial\varphi}{\partial r} = \frac{\partial\varphi}{\partial\theta} = 0 \tag{3.23}$$

2）物体表面

（1）旋成体弹身。

在弹身表面上，即 $r=R$ 时，

$$\frac{V_\infty\alpha\cos\theta+\dfrac{\partial\varphi}{\partial r}}{V_\infty+\dfrac{\partial\varphi}{\partial x}}=\frac{\mathrm{d}R}{\mathrm{d}x} \tag{3.24}$$

对于纵向流动为

$$\frac{\partial\varphi_a}{\partial r}=V_\infty\frac{\mathrm{d}R}{\mathrm{d}x} \tag{3.25}$$

对于横向流动为

$$\frac{\partial\varphi_c}{\partial r}=-V_\infty\alpha\cos\theta \tag{3.26}$$

（2）升力面。

在上翼面

$$v_y'=\frac{\partial\varphi}{\partial y}=V_\infty\frac{\partial y_u(x,0^+,z)}{\partial x} \tag{3.27}$$

在下翼面

$$v_y'=\frac{\partial\varphi}{\partial y}=V_\infty\frac{\partial y_l(x,0^-,z)}{\partial x} \tag{3.28}$$

其下标 u、l 分别代表翼的上、下表面。

对于亚声速流动还要满足库塔条件，即要求上、下表面速度在后缘处平滑地会合，当弹翼承受气动载荷时，上、下表面的压强差在后缘处等于零。

3.2.3 压力系数表达式

压力系数定义为

$$C_p=\frac{p-p_\infty}{\dfrac{1}{2}\rho_\infty V_\infty^2}=\frac{2}{\gamma Ma_\infty^2}\left(\frac{p}{p_\infty}-1\right) \tag{3.29}$$

利用等熵关系，上式成为

$$C_p=\frac{2}{\gamma Ma_\infty^2}\left\{\left[1-\frac{\gamma-1}{2}Ma_\infty^2\left(2\frac{v_x'}{V_\infty}+\frac{v_x'^2+v_y'^2+v_z'^2}{V_\infty^2}\right)\right]^{\frac{\gamma}{\gamma-1}}-1\right\} \tag{3.30}$$

将上式展开保留二阶小量得到

$$C_p = -2\frac{v'_x}{V_\infty} + \frac{(Ma_\infty^2 - 1)v_x'^2 - v_y'^2 - v_z'^2}{V_\infty^2}$$

对于薄翼，可略去二阶小量，得到

$$C_p = -2\frac{v'_x}{V_\infty} = -\frac{2}{V_\infty}\frac{\partial \varphi}{\partial x} \tag{3.31}$$

对于旋成体弹身，v'_x 与 $v_y'^2$、$v_z'^2$ 同量级，于是有

$$C_p = -2\frac{v'_x}{V_\infty} - \frac{v_y'^2 + v_z'^2}{V_\infty^2} \tag{3.32}$$

3.3　细长体理论、线化理论的一些结果

细长体理论是线化理论的进一步简化，对于十分细长的尖头旋成体的小攻角绕流，在物面附近法向流动的扰动速度势，满足垂直于对称轴 x 的横流平面（yz 平面）内的拉普拉斯方程

$$\frac{\partial^2 \varphi}{\partial y^2} + \frac{\partial^2 \varphi}{\partial z^2} = 0 \tag{3.33}$$

于是可用 yz 平面上位于原点的沿 y 轴负向布置的偶极子来求横向扰动速度势和法向力。从式（3.33）看出，扰动速度势与马赫数无关，表明细长体理论结果只与攻角和横截面的变化有关，仅当横截面面积 S 沿 x 轴有变化的部分才产生法向力，且法向力的符号仅取决于横截面面积 S 沿纵轴 x 的变化率 $\frac{\mathrm{d}S}{\mathrm{d}x}$ 的符号。在头部，一般是 $\frac{\mathrm{d}S}{\mathrm{d}x} > 0$，所以产生正的法向力；在收缩尾部，$\frac{\mathrm{d}S}{\mathrm{d}x} < 0$，所以产生负的法向力；在圆柱部，$\frac{\mathrm{d}S}{\mathrm{d}x} = 0$，所以不产生法向力。

3.3.1　细长体理论结果

1. 尖拱形头部

对于长度为 L_n 的尖拱形头部，当以 L_n 处的横截面积 $S(L_n)$ 为参考面积时，细长体理论给出的头部法向力系数及其导数、对头部顶点的俯仰力矩系数及其导数、压心系数为

$$C_{Nn} = \frac{Y_{1n}}{\frac{1}{2}\rho_\infty V_\infty^2 S(L_n)} = 2\alpha$$

$$\begin{aligned} C_{Nn}^\alpha &= 2\,(1/\mathrm{rad}) \\ &= 0.035\,(1/\mathrm{deg}) \end{aligned} \tag{3.34}$$

$$m_{z_n}=\frac{M_z}{\frac{1}{2}\rho_\infty V_\infty^2 S(L_n)L_n}=2\alpha\left[1-\frac{S_{av}}{S(L_n)}\right]$$

$$\begin{aligned}m_{z_n}^{\alpha}&=2\left[1-\frac{S_{av}}{S(L_n)}\right]\quad(1/\text{rad})\\&=0.035\left[1-\frac{S_{av}}{S(L_n)}\right]\quad(1/\text{deg})\end{aligned}\tag{3.35}$$

$$(\bar{x}_p)_n=\frac{(x_p)_n}{L_n}=\left[1-\frac{S_{av}}{S(L_n)}\right]\tag{3.36}$$

式中，S_{av} 为尖拱形头部的平均横截面面积，$(1/\text{rad})$ 为（1/弧度），$(1/\text{deg})$ 为（1/度）。

细长体理论给出的前体轴向力系数（不包括摩擦阻力系数）为

$$\begin{aligned}&C_{AFn}=+\alpha^2\ \text{（亚声速）}\\&C_{AFn}=C_{Awn}+\alpha^2\ \text{（超声速）}\end{aligned}\tag{3.37}$$

式中，C_{Awn} 为头部波阻系数。

升力系数和前体阻力系数为

$$C_{Ln}=C_{Nn}\cos\alpha-C_{AFn}\sin\alpha$$

$$C_{DFn}=C_{AFn}\cos\alpha+C_{Nn}\sin\alpha$$

小攻角下，将式（3.34）和式（3.37）代入得

$$C_{Ln}\approx 2\alpha$$

$$C_{DFn}\approx\begin{cases}\alpha^2 & \text{(亚声速)}\\ C_{Awn}+\alpha^2 & \text{(超声速)}\end{cases}\tag{3.38}$$

显然诱导阻力系数 C_{Din} 为

$$C_{Din}=\alpha^2\tag{3.39}$$

2. 收缩形尾部

对于收缩形尾部，取圆柱段横截面积 $\frac{\pi}{4}D^2$ 为参考面积，细长体理论给出的法向力系数及其导数、压心系数为

$$C_{Nt}=-2\alpha\left[1-\left(\frac{D_b}{D}\right)^2\right]$$

$$\begin{aligned}C_{Nt}^{\alpha}&=-2\left[1-\left(\frac{D_b}{D}\right)^2\right]\quad(1/\text{rad})\\&=-0.035\left[1-\left(\frac{D_b}{D}\right)^2\right]\quad(1/\text{deg})\end{aligned}\tag{3.40}$$

$$(\overline{x}_p)_t = \frac{(x_p)_t}{L_B} = 1 - \frac{W_t}{SL_B} \tag{3.41}$$

式中，下标“t”表示尾部，W_t 为收缩尾部的体积，L_B 为旋成体总长度，D_b 为底部直径。

3. 细长三角翼

对于细长三角翼，其法向力系数及其导数、压心系数为

$$C_{NW} = \frac{Y_{1W}}{\frac{1}{2}\rho_\infty V_\infty^2 S_W} = \frac{\pi}{2}\lambda\alpha$$

$$C_{NW}^\alpha = \frac{\pi}{2}\lambda \quad (1/\text{rad}) \tag{3.42}$$

$$(\overline{x}_p)_W = \frac{(x_p)_W}{b_0} = \frac{2}{3} \tag{3.43}$$

式中，λ 为三角翼的展弦比，S_W 为三角翼平面面积，b_0 为根弦长。

3.3.2　线化理论结果

1. 低速薄翼型

对于对称薄翼型，附着涡层理论给出的升力系数及其导数、对前缘点的俯仰力矩系数及其导数、压心系数为

$$C_L = 2\pi\alpha$$

$$C_L^\alpha = 2\pi \quad (1/\text{rad}) \tag{3.44}$$

$$m_z = \frac{\pi}{2}\alpha$$

$$m_z^\alpha = \frac{\pi}{2} \quad (1/\text{rad}) \tag{3.45}$$

$$\overline{x}_p = \frac{x_p}{b} = \frac{1}{4} \tag{3.46}$$

式中，b 为弦长。

对于非对称薄翼型，附着涡层理论给出的升力系数、对前缘点的俯仰力矩系数、压心系数和焦点系数为

$$C_L = 2\pi(\alpha - \alpha_0) \tag{3.47}$$

$$m_z = -\frac{\pi}{2}\alpha_0 + \int_0^\pi \frac{\mathrm{d}y}{\mathrm{d}x}\sin\theta\mathrm{d}\theta \tag{3.48}$$

$$\overline{x}_p = \frac{1}{4} - \frac{\pi}{4}\frac{A_2 - A_1}{C_L}$$

$$\overline{x}_F = \frac{1}{4} \tag{3.49}$$

式中，$A_1 = \dfrac{2}{\pi}\int_0^{\pi}\dfrac{\mathrm{d}y}{\mathrm{d}x}\cos\theta \mathrm{d}\theta$；$A_2 = \dfrac{2}{\pi}\int_0^{\pi}\dfrac{\mathrm{d}y}{\mathrm{d}x}\cos 2\theta \mathrm{d}\theta$；$y = y(x)$，为翼面方程；$\alpha_0 \approx -\overline{f}$，其中 $\overline{f}$ 为相对弯矩，以百分数计；α_0 为零升力攻角，以度计。

2. 超声速薄翼型

超声速一般都采用对称翼型，在小攻角下线化理论给出的升力系数、阻力系数、对前缘点的俯仰力矩系数、压心系数为

$$C_L = \frac{4\alpha}{B}$$

$$C_L^{\alpha} = \frac{4}{B} \quad (1/\mathrm{rad}) \tag{3.50}$$

$$C_D = \frac{4\alpha^2}{B} + \frac{K\overline{c}^2}{B} \tag{3.51}$$

$$m_z = -\frac{1}{2}C_L \tag{3.52}$$

$$\overline{x}_p = \overline{x}_F = \frac{1}{2} \tag{3.53}$$

式（3.51）中的第一项为诱导阻力系数，第二项为厚度波阻系数，K 为与翼型有关的系数，称为翼型影响系数，表 3.1 给出了一些典型翼型的 K 值。

表 3.1　典型翼型的影响系数

翼　　型	名称	K
	对称菱形	4
	非对称菱形	$\dfrac{1}{\overline{x}_c(1-\overline{x}_c)}$，$\left(\overline{x}_c = \dfrac{x_c}{b}\right)$
	对称六角形	$\dfrac{4}{1-\dfrac{a}{b}}$
	削尖平板形	$\dfrac{1}{\overline{x}_c}$

续表

翼　　型	名称	K
b	双弧线形	$\frac{16}{3}$
x_c b	平底削尖平板形	$\frac{2}{\bar{x}_c}$

3. 升力线理论结果

1）椭圆形环量分布

升力系数

$$C_L = \frac{Y}{\frac{1}{2}\rho_\infty V_\infty^2 S_W} = \frac{a_0}{1+\frac{a_0}{\pi\lambda}}(\alpha - \alpha_0) \tag{3.54}$$

式中，$a_0 = 2\pi$，即低速薄翼型的升力系数导数（单位：1/rad），λ 为展弦比。

诱导阻力系数

$$C_{Di} = \frac{C_L^2}{\pi\lambda} \tag{3.55}$$

2）一般环量分布

升力系数

$$C_L = \frac{a_0}{1+\frac{a_0}{\pi\lambda}(1+\tau)}(\alpha - \alpha_0) \tag{3.56}$$

诱导阻力系数

$$C_{Di} = \frac{C_L^2}{\pi\lambda}(1+\delta) \tag{3.57}$$

式（3.56）、式（3.57）中的 τ 和 δ 是与翼平面形状有关的小正数，表 3.2 给出了一些典型弹翼的 τ 和 δ 值。

表 3.2　典型弹翼的 τ 和 δ 值

翼面形状	τ	δ
椭圆翼	0	0
矩形翼（λ=5～8）	0.18	0.05

续表

翼面形状	τ	δ
梯形翼（η=2～3）	0	0
去尖矩形翼（λ=5～8）	0.06	0
倒圆矩形翼（λ=5～8）	0.14	0

4. 超声速薄翼理论结果

1）矩形翼

$$C_L = \frac{4\alpha}{B}\left(1-\frac{1}{2\lambda B}\right) \tag{3.58}$$

$$C_{Di} = \frac{4\alpha^2}{B}\left(1-\frac{1}{2\lambda B}\right) \tag{3.59}$$

$$\bar{x}_p = \frac{x_p}{b} = \frac{\lambda B-\frac{2}{3}}{2\lambda B-1} \tag{3.60}$$

2）超声速前缘三角翼

$$C_L = \frac{4a}{B} \tag{3.61}$$

$$C_{Di} = \frac{4a^2}{B} \tag{3.62}$$

$$\bar{x}_p = \frac{x_p}{b_0} = \frac{2}{3} \tag{3.63}$$

式中，b_0为根弦长。

5. 超声速无限翼展后掠翼

$$C_L = C_{Ln}\cos^2\chi$$

$$C_L^{\alpha} = C_{Ln}^{\alpha_n}\cos^2\chi \tag{3.64}$$

$$C_D = C_{Dn}\cos^3\chi \tag{3.65}$$

式中，χ为后掠角，下标n表示无后掠角（$\chi = 0°$），即正置弹翼的值。

3.4 压缩性修正

对按升力线理论和升力面理论求得的不可压缩流中三维薄翼的压力系数及气动特性进行压缩性修正，可以得到可压缩流中相应三维薄翼的压力系数及气动特性。有以下两种法则可以采用。

3.4.1　戈泰特法则（Gothert Rule）

令

$$\begin{aligned} x' &= x \\ y' &= \beta y \\ z' &= \beta z \\ \varphi' &= \beta^2 \varphi \end{aligned} \tag{3.66}$$

式中，“'”表示不可压缩流场的空间坐标和扰动速势，不带“'”表示可压缩流场中的空间坐标和扰动速势。按式（3.66），方程（3.16）成为

$$\frac{\partial^2 \varphi'}{\partial x'^2} + \frac{\partial^2 \varphi'}{\partial y'^2} + \frac{\partial^2 \varphi'}{\partial z'^2} = 0 \tag{3.67}$$

该式即为不可压缩流中扰动速势方程。由此看出，式（3.66）是构成可压缩流场与不可压缩流场之间联系的变换，而在这两个流场中弹翼的几何形状是仿射相似的。

根据不可压缩流场中弹翼的气动特性求可压缩流场中弹翼的气动特性，除要求两流场中的弹翼为仿射相似外，对边界条件也要进行变换。在小扰动下翼面上的边界条件为

$$\left(\frac{\partial \varphi}{\partial y}\right)_{y=0} = V_\infty \frac{\partial y(x,z)}{\partial x} \tag{3.68}$$

将式（3.66）代入上式得

$$\left(\frac{\partial \varphi'}{\partial y'}\right)_{y'=0} = V_\infty \frac{\partial y'(x',z')}{\partial x'} \tag{3.69}$$

该式正是不可压缩流中扰动速势 φ' 在新的翼面 $y'(x',z')$ 上所应满足的边界条件。

根据式（3.66），对于可压缩流中弹翼与不可压缩流中弹翼的几何参数之间有下列关系

相对厚度	$\bar{c}' = \beta \bar{c}$
相对弯度	$\bar{f}' = \beta \bar{f}$
攻角	$\alpha' = \beta \alpha$
根梢比	$\eta' = \eta$
展弦比	$\lambda' = \beta \lambda$
后掠角	$\tan \chi' = \dfrac{1}{\beta} \tan \chi$

（3.70）

式（3.70）表明，不可压缩流中的弹翼要比可压缩流中相应的弹翼薄些，弯度、展弦比、攻角小些，而后掠角要大些，如图3.3所示。

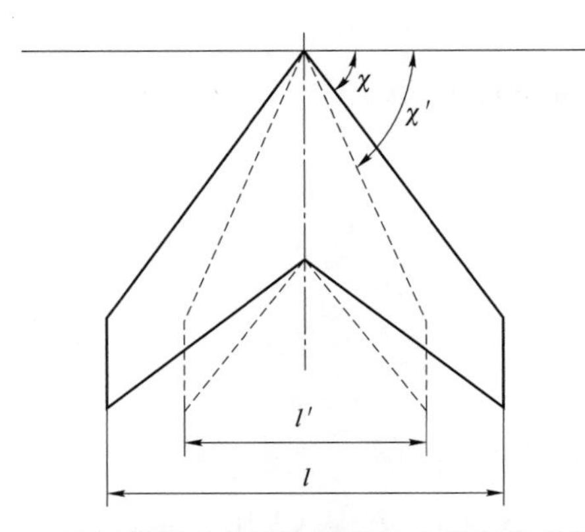

图 3.3　可压缩流中与不可压缩流中仿射相似的弹翼

可压缩流中与不可压缩流中仿射相似弹翼的压力系数及升力系数、俯仰力矩系数之间的关系为

$$C_p = \frac{1}{\beta^2} C_p' \tag{3.71}$$

$$C_L = \frac{1}{\beta^2} C_L' \tag{3.72}$$

$$C_L^\alpha = \frac{1}{\beta^2} (C_L^\alpha)' \tag{3.73}$$

$$m_z = \frac{1}{\beta^2} m_z' \tag{3.74}$$

3.4.2　普朗特—葛劳握法则（Prandtl-Glauert Rule）

在戈泰特法则中，可压缩流场与不可压缩流场中对应弹翼的剖面形状和攻角都不同，用起来不太方便。为此先把式（3.71）改写为

$$(C_p)_{Ma_\infty,\bar{c},\bar{f},\alpha,\lambda,\tan\chi,\eta} = \frac{1}{\beta^2}(C_p)_{0,\beta\bar{c},\beta\bar{f},\beta\alpha,\beta\lambda,\frac{1}{\beta}\tan\chi,\eta} \tag{3.75}$$

将式（3.75）两边除以 $(C_p)_{0,\bar{c},\bar{f},\alpha,\beta\lambda,\frac{1}{\beta}\tan\chi,\eta}$ 得

$$\frac{(C_p)_{Ma_\infty,\bar{c},\bar{f},\alpha,\lambda,\tan\chi,\eta}}{(C_p)_{0,\bar{c},\bar{f},\alpha,\beta\lambda,\frac{1}{\beta}\tan\chi,\eta}} = \frac{1}{\beta^2}\frac{(C_p)_{0,\beta\bar{c},\beta\bar{f},\beta\alpha,\beta\lambda,\frac{1}{\beta}\tan\chi,\eta}}{(C_p)_{0,\bar{c},\bar{f},\alpha,\beta\lambda,\frac{1}{\beta}\tan\chi,\eta}} \tag{3.76}$$

上式右边表示不可压缩流中两个平面形状相同（皆为 $\beta\lambda$，$\frac{1}{\beta}\tan\chi$，η），但翼型的相对厚度、相对弯度和攻角相差 β 倍的弹翼在对应点上的压强系数比值。一阶压力系数公式（3.31）表明，在小扰动条件下，对于相同平面形状的弹翼，翼型对流动的扰动可

认为是厚度、弯度和攻角扰动的叠加，而扰动的大小显然是与厚度、弯度和攻角成正比的，因此有

$$\frac{(C_p)_{0,\beta\bar{c},\beta\bar{f},\beta\alpha,\beta\lambda,\frac{1}{\beta}\tan\chi,\eta}}{(C_p)_{0,\bar{c},\bar{f},\alpha,\beta\lambda,\frac{1}{\beta}\tan\chi,\eta}}=\beta \tag{3.77}$$

将式（3.77）代入式（3.76）得

$$(C_p)_{Ma_\infty,\bar{c},\bar{f},\alpha,\lambda,\tan\chi,\eta}=\frac{1}{\beta}(C_p)_{0,\bar{c},\bar{f},\alpha,\beta\lambda,\frac{1}{\beta}\tan\chi,\eta} \tag{3.78}$$

同理得

$$(C_L)_{Ma_\infty,\bar{c},\bar{f},\alpha,\lambda,\tan\chi,\eta}=\frac{1}{\beta}(C_L)_{0,\bar{c},\bar{f},\alpha,\beta\lambda,\frac{1}{\beta}\tan\chi,\eta} \tag{3.79}$$

$$(C_L^\alpha)_{Ma_\infty,\bar{c},\bar{f},\alpha,\lambda,\tan\chi,\eta}=\frac{1}{\beta}(C_L^\alpha)_{0,\bar{c},\bar{f},\alpha,\beta\lambda,\frac{1}{\beta}\tan\chi,\eta} \tag{3.80}$$

$$(m_z)_{Ma_\infty,\bar{c},\bar{f},\alpha,\lambda,\tan\chi,\eta}=\frac{1}{\beta}(m_z)_{0,\bar{c},\bar{f},\alpha,\beta\lambda,\frac{1}{\beta}\tan\chi,\eta} \tag{3.81}$$

$$(\bar{x}_p)_{Ma_\infty,\bar{c},\bar{f},\alpha,\lambda,\tan\chi,\eta}=(\bar{x}_p)_{0,\bar{c},\bar{f},\alpha,\beta\lambda,\frac{1}{\beta}\tan\chi,\eta} \tag{3.82}$$

$$(\bar{x}_F)_{Ma_\infty,\bar{c},\bar{f},\alpha,\lambda,\tan\chi,\eta}=(\bar{x}_F)_{0,\bar{c},\bar{f},\alpha,\beta\lambda,\frac{1}{\beta}\tan\chi,\eta} \tag{3.83}$$

3.5　气动干扰

在空气动力学近似方法中用到两种类型气动干扰。第一种是弹翼—弹身之间的干扰，包括由于弹身存在在弹翼上诱导产生的附加载荷和由于弹翼存在在弹身上诱导产生的附加载荷。无论是对常值攻角，还是对常值俯仰角速率，或者是对常值垂直加速度下的弹翼—弹身外形，都有这种类型的气动干扰存在。

第二种类型的气动干扰是由前翼和弹身拖出的旋涡对尾翼和后体的气动干扰。拖出旋涡的数目与前翼的滚转方位有关。滚转方位为零时（前翼处于“＋”形状态），根据普朗特升力线理论，有攻角翼片可用翼面上的附着涡和向后拖出的两条尾涡（自由涡）代替。这样，两个处于水平位置的前翼片各拖出一条自由涡。如果前翼处于 45° 滚转方位（即为“×”形状态），则前翼的 4 个翼片都有一条自由涡拖出，每条自由涡在尾翼和后体上都有下洗，其作用一般是减小尾翼的当地攻角，减小尾翼的升力，降低尾翼的效率。

对于导弹外形还有其他形式的干扰，当翼片数目较多时在翼片之间会有气动干扰；在大攻角和高超声速中等攻角时会有内激波干扰。内激波干扰是造成空气动力非线性

的一个原因。

下面介绍与导弹线性空气动力部件组合法相应的翼—身、翼—尾干扰的细长体理论和线化理论结果。

3.5.1 弹翼—弹身干扰

将弹翼—弹身—尾翼外形的法向力系数写为

$$\begin{aligned}C_N = C_{NB} &+ \left[(K_{W(B)} + K_{B(W)})\alpha + (k_{W(B)} + k_{B(W)})\delta_W\right](C_N^{\alpha})_W + \\ &\left[(K_{T(B)} + K_{B(T)})\alpha + (k_{T(B)} + k_{B(T)})\delta_T\right](C_N^{\alpha})_T + \\ &C_{NT(v)} + C_{NB(v)}\end{aligned} \tag{3.84}$$

方程（3.84）中的第一项为单独弹身的法向力系数；第二项为弹翼（或鸭舵）的贡献，其中包括控制面不偏转（$\delta_W = 0°$）仅有攻角α和攻角$\alpha = 0°$仅有控制面偏转（$\delta_W \neq 0°$）时，弹翼—弹身干扰效应；第三项为尾翼的贡献,其中也包括控制面不偏转（$\delta_T = 0°$）仅有攻角α和攻角$\alpha = 0°$仅有控制面偏转（$\delta_T \neq 0°$）时的尾翼—弹身干扰效应；第四项为前翼（弹翼或鸭舵）和弹身后拖涡对尾翼的洗流影响。前翼为正法向力时，在尾翼处产生下洗，$C_{NT(v)}$为负的；第五项为前翼和弹身后拖涡对后弹身的洗流影响。式中的K和k称为翼—身干扰因子，K表示与攻角有关的弹翼—弹身或尾翼—弹身之间的干扰；k表示与控制面偏转角δ_W或δ_T有关的弹翼—弹身或尾翼—弹身之间的干扰。干扰因子$K_{W(B)}$、$K_{B(W)}$、$k_{W(B)}$、$k_{B(W)}$的定义分别为

$$K_{W(B)} = \left[\frac{L_{W(B)}}{L_W}\right]_{SBT}，（\alpha \neq 0°，\delta_W = 0°） \tag{3.85}$$

$$K_{B(W)} = \left[\frac{L_{B(W)}}{L_W}\right]_{SBT}，（\alpha \neq 0°，\delta_W = 0°） \tag{3.86}$$

$$k_{W(B)} = \left[\frac{L_{W(B)}}{L_W}\right]_{SBT}，（\alpha = 0°，\delta_W \neq 0°） \tag{3.87}$$

$$k_{B(W)} = \left[\frac{L_{B(W)}}{L_W}\right]_{SBT}，（\alpha = 0°，\delta_W \neq 0°） \tag{3.88}$$

干扰因子$K_{T(B)}$、$K_{B(T)}$、$k_{T(B)}$、$k_{B(T)}$的定义式类似，分别为

$$K_{T(B)} = \left[\frac{L_{T(B)}}{L_T}\right]_{SBT}，（\alpha \neq 0°，\delta_T = 0°） \tag{3.89}$$

$$K_{B(T)} = \left[\frac{L_{B(T)}}{L_T}\right]_{SBT}，（\alpha \neq 0°，\delta_T = 0°） \tag{3.90}$$

$$k_{T(B)} = \left[\frac{L_{T(B)}}{L_T}\right]_{SBT}，（\alpha = 0°，\delta_T \neq 0°） \tag{3.91}$$

$$k_{B(T)}=\left[\frac{L_{B(T)}}{L_T}\right]_{SBT}\text{，（}\alpha=0^\circ\text{，}\delta_T\neq 0^\circ\text{）} \tag{3.92}$$

以上各干扰因子仅与 $\dfrac{r}{s}$ 有关，其中 r 为弹身半径，s 为弹身半径与净半翼展之和，见图 3.4。

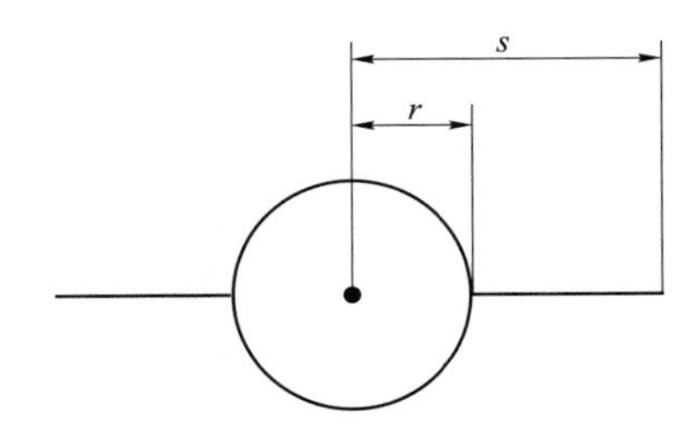

图 3.4　*r* 与 *s* 的定义

每个干扰因子都按细长体理论或线性理论计算，公式为

$$K_{W(B)}=\frac{2}{\pi}\left\{\frac{\left(1+\frac{r^4}{s^4}\right)\left[\frac{1}{2}\arctan\frac{1}{2}\left(\frac{s}{r}-\frac{r}{s}\right)+\frac{\pi}{4}\right]-\frac{r^2}{s^2}\left[\left(\frac{s}{r}-\frac{r}{s}\right)-2\arctan\left(\frac{r}{s}\right)\right]}{\left(1-\frac{r}{s}\right)^2}\right\} \tag{3.93}$$

$$K_{B(W)}=\left(1+\frac{r}{s}\right)^2-K_{W(B)} \tag{3.94}$$

$$\begin{aligned}k_{W(B)}=\frac{1}{\pi^2}\Bigg\{&\frac{\pi^2\left(\frac{s}{r}+1\right)^2}{4\left(\frac{s}{r}\right)^2}+\frac{\pi\left[\left(\frac{s}{r}\right)^2+1\right]^2}{\left(\frac{s}{r}\right)^2\left(\frac{s}{r}-1\right)^2}\arcsin\left[\frac{\left(\frac{s}{r}\right)^2-1}{\left(\frac{s}{r}\right)^2+1}\right]-\\&\frac{2\pi\left(\frac{s}{r}+1\right)}{\frac{s}{r}\left(\frac{s}{r}-1\right)}+\frac{\left[\left(\frac{s}{r}\right)^2+1\right]^2}{\left(\frac{s}{r}\right)^2\left(\frac{s}{r}-1\right)^2}\left(\arcsin\left[\frac{\left(\frac{s}{r}\right)^2-1}{\left(\frac{s}{r}\right)^2+1}\right]\right)^2-\\&\frac{4\left(\frac{s}{r}+1\right)}{\frac{s}{r}\left(\frac{s}{r}-1\right)}\arcsin\left[\frac{\left(\frac{s}{r}\right)^2-1}{\left(\frac{s}{r}\right)^2+1}\right]+\frac{8}{\left(\frac{s}{r}-1\right)^2}\log\left[\frac{\left(\frac{s}{r}\right)^2+1}{\frac{2s}{r}}\right]\end{aligned} \tag{3.95}$$

$$k_{B(W)}=K_{W(B)}-k_{W(B)} \tag{3.96}$$

图 3.5 为按式（3.93）至式（3.96）画出的升力（法向力）翼—身干扰因子随 r/s 的变化曲线。

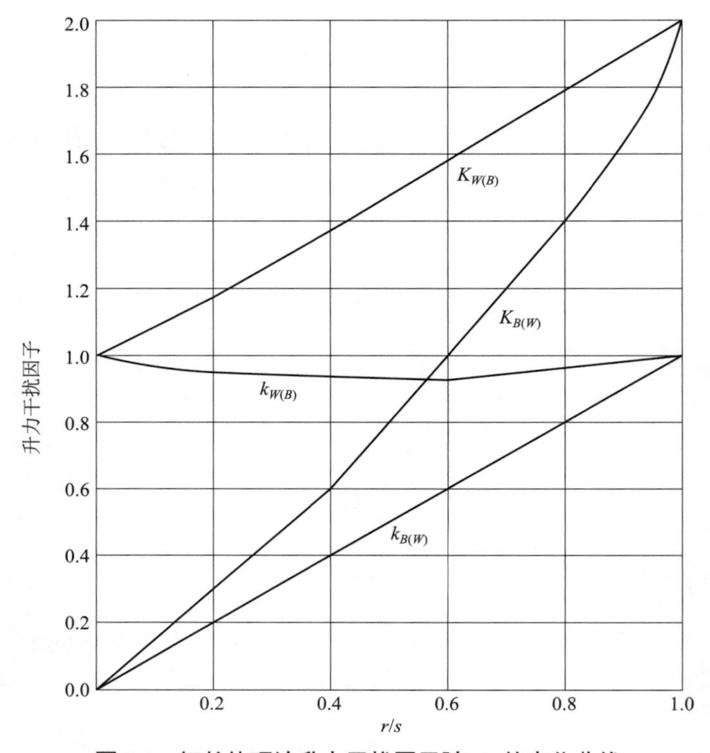

图 3.5　细长体理论升力干扰因子随 *r/s* 的变化曲线

当马赫数 $Ma_\infty > 1$时，如果翼面靠近弹身的底部，由细长理论给出的 $K_{B(W)}$ 太高。因为 $K_{B(W)}$ 表示弹翼对弹身的干扰影响，在超声速时这种干扰影响限于翼根前、后缘的马赫线内，即图 3.6 的阴影区内，其中 μ 为马赫角。当后体很短，即 x_{AFT} 很小时，由翼面在弹身上产生的附加载荷将有一部分损失在导弹底部的尾迹中。图 3.6（b）为无限长后体，如果翼面在弹身上产生的附加载荷没有损失，那么这个长度的后体即称为长后体或无限后体。$K_{B(W)}$ 的线化理论公式是针对无限长后体和无后体情况导出的，如果参数

$$B\lambda\left(1+\frac{1}{\eta}\right)\left(\frac{1}{Bm}+1\right)\geqslant 4 \tag{3.97}$$

则不能使用公式（3.94），可通过无限长后体时马赫线在弹身上覆盖面积与无后体时马赫线在弹身上覆盖面积的内插求得短后体时马赫线在弹身上的覆盖面积，从而求得短后体的 $K_{B(W)}$。

式（3.97）中的 $\boldsymbol{B}$ 和 m 分别为

$$B=\sqrt{Ma_\infty^2-1}$$

$$m=\frac{B}{\tan\chi}$$

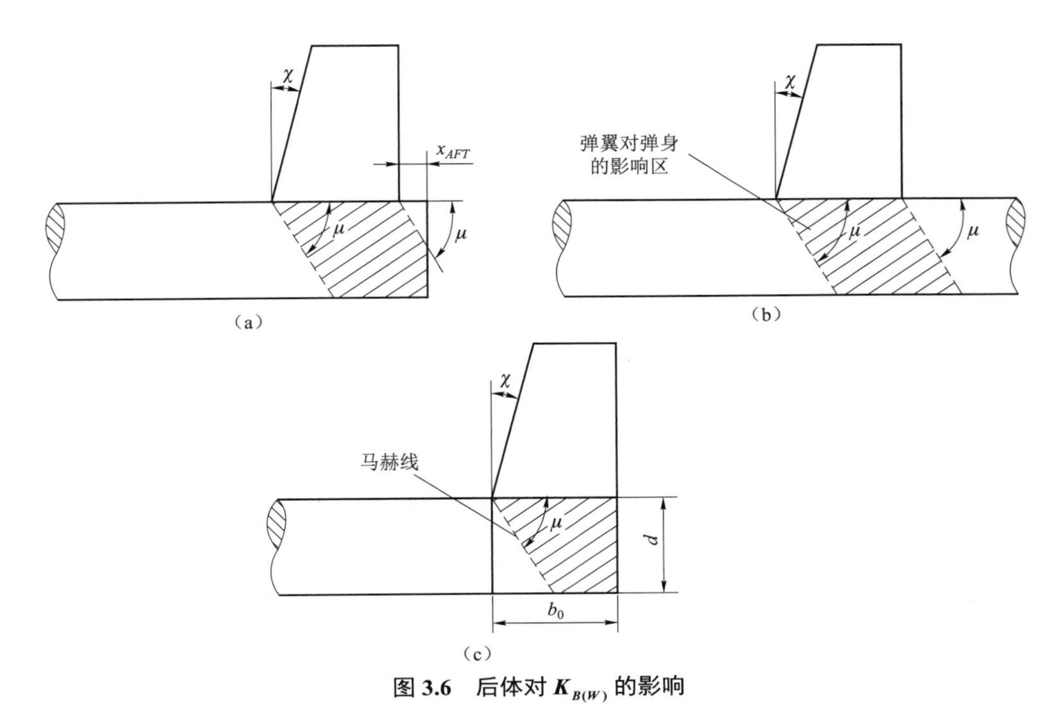

图 3.6　后体对 $K_{B(W)}$ 的影响

(a) 短后体；(b) 无限长后体；(c) 无后体

上述公式仅限于小展弦比三角翼，因为小展弦比三角翼才满足细长体条件。但由经验证明，只要单独弹翼的升力（法向力）计算得准确，那么对于非三角形弹翼也能给出合理的翼—身干扰因子。

下面说明对于不满足细长体理论条件的大展弦比非三角形弹翼—弹身组合体在工程上如何近似计算其翼—身干扰因子。假定图 3.7 为满足细长体理论的弹翼—弹身组合体外形，图 3.8 为不满足细长体理论的弹翼—弹身组合体外形，但是希望得到该外形的干扰因子。因为大部分翼—身干扰升力集中产生于翼—身结合部附近，所以可用下面的公式（3.98）近似得到图 3.8 所示外形的翼—身干扰因子。

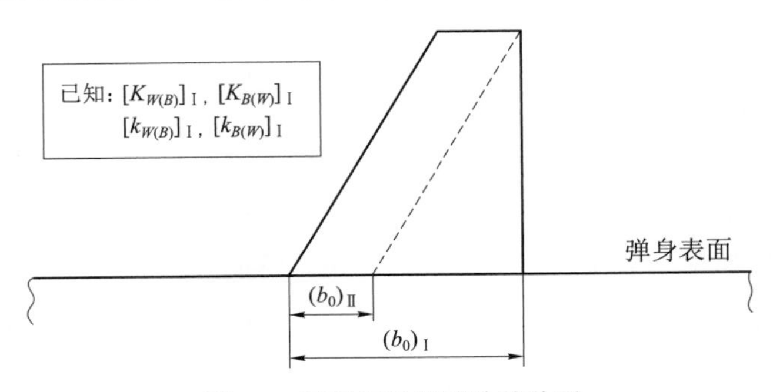

图 3.7　满足细长体理论的外形

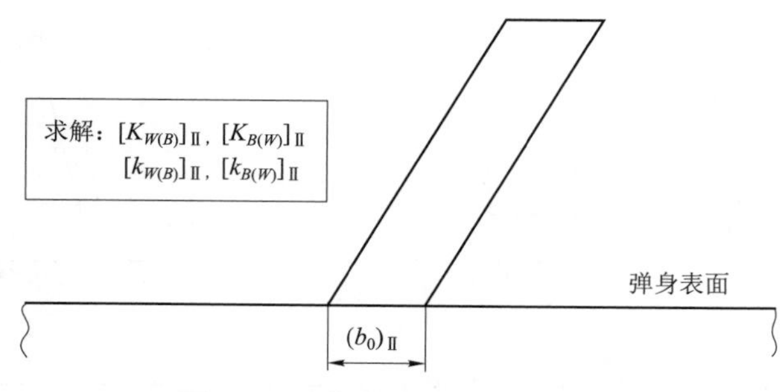

图 3.8　不满足细长体理论的外形

$$\begin{cases}\left[K_{B(W)}\right]_{\rm II}=\left[K_{B(W)}\right]_{\rm I}G\\ \left[K_{W(B)}\right]_{\rm II}=1+\left(\left[K_{W(B)}\right]_{\rm I}-1\right)G\\ \left[k_{W(B)}\right]_{\rm II}=1+\left(\left[k_{W(B)}\right]_{\rm I}-1\right)G\\ \left[k_{B(W)}\right]_{\rm II}=\left(\left[K_{W(B)}\right]_{\rm I}-\left[k_{W(B)}\right]_{\rm I}\right)G\end{cases}\tag{3.98}$$

式中

$$G=\frac{(b_0)_{\rm II}}{(b_0)_{\rm I}}$$

弹身对弹翼干扰升力的压心与单独弹翼的相同；弹翼对弹身干扰升力的压心位于图 3.6 阴影线所示的弹身面积的形心处。亚声速时认为弹翼对弹身干扰升力的压心位于 1/4 根弦处。

3.5.2　弹翼—尾翼干扰

公式（3.84）中的 $C_{NT(v)}$ 为前翼（可以为弹翼，也可以为鸭舵）后拖旋涡在尾翼上产生的法向力。导弹处于不同滚转方位（$\theta=0°$ 或 $45°$）时，$C_{NT(v)}$ 是不同的。$C_{NB(v)}$ 为前翼的后拖旋涡在后体上产生的法向力，$C_{NB(v)}$ 的计算公式为

$$C_{NB(v)}=\frac{-4\Gamma}{S_W V_\infty}\left(\frac{z_{(v)W}^2-r_W^2}{z_{(v)W}}-z_{(v)T}+\frac{r_T^2}{\sqrt{z_{(v)T}^2-y_{(v)T}^2}}\right)\tag{3.99}$$

式中，Γ 为旋涡的环量，面向来流看，逆时针为正；$z_{(v)W}$ 为弹翼后缘处弹翼后拖涡至弹身中心线的横向坐标；$z_{(v)T}$ 为弹翼后拖涡在尾翼处至弹身中心线的横向坐标；r_W、r_T 为弹翼处或尾翼处弹身的半径；$y_{(v)T}$ 为尾翼处弹翼后拖涡的高度。虽然 $C_{NB(v)}$ 可以单独计算，但是在风洞实验数据中难以将 $C_{NB(v)}$ 从 $C_{NB(W)}$ 中分离出来，所以通常将 $C_{NB(v)}$ 作为 $C_{NB(W)}$ 的一部分包含在 $K_{B(W)}$ 中予以考虑。

飞行中的兵器可能滚转至任何方位。对制导兵器来说，通常希望稳定飞行的滚转

方位是$\theta = 0°$（“十”形）或$\theta = 45°$（“×”形），见图 3.9。为简单起见，在这里仅讨论$\theta = 0°$滚转方位时的情况。

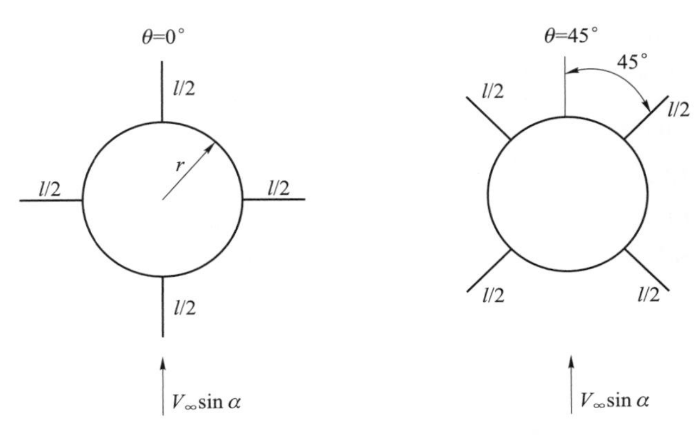

图 3.9　$\theta = 0°$ 和 $\theta = 45°$ 两种滚转状态

当弹体处于$\theta = 0°$滚转方位时，无弯度的薄翼在$\alpha > 0°$时仅有水平位置的一对弹翼拖出旋涡。

方程（3.84）中$C_{NT(v)}$用下式确定

$$C_{NT(v)} = \frac{(C_N^\alpha)_W (C_N^\alpha)_T \left[K_{W(B)}\alpha + k_{W(B)}\delta_W\right] i_T (s_T - r_T) S_W}{2\pi\lambda_T (z_{(v)W} - r_W) S_{\text{ref}}} \tag{3.100}$$

式中的某些参数见图 3.10，其中$z_{(v)W}$可用假定弹翼展向环量分布近似为椭圆的形心来计算

$$z_{(v)W} = r_W + \frac{\pi}{4}\frac{l_W}{2} \tag{3.101}$$

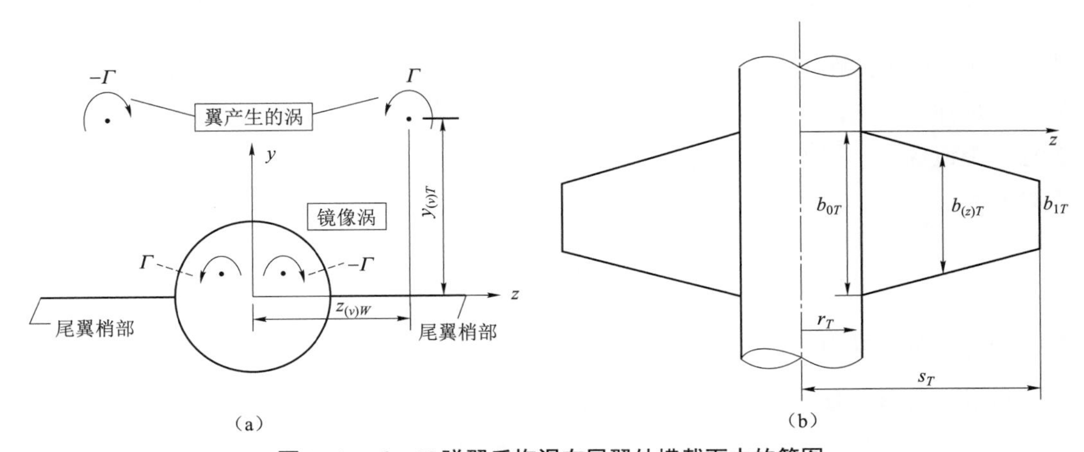

图 3.10　$\theta = 0°$ 弹翼后拖涡在尾翼处横截面中的简图

（a）弹翼后拖涡在尾翼区横截面内的位置；（b）尾翼平面几何参数

由图 3.11 得到尾翼处弹翼后拖涡距尾翼压心的高度 $y_{(v)T}$ 为

$$y_{(v)T} = -\left(b_{0W} - x_{hW}\right)\tan\delta_W + (x_T + x_{dT} - x_W - b_{0W})\tan\alpha \tag{3.102}$$

式中　b_{0W} ——弹翼根弦长；

x_{hW} ——弹翼前缘（当 $\delta_W = 0°$ 时）到弹翼铰链轴的距离；

δ_W ——弹翼的偏转角；

x_W ——弹身头部顶点到外露弹翼根弦前缘的距离；

x_T ——弹身头部顶点到外露尾翼根弦前缘的距离；

x_{dT} ——尾翼根弦前缘（$\delta_T = 0°$ 时）到尾翼压心的距离。

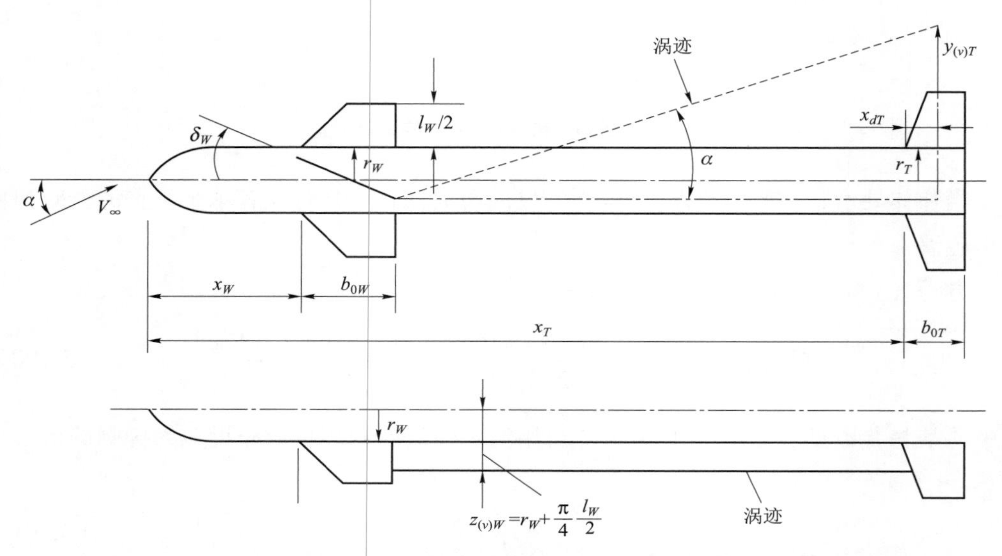

图 3.11　$\theta = 0°$ 时表示弹翼后拖涡高度的侧视图和表示横向位置的俯视图

式（3.102）假定，旋涡从弹翼后缘距弹身中心线 $z_{(v)W}$ 处拖出，并沿气流方向向后运动。为了满足弹身表面法向速度为零的条件，要在弹身中心同弹翼后拖涡迹连线的弹身内布置一个镜像涡，强度与弹翼后拖涡的强度大小相等，方向相反。镜像涡到中心线的距离为

$$\frac{r^2}{\sqrt{z_{(v)W}^2 + y_{(v)W}^2}}$$

式中，$y_{(v)W}$ 为弹翼自由涡在后缘处至水平面的高度。

利用三角形相似关系得到镜像涡的坐标

$$z_{iW} = z_{(v)W}\frac{r_w^2}{z_{(v)W}^2 + y_{(v)W}^2} \tag{3.103}$$

$$y_{iW}=y_{(v)W}\frac{r_w^2}{z_{(v)W}^2+y_{(v)W}^2} \tag{3.104}$$

在方程（3.100）中唯一没有确定的是尾翼干扰因子i_T，数学上i_T定义为

$$i_T=\frac{L_{T(v)}}{L_T}\frac{2\pi V_\infty(s_T-r_T)\alpha}{\Gamma} \tag{3.105}$$

式中，$L_{T(v)}$为前翼后拖涡在尾翼区产生的升力（法向力），L_T为单独尾翼的升力（法向力）。因为旋涡在尾翼处诱导的是下洗速度，所以$L_{T(v)}$为负，i_T也为负。

由右弹翼片后拖涡在右尾翼片上产生的升力为

$$L_1=\frac{4Q_\infty \Gamma b_{0T}}{2\pi\sqrt{Ma_\infty^2-1}\ V_\infty}L\left(\frac{1}{\eta_T},\frac{r_T}{s_T},\frac{z_{(v)W}}{s_T},\frac{y_{T1}}{s_T}\right) \tag{3.106}$$

式中，Q_∞为来流动压，y_{T1}为尾翼处右弹翼后拖涡距右尾翼压心的高度，函数L为

$$L\left(\frac{1}{\eta_T},\frac{r_T}{s_T},\frac{z_{(v)W}}{s_T},\frac{y_{T1}}{s_T}\right)=\frac{\left(s_T-r_T\frac{1}{\eta_T}\right)-z_{(v)W}\left(1-\frac{1}{\eta_T}\right)}{2(s_T-r_T)}\ln\left[\frac{y_{T1}^2+(z_{(v)W}-s_T)^2}{y_{T1}^2+(z_{(v)W}-r_T)^2}\right]-$$
$$\frac{1-\frac{1}{\eta_T}}{s_T-r_T}\left[(s_T-r_T)+y_{T1}\arctan\frac{z_{(v)W}-s_T}{y_{T1}}-y_{T1}\arctan\frac{z_{(v)W}-r_T}{y_{T1}}\right] \tag{3.107}$$

由左弹翼片后拖涡在右尾翼上产生的升力为

$$L_2=-\frac{4Q_\infty \Gamma b_{0T}}{2\pi\sqrt{Ma_\infty^2-1}\ V_\infty}L\left(\frac{1}{\eta_T},\frac{r_T}{s_T},-\frac{z_{(v)W}}{s_T},\frac{y_{T2}}{s_T}\right) \tag{3.108}$$

式中，y_{T2}为尾翼处左弹翼后拖涡距右尾翼压心的高度。

右、左弹翼后拖涡的镜像涡在右尾翼片上产生的升力分别为

$$L_3=-\frac{4Q_\infty \Gamma b_{0T}}{2\pi\sqrt{Ma_\infty^2-1}\ V_\infty}L\left(\frac{1}{\eta_T},\frac{r_T}{s_T},\frac{z_{iW}}{s_T},\frac{y_{iW}}{s_T}\right) \tag{3.109}$$

$$L_4=-\frac{4Q_\infty \Gamma b_{0T}}{2\pi\sqrt{Ma_\infty^2-1}\ V_\infty}L\left(\frac{1}{\eta_T},\frac{r_T}{s_T},-\frac{z_{iW}}{s_T},\frac{y_{iW}}{s_T}\right) \tag{3.110}$$

在$\theta=0°$时，左、右尾翼片上的升力相同，所以由弹翼—弹身区后拖旋涡在尾翼上产生的总升力为

$$L_{T(v)}=\frac{8Q_\infty \Gamma b_{0T}}{2\pi\sqrt{Ma_\infty^2-1}\ V_\infty}\left[L\left(\frac{z_{(v)W}}{s_T}\right)-L\left(-\frac{z_{(v)W}}{s_T}\right)-L\left(\frac{z_{iW}}{s_T}\right)+L\left(-\frac{z_{iW}}{s_T}\right)\right] \tag{3.111}$$

为表达简单起见，在方程（3.111）中对方程（3.107）的函数表达式做了缩写。

单独尾翼的升力为

$$L_T = \frac{4\alpha Q_\infty (s_T - r_T) b_{0T}\left(1+\frac{1}{\eta_T}\right)}{\sqrt{Ma_\infty^2 - 1}} \tag{3.112}$$

于是量纲为 1 的干扰因子 i_T 为

$$i_T = \frac{2}{1+\frac{1}{\eta_T}}\left[L\left(\frac{z_{(v)W}}{s_T}\right) - L\left(-\frac{z_{(v)W}}{s_T}\right) - L\left(\frac{z_{iW}}{s_T}\right) + L\left(-\frac{z_{iW}}{s_T}\right)\right] \tag{3.113}$$

当 $\theta = 45°$，有攻角时，从前翼要向后拖出四个旋涡，如图 3.12 所示。

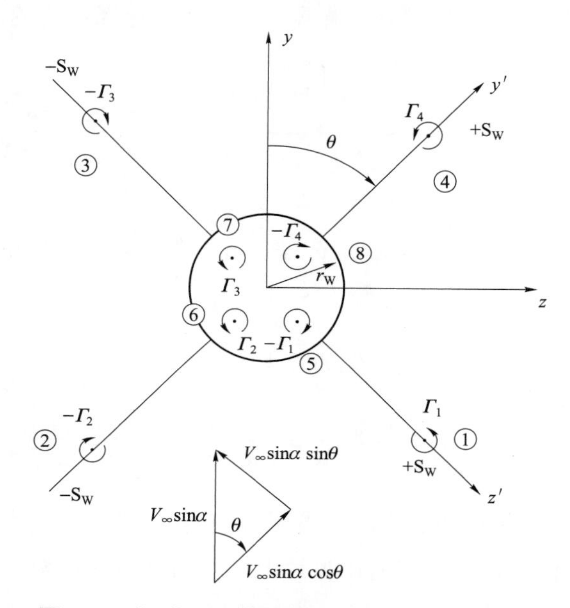

图 3.12 “十”形翼导弹在 $\theta = 45°$ 时的旋涡模型

为了满足弹身表面法向速度为零的边界条件，在弹身内要布置四个镜像涡。弹翼—弹身后拖涡在尾翼横截面处的位置如图 3.13 所示。在尾翼片上要对八个旋涡中的每一个都用与 $\theta = 0°$ 状态类似的公式（3.101）至公式（3.104）确定 y_{iW}、z_{iW}。由对称性有

$$\begin{aligned} \Gamma_1 &= -\Gamma_3 \\ \Gamma_2 &= -\Gamma_4 \end{aligned} \tag{3.114}$$

这样在计算中只需 i_1 和 i_4。于是对于 $\theta = 45°$ 滚转方位式（3.100）成为

$$C_{NT(v)} = \frac{(C_N^\alpha)_W (C_N^\alpha)_T \left[K_{W(B)}\alpha + k_{W(B)}\delta_W\right]}{2\pi\lambda_T (z_{(v)W} - r_W) S_{ref}} (s_T - r_T)\left[i_1 \cos\theta + i_4 \sin\theta\right] S_W \tag{3.115}$$

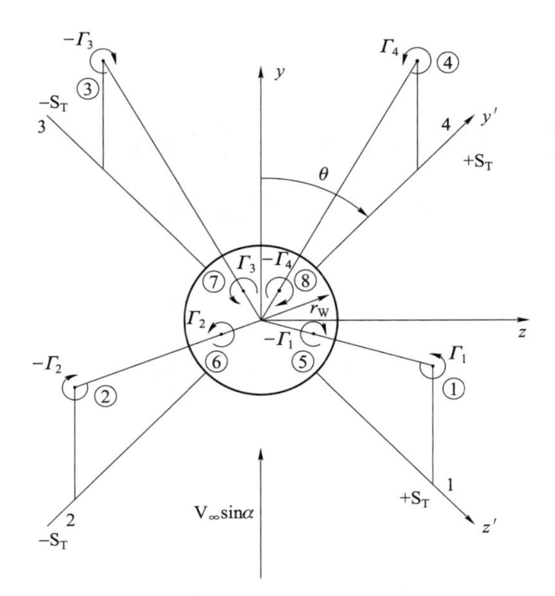

图 3.13　$\theta = 45°$ 时，弹翼—弹身后拖涡在尾翼横截面处的位置

值得指出的是，小攻角时由方程（3.115）得到的 $C_{NT(v)}$ 与方程（3.100）得到的 $C_{NT(v)}$ 相同，该结果与小攻角时“+”形导弹的法向力与滚转角无关的结论是一致的。

第 4 章　旋成体弹身轴向力和法向力工程计算方法

4.1　旋成体弹身的几何特性和绕流图画

4.1.1　几何特性

制导兵器的弹身一般为旋成体。当采用卫星导航和无线电导引头时，为尖头旋成体弹身；当采用激光、红外、电视导引头时，为钝头旋成体弹身。

描述旋成体弹身的有量纲几何参数主要有（参见图 4.1）：

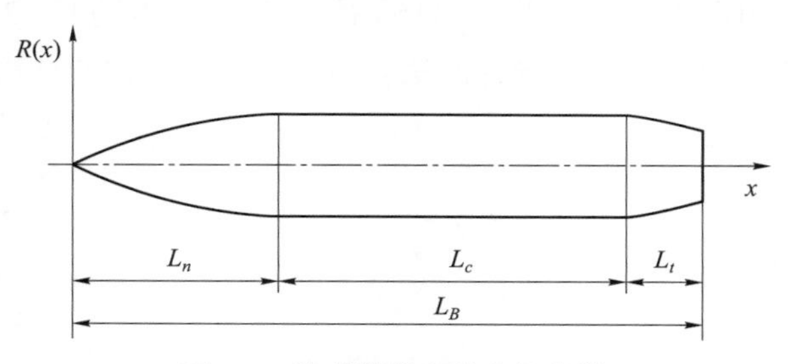

图 4.1　旋成体弹身的几何参数

弹身总长度为 L_B；弹身头部长度为 L_n；弹身尾部长度为 L_t；弹身圆柱段长度为 L_c；弹身圆柱段直径为 D_B；弹身底部直径为 D_b；弹身船尾（收缩尾部）角或扩张（裙尾）角为 θ_t；弹身的母线半径为 $R(x)$；圆柱段半径为 R_B；头部半径为 R_n。

有时用量纲为 1 的参数对外形进行描述和对气动特性进行计算更为方便，这些量纲为 1 的参数是：

弹身长径比为 $f_B=\dfrac{L_B}{D_B}$；头部长径比为 $f_n=\dfrac{L_n}{D_B}$；圆柱段长径比为 $f_c=\dfrac{L_c}{D_B}$；尾部长径比为 $f_t=\dfrac{L_t}{D_B}$；头部钝度 $\bar{R}_n=\dfrac{R_n}{R_B}$；尾部收缩比为 $\eta_t=\dfrac{D_b}{D_B}$。

弹身的体积 V 和表面积 F_B（不包括底部）的计算公式如下：

$$V=\pi\int_0^{L_B}R^2(x)\mathrm{d}x \tag{4.1}$$

$$F_B = 2\pi \int_0^{L_B} R(x)\sqrt{1+\left(\frac{\mathrm{d}R}{\mathrm{d}x}\right)^2}\mathrm{d}x \tag{4.2}$$

4.1.2 绕流图画

亚声速时零攻角或小攻角流过尖头细长旋成体弹身的流动图画如图 4.2（a）所示，气流沿弹身母线平滑地流过弹身。在头部表面流动加速，压强 p_n 低于来流压强 p_∞（$p_n < p_\infty$）；在圆柱段表面附近流速逐渐降低并趋于恢复到来流的速度，压强 p_c 逐渐增加趋于恢复到来流压强（$p_c\uparrow$）；在收缩尾部表面流动一般要发生分离，压强降低；在底部流动发生分离形成低压区，在底部分离区之后为充满旋涡的尾迹区。

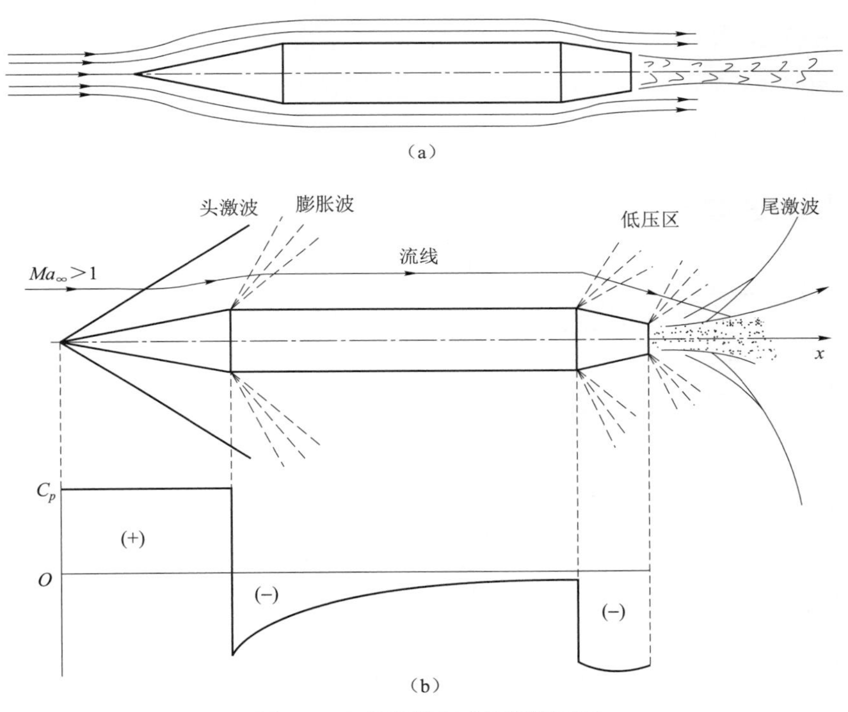

图 4.2　尖头细长旋成体绕流图画

（a）亚声速；（b）超声速

攻角小于半锥角 θ_c 的超声速气流绕尖头细长旋成体的绕流图画如图 4.2（b）所示。在头部顶点处形成一个圆锥激波，波后气流方向内折到表面方向，速度降低，压强升高，弹身头部表面压强 p_n 大于来流压强 p_∞（$C_p > 0$）；在头部与圆柱段连接的肩部处产生膨胀波，波后气流方向外折到柱面方向，速度增加，弹体表面压强 p_c 小于来流压强 p_∞（$C_p < 0$），并随着向后流动逐渐恢复到接近来流的速度和压强；在圆柱段与船尾连接处产生膨胀波，波后气流方向进一步外折到船尾表面方向，速度增加，压强下降，

船尾处压强 p_t 小于来流压强 p_∞（$C_p < 0$）；在底截面处，又产生膨胀波，气流外折、加速，气流方向与来流方向的偏离加大。而底部为分离区，压强较低（$p_b < p_\infty$）；在底部分离区末端产生尾激波，通过尾激波将气流方向调整到来流方向，压强恢复到来流压强。而在底部分离区之后有一充满旋涡的尾迹区。

图 4.3 为旋成体弹身绕流的基本状态随攻角变化的示意图。攻角从 0° 到 90° 逐步增大时，其流态变化基本可分为图中所示的四个阶段。当攻角 $\alpha \leqslant 4° \sim 6°$ 时，为附着流态，即流动依附于弹身表面，法向力随攻角成线性变化。当攻角大于 4°～6°，小于 25°～30° 时，为对称脱体涡流流态，即在弹身背风面流动分离，体涡呈对称脱落，法向力随攻角呈非线性变化。当攻角 $\alpha \geqslant 30° \sim 50°$ 时，为非对称脱体涡流流态，即在弹体背风面体涡是非对称脱落，有侧向力产生。当攻角 $\alpha \geqslant 50° \sim 60°$ 时，为柱体尾迹流流态，即在弹体背风面体涡非定常脱落，流动接近于二维圆柱尾迹流。因此旋成体弹身在大攻角时除位流法向力之外还有由弹身背风面流动分离所产生的非线性法向力。

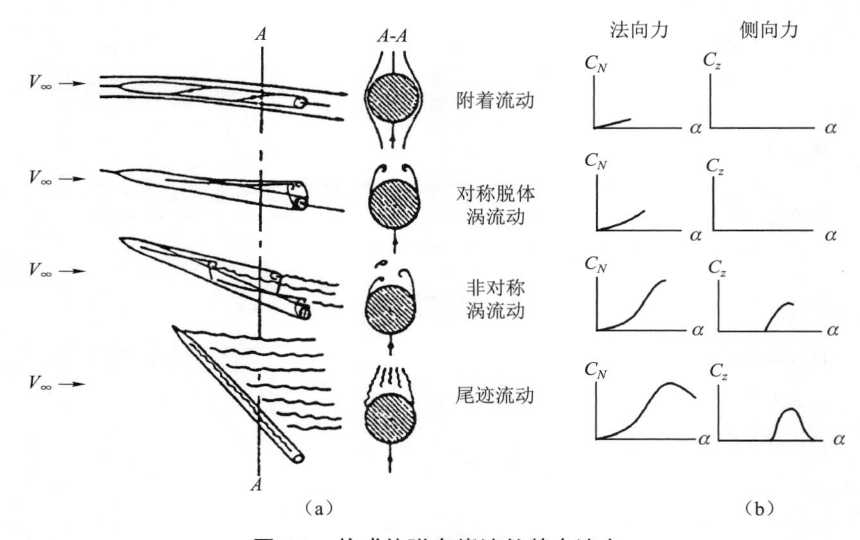

图 4.3　旋成体弹身绕流的基本流态

4.2　旋成体弹身零攻角轴向力系数计算方法

一般将旋成体弹身零攻角的轴向力系数表达为：

$$\begin{aligned} C_{A0B} &= C_{AfB} + C_{ApB} \\ &= C_{AfB} + C_{An} + C_{At} + C_{Ab} + \Delta C_A \end{aligned} \tag{4.3}$$

式中　C_{AfB}——弹身表面的摩擦阻力系数；

C_{ApB}——弹身的压差轴向力系数；

C_{An}——弹身头部的压差轴向力系数；

C_{At}——弹身尾部的压差轴向力系数；

C_{Ab}——弹身底部的压差轴向力系数；

ΔC_A——弹身的附加轴向力系数。

弹身零攻角轴向力系数的工程计算就是式（4.3）中各项轴向力系数的计算。

4.2.1　摩擦阻力系数

大多数制导兵器外形的边界层一般由（10～20）%的层流段和（80～90）%的湍流段组成。飞行高度增大时，雷诺数降低，使得层流段长度增大。

经验表明，对于飞行器部件的湍流边界层用 Van Driest 方法计算当量平板平均摩擦系数，然后进行外形修正，可得到工程上满意的结果。Van Driest 假定压力梯度为零，Prandtl 数 Pr 等于 1，从而得到了二维湍流边界层封闭形解

$$\frac{0.242}{A(C_{ft\infty})^{1/2}}\left(\frac{T_W}{T_\infty}\right)^{1/2}(\sin^{-1}C_1+\sin^{-1}C_2)=\log(Re_\infty C_{ft\infty})-\left(\frac{1+2n}{2}\right)\log\left(\frac{T_W}{T_\infty}\right) \tag{4.4}$$

式中　$C_1=\dfrac{2A^2-B}{(B^2+4A^2)^{1/2}}$，$C_2=\dfrac{B}{(B^2+4A^2)^{1/2}}$；

$$A=\left[\frac{(\gamma-1)Ma_\infty^2}{2T_W/T_\infty}\right]^{1/2}，\quad B=\frac{1+\dfrac{(\gamma-1)}{2}Ma_\infty^2}{T_W/T_\infty}-1；$$

n 为幂次黏性律的指数，

$$\frac{\mu}{\mu_\infty}=\left(\frac{T_W}{T_\infty}\right)^n \tag{4.5}$$

对于空气，$n=0.76$。

为了从方程（4.4）求得湍流平均摩擦系数 $C_{ft\infty}$，需知道 T_W/T_∞、Re_∞ 和 Ma_∞。

自由流雷诺数为

$$Re_\infty=\frac{\rho_\infty V_\infty L_B}{\mu_\infty} \tag{4.6}$$

假定飞行器表面为绝热壁，则有

$$\frac{T_W}{T_\infty}=1+R_T\frac{\gamma-1}{2}Ma_\infty^2 \tag{4.7}$$

式中湍流恢复因子 R_T 为

$$R_T=\left(\frac{T_\infty}{T_W}-1\right)\frac{2}{(\gamma-1)Ma_\infty^2}$$

R_T 随普朗特数 Pr 的三次方根变化，即

$$R_T=(\mathrm{Pr})^{1/3} \tag{4.8}$$

若按 Van Driest 方法假定 Pr=1，则 R_T=1。实际上 Pr≈0.73，因此 R_T=0.9，于是式（4.7）成为

$$\frac{T_W}{T_\infty}=1+0.9\frac{\gamma-1}{2}Ma_\infty^2 \tag{4.9}$$

对于一组给定的 Ma_∞、ρ_∞、μ_∞、V_∞，可从式（4.6）、式（4.9）计算 Re_∞、T_W/T_∞，从 C_1、C_2 的定义式计算 C_1、C_2，从而可从方程（4.4）求得 $C_{ft\infty}$。由于在方程（4.4）中 $C_{ft\infty}$ 不是以显式表示的，所以必须用数值法或迭代法求解，常用方法是 Newton-Raphson 方法。

经验表明，对于圆锥等轴对称体，要将从方程（4.4）求出的 $C_{ft\infty}$ 乘以 1.14。

对于边界层的层流段，假定流动为不可压缩的，可采用平板层流边界层的布拉休斯解计算 $C_{fl\infty}$。

$$C_{fl\infty}=\frac{1.328}{\sqrt{Re_\infty}} \tag{4.10}$$

式中的 Re_∞ 是基于转捩点位置 x 的雷诺数。用下式进行可压缩层流边界层平均摩擦系数的计算。

$$C_{fl\infty}=\frac{1}{\sqrt{Re_\infty}}\left[1.328-0.023\,6Ma_\infty-0.003\,35Ma_\infty^2+0.000\,349Ma_\infty^3-8.54\times10^{-6}Ma_\infty^4\right] \tag{4.11}$$

摩擦阻力系数为

$$C_{Af\infty}=C_{fl\infty}\frac{(A_{\mathrm{WETTED}})_l}{A_{\mathrm{ref}}}+C_{ft\infty}\frac{(A_{\mathrm{WETTED}})_t}{A_{\mathrm{ref}}} \tag{4.12}$$

式中 $C_{fl\infty}$、$C_{ft\infty}$ 分别由方程（4.11）和方程（4.4）确定，$(A_{\mathrm{WETTED}})_l$、$(A_{\mathrm{WETTED}})_t$ 分别为层流段和湍流段的浸湿表面积。对于旋成体弹身需将方程（4.12）计算的摩擦阻力系数乘以 1.14。

进行混合边界层摩擦阻力计算时，必须知道转捩雷诺数，而转捩雷诺数与飞行条件、飞行器表面状况等多种因素有关。通过对实际飞行器表面及风洞实验模型表面边界层状况的统计研究，得到表 4.1 中的结果，可作为计算选择的参考。

表 4.1　典型飞行器表面的转捩雷诺数

类　型		转捩雷诺数	
		弹身	弹翼
1	典型飞行器	1×10^6	0.5×10^6
2	有边界层扰动带的风洞模型	1×10^2	1×10^2

续表

类　型		转捩雷诺数	
		弹身	弹翼
3	无边界层扰动带的风洞模型	4×10^6	2×10^6
4	全湍流	1×10^{10}	1×10^{10}

对于表 4.1 中的类型 1 和 3，当攻角增大时，湍流区朝头部移动；对于大多数飞行器，当攻角 $\alpha>30°$ 时，边界层为全湍流。

用下面的公式计算弹身表面的摩擦阻力系数，其精度也能满足工程需要：

$$(C_{A0})_{Bf}=[C_f]_{Ma=0}\eta_M\frac{F_B}{S_B} \tag{4.13}$$

式中，$[C_f]_{Ma=0}$ 为不可压缩流中平板的摩擦阻力系数，η_M 为压缩性修正因子，F_B 为弹身的侧表面积，对于在大气中飞行的制导兵器，F_B 即为弹身的浸湿面积。

4.2.2　头部压差轴向力系数

1）尖头部

在亚声速下，头部母线形状对压差轴向力系数 C_{An} 影响很小，头部长径比对 C_{An} 有一定的影响；在跨声速时，头部形状和长径比对 C_{An} 都有很大影响；在超声速时，头部形状对 C_{An} 的影响更为显著。图 4.4 为尖锥形头部压差轴向力系数随马赫数和头部长径比的变化曲线；图 4.5 为尖拱形头部压差轴向力系数随马赫数和头部长径比的变化曲线；图 4.6 为卡门形头部压差轴向力系数随马赫数和头部长径比的变化曲线。这些曲线的亚声速部分是用面元法计算得到的；超声速部分是用特征线法计算得到的；跨声速部分取自相应的风洞实验结果，并与亚声速、超声速部分进行了衔接处理。在相同头部长径比下，抛物线形头部的轴向力系数与拱形头部的接近，$\frac{3}{4}$ 指数曲线头部和牛顿形曲线头部的轴向力系数比卡门形头部的约低 10%。

2）钝头部

超声速时，头部钝化将使头激波脱体，导致轴向力急剧增大，图 4.7 给出了头部长径比 $f_n=0$（平头形），0.25（球冠），0.5（半球形），1（半长轴为 1，半短轴为 0.5 的椭球形）和 2（半长轴为 2，半短轴为 0.5 的椭球形）的压差轴向力系数曲线。对于其他的钝头部——球钝锥形头部、球钝拱形头部、平顶锥形头部、平顶拱形头部的压差轴向力系数可根据图 4.7 与图 4.4、图 4.5、图 4.6 组合得到。

（1）球钝锥形头部—圆柱体。

球钝锥形头部—圆柱体外形如图 4.8 所示，头部压差轴向力系数 C_{An} 近似为

$$C_{An} \approx C'_{An}(1-\overline{r}^2\cos^2\delta)+C_{A\text{sphe}}\overline{r}^2 \tag{4.14}$$

式中　C'_{An}——虚尖圆锥头部—圆柱体的值，取自图 4.4。所用虚尖圆锥头部长径比 f'_n 为

$$f'_n=\frac{1}{2\tan\delta} \tag{4.15}$$

$\overline{r}$——球头相对半径，$\overline{r}=r/R_B$。

$C_{A\text{sphe}}$——半球头部—圆柱体的值，取自图 4.7。

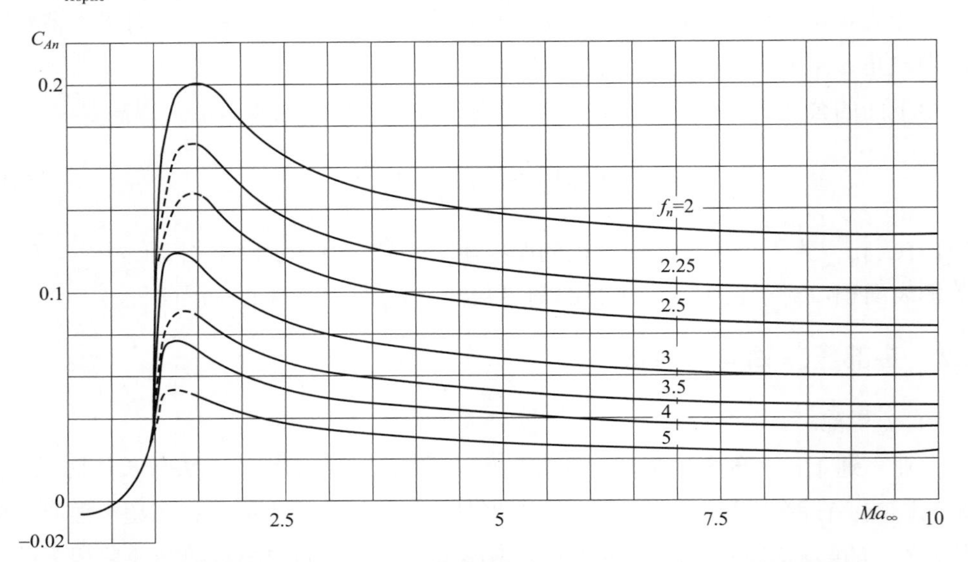

图 4.4　尖锥形头部压差轴向力系数随马赫数和头部长径比的变化曲线

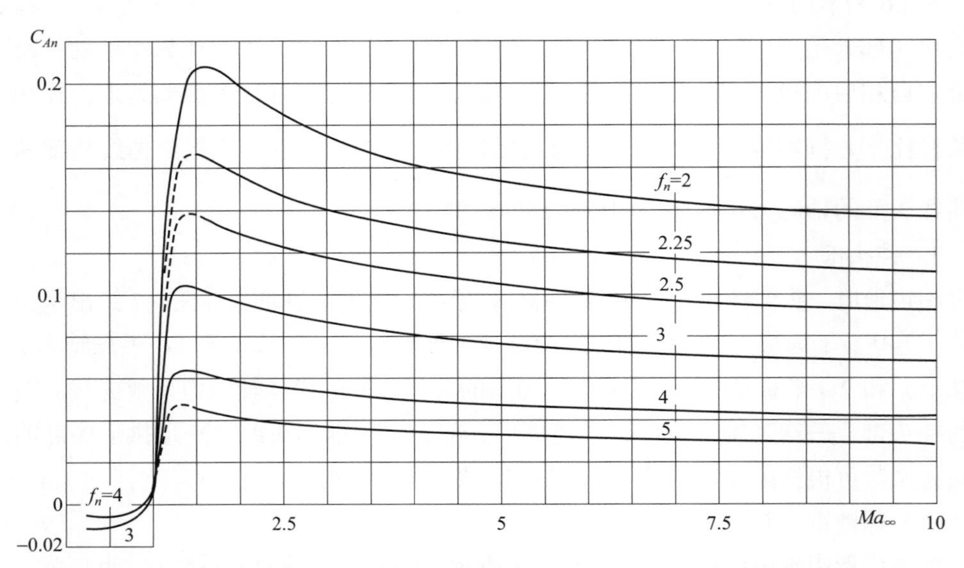

图 4.5　尖拱形头部压差轴向力系数随马赫数和头部长径比的变化曲线

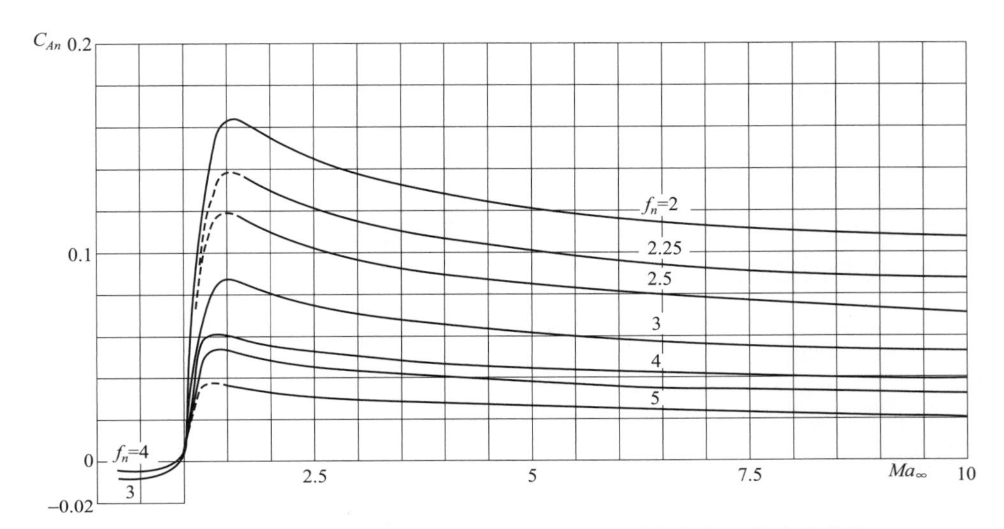

图 4.6　卡门形头部压差轴向力系数随马赫数和头部长径比的变化曲线

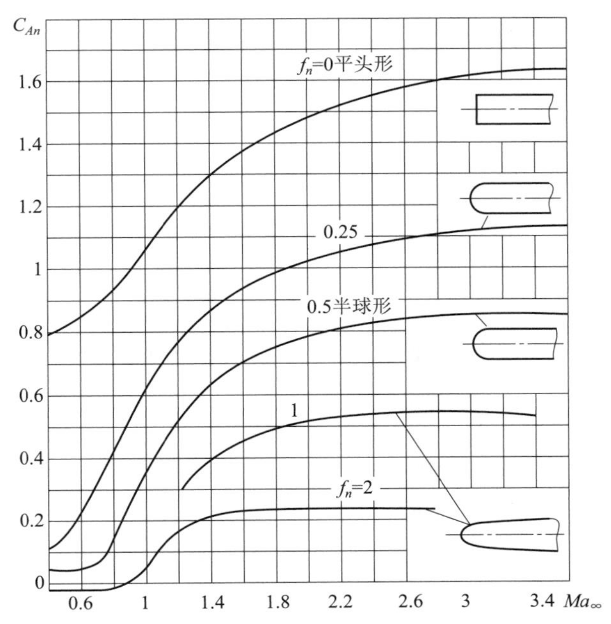

图 4.7　平头、半球、椭球形头部的压差轴向力系数随马赫数和头部长径比的变化曲线

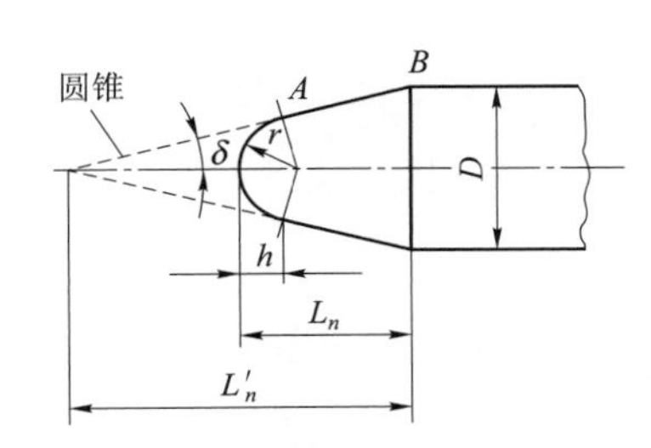

图 4.8　球钝圆锥头部—圆柱体

（2）球钝拱形头部—圆柱体。

球钝拱形头部—圆柱外形如图 4.9 所示。头部压差轴向力系数近似为

$$C_{An} \approx C'_{An}\left[1-\bar{r}^2\cos^2\delta(3.1-1.4\bar{r}\cos\delta-0.7\bar{r}^2\cos^2\delta)\right]+C_{A\text{sphe}}\bar{r}^2 \qquad (4.16)$$

式中　C'_{An}——虚尖拱形头部—圆柱体的值，取自图 4.5。所用虚尖拱形头部长径比 f'_n 为

$$f'_n=\frac{f_n-\bar{r}/2}{\sqrt{1-\bar{r}}} \qquad (4.17)$$

式中，$\bar{r}=r/R_B$，$C_{A\text{sphe}}$ 为半球头部—圆柱体的值，取自图 4.7。

切点 A 处母线倾斜角 δ 近似为

$$\tan\delta\approx\frac{\sqrt{1-\bar{r}}}{f'_n}\approx\frac{1-\bar{r}}{f_n-\bar{r}/2} \qquad (4.18)$$

（3）平顶圆锥头部—圆柱体。

平顶圆锥头部—圆柱体外形如图 4.10 所示，头部压差轴向力系数近似为

$$C_{An}\approx C'_{An}(1-\bar{r}^2)+C_{A\text{flat}}\bar{r}^2 \qquad (4.19)$$

式中　$\bar{r}=\dfrac{2r}{D}=\dfrac{d}{D}=\bar{d}$；

C'_{An}——虚尖圆锥头部—圆柱体的值，取自图 4.4；

$C_{A\text{flat}}$——平顶圆柱体的值，取自图 4.7。

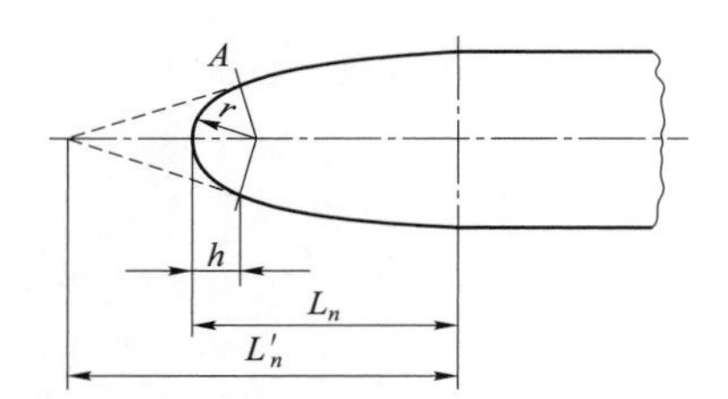

图 4.9　球钝拱形头部—圆柱体

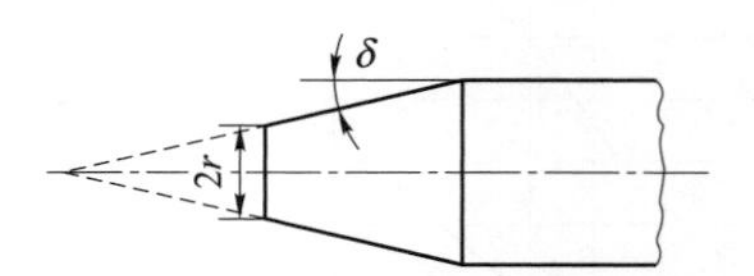

图 4.10　平顶圆锥头部—圆柱体

（4）平顶拱形头部—圆柱体。

平顶拱形头部—圆柱体外形如图 4.11 所示，头部压差轴向力系数近似为

$$C_{An}\approx C'_{An}\left[1-\bar{r}^2(3.1-1.4\bar{r}-0.7\bar{r}^2)\right]+C_{A\text{flat}}\bar{r}^2 \qquad (4.20)$$

式中　C'_{An}——虚尖拱形头部—圆柱体的值，取自图 4.5。所用的虚尖拱形头部长径比 f'_n 为

$$f'_n=\frac{f_n}{\sqrt{1-\bar{r}}} \qquad (4.21)$$

$C_{A\text{flat}}$——平顶圆柱体的值，取自图 4.7。

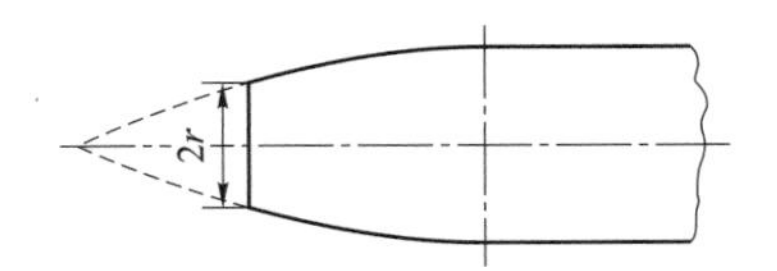

图 4.11　平顶拱形头部—圆柱体

4.2.3　尾部压差轴向力系数

无论是收缩形尾部（船尾），还是扩张形尾部（裙尾）；也无论是超声速，还是亚声速，尾部的压差轴向力总是正的。尾部轴向力系数与尾部形状和马赫数有关。一般可表达为

$$C_{At} = f(f_t, \eta_t, Ma_\infty) \tag{4.22}$$

式中　f_t——尾部长径比；

η_t——尾部收缩（扩张）比；

$\eta_t = \dfrac{D_b}{D}$。

图 4.12 给出了锥形船尾部、抛物线形船尾部的压差轴向力系数随尾部长径比、收缩比、马赫数的变化曲线，该图中 Ma<1.6 部分为近似值，Ma>1.6 部分为理论值。图 4.13 给出了锥形裙尾的压差轴向力系数曲线，是用二阶激波—膨胀波法计算得到的结果，可供工程计算时使用。

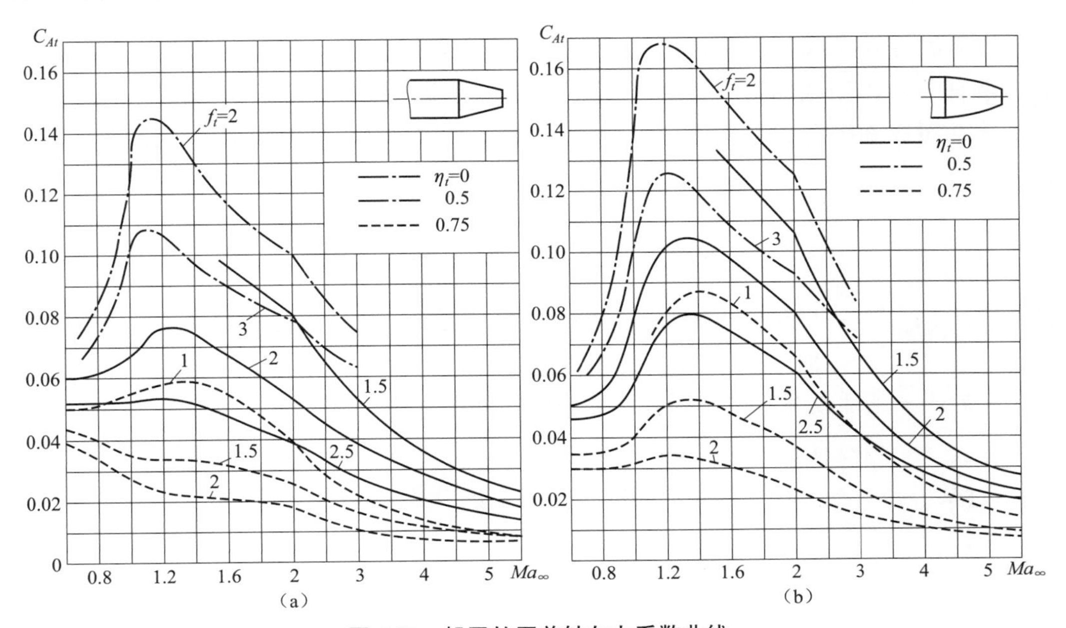

图 4.12　船尾的压差轴向力系数曲线

（a）锥形船尾；（b）抛物线形船尾

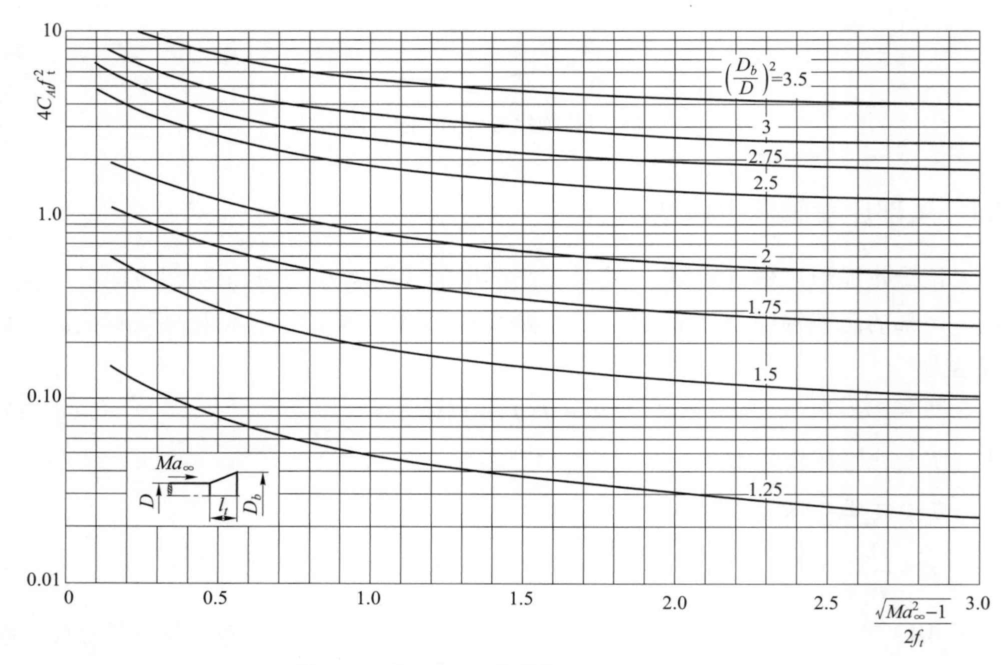

图 4.13　锥形裙尾的压差轴向力系数曲线

4.2.4　底部压差轴向力系数

气流流过弹身底部形成低压区，因而产生底部轴向力。底部轴向力的大小与诸多因素有关，比如尾部形状、有无尾翼、有无喷流、弹身长度、边界层状态、表面温度等都对底部轴向力有影响。无底部喷流时，在工程计算中常把底部轴向力系数表达为

$$C_{Ab} = -(C_{pb})_{\eta_t=1} k_\eta \frac{S_b}{S} + (\Delta C_{Ab})_\alpha \tag{4.23}$$

式中　$(C_{pb})_{\eta_t=1}$——尾部无收缩时弹身的底部压强系数，随马赫数的变化曲线如图 4.14 所示；

k_η——尾部收缩对底部压强系数影响的修正系数，与尾部长径比、收缩比、马赫数有关，如图 4.15 所示；

$(\Delta C_{Ab})_\alpha$——由攻角引起的底部轴向力系数增量，其经验公式为

$$(\Delta C_{Ab})_\alpha = -(0.012 - 0.003\,6 Ma_\infty)\alpha \left(\frac{D_b}{D}\right)^2 \tag{4.24}$$

式中 α 的单位为度。

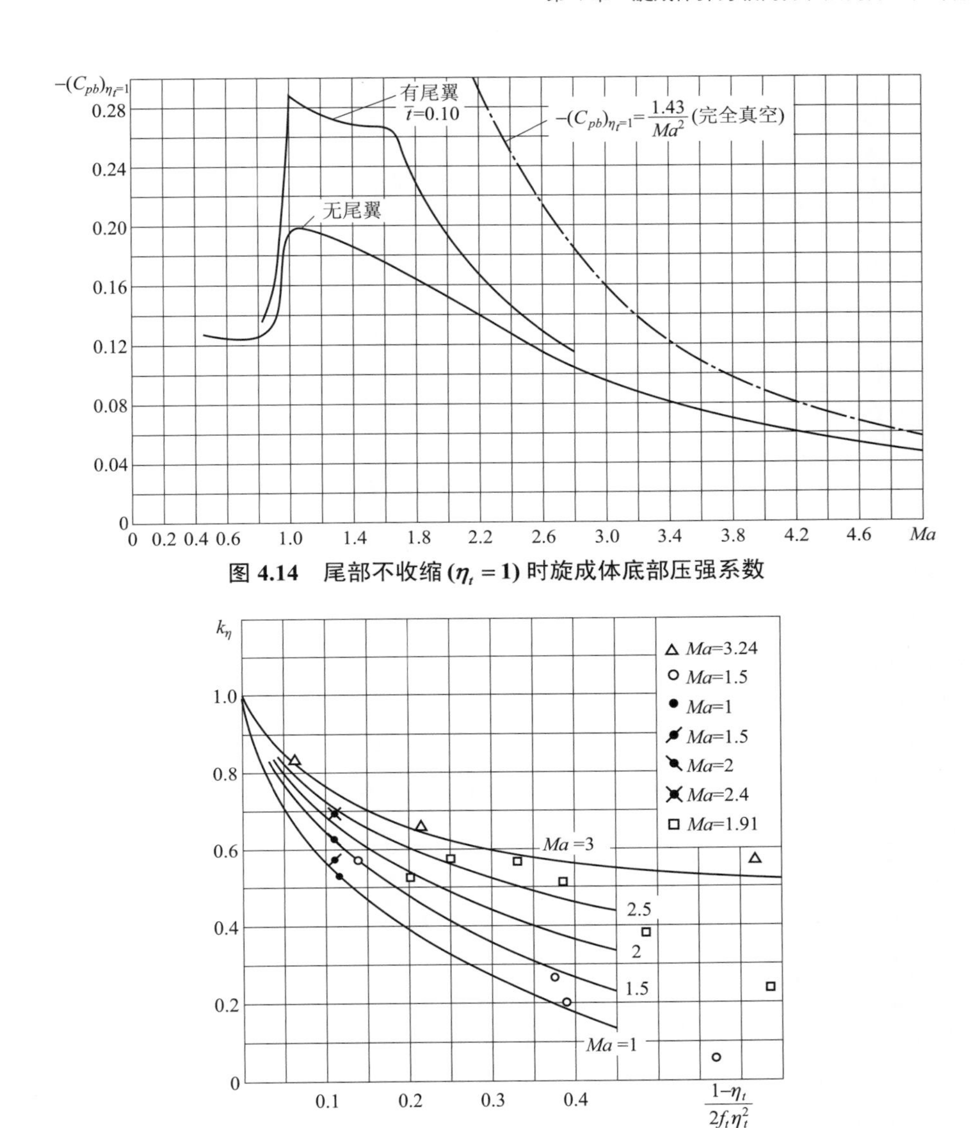

图 4.14　尾部不收缩 ($\eta_t = 1$) 时旋成体底部压强系数

图 4.15　尾部收缩对底部压强系数的影响

4.2.5　环形凸台附加轴向力系数 ΔC_A

制导兵器弹身上常有定心部、弹带之类的环形凸台，引起轴向力系数增大，可用下面经验公式计算

$$\Delta C_A = \Delta C_{AH} \frac{H}{0.01D} \tag{4.25}$$

式中　ΔC_{AH}——$H = 0.01D$ 时弹带的轴向力系数，随马赫数的变化曲线在图 4.16 中给出；

H——以弹径表示的弹带高度（单面）。

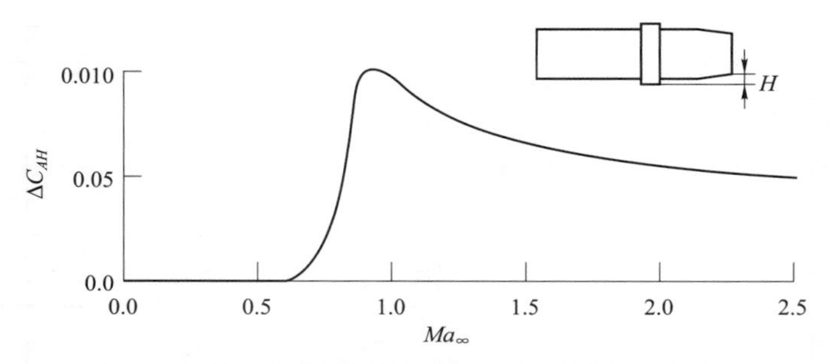

图 4.16　弹带的附加轴向力系数随马赫数的变化曲线

4.3　攻角对轴向力系数的影响

小攻角可以认为轴向力系数不随攻角变化，即取 $C_A \approx C_{A0}$。但实际上攻角对轴向力的影响很大，特别是在大攻角时，轴向力往往出现负值。因此对于有攻角飞行兵器轴向力的计算，必须考虑攻角的影响。

将有攻角时轴向力系数表示为

$$C_A = C_{A0} + f(Ma_\infty, \alpha) \tag{4.26}$$

式中，C_{A0} 为 $\alpha = 0$ 时轴向力系数，$C_{A0} = f(Ma_\infty)$；$f(Ma_\infty, \alpha)$ 为由攻角产生的轴向力系数的变化量，将其表示成

$$f(Ma_\infty, \alpha) = A\alpha + B\alpha^2 + C\alpha^3 + D\alpha^4 \tag{4.27}$$

式中 α 的单位为弧度。为了计算系数 A、B、C、D 需要有四个独立的条件，它们是：

① $\dfrac{\partial f}{\partial \alpha} = f'(Ma_\infty, 0)$；

② $\alpha = 30°$ 时攻角产生的轴向力系数变化量为 $f(Ma_\infty, 30)$；

③ $\alpha = 60°$ 时攻角产生的轴向力系数变化量为 $f(Ma_\infty, 60)$；

④ $\alpha = 90°$ 时攻角产生的轴向力系数变化量为 $f(Ma_\infty, 90)$。

由这 4 个条件可得到确定系数 A、B、C、D 的方程：

$$\begin{aligned}
A &= f'(Ma_\infty, 0) \\
B &= -3.509\, f'(Ma_\infty, 0) + 11.005\, f(Ma_\infty, 30) - 2.757\, f(Ma_\infty, 60) + 0.41\, f(Ma_\infty, 90) \\
C &= 3.675\, f'(Ma_\infty, 0) - 17.591\, f(Ma_\infty, 30) + 7.041\, f(Ma_\infty, 60) - 1.179\, f(Ma_\infty, 90) \\
D &= -1.181\, f'(Ma_\infty, 0) + 6.771\, f(Ma_\infty, 30) - 3.381\, f(Ma_\infty, 60) + 0.752\, f(Ma_\infty, 90)
\end{aligned} \tag{4.28}$$

知道了 $f'(Ma_\infty, 0)$，$f(Ma_\infty, 30)$，$f(Ma_\infty, 60)$，$f(Ma_\infty, 90)$ 就可从式（4.28）中求得系数 A、B、C、D，从式（4.27）求得 $f(Ma_\infty, \alpha)$，最后从式（4.26）求得任意攻角下的轴向力系数。对于轴对称弹身，如果将攻角 α 以绝对值表示，则式（4.27）可用于 $\alpha = 0° \sim \pm 90°$ 范围轴向力系数变化量的计算。

对于单独弹身，由风洞实验数据库得到的 $f'(Ma_\infty, 0)$，$f(Ma_\infty, 30)$，$f(Ma_\infty, 60)$，

$f(Ma_\infty, 90)$ 如图 4.17 所示。

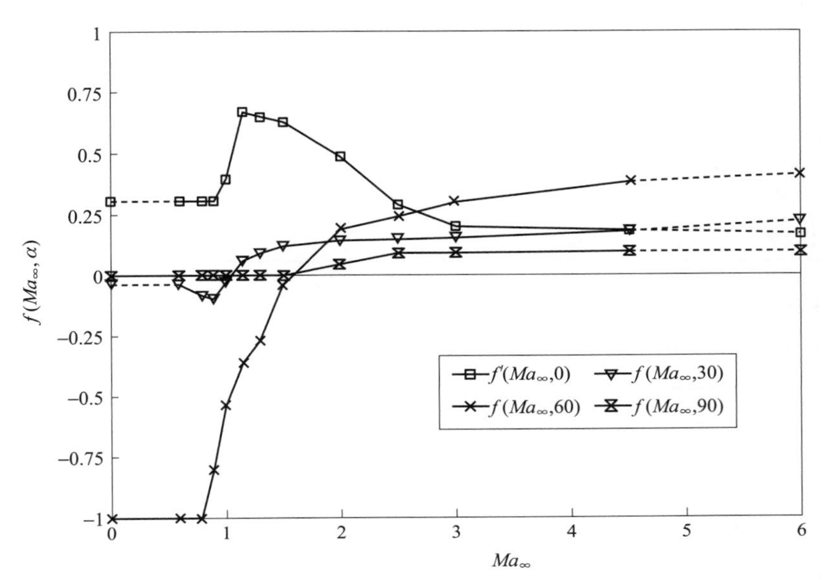

图 4.17　单独弹身的 $f(Ma_\infty,\alpha) \sim Ma_\infty$ 曲线

4.4　算　　例

计算弹长 L_B=0.511 m，直径 $D = 0.130$ m 的平顶圆柱形弹身在 $Ma_\infty = 0.47$，$\alpha = 20°$ 时的轴向力系数。

1）$\alpha = 0°$ 时的轴向力的系数

（1）平头部的压差轴向力系数

$$(C_{A0})_{Bn} = 0.82$$

（2）底部轴向力系数

$$(C_{A0})_{Bb} = 0.125$$

（3）表面摩擦阻力系数

$$F_B = 0.208\ 59\ \text{m}^2$$

$$S_B = 0.013\ 27\ \text{m}^2$$

$$\frac{F_B}{S_B} = 15.718\ 91$$

由 $Re_B = \dfrac{\rho_\infty V_\infty L_B}{\mu_\infty} = 5.591\ 4 \times 10^6$（按地面标准的大气条件），得

$$[C_f]_{Ma=0} = 0.003\ 3$$

$$\eta_M = 0.97$$

$$(C_{A0})_{Bf} = 0.050\ 32$$

$$(C_{A0})_B = (C_{A0})_{Bn} + (C_{A0})_{Bb} + (C_{A0})_{Bf} = 0.995\ 32$$

2） α =20° 时的轴向力系数

由图 4.17 得 Ma_∞=0.47 时的有关系数如下：

$f'(Ma_\infty,0)$	$f(Ma_\infty,30)$	$f(Ma_\infty,60)$	$f(Ma_\infty,90)$
0.312 50	−0.031 25	−1	0

代入式（4.28）得

A	B	C	D
0.312 50	1.316 53	−5.312 84	2.800 34

代入式（4.27）得 α =20°（0.349 04 弧度）

$$f(Ma_\infty = 0.47, \alpha = 20°) = 0.085\ 11$$

代入式（4.26）得

$$C_{AB} = (C_{A0})_B + f(Ma_\infty = 0.47, \alpha = 20°) = 0.995\ 32 + 0.085\ 11 = 1.080\ 43$$

4.5 旋成体弹身法向力系数计算方法

单独弹身的法向力系数可表示为

$$C_{NB} = (C_{NB})_L + (C_{NB})_{NL} \tag{4.29}$$

式中，$(C_{NB})_L$ 为弹身线性法向力系数，也称为位流法向力系数；$(C_{NB})_{NL}$ 为弹身非线性法向力系数，也称为黏性法向力系数。

4.5.1 线性法向力系数 $(C_{NB})_L$

小攻角时，弹身的法向力主要为位流法向力。按细长体理论，只有弹身横截面面积沿轴线有变化时，即 $\frac{dS_B}{dx} \neq 0$ 时才有 $(C_{NB})_L$。在弹身头部 $\frac{dS_n}{dx} > 0$ 产生正的法向力；在收缩尾部 $\frac{dS_t}{dx} < 0$ 产生负的法向力，在扩张尾部 $\frac{dS_t}{dx} > 0$ 产生正的法向力；在弹身的圆柱部 $\frac{dS_c}{dx} = 0$ 不产生法向力。

1. 头部法向力系数

1）尖头部

按细长体理论，尖头部的法向力系数为

$$C_{Nn} = \sin 2\alpha = 2\sin\alpha\cos\alpha \approx 2\alpha$$

尖头部法向力系数导数为

$$C_{Nn}^{\alpha}=\frac{2}{57.3}=0.035$$

且尖头部法向力系数导数与升力系数导数基本一致，即

$$C_{Nn}^{\alpha}\approx C_{Ln}^{\alpha}$$

可见尖头部的法向力系数与攻角成正比，将邻近头部圆柱段产生的那部分法向力系数（这部分法向力系数与马赫数及圆柱段长径比有关）并入头部法向力系数时，可将 C_{Nn}^{α} 表示为

$$C_{Nn}^{\alpha}=f\left(\frac{\sqrt{|Ma_{\infty}^{2}-1|}}{f_n},\ \frac{f_c}{f_n}\right) \tag{4.30}$$

式中　f_n——头部长径比；

　　　f_c——圆柱段长径比。

图 4.18 给出了尖锥形头部—圆柱体的 C_{Nn}^{α} 随马赫数和头部长径比 f_n 及 $\frac{f_c}{f_n}$ 的变化曲线，图 4.19 给出了尖拱形头部—圆柱体的 C_{Nn}^{α} 随马赫数和头部长径比 f_n 及 $\frac{f_c}{f_n}$ 的变化曲线。图 4.18 和图 4.19 中曲线亚声速部分是由细长体理论得到的结果；超声速部分是用二阶激波—膨胀波法得到的结果；跨声速部分取自风洞实验结果，并与亚声速、超声速部分做了衔接处理。这样计及圆柱段贡献的头部法向力系数为

$$C_{Nn}=57.3C_{Nn}^{\alpha}\sin\alpha\cos\alpha \tag{4.31}$$

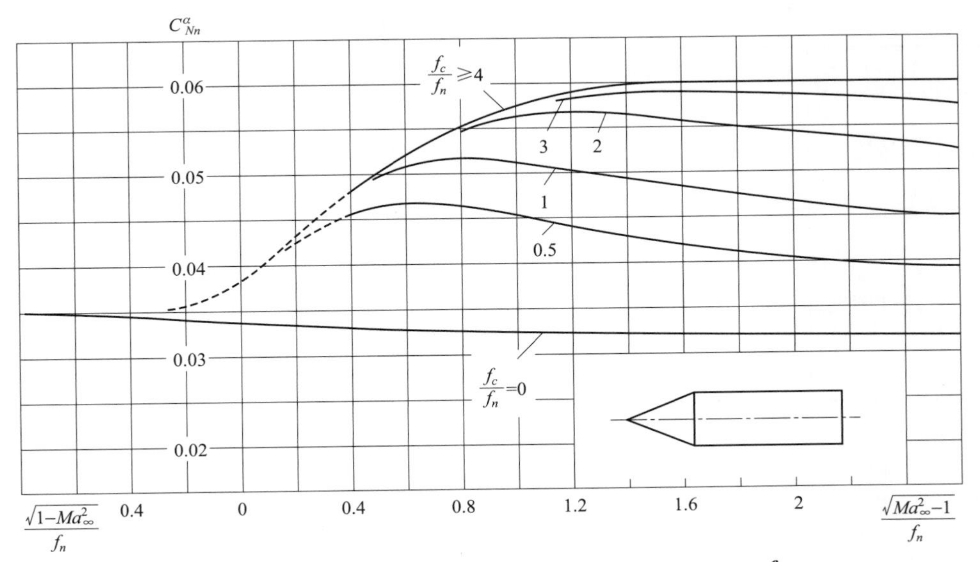

图 4.18　尖锥形头部—圆柱体的 C_{Nn}^{α} 随马赫数和头部长径比 f_n 及 $\frac{f_c}{f_n}$ 的变化曲线

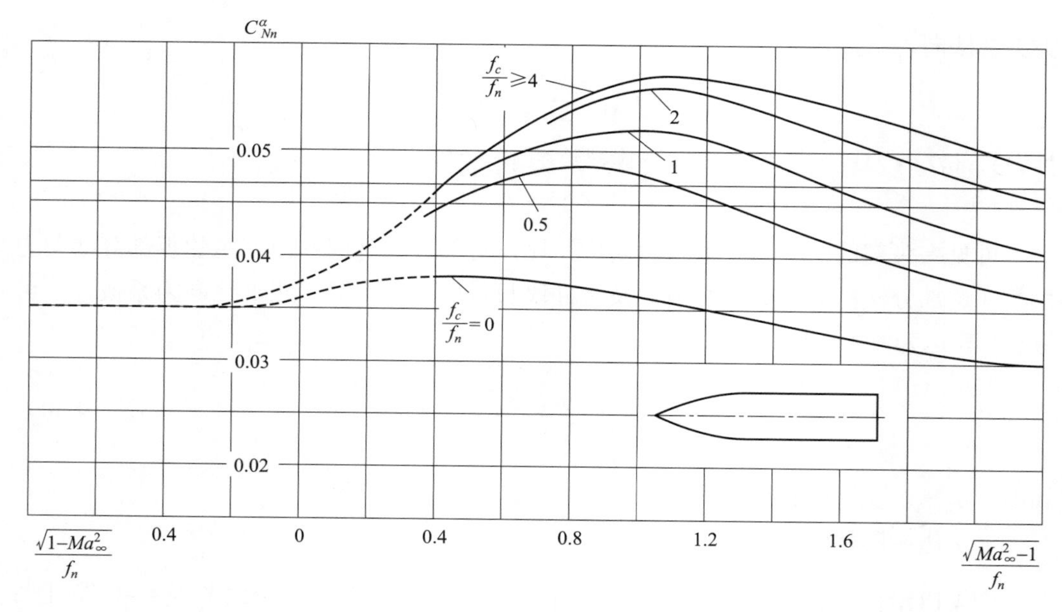

图 4.19　尖拱形头部—圆柱体的 C_{Nn}^{α} 随马赫数和头部长径比 f_n 及 $\frac{f_c}{f_n}$ 的变化曲线

2）钝头部

制导兵器的导引头通常为圆钝形。无控战术弹的引信头部通常为平钝形。带有冲压发动机的制导兵器，头部往往具有环形进气道和中心体。现将这些弹身法向力系数导数的近似计算公式汇集于表 4.2。

表 4.2　各种头部的法向力系数导数（1/度）的近似计算公式

序号	弹身形状	外形简图	计算公式
1	圆锥	δ	$C_{Nn}^{\alpha}=\frac{2}{57.3}\cos^2\delta$
2	球钝圆锥	δ, D, r $\overline{r}=\frac{2r}{D}$	$C_{Nn}^{\alpha}=\frac{2}{57.3}\cos^2\delta\left(1-\frac{\overline{r}^2}{2}\cos^2\delta\right)$
3	球钝 圆锥— 圆柱	δ, D, r $\overline{r}=\frac{2r}{D}$	$C_{Nn}^{\alpha}=(C_{Nn}^{\alpha})_{r=0}(1-\overline{r}^2)+(C_{Nn}^{\alpha})_{\text{sphe}}\overline{r}^2$ $(C_{Nn}^{\alpha})_{sphe}$ 为半球—圆柱弹身的值

续表

序号	弹身形状	外形简图	计算公式
4	球钝拱形头部—圆柱	$\bar{r}=\dfrac{2r}{D}$	$C_{Nn}^{\alpha}=(C_{Nn}^{\alpha})_{r=0}(1-\bar{r}^2)+(C_{Nn}^{\alpha})_{\text{sphe}}$ $(C_{Nn}^{\alpha})_{\text{sphe}}$ 为半球—圆柱弹身的值
5	平顶圆锥—圆柱	$\bar{d}=\dfrac{d}{D}$	$C_{Nn}^{\alpha}=(C_{Nn}^{\alpha})_{d=0}(1-\bar{d}^2)+(C_{Nn}^{\alpha})_{\text{flat}}\bar{d}^2$ $(C_{Nn}^{\alpha})_{\text{flat}}$ 为平顶圆柱的值
6	平顶拱形头部—圆柱	$\bar{d}=\dfrac{d}{D}$	$C_{Nn}^{\alpha}=(C_{Nn}^{\alpha})_{d=0}(1-\bar{d}^2)+(C_{Nn}^{\alpha})_{\text{flat}}\bar{d}^2$ $(C_{Nn}^{\alpha})_{\text{flat}}$ 为平顶圆柱的值
7	带平顶进气道的圆锥—圆柱	$F=\left(\dfrac{D_{\text{in}}}{D}\right)^2$	$C_{Nn}^{\alpha}=(C_{Nn}^{\alpha})_{\varphi=0}+\dfrac{2}{57.3}\varphi\bar{F}_{\text{in}}$ $\varphi=\dfrac{\dot{m}}{\rho v\bar{F}_{\text{in}}}$ 为空气流量系数 $(C_{Nn}^{\alpha})_{\varphi=0}$ 按平顶圆锥—圆柱（序号 5）确定
8	带平顶进气道和中心体的圆锥—圆柱	$F=\left(\dfrac{D_{\text{in}}}{D}\right)^2$	$C_{Nn}^{\alpha}=(C_{Nn}^{\alpha})_{\varphi=0}+\dfrac{2}{57.3}\varphi\bar{F}_{\text{in}}$ 同序号 7
9	带环形进气道和中心体的头部—圆柱		$C_{Nn}^{\alpha}=C_{N\text{cen}}^{\alpha}\bar{F}_{\text{cen}}+C_{Nn}^{\alpha}+C_{N\text{in}}^{\alpha}$ $C_{N\text{in}}^{\alpha}=\dfrac{2}{57.3}\varphi\bar{F}_{\text{in}}\left(1-\dfrac{D_{\text{cen}}}{D_{\text{in}}}\right)$ $\bar{F}_{\text{cen}}=\left(\dfrac{D_{\text{cen}}}{D}\right)^2,\bar{F}_{\text{in}}=\dfrac{D_{\text{in}}^2-D_{\text{cen}}^2}{D^2}$ C_{Nn}^{α} 按无进气道和中心体的平顶头部—圆柱（序号 5、6）确定

表 4.2 中 $(C_{Nn}^{\alpha})_{r=0}$ 为尖锥形头部—圆柱体或尖拱形头部—圆柱体的值，从图 4.18 或图 4.19 查得。$(C_{Nn}^{\alpha})_{\text{sphe}}$ 和 $(C_{Nn}^{\alpha})_{\text{flat}}$ 分别为半球头部—圆柱体和平顶圆柱的值，由图 4.20 查得。

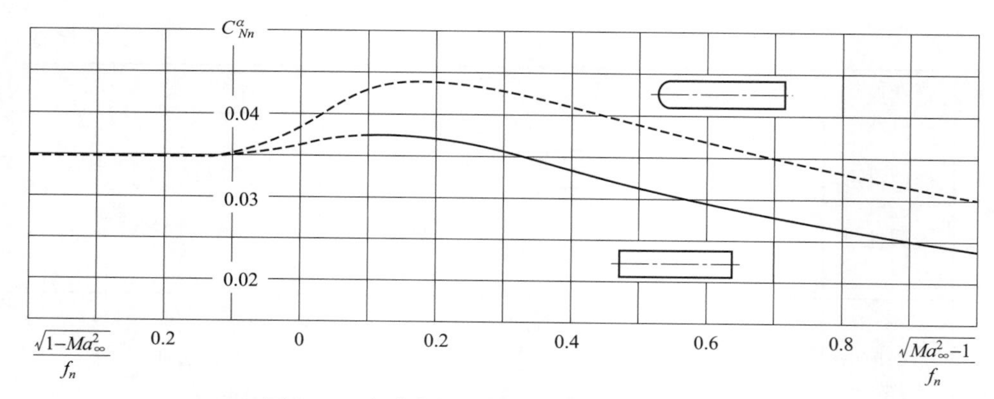

图 4.20　半球头部—圆柱、平顶圆柱的 C_{Nn}^{α} 随

2. 尾部法向力系数

1）收缩形尾部

由细长体理论得到收缩尾部的法向力系数为

$$C_{Nt}=-\sin 2\alpha\left[1-\left(\frac{D_b}{D}\right)^2\right]=-2\sin\alpha\cos\alpha\left[1-\left(\frac{D_b}{D}\right)^2\right] \tag{4.32}$$

式中　D_b——底部直径。

考虑到尾部由于边界层变厚和气流分离使其实际法向力比理论值小得多，需在上式中引入一修正系数 ξ_t

$$C_{Nt}=-2\xi_t\sin\alpha\cos\alpha\left[1-\left(\frac{D_b}{D}\right)^2\right] \tag{4.33}$$

式中 ξ_t=0.15～0.20。

按线化理论，收缩尾部的法向力系数还应与马赫数有关。计及马赫数影响后，可将收缩尾部的法向力系数表达为

$$C_{Nt}=\left\{57.3C_{Nt}^{\alpha}\bigg/\left[1-\left(\frac{D_b}{D}\right)^2\right]\right\}\left[1-\left(\frac{D_b}{D}\right)^2\right]\xi_t\sin\alpha\cos\alpha \tag{4.34}$$

图 4.21 给出了在亚、跨声速时锥形收缩尾部 $57.3C_{Nt}^{\alpha}\bigg/\left[1-\left(\frac{D_b}{D}\right)^2\right]$ 随马赫数的变化曲线，该曲线是根据实验结果整理得出的，因此在用式（4.34）进行计算时取 $\xi_t=1$。图 4.22 给出了超声速时 $57.3C_{Nt}^{\alpha}\bigg/\left[1-\left(\frac{D_b}{D}\right)^2\right]$ 随马赫数的变化曲线，该曲线是计算得到的，因此在用式（4.34）进行计算时取 $\xi_t=0.15\sim0.20$。对于曲线形收缩尾部的法向力系数，可用图 4.21 和图 4.22 进行近似计算。

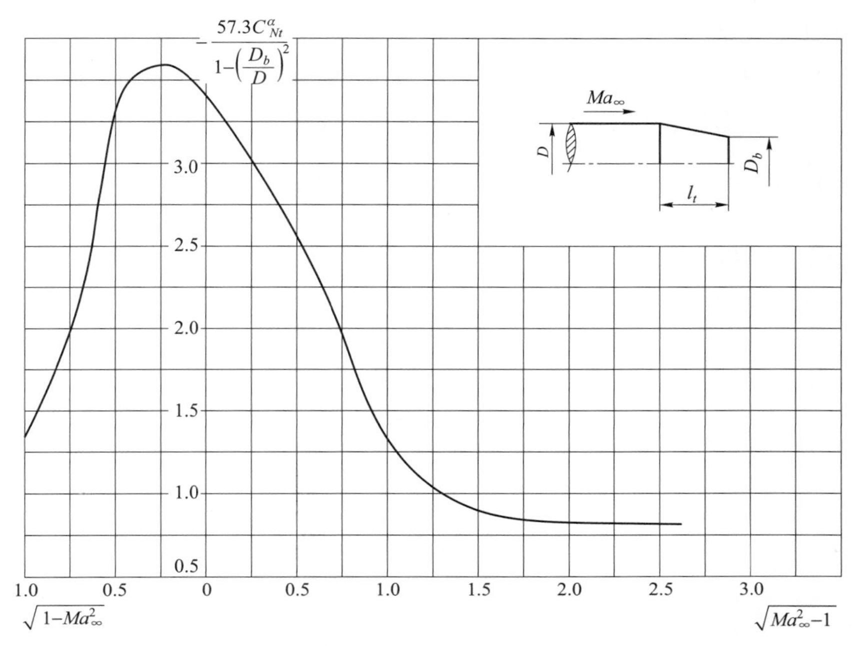

图 4.21　锥形收缩尾部法向力系数斜率（亚、跨声速）

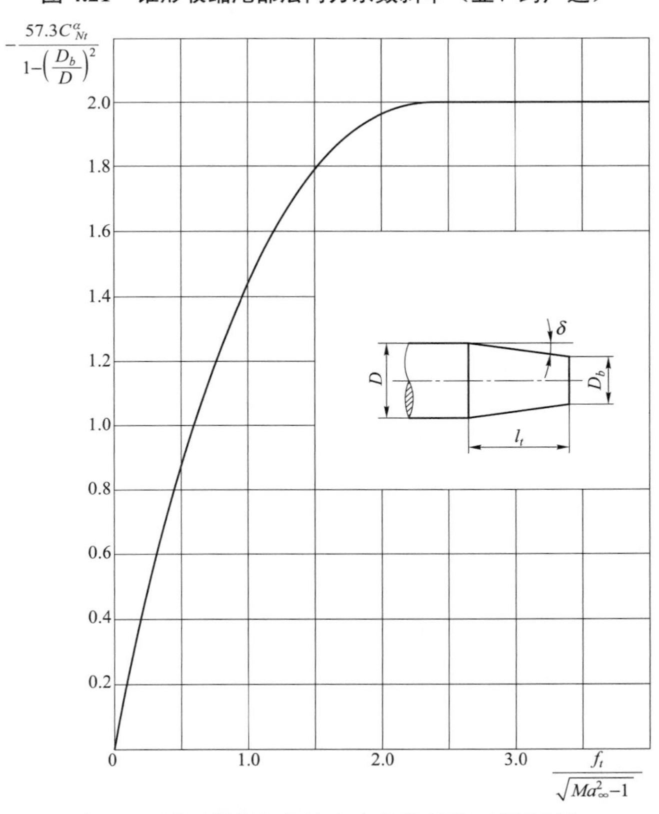

图 4.22　锥形收缩尾部法向力系数斜率（超声速）

2）扩张形尾部

细长体理论指出，扩张尾部（裙尾）产生正的法向力。对于图 4.23 所示的裙尾，假定在 A 点前的气流速度已恢复到来流值，可按二阶激波—膨胀波法得到其法向力系数，图 4.24 给出了 $57.3C_{Nt}^{\alpha}\Big/\left[1-\left(\dfrac{D_b}{D}\right)^2\right]$ 的计算结果曲线。裙尾法向力系数 C_{Nt} 的计算公式仍为式（4.34）。

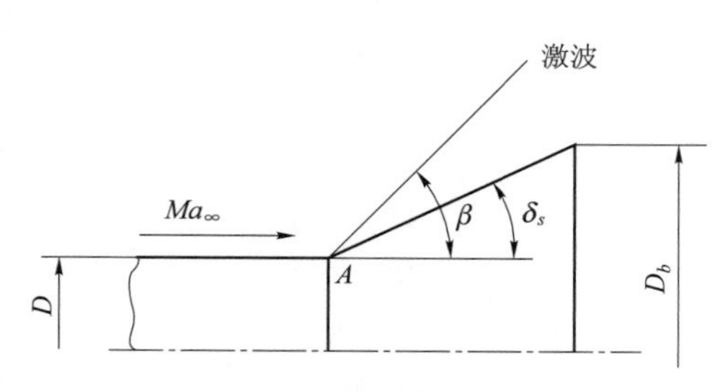

图 4.23　裙尾

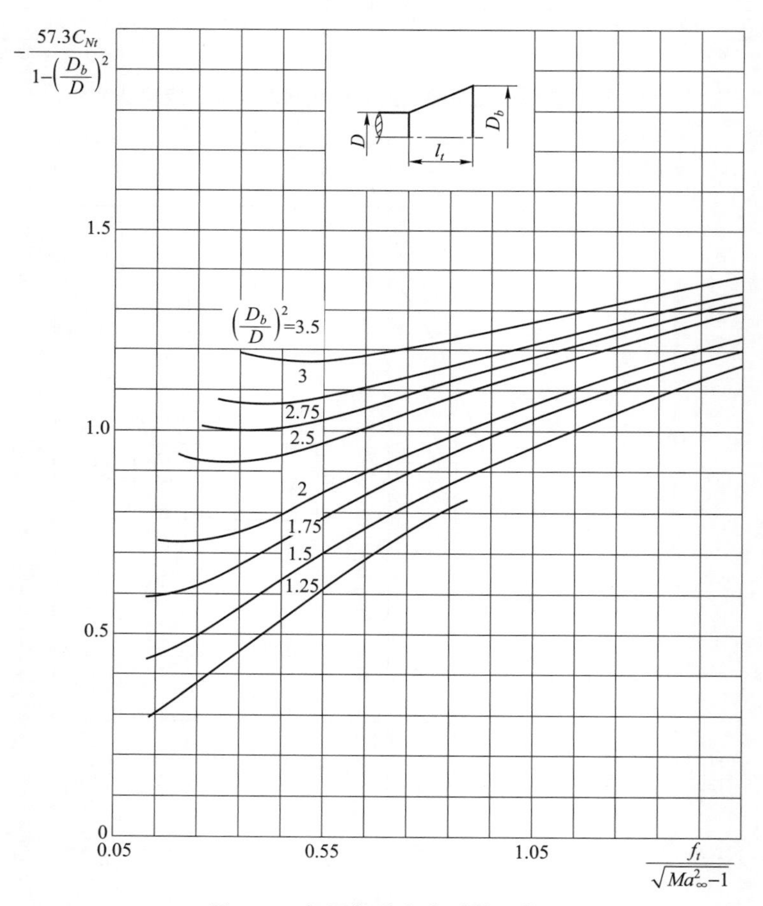

图 4.24　裙尾的法向力系数导数

单独弹身的线性法向力系数 $(C_{NB})_L$ 为

$$(C_{NB})_L=(C_{NB}^{\alpha})_L\cdot\alpha=C_{Nn}^{\alpha}\cdot\alpha+C_{Nt}^{\alpha}\cdot\alpha$$

在 $\alpha=90^\circ$ 的极限情况下，可以合理地认为弹身的法向力全部为非线性法向力。而在 $\alpha\leqslant 90^\circ$ 时，可按下式计算线性法向力系数

$$(C_{NB})_L=(C_{NB}^{\alpha})_L\cdot\alpha\text{，}\qquad \alpha\leqslant 45^\circ$$

$$(C_{NB})_L=(C_{NB}^{\alpha})_{L,\,\alpha=45^\circ}\left(1-\frac{\alpha-45^\circ}{45^\circ}\right)\text{，}\quad 45^\circ<\alpha\leqslant 90^\circ \tag{4.35}$$

4.5.2　非线性法向力系数 $(C_{NB})_{NL}$

1）横流比拟理论

将单位长度旋成体由背风面黏性分离所产生的法向力系数表示为

$$f_v=2rC_{dn}\frac{\rho V_n^2}{2} \tag{4.36}$$

式中，r 为当地弹身半径，V_n 为垂直于弹身纵轴的速度，C_{dn} 为定态横流阻力系数，C_{dn} 取决于横流马赫数 Ma_n 和横流雷诺数 Re_n：

$$Ma_n=\frac{V_n}{a}=Ma_\infty\sin\alpha$$

$$Re_n=\frac{\rho V_n L_B}{\mu}=Re\sin\alpha$$

可用两种比拟理论确定 C_{dn}，一种是横流比拟理论，另一种是脉冲横流比拟理论。横流比拟基于这样的事实，即在定态大攻角旋成体绕流时，其横向流态与二维圆柱绕流流态类似，如示意图 4.25 所示。

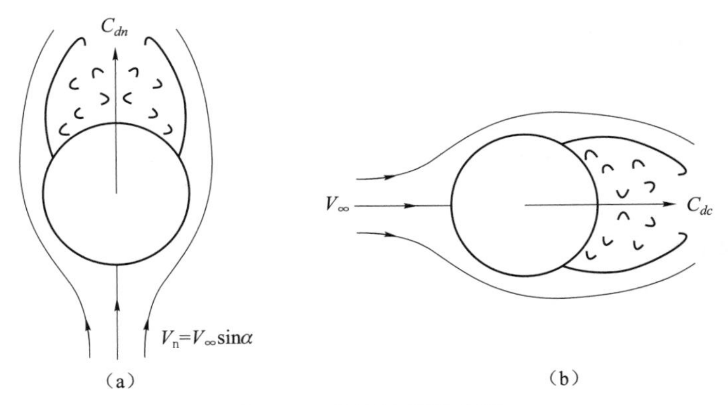

图 4.25　横流比拟示意图

（a）三维旋成体大攻角绕流某一横截面的流态；（b）二维圆柱绕流的流态

由于流态可比，故可认为三维旋成体大攻角绕流时，某一截面处单位长度上的黏性法向力系数 C_{dn} 等于二维圆柱绕流的阻力系数 C_{dc}。

横流比拟没有考虑实际存在的纵向流动$V_\infty\cos\alpha$对横向流动的影响。实际上横流平面是以速度$V_\infty\cos\alpha$向下游移动的，绕细长旋成体的有攻角的横向流动可以认为是以$V_\infty\sin\alpha$为来流，以$t=\dfrac{x}{Ma_\infty \cdot a \cdot \cos\alpha}$为时间周期脉冲地撞击每个轴向站位$x$的横流平面，这就是脉冲横流比拟。实验表明，对于层流采用脉冲横流比拟时，在初始时刻（$t=0, x=0$），$C_{dc}=0$；然后C_{dc}随时间（也即随x）增大，在某一时刻其值比定态横流比拟的C_{dc}（=1.2）约高25%，再后随着时间的增大C_{dc}趋于1.2。对于湍流，实验表明，C_{dc}很快便达到定态值。绕细长旋成体大攻角流动基本为湍流，所以采用横流比拟确定C_{dc}更符合实际。

2）$(C_{NB})_{NL}$的表达式

由横流理论得到的$(C_{NB})_{NL}$的表达式为：

$$(C_{NB})_{NL}=\eta C_{dc}\cdot\frac{S_p}{S_{ref}}\cdot\sin^2\alpha \tag{4.37}$$

式中，η为横流阻力系数比例因子；C_{dc}为横流阻力系数；S_p为弹身的水平投影面积。

3）η的确定

η为弹身长径比$\dfrac{L_B}{D}$、雷诺数Re及横流马赫数Ma_n的函数，即

$$\eta=f\left(\frac{L_B}{D},\ Re,\ Ma_n\right)$$

可用下式计算

$$\eta=\frac{1-\eta_0}{1.8}\cdot Ma_n+\eta_0,\qquad Ma_n\leqslant 1.8$$

$$\eta=1,\qquad Ma_n>1.8$$

式中，η_0为$Ma_n=0$时的阻力比例因子，$\eta_0=f\left(\dfrac{L_B}{D}\right)$，见图4.26。

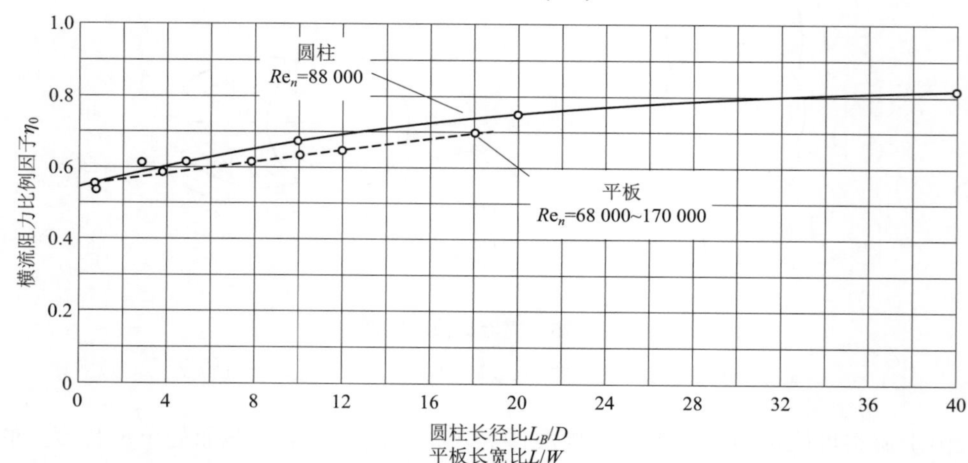

图4.26　Ma_n=0时，有限长圆柱（或平板）横流阻力系数与无限长圆柱的横流阻力系数的比例因子η_0

4）C_{dc} 的计算步骤

（1）按下式计算各攻角的有效雷诺数 Re_{neff}

$$Re_{neff}=\frac{1}{2}Re_D\frac{\cos\alpha\cot\alpha+2\sin\alpha}{2}\frac{1+\left[1+\left(\frac{1}{2}\cot\alpha\right)^2\right]^{\frac{1}{2}}}{\left[1+\left(\frac{1}{2}\cot\alpha\right)^2\right]^{\frac{1}{2}}} \tag{4.38}$$

式中 Re_D 为基于圆柱段直径的雷诺数。

（2）判断流态（圆柱横向绕流是层流分离、湍流分离还是转捩流）

若 $\begin{cases}Re_{neff}\leqslant 1.8\times10^5\\ Ma_n<Ma_{nc}=0.1\end{cases}$，则为亚临界状态，层流分离，取 C_{dc} =1.2。

若 $\begin{cases}Re_{neff}\geqslant 2.05\times10^5\\ Ma_n>0.1\end{cases}$，则为超临界状态，湍流分离，取 C_{dc} =0.5。

若 $\begin{cases}1.8\times10^5<Re_{neff}<2.05\times10^5\\ Ma_n<0.1\end{cases}$，则为过渡流状态，$C_{dc}$ =1.2→0.5，光滑过渡（可按 Ma_n 插值）。

（3）根据 Ma_∞、α 计算的 Re_{neff} 及 Ma_n，从图 4.27 查取过渡流态的 C_{dc}（因为亚、超临界状态的 C_{dc} 已确定）。

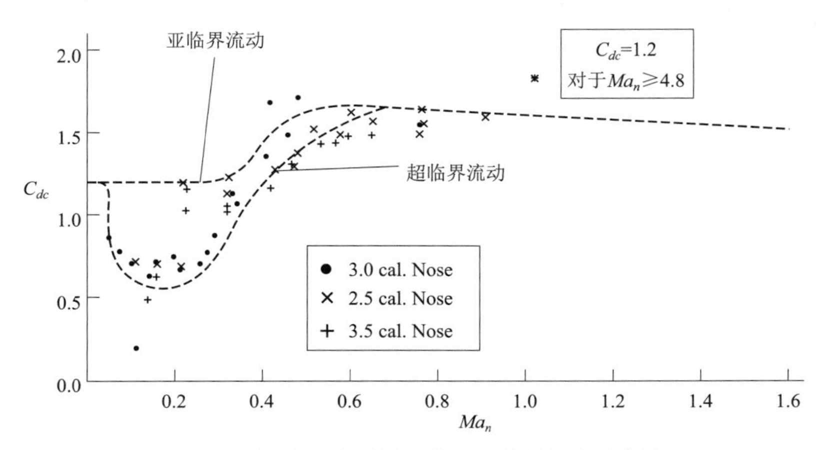

图 4.27　横流阻力系数随横流马赫数的变化曲线

4.6 算　　例

计算长 L_B = 0.511 m，直径 D = 0.130 m 的平顶圆柱形弹身在 Ma_∞= 0.47，α = 15° 时的法向力系数。

对于圆柱段弹身，由于$\frac{\mathrm{d}S_B}{\mathrm{d}x}=0$，所以$(C_{NB})_L=0$，即

$$C_{NB}=(C_{NB})_{NL}$$

弹身的水平投影面积$S_p=L_B\times D=0.066\ 43\ \mathrm{m}^2$，参考面积取弹身横截面面积$S_{\mathrm{ref}}=\frac{\pi D^2}{4}$=0.013 27 m²，于是由式（4.37）有

$$(C_{NB})_{NL}=5.006\ 03\eta C_{dc}\sin^2\alpha$$

由图 4.26 得$\eta_0=0.6$，所以

$$\eta=0.6+0.222\ 22Ma_n$$

Ma_∞= 0.47，$\alpha=15°$，$Ma_n=Ma_\infty\sin\alpha=0.121\ 64$时，

$$\eta=0.721\ 64$$

$$Re_D=\frac{\rho_\infty V_\infty D}{\mu_\infty}=0.089\ 02\times10^5\times V_\infty=1.422\ 54\times10^6$$

代入式（4.38）得α=15°时

$$Re_{n\mathrm{eff}}=2.158\ 72$$

可见为超临界状态，是湍流分离，C_{dc}=0.5，于是

$$(C_{NB})_{NL}=5.006\ 03\eta C_{dc}\sin^2\alpha=0.121\ 00$$

所求平顶圆柱形弹身的法向力系数为

$$C_{NB}=(C_{NB})_{NL}=0.121\ 00$$

第 5 章　弹翼轴向力和法向力工程计算方法

5.1　翼型的几何特性及绕流图画

5.1.1　几何特性

翼型又称翼剖面，是平行于飞行器对称面 xOy 的弹翼的横截面外形。后掠弹翼有时用垂直于前缘的横截面外形，称为法向翼型。对于低亚声速飞行器的弹翼，一般采用低亚声速翼型；对于以跨声速飞行为主的飞行器的弹翼，一般采用跨声速翼型；对于超声速飞行器的弹翼，要采用超声速翼型。如图 5.1 所示。低亚声速翼型的特点是圆头尖尾，弯度、厚度较大；跨声速翼型的特点是头部钝度较小，上表面较平坦，弯度、厚度小些；超声速翼型的特点是尖头尖尾、无弯度、厚度较小。

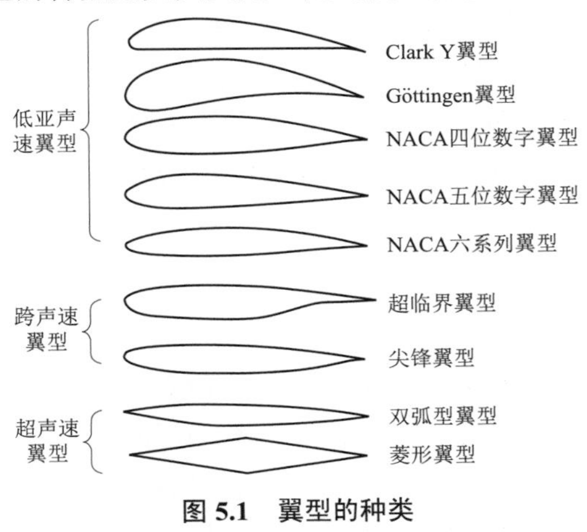

图 5.1　翼型的种类

图 5.2 为低亚声速翼型示意图。描述该翼型的几何参数有：

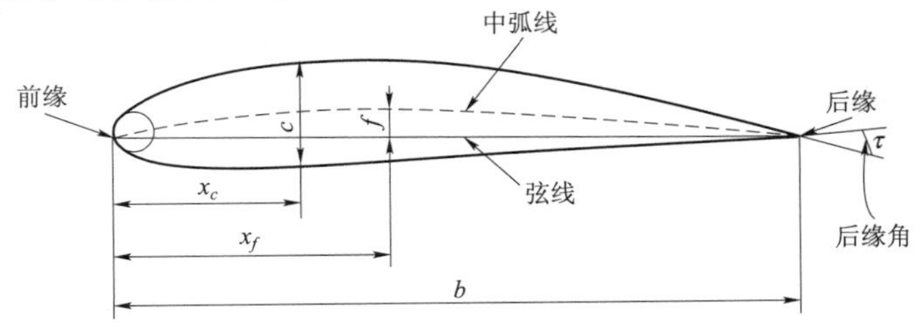

图 5.2　低亚声速翼型及其几何参数示意图

翼弦——翼型前、后缘的连线，以 b 表示；

厚度——翼型上、下表面垂直于中弧线对应点之间的距离，通常将最大的距离称为翼型的厚度，以 c 表示。为了便于翼型之间几何特性的比较，常表示为 $\bar{c}=\dfrac{c}{b}$；

厚度分布——翼型上、下表面对应点之间距离沿弦线 b 的分布，通常以量纲为 1 的函数 $\bar{y}_c(x)$ 表示；

最大厚度位置——翼型的最大厚度 c 到前缘的距离，以 x_c 表示，为了便于翼型之间几何特性的比较，常表示为 $\bar{x}_c=\dfrac{x_c}{b}$；

中弧线——翼型当地厚度中点的连线，表示翼型弯曲的程度；

弯度——翼型的中弧线到弦线的最大距离，通常以 f 表示，为了便于翼型间几何特性的比较，常表示为 $\bar{f}=\dfrac{f}{b}$，$\bar{f}>0$ 为正弯度。对于正弯度的翼型，零升力攻角 $\alpha_0<0$，且近似地有 $\alpha_0=-\bar{f}$，其中 $\bar{f}$ 为百分数，α_0 以度计；

最大弯度的位置——翼型最大弯度处至前缘的距离，以 x_f 表示，为了便于翼型之间几何特性的比较，常表示为 $\bar{x}_f=\dfrac{x_f}{b}$；

前缘半径——翼型前缘的内切圆半径，以 r_c 表示；

后缘角——翼型上、下周线在后缘处的夹角，以 τ 表示。

目前，美国、俄罗斯、英国和德国都有自己的翼型，如美国的 NACA 翼型、俄罗斯的 ЦАГИ 翼型、英国的 RAE 翼型、德国的 DVL 翼型。

5.1.2 绕流图画

1）低亚声速

低速或亚声速气流流过圆头尖尾翼型，当攻角较小时，绕流图画如 5.3（a）所示，紧贴表面有边界层，翼型后面有一较窄的尾迹区。翼型表面压力系数分布如图 5.3（b）虚线所示（实线为理想流体理论值），从图看出这种翼型的升力主要由翼型前面一段产生，后面一段对升力贡献较小。在中等攻角时，翼型后面一段的边界层往往发生分离，尾迹加宽，如图 5.4（a）所示。此时表面压力系数分布如图 5.4（b）虚线所示，从图可见，由于翼型后段边界层分离使压力系数绝对值减小，升力降低。当攻角大于 $15°$ 时，整个上翼面的边界层几乎完全分离，尾迹区很宽，如图 5.5 所示，升力大幅度下降，阻力激增。

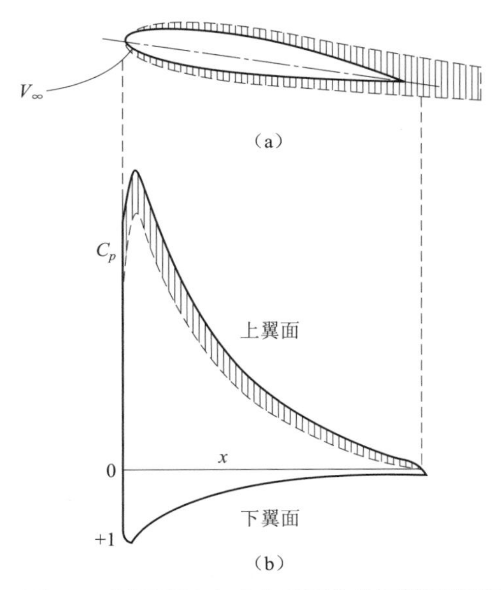

图 5.3　低亚声速小攻角时圆头尖尾翼型绕流

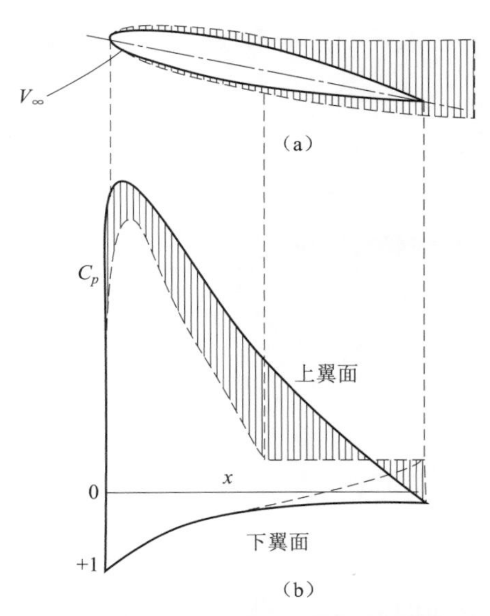

图 5.4　低亚声速中等攻角时圆头尖尾翼型绕流

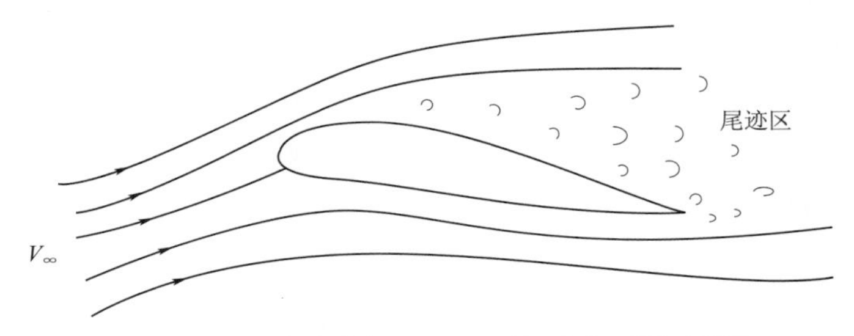

图 5.5　低亚声速攻角 $\alpha > 15°$ 时圆头尖尾翼型绕流

2）超声速

超声速气流流过前缘半角为δ的双凸形对称薄翼型，当攻角$\alpha < \delta$时，其流动图画如 5.6（a）所示。气流在翼型前缘上、下表面产生两道附体激波，下表面前缘激波角和激波强度都比上表面前缘激波的激波角和激波强度大。经过斜激波后，上、下表面的气流突然折转沿前缘的切线方向流动。在前缘之后，上、下表面的斜率逐渐减小，气流相对于前缘方向向外偏转，形成超声速气流绕外凸角的流动，即上、下表面有一系列的膨胀波产生。气流经过膨胀波系后，速度逐渐增加，方向逐渐外折，始终保持沿着物面的切线方向，直至翼型的后缘。由于流经上、下翼面的气流在后缘处方向不同，压强也不相等，于是在后缘处产生两道后缘激波，上表面的后缘激波强些，下表面的后缘激波弱些，上、下表面的气流经过各自的后缘激波后，调整流动方向和压强，使得经后缘激波之后气流的方向相同，压强相等。

翼型前缘之后一小段表面上产生的膨胀波会与前缘斜激波相交，使斜激波强度逐渐减弱，同时逐渐向物面方向弯曲，形成曲线激波，并逐渐退化为马赫波。同时膨胀波与激波相交后会形成一系列反射波，并同物面相交，对物面的流动也会有所影响。

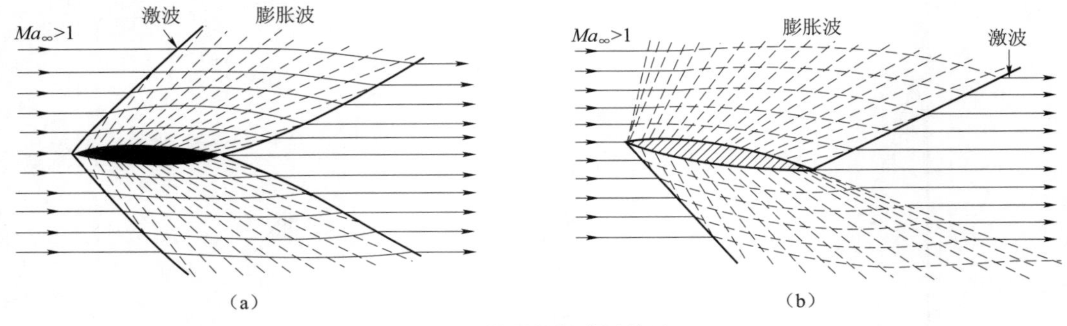

图 5.6　翼型的超声速绕流

(a) $\alpha<\delta$；(b) $\alpha>\delta$

$\alpha>\delta$时的流动图画如图 5.6（b）所示，这时翼型上表面的前缘处产生的是膨胀波，下表面的前缘处产生的仍是斜激波。在前缘之后，随着翼型表面向外折转，产生一系列膨胀波，气流加速直到后缘。在后缘处上表面产生一道斜激波，下表面为一组膨胀波，上、下表面的气流经过各自的斜激波和膨胀波后，调整流动方向和压强，使得气流的流动方向相同、压强相等。从图 5.6 可知，无论是$\alpha<\delta$还是$\alpha>\delta$，翼型下表面的当地压强都大于上表面的当地压强，并且线化理论给出的上、下表面的压强差$\Delta p=p_l-p_u$沿弦向是相等的，即压心在弦长的中点。实验和精确解表明，压强差（即载荷）是沿弦长逐渐减小的，如图 5.7 所示。

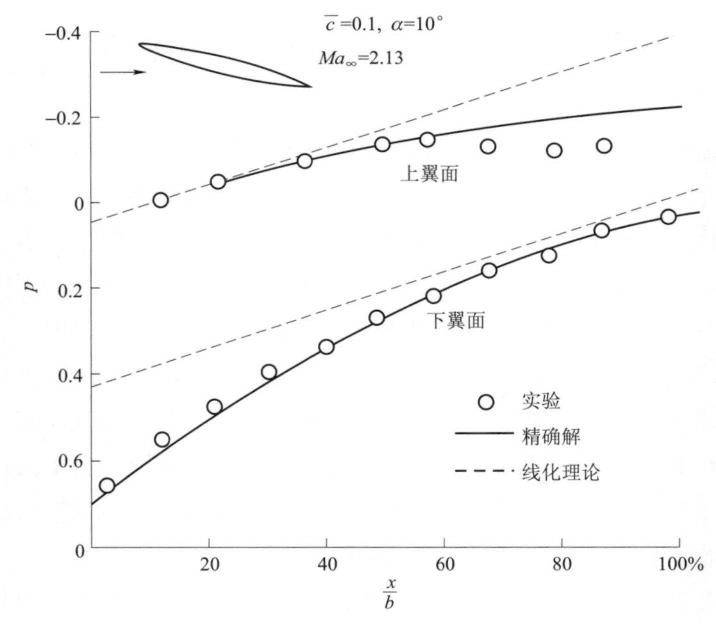

图 5.7　$\alpha>0°$ 时翼型的压强分布

3）跨声速[21]

图 5.8 表示某层流翼型在攻角 $\alpha = 2°$、不同来流马赫数 Ma_{∞} 时，通过实验所观察到的翼型表面附近激波的产生和发展，以及翼面上的压强分布。当来流 Ma_{∞} 小于临界马赫数 $Ma_{\infty cr}$ 时，翼型上、下表面的气流全部为亚声速流。当来流 Ma_{∞} 逐渐增大略超过 $Ma_{\infty cr}$ 时，由于翼型为正攻角，因此，首先在上翼面某点气流达到声速，并将有一小范围的超声速区，如图 5.8（a）所示。图中点画线表示超声速流场和亚声速流场的界线，在界线上气流的速度为声速 $Ma = 1$，故此界线亦称为声速线。这时由于超声速区比较小，气流从超声速到亚声速还可以光滑过渡，没有激波产生，所以上表面的压强分布曲线也是光滑的。当来流 Ma_{∞} 再继续增大，上表面小范围内的超声速区随之扩大，见图 5.8（b），气流光滑过渡已不再可能，超声速区以激波结尾，相应地在激波后，翼面压强突跃地增大，压强分布曲线在该处也出现了跳跃。随着来流 Ma_{∞} 继续增大，上表面的超声速区范围继续扩大，激波位置后移，而下表面也出现了激波，并且迅速移到后缘，如图 5.8（c）、（d）所示。这时上、下翼面的大部分地区都是超声速流动了。当 $Ma_{\infty} > 1$ 后，翼型前方出现弓形脱体激波，并且随着 Ma_{∞} 增大，脱体激波逐渐向翼型前缘接近，如图 5.8（e）所示。由于脱体激波的中间一段是正激波，因此在脱体激波之后，在前缘附近的某一范围内，气流将是亚声速流，随后沿翼面气流不断加速而达到超声速；在翼型后缘处，气流通过后缘斜激波而减速到接近于来流的速度。Ma_{∞} 再继续增大，前缘激波就要附体，整个流场就变成为单一的超声速流场，如图 5.8（f）所示。

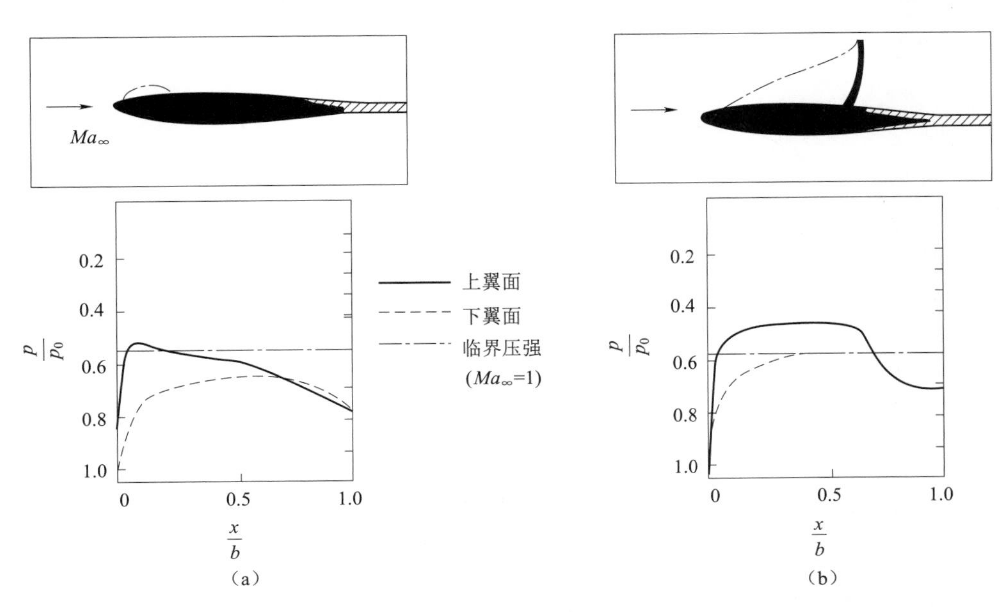

图 5.8　翼型跨声速绕流

（a）Ma_{∞} =0.75；（b）Ma_{∞} =0.81

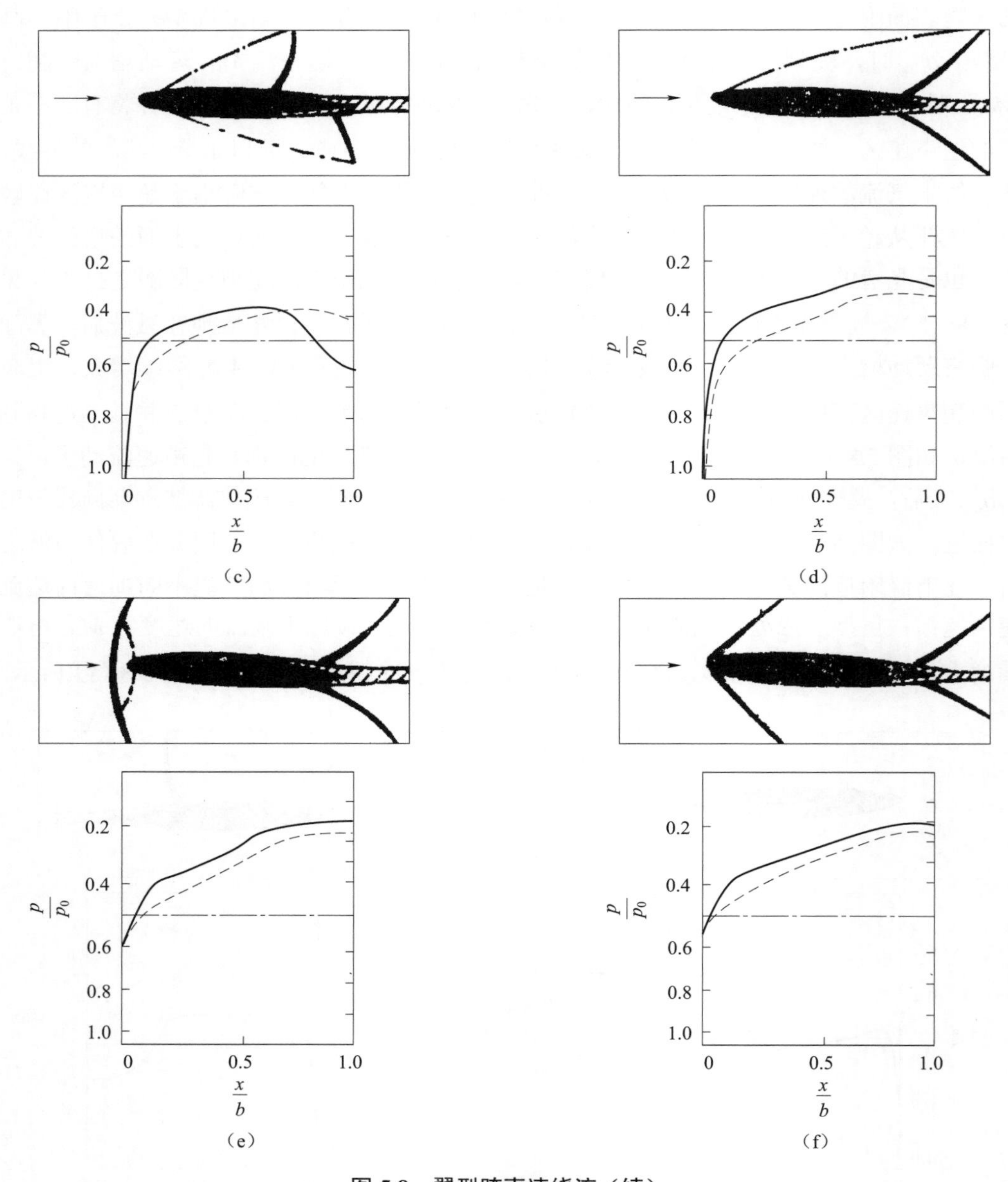

图 5.8　翼型跨声速绕流（续）

（c）Ma_∞=0.89；（d）Ma_∞=0.98；（e）Ma_∞=1.4；（f）Ma_∞=1.6

跨声速翼型绕流的一个重要流动现象是激波与边界层干扰。现以上翼面流动为例简述激波—边界层干扰的一些细节，其流态如图 5.9 所示。

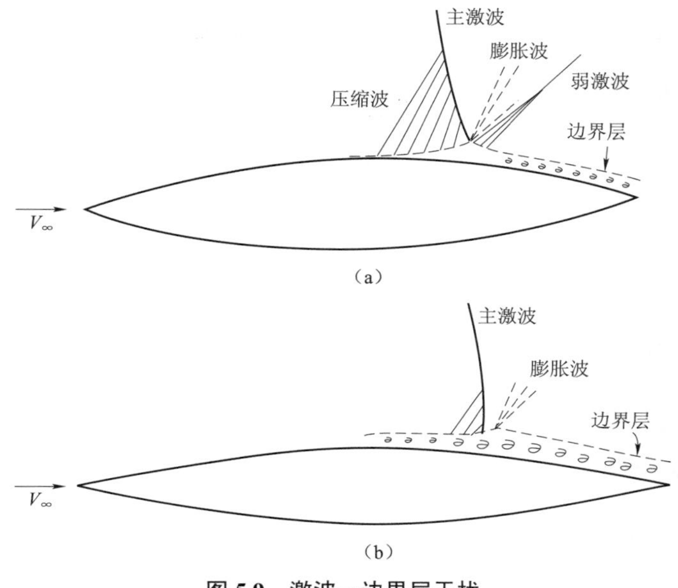

图 5.9　激波—边界层干扰

（a）层流边界层；（b）湍流边界层

当激波与边界层相遇后，通过激波的增压扰动，将沿边界层内的亚声速流往上游传播，从而改变翼面上的压强分布。对层流边界层，激波的增压扰动向上游传播的距离要比湍流边界层远。边界层内压强的增大，使边界层增厚，增厚的边界层对外流形成一压缩边界，所发出的压缩波将与激波相遇，如图 5.9（a）所示。增厚的边界层由于其内流速较低容易分离，这种分离称为激波诱导分离，使翼型升力下降，即所谓激波失速。边界层边界可看成为一等压面，激波与它相遇后反射成为膨胀波，使气流往翼型表面偏转，然后通过一系列压缩波使气流的指向最后偏转成与翼面方向一致，这些压缩波将汇总成一弱激波。对湍流边界层，由于层内亚声速流区的厚度较薄，因此，在同一位移厚度下，增压扰动往上游传播的范围要比层流边界层小，如图 5.9（b）所示。另外，由于湍流边界层从主流输入动量的能力较强，因此在同样强度的激波作用下不易产生诱导分离。

5.2　弹翼的几何特性及绕流图画

5.2.1　几何特性[21]

弹翼的几何特性主要指弹翼的平面形状、几何扭转角、上反角、安装角等。

1）弹翼的平面形状

制导兵器常用弹翼的平面形状有矩形、梯形和三角形，如图 5.10 所示。弹翼的主

要几何参数有翼展 l_W，翼平面面积 S_W，平均几何弦 $b_W = S_W / l_W$，展弦比 $\lambda = l_W / b_W = l_W^2 / S_W$，根梢比 $\eta = \dfrac{b_0}{b_1}$，后掠角 χ_0、$\chi_{0.25}$、$\chi_{0.5}$、χ_1。弹翼的平面面积为

$$S_W = \int_{-l_W/2}^{l_W/2} b(z)\mathrm{d}z \tag{5.1}$$

式中 $b(z)$ 为当地弦长。有时用根梢比的倒数 ξ 表示弹翼尖削程度，避免对于三角翼出现 $\eta = \dfrac{b_0}{b_1} = \infty$，$\xi = \dfrac{b_1}{b_0} = \dfrac{1}{\eta}$。后掠角 χ 的下标 0 和 1 分别表示前缘后掠角和后缘后掠角；下标 0.25 和 0.5 分别表示 $\dfrac{1}{4}$ 弦线后掠角和 $\dfrac{1}{2}$ 弦线后掠角，引入 $\chi_{0.25}$、$\chi_{0.5}$ 的原因是大展弦比弹翼在亚声速时的理论压心位于 $\dfrac{1}{4}$ 平均几何弦长处，超声速时的理论压心位于 $\dfrac{1}{2}$ 平均几何弦长处。

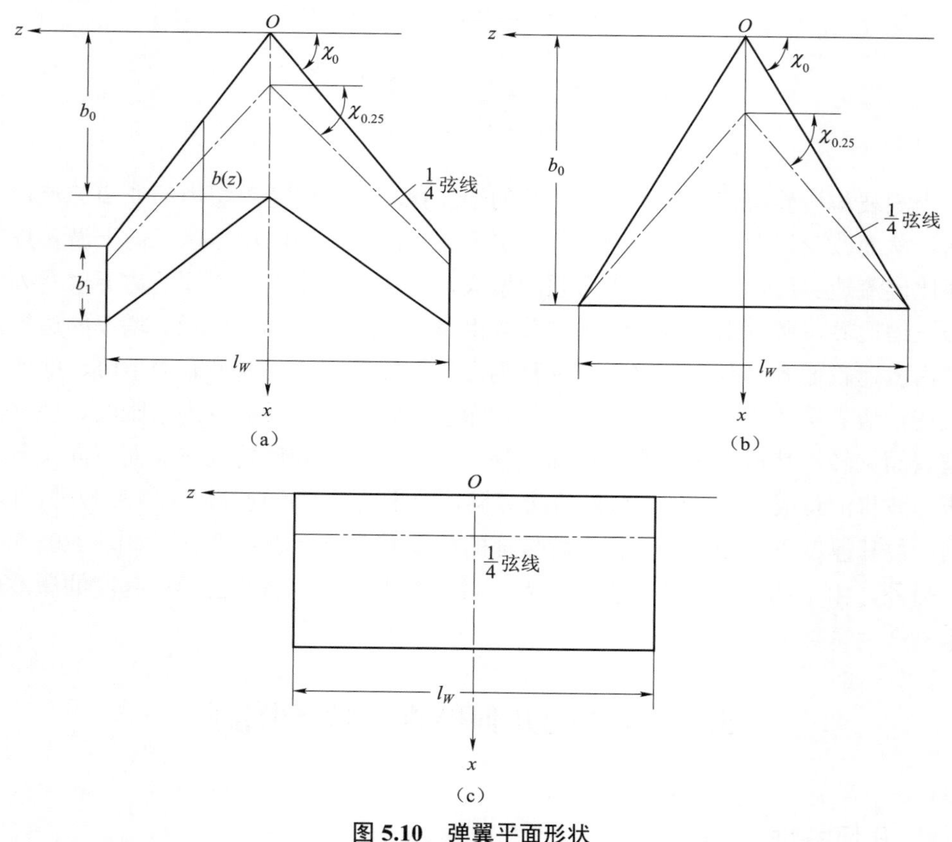

图 5.10 弹翼平面形状

（a）梯形翼；（b）三角翼；（c）矩形翼

2）几何扭转角

弹翼上平行于对称面的翼剖面的弦线相对于翼根剖面弦线的夹角称为弹翼的几何

扭转角，用φ表示，如图 5.11 所示。若该翼剖面的当地攻角大于翼根剖面的攻角，则扭转角为正，反之为负。

3）上、下反角

上、下反角ψ表示左、右半翼面相对于平面xOz的倾斜程度，也就是表示在y轴方向上各翼剖面的相对位移，如图 5.11（b）所示。规定当位移为正时，$\psi > 0°$，为上反角；当$\psi < 0°$时，为下反角。

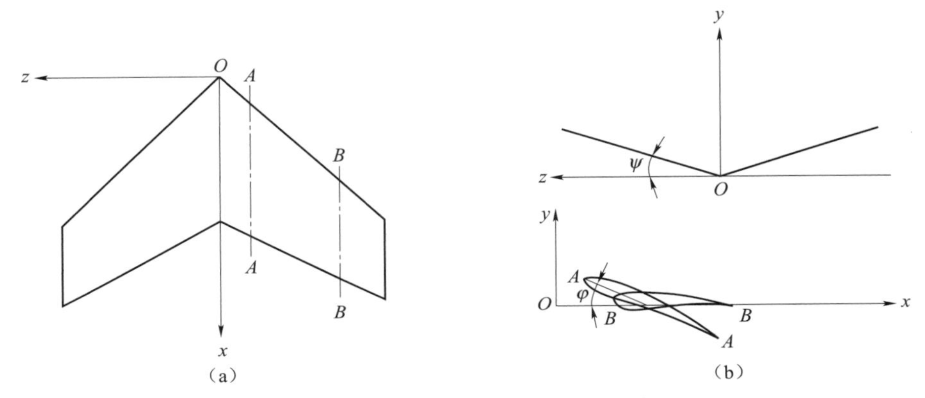

图 5.11　弹翼的几何扭转角和上反角

4）安装角

弹翼安装在弹身上时，翼根剖面弦线与弹身轴线之间的夹角δ称为安装角，见图 5.12。规定翼根剖面前缘在弹身轴线之上时，$\delta > 0°$；反之，$\delta < 0°$。

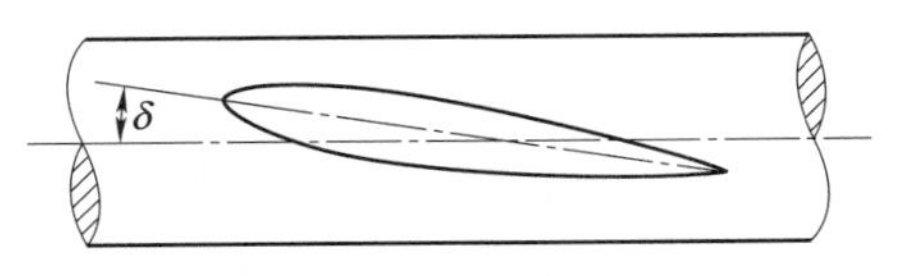

图 5.12　弹翼的安装角

5.2.2　绕流图画

1）低亚声速

低亚声速气流以小正攻角流过大展弦比直弹翼时，弹翼下表面的压强较高，上表面的压强较低。下表面压强较高的气流将从弹翼两端翻向上翼面，使上翼面的流线方向由翼尖向内偏斜，而下翼的流线由内向翼尖偏斜。上、下翼面的气流在翼后缘处汇合时，由于流向不同而形成涡面，称为后缘自由涡面。这种涡面是不稳态的，在离开后缘不远处便卷成两大涡索，如图 5.13 所示。

低亚声速气流以小正攻角流过小展弦比直弹翼时，绕流图画如图 5.14 所示。此时除后缘自由涡面外，在两侧缘也有侧缘涡面形成，随攻角增大，展弦比减小，侧缘涡面的影响也将增大。

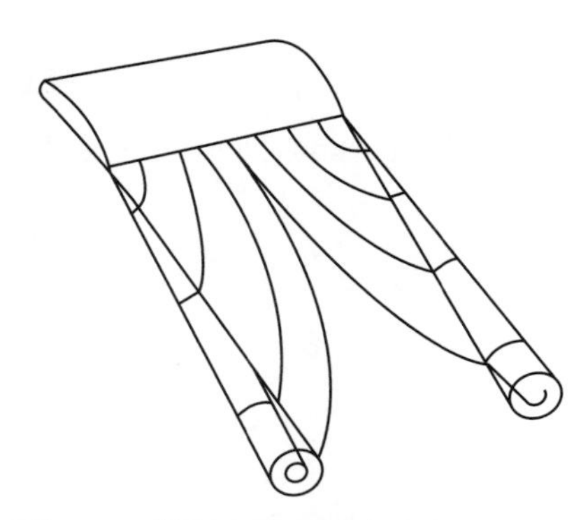

图 5.13　低亚声速大展弦比直弹翼绕流

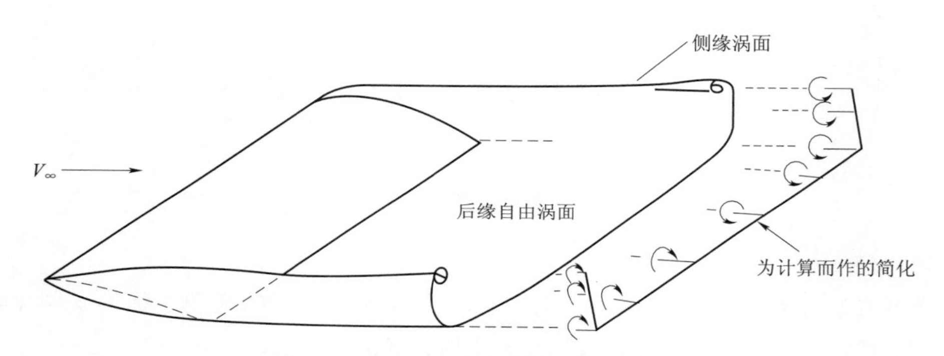

图 5.14　低亚声速小展弦比直弹翼绕流

低亚声速气流以不大正攻角流过大后掠角三角弹翼时，其绕流图画如图 5.15 所示。对于这种弹翼，前缘和侧缘已无法分开，所以将侧缘涡面称为边缘涡面更合适。边缘涡面一般都卷成集中涡索。在后缘处仍为后缘自由涡面。

2）超声速[21]

有限翼展薄弹翼的超声速绕流图画与弹翼的前、后缘性质有很大关系，对前后缘都后掠的弹翼，随着来流 Ma_∞ 的不同，可能是亚声速前、后缘或亚声速前缘、超声速后缘，也可能是超声速前、后缘，分别如图 5.16（a）、(b)、(c）所示。以平板后掠翼为例，如果是亚声速前缘，则上、下翼面的绕流要通过前缘产生相互影响，结果垂直于前缘的截面在前缘附近的绕流图画显示出亚声速的绕流特性，如图 5.17（a）所示。如果是亚声速后缘，则垂直于后缘截面在后缘附近的绕流图画也显示出亚声速绕流的特性，即气流沿平板后缘光滑地流离弹翼，以满足后缘条件，如图 5.17（b）所示。亚声速前、后缘弹翼的弦向压强分布，如图 5.18（a）所示，从该图可见，与亚声速绕流情况相似，在前缘处压力系数 C_p 趋于无限大，而在后缘处 C_p 则趋向于零。

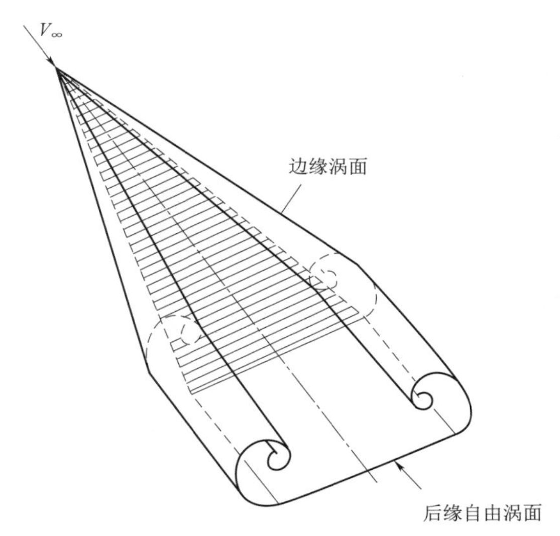

图 5.15　低亚声速大后掠三角翼绕流

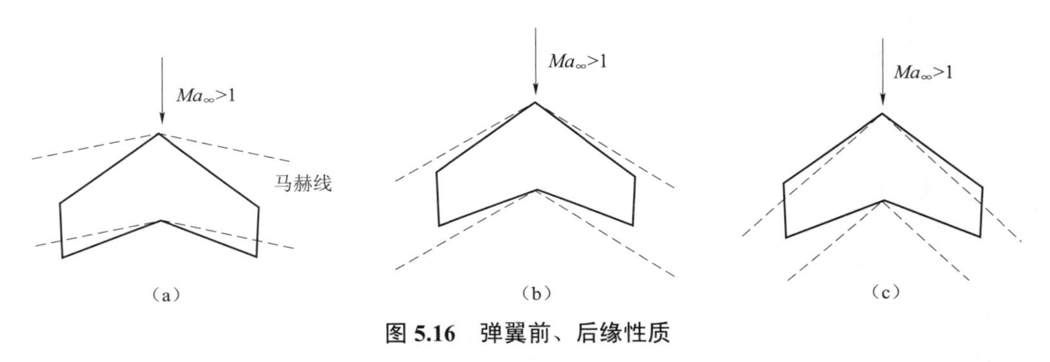

图 5.16　弹翼前、后缘性质

(a) 亚声速前、后缘；(b) 亚声速前缘、超声速后缘；(c) 超声速前、后缘

对于超声速前、后缘情况，垂直于前缘和后缘的截面在前缘和后缘附近的绕流图画以及沿弦线方向的压强分布均与超声速二维平板弹翼的绕流相似，分别如图 5.17（c）、（d）和图 5.18（c）所示。这时，在弹翼上下表面前后缘处的压强系数均为有限值。图 5.18（b）还画出了亚声速前缘和超声速后缘弹翼的沿弦向压力分布图，在亚声速前缘处压力系数趋于无限大，在超声速后缘处压力系数则为有限值。

3）跨声速[21]

在跨声速中，弹翼的绕流图画和气动特性由临界马赫数决定，而弹翼的临界马赫数除与翼型的几何参数、攻角有关外，还与弹翼的平面形状，特别是展弦比和后掠角有关。一般规律是：对于相同弯度 $\overline{f}$ 的翼型，相对厚度增大，临界马赫数减小；对于相同厚度 $\overline{c}$ 的翼型，相对弯度增大，临界马赫数减小；攻角增大，临界马赫数减小；展弦比增大，临界马赫数减小；后掠角增大，临界马赫数增大。另外，对于展弦比较

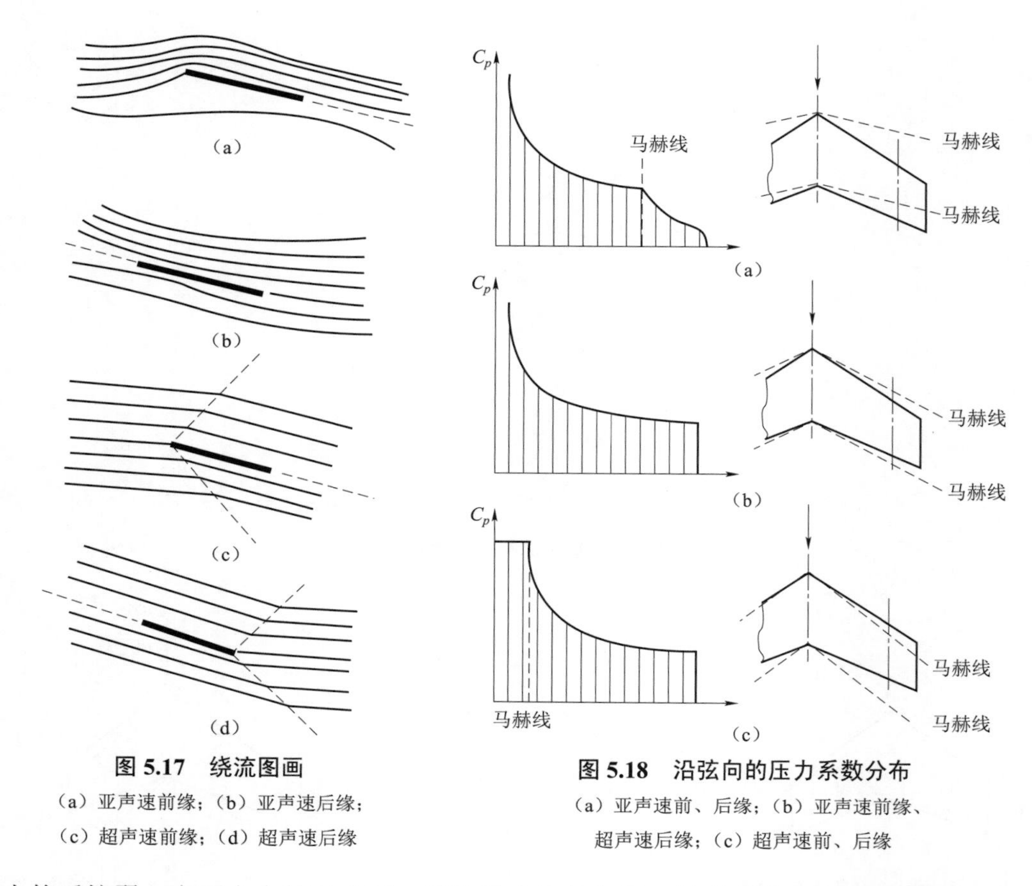

图 5.17　绕流图画

（a）亚声速前缘；（b）亚声速后缘；
（c）超声速前缘；（d）超声速后缘

图 5.18　沿弦向的压力系数分布

（a）亚声速前、后缘；（b）亚声速前缘、
超声速后缘；（c）超声速前、后缘

小的后掠翼，在不太大的攻角下，就容易产生前缘涡，这些前缘涡与翼面激波相互作用将使翼面上气流的分离区扩大，使气动特性变坏。图 5.19 给出了展弦比 $\lambda_W = 2.828$，前缘后掠角 $\chi_0 = 53.5°$，后缘后掠角 $\chi_1 = 32.9°$，根梢比 $\eta = 3$，相对厚度 $\bar{c} = 0.06$ RAE102 翼型弹翼前缘涡、翼面激波及分离区随马赫数、攻角变化的示意图。从图看出，当时 $Ma_\infty \leqslant 0.85$ 时，翼面上无激波出现，而在 $\alpha \geqslant 3°$ 时出现前缘涡，并且随攻角增大，前缘涡逐渐内移，使分离区扩大。当马赫数 $Ma_\infty = 0.95$ 时，在翼梢出现翼梢激波，随攻角增大，翼梢激波内移，而前缘涡的状态与 $Ma_\infty \leqslant 0.85$ 时类似。

当攻角不变，而马赫数增大时，翼梢激波向翼根方向移动，同时翼面上还出现“背激波”。“背激波”的产生与翼根附近气流的“S”形流线有关，如图 5.20 所示。由于在翼型后部的流动是减速的，弱压缩波的波角增大，于是这些弱压缩波便汇聚成一个具有一定强度的“背激波”。随马赫数增大，“背激波”逐渐向后缘移动与翼梢激波合并，并向翼根扩展。

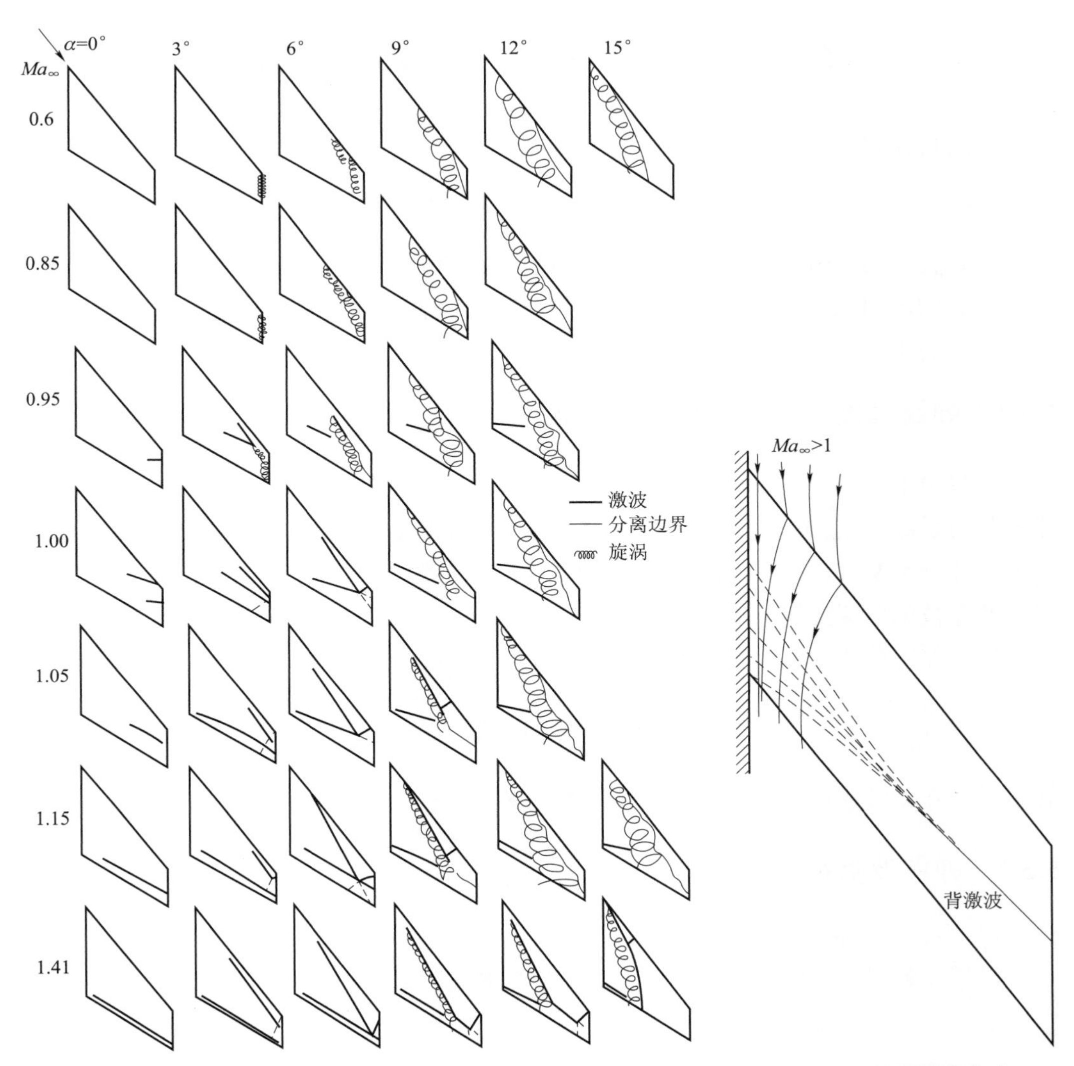

图 5.19　跨声速流动中弹翼上的激波、旋涡和分离边界

RAE102 翼型，$\bar{c}=0.06$，$\lambda_W=2.828$，$\eta=3$，$\chi_0=53.5°$，$\chi_1=32.9°$

图 5.20　后掠翼跨声速绕流的背激波

当来流马赫数超过弹翼的临界马赫数后，随攻角增大，翼面上从翼梢到翼根相继产生超声速区。超声速区以激波结尾，并在前缘附近形成“前激波”。马赫数增大，翼面的超声速区扩大，前激波逐渐向弹翼内侧和后缘移动，并最终与“背激波”相交，在交点外侧形成一强度很大的外激波。在外激波后的翼梢区发生严重的气流分离。前缘涡与激波相遇后，前缘涡发生破碎，翼面上分离的气流和前缘涡破碎后的气流都是非定常的，会导致弹翼抖振的发生。

5.3 弹翼零攻角轴向力系数计算方法

一般将弹翼零攻角轴向力系数表达为

$$C_{A0W}=C_{A0fW}+C_{A0pW}=C_{A0fW}+C_{A0wW}+\Delta C_{A0wWLE}+\Delta C_{A0wWRE} \tag{5.2}$$

式中，C_{A0fW} 为弹翼的摩擦轴向力系数；C_{A0pW} 为弹翼的压差轴向力系数；C_{A0wW} 为尖前缘弹翼的波阻系数；ΔC_{A0wWLE} 为由弹翼钝前缘产生的轴向力系数增量；ΔC_{A0wWRE} 为由弹翼钝后缘产生的轴向力系数增量。

5.3.1 弹翼摩擦轴向力（阻力）系数

零攻角下，由摩擦引起的阻力即是轴向力，因此弹翼的摩擦轴向力系数 C_{A0fW} 与其摩擦阻力系数 C_{D0fW} 相等。C_{D0fW} 的计算仍采用 Van.Drist 和布拉修斯方法，即对于湍流边界层部分用 Van.Drist 方法计算平板的平均摩擦系数 $C_{ft\infty}$，对于层流部分采用平板边界层的布拉修斯解计算摩擦系数 $C_{fl\infty}$。该方法已在 4.2.1 节中作了介绍。

用下面的公式计算弹翼的摩擦阻力系数，其精度也能满足工程需要：

$$C_{A0fW}=C_{D0fW}=2\,[C_f]_{Ma=0}\eta_c\eta_M\frac{S_W}{S_B} \tag{5.3}$$

式中，η_c 为翼型厚度修正因子；η_M 为压缩性修正因子；S_W 为一对悬臂弹翼的平面面积。

5.3.2 弹翼波阻系数

1）中、小展弦比三维翼

根据有限翼展弹翼理论，超声速流中弹翼的波阻系数 C_{A0wW} 与马赫数、剖面厚度、剖面形状、平面形状有关，以量纲为 1 的组合参数可表示为

$$\frac{C_{A0wW}}{\lambda\bar{c}^2}=f(\lambda_W\sqrt{Ma_\infty^2-1},\ \lambda_W\tan\chi_c,\ \eta_W,\ \text{剖面形状}) \tag{5.4}$$

式中 $\bar{c}$——弹翼的相对厚度；

χ_c——弹翼最大厚度线后掠角。

菱形翼剖面弹翼波阻系数的表达式为

$$\frac{C_{A0wWD}}{\lambda_W\bar{c}^2}=f(\lambda_W\sqrt{Ma_\infty^2-1},\ \lambda_W\tan\chi_c,\ \eta_W) \tag{5.5}$$

图 5.21（a）、（b）、（c）分别给出了 $\eta_W=1$、5、∞时 $\frac{C_{A0wWD}}{\lambda_W\bar{c}^2}$ 随 $\lambda_W\sqrt{Ma_\infty^2-1}$、$\lambda_W\tan\chi_c$ 的变化曲线。通常线化理论的结果偏高，所以图 5.21 还给出了由实验结果整理得到的

修正曲线。实验值表明弹翼的厚度（以 $\lambda_W\sqrt[3]{\bar{c}}$ 表示）对 $\dfrac{C_{A0wWD}}{\lambda_W\bar{c}}$ 也有显著的影响。

在工程上，任意翼型弹翼波阻系数是以菱形翼型弹翼的波阻系数 $\dfrac{C_{A0wWD}}{\lambda_W\bar{c}^2}$ 为基础按下式进行计算的

$$C_{A0wW}=C_{A0wWD}\,[1+\zeta(K-1)] \tag{5.6}$$

式中　K——翼型对波阻的影响系数，按表 3.1 取值；

ζ——计算任意翼型弹翼波阻系数的辅助函数，根据（$\lambda_W\sqrt{Ma_\infty^2-1}-\lambda_W\tan\chi_c$）由图 5.22 所示曲线得到。

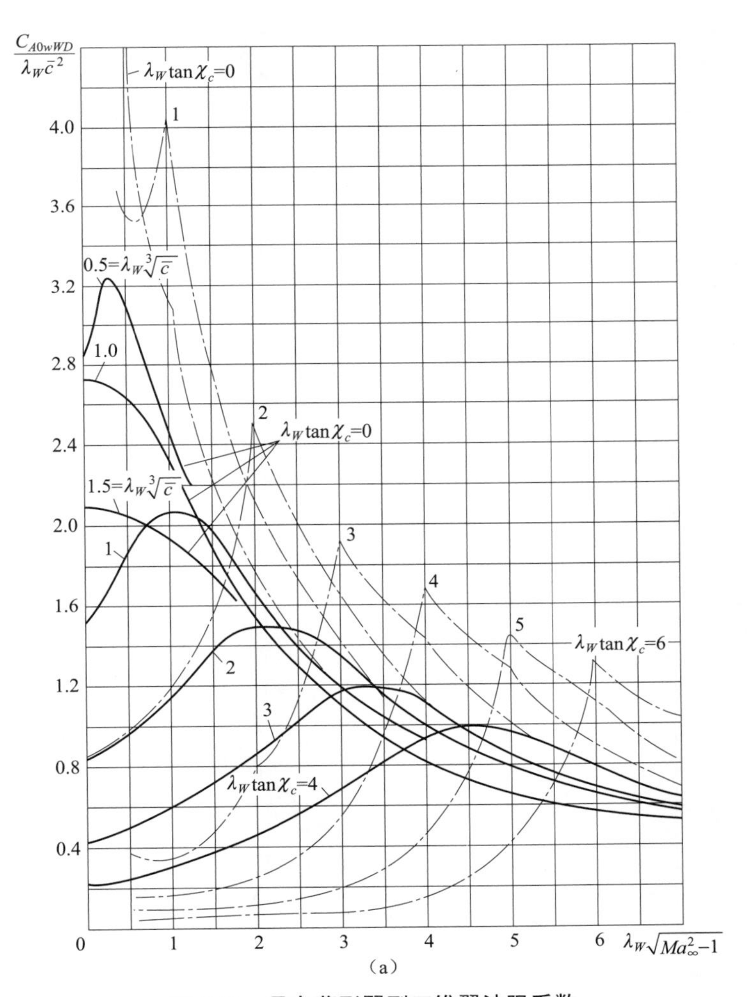

图 5.21　具有菱形翼型三维翼波阻系数

（a）$\eta_W=1$

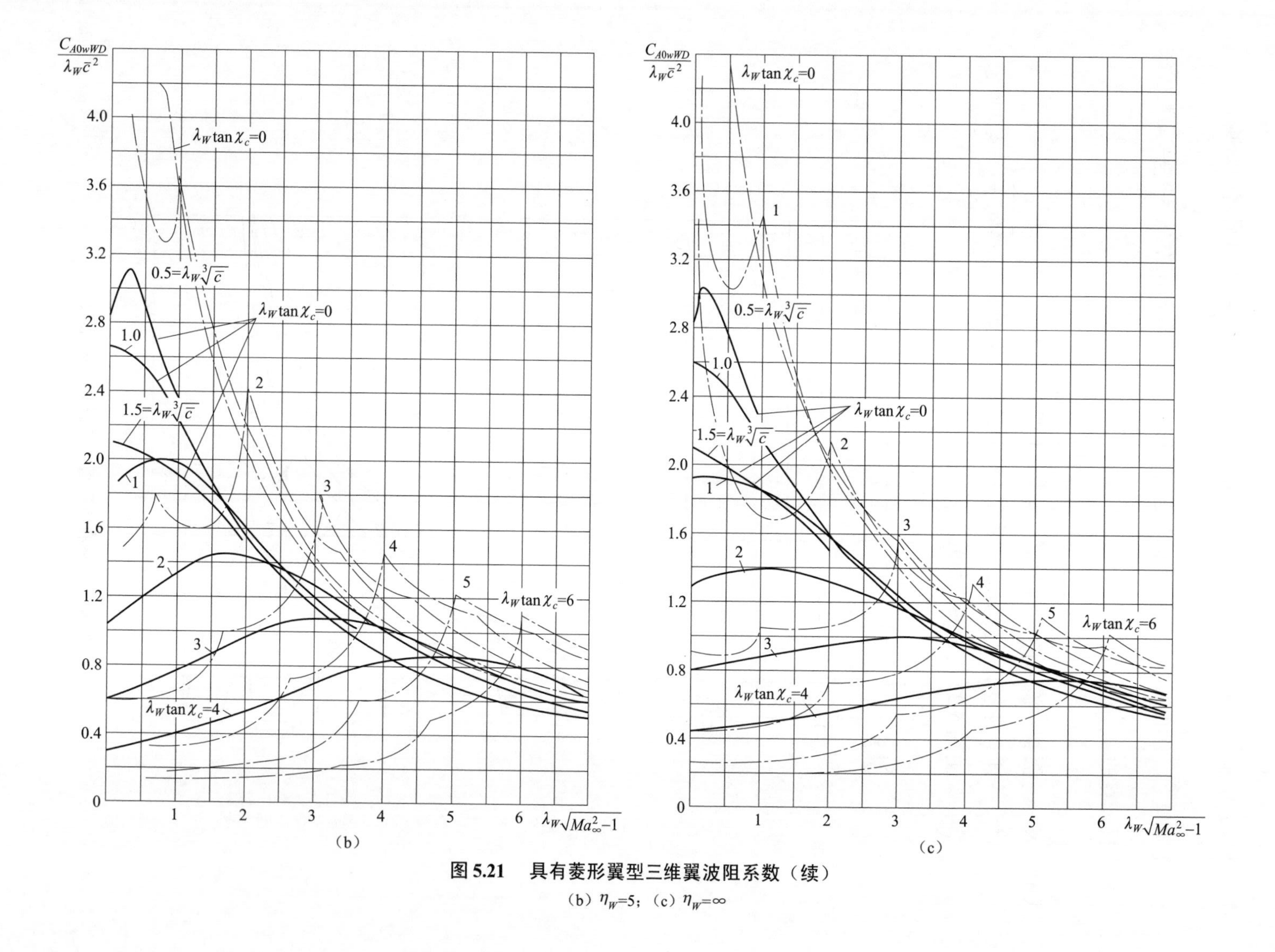

图 5.21　具有菱形翼型三维翼波阻系数（续）

（b）$\eta_W=5$；（c）$\eta_W=\infty$

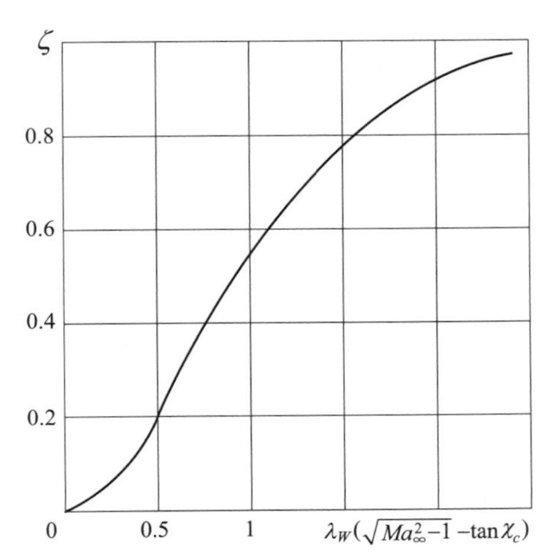

图 5.22　计算任意翼型弹翼波阻系数的辅助函数 ζ 的曲线

2）大展弦比三维翼

对于超声速气流中的大展弦比三维翼，翼面上大部分地区的流动为二维的，仅在翼梢马赫锥内流动为三维的，由于展弦比大，其波阻系数可采用对二维翼（翼型）波阻系数引进展弦比修正的方法来计算，公式如下

$$C_{A0wW}=C'_{A0wWD}\cdot K\cdot\left(1-\frac{1}{2\lambda_W\sqrt{Ma_\infty^2-1}}\right) \tag{5.7}$$

式中，C'_{A0wWD} 为菱形翼型的波阻系数，C'_{A0wWD} 随马赫数的变化曲线在图 5.23 中给出。

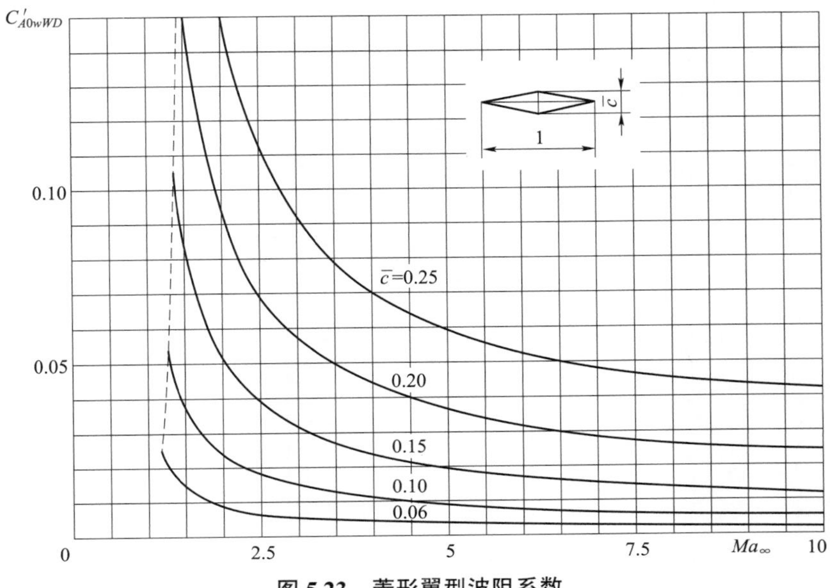

图 5.23　菱形翼型波阻系数

对于大展弦比后掠翼，上式应改为

$$C_{A0wW} = C'_{A0wWD} \cdot K \cdot \left(1 - \frac{1}{2\lambda_W \sqrt{Ma_n^2 - 1}}\right) \cos^3 \chi_0 \tag{5.8}$$

式中，$Ma_n = Ma_\infty \cos \chi_0$。

5.3.3 由弹翼钝前缘产生的轴向力系数增量

由于设计需要和工艺限制，弹翼的前缘常常是有钝度的，如果前缘钝度较大，会导致激波脱体，从而产生前缘阻力。由弹翼钝前缘产生的轴向力系数增量 ΔC_{A0wWLE} 可用钝前缘二维平板的波阻系数来计算，其随马赫数的变化曲线在图 5.24 中给出。

当弹翼前缘有后掠角 χ_0 时，应以 $Ma_n = Ma_\infty \cos \chi_0$ 代替 Ma_∞，查图 5.24，同时应将所查得的轴向力系数 C_{A0wWLE} 乘以 $\cos^3 \chi_0$。

另外要注意的是，上述方法得到的 ΔC_{A0wWLE} 是单位弹翼展长的值，以弹翼迎风面积为参考面积。

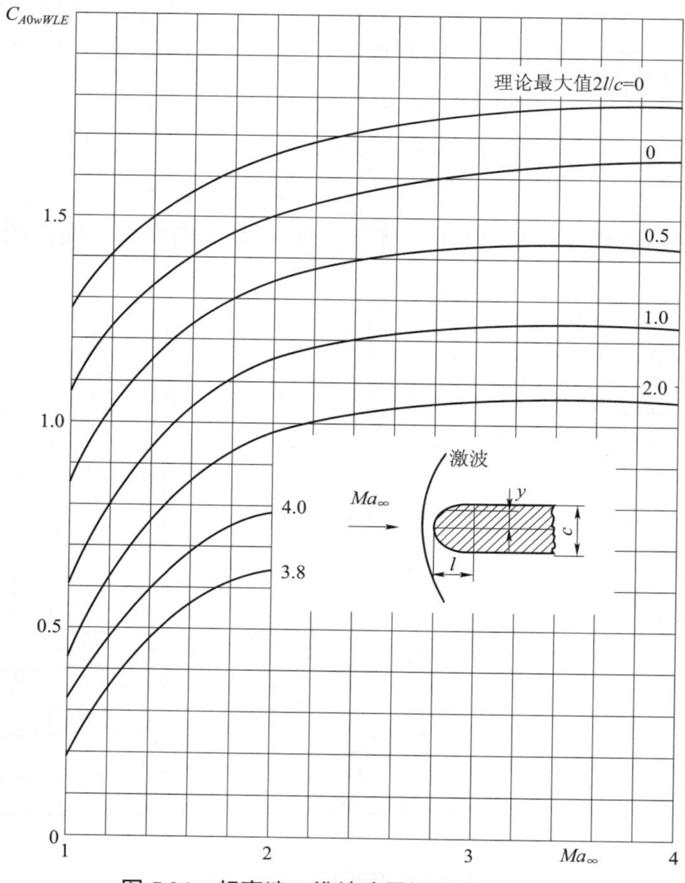

图 5.24 超声速二维钝头平板的波阻系数

5.3.4　由弹翼钝后缘产生的轴向力系数增量

弹翼后缘变钝会使表面倾角 θ 减小（见图 5.25），从而可使波阻减小，该影响已体现在式（5.6）的系数 K 中，同时由于后缘变钝，使流动分离，从而产生后缘底部阻力。

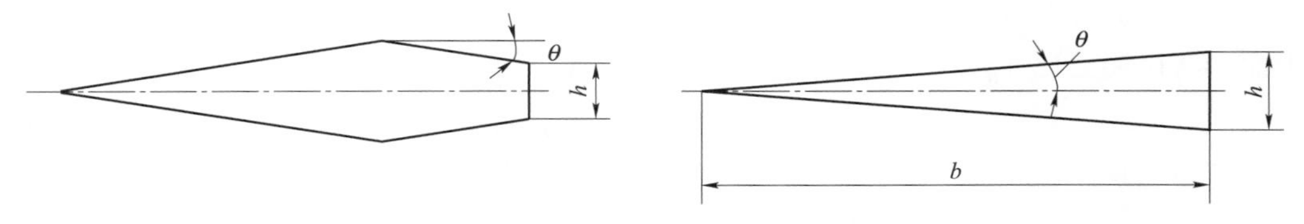

图 5.25　具有平底后缘的翼型

以后缘底部截面积为参数面积的底部轴向力系数可按下式确定

$$\Delta C_{A0wWRE} = -C_{pWRE}\bar{h} \tag{5.9}$$

式中　C_{pWRE}——后缘底部压力系数；

$\bar{h} = \dfrac{h}{b}$——翼后缘的相对厚度。

实验表明，在湍流边界层状态下，马赫数对 C_{pWRE} 的影响最大，而雷诺数、翼型相对厚度 $\bar{c}$、后缘相对厚度 $\bar{h}$、表面倾角 θ 的影响很小。因此在钝后缘轴向力系数增量的工程计算中只考虑 Ma_∞ 对 C_{pWRE} 的影响就可以了，C_{pWRE} 随 Ma_∞ 的变化曲线如图 5.26 所示。

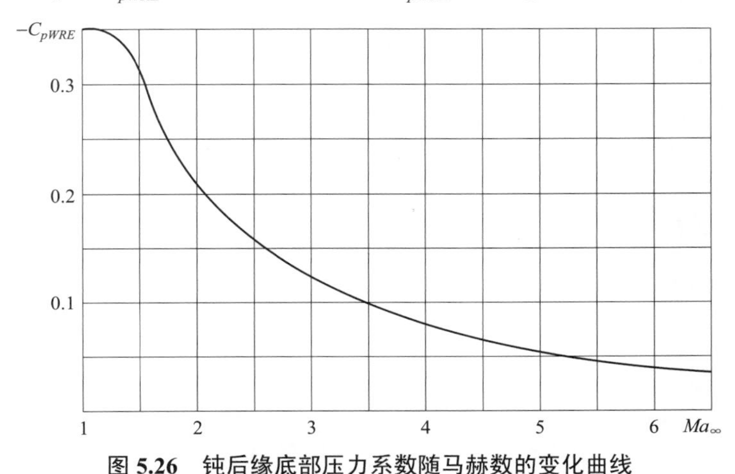

图 5.26　钝后缘底部压力系数随马赫数的变化曲线

5.4　单独弹翼线性法向力系数计算方法

弹翼线性法向力的计算实际上就是法向力导数的计算。制导兵器所采用的弹翼既有大展弦比的、中小展弦比的，也有极小展弦比的。反坦克导弹多采用中小展弦比弹翼，滑翔增程的制导航弹多采用大展弦比弹翼，有些架式发射的空地反坦克导弹采用极小展弦比弹翼。弹翼的展弦比不同，其法向力特性也不同，工程计算方法有很大区别。

5.4.1 中小展弦比弹翼

中小展弦比弹翼的法向力系数导数 C_{NW}^{α} 取决于马赫数和弹翼的平面形状。弹翼的平面形状以展弦比 λ_W、根梢比 η_W 和后掠角 χ_W 表示。于是有

$$C_{NW}^{\alpha}=f(Ma_{\infty}，\lambda_W，\eta_W，\chi_W) \tag{5.10}$$

超声速时，C_{NW}^{α} 可用有限翼展弹翼线化理论较准确地确定，并可用组合参数表达为

$$\frac{C_{NW}^{\alpha}}{\lambda_W}=f(\lambda_W B，\lambda_W\tan\chi_{0.5}，\eta_W) \tag{5.11}$$

式中 $B=\sqrt{Ma_{\infty}^2-1}$。

亚声速 $(Ma_{\infty}<Ma_{cr})$ 时，C_{NW}^{α} 可用升力面理论较准确地确定，也可用组合参数表示为

$$\frac{C_{NW}^{\alpha}}{\lambda_W}=f(\lambda_W\beta，\lambda_W\tan\chi_{0.5}，\eta_W) \tag{5.12}$$

式中 $\beta=\sqrt{1-Ma_{\infty}^2}$。

跨声速时，C_{NW}^{α} 除了与 Ma_{∞}、λ_W、χ_W 有关外，还与相对厚度 $\bar{c}$ 有关。

图 5.27（a）、（b）、（c）、（d）分别给出了 $\lambda_W\tan\chi_{0.5}$=0，1，2，3 时，$\dfrac{C_{NW}^{\alpha}}{\lambda_W}$ 随 $\lambda_W\sqrt{|1-Ma_{\infty}^2|}$ 变化曲线。图中还给出了由实验结果按相似参数整理后得到的 $\dfrac{C_{NW}^{\alpha}}{\lambda_W}=f\left(\lambda_W\sqrt{|1-Ma_{\infty}^2|},\lambda_W\tan\chi_{0.5},\lambda_W\sqrt[3]{\bar{c}}\right)$ 曲线，以供使用。实践证明，用实验修正后的曲线得到的计算结果具有很高的精度。

5.4.2 大展弦比弹翼

亚声速下大展弦比弹翼的法向力系数导数可用下式计算

$$C_{NW}^{\alpha}=\frac{\dfrac{a_0\lambda_W}{2\times57.3}}{\dfrac{a_0}{2\pi}+\sqrt{\left(\dfrac{a_0}{2\pi}\right)^2+[1-(Ma_{\infty}\cos\chi_{0.5})^2]\left(\dfrac{\lambda_W}{\cos\chi_{0.5}}\right)^2}}\ (1/\text{deg}) \tag{5.13}$$

式中 a_0 为翼型的法向力系数导数，对于薄翼型 $a_0=2\pi$。

超声速下大展弦比弹翼的法向力系数导数按下式计算

$$C_{NW}^{\alpha}=(C_{NW}^{\alpha})_{2D}\left[1-\frac{1}{2\lambda_W\sqrt{(Ma_{\infty}\cos\chi_0)^2-1}}\right]\cos\chi_0 \tag{5.14}$$

式中 $(C_{NW}^{\alpha})_{2D}$ 为以 $Ma_{\infty}\cos\chi_0$ 为来流马赫数的翼型的法向力系数导数。

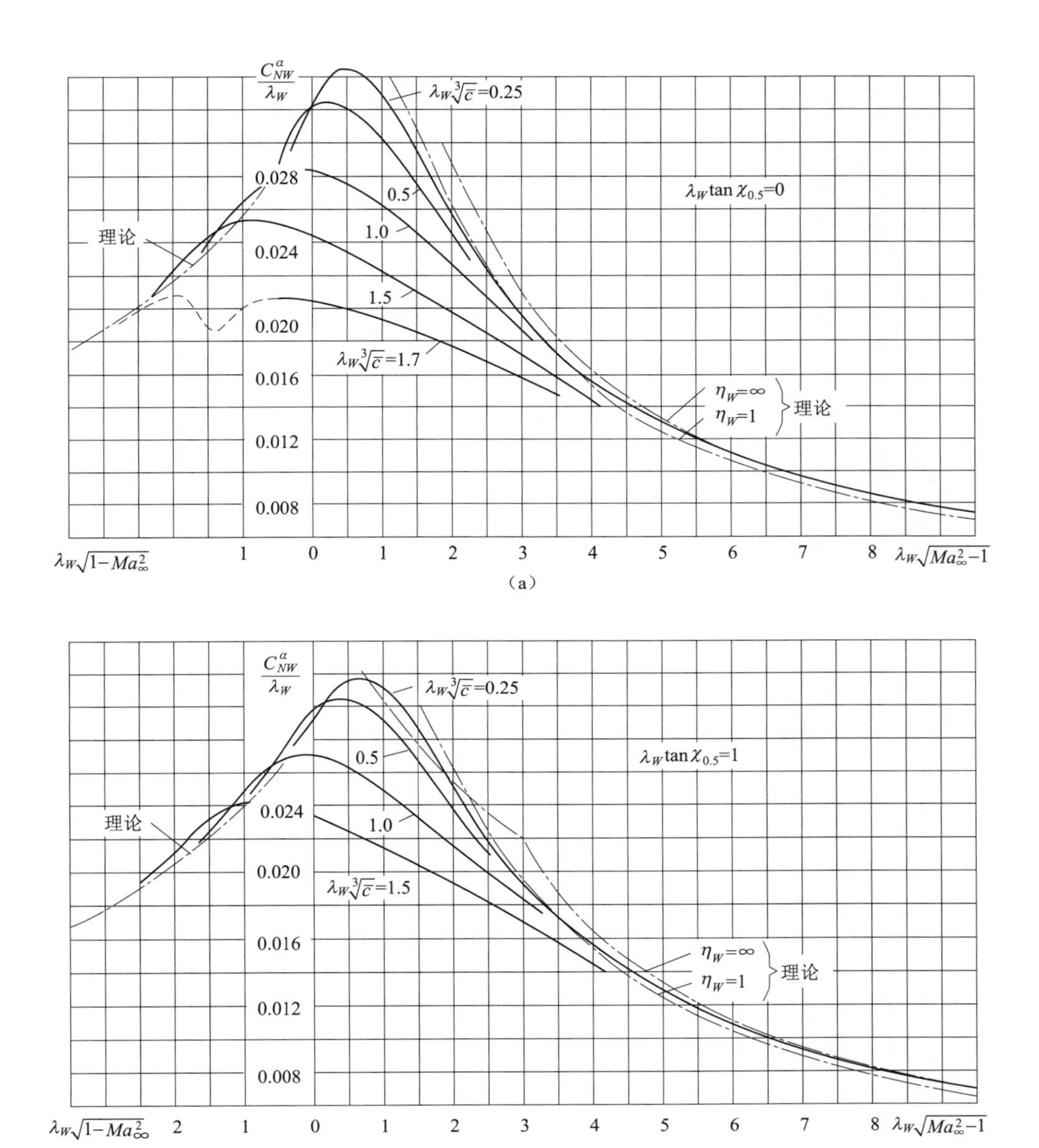

图 5.27　弹翼的法向力系数导数

（a）$\lambda_W\tan\chi_{0.5}=0$；（b）$\lambda_W\tan\chi_{0.5}=1$

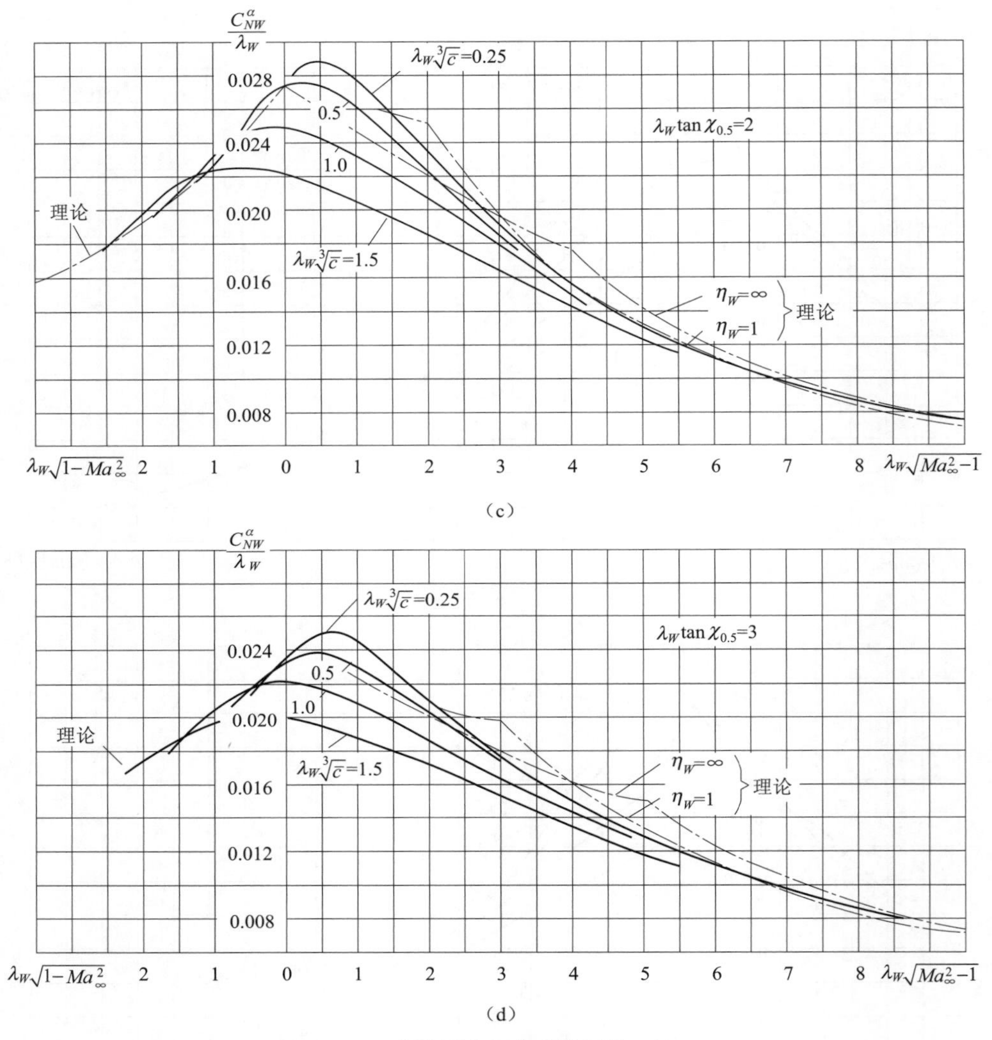

图 5.27 弹翼的法向力系数导数（续）

（c） $\lambda_W \tan\chi_{0.5}=2$；（d） $\lambda_W \tan\chi_{0.5}=3$

5.4.3 极小展弦比弹翼

对于极小展弦比弹翼，由细长体理论得到

$$C_{NW}^{\alpha}=\frac{\pi\lambda_W}{2} \tag{5.15}$$

当 $\lambda_W<0.5$ 时，计算结果与实验结果很吻合。

5.5　弹翼非线性法向力系数计算方法

攻角、马赫数、真实气体效应、翼型的几何参数都会引起弹翼法向力的非线性，在这里对于一定的弹翼，研究由攻角引起的非线性法向力的计算方法。

5.5.1　弹翼法向力系数的组成

将弹翼的法向力系数表达为

$$C_{NW}=(C_{NL})_W+(C_{NNL})_W=(C_{NL}^{\alpha})_W\cdot\alpha+(C_{NNL})_W \tag{5.16}$$

式中，$(C_{NL})_W$ 为弹翼的线性法向力系数；$(C_{NL}^{\alpha})_W$ 为线性法向力系数导数，其计算方法已在 5.4 节中介绍；$(C_{NNL})_W$ 为弹翼的非线性法向力系数。图 5.28 为攻角 25°～30° 时，不同展弦比弹翼法向力系数随攻角变化的定性曲线，其中图 5.28（a）为小展弦比弹翼的 $C_{NW}\sim\alpha$ 曲线；图 5.28（b）为中等展弦比弹翼的 $C_{NW}\sim\alpha$ 曲线；图 5.28（c）为大展弦比弹翼的 $C_{NW}\sim\alpha$ 曲线。从图看出，随攻角增大，$(C_{NNL})_W$ 在 C_{NW} 中所占的比例增大；展弦比减小，$(C_{NW}^{\alpha})_{\alpha=0^\circ}$ 减小，而 $(C_{NNL})_W$ 在 C_{NW} 中所占的比例增大；对于中小展弦比弹翼，非线性法向力使 $C_{NW}\sim\alpha$ 曲线的当地斜率 C_{NW}^{α} 增加，即 $C_{NW}\sim\alpha$ 曲线是凹向上的；对于大展弦比弹翼，$C_{NW}\sim\alpha$ 曲线是凹向下的，即随攻角增大，曲线的当地斜率减小。

5.5.2　弹翼非线性法向力系数

图 5.28 所示为攻角从 0°～25°(30°) 时弹翼 $C_{NW}\sim\alpha$ 的定性曲线。下面讨论 $\alpha=0^\circ\sim180^\circ$ 时非线性法向力的计算方法，对于无弯度翼型的薄弹翼，认为 $\alpha=90^\circ\sim180^\circ$ 的 $C_{NW}\sim\alpha$ 曲线与 $\alpha=0^\circ\sim90^\circ$ 的 $C_{NW}\sim\alpha$ 曲线是对称的，因此只需了解 $\alpha=0^\circ\sim90^\circ$ 范围内 C_{NW} 随 α 的变化趋势。在图 5.29 上给出了 $\alpha=0^\circ\sim180^\circ$ 范围内单独弹翼 $C_{NW}\sim\alpha$ 曲线示意图，表明 $C_{NW}\sim\alpha$ 曲线在不同攻角时可以有凹向上或凹向下两种变化趋势，因此需要用攻角二次以上方程来表示弹翼的法向力系数。研究表明，α 的四次方程是最好的，即

$$C_{NW}=a_0+a_1\alpha+a_2\alpha^2+a_3\alpha^3+a_4\alpha^4 \tag{5.17}$$

式中，α 为弹翼的攻角，a_0、a_1、a_2、a_3、a_4 为待定系数。仅研究正攻角，对于无弯度的薄弹翼，负攻角下的法向力系数为相应正攻角下的法向力系数加负号。

为了确定方程（5.17）中的 5 个常数，需要用 5 个独立的方程或条件。第一个条件是确定系数 a_0 的，对于无弯度的弹翼，当 $\alpha=0^\circ$ 时 $(C_{NW})_{\alpha=0^\circ}=0$，从方程（5.17）得到

$$a_0=0$$

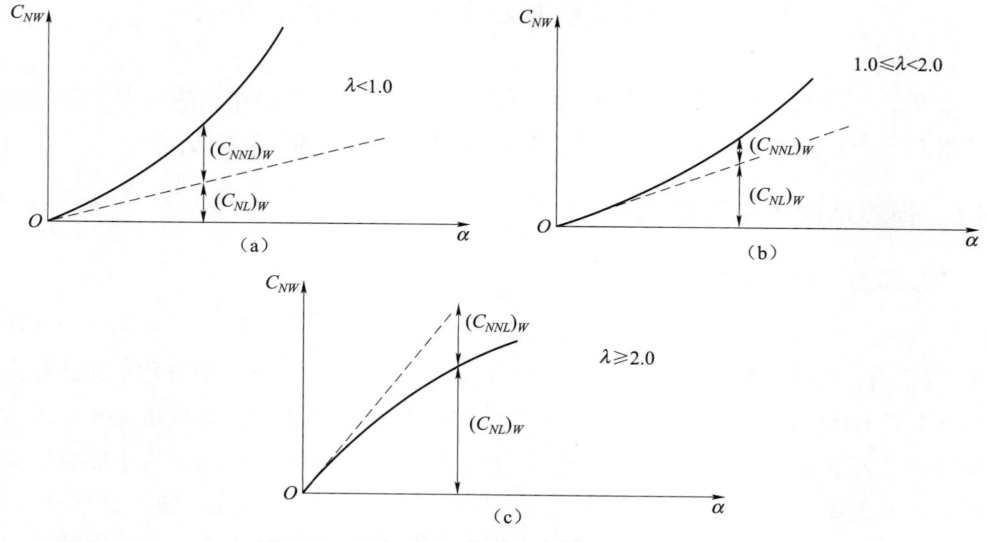

图 5.28　弹翼法向力系数随攻角变化定性曲线

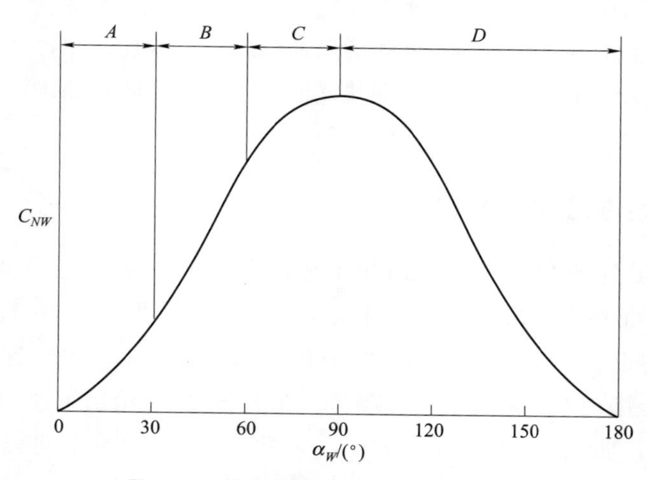

图 5.29　单独弹翼 $C_{NW}\sim\alpha$ 定性曲线

于是方程（5.17）成为

$$C_{NW}=a_1\alpha+a_2\alpha^2+a_3\alpha^3+a_4\alpha^4 \tag{5.18}$$

用 $(C_{NW}^{\alpha})_{\alpha=0°}$ 表示 $C_{NW}\sim\alpha$ 曲线在 $\alpha=0°$ 时的导数，即 $C_{NW}\sim\alpha$ 曲线在 $\alpha=0°$ 处的斜率，由式（5.18）得

$$C_{NW}^{\alpha}=a_1+2a_2\alpha+3a_3\alpha^2+4a_4\alpha^3$$

令 $\alpha=0°$，得

$$a_1 = (C_{NW}^{\alpha})_{\alpha=0^\circ} \tag{5.19}$$

按线化理论可以较准确地确定 $(C_{NW}^{\alpha})_{\alpha=0^\circ}$，即系数 a_1。

在 $\alpha \leqslant 60^\circ$ 时，可用下边的方程确定系数 a_2、a_3、a_4

$$a_2 = 34.044(C_{NW})_{\alpha=15^\circ} - 4.824(C_{NW})_{\alpha=35^\circ} + 0.426(C_{NW})_{\alpha=60^\circ} - 6.412a_1 \tag{5.20}$$

$$a_3 = -88.240(C_{NW})_{\alpha=15^\circ} + 23.032(C_{NW})_{\alpha=35^\circ} - 2.322(C_{NW})_{\alpha=60^\circ} + 11.464a_1 \tag{5.21}$$

$$a_4 = 53.219(C_{NW})_{\alpha=15^\circ} - 17.595(C_{NW})_{\alpha=35^\circ} + 2.661(C_{NW})_{\alpha=60^\circ} - 5.971a_1 \tag{5.22}$$

方程（5.20）、方程（5.21）、方程（5.22）是经过大量的计算试验得到的，式中的 $\alpha = 15^\circ$，35°，60° 时的 C_{NW} 与马赫数、弹翼的平面形状 $\left(\dfrac{1}{\eta_W}, \lambda_W\right)$ 有关，它们从实验数据库中得到，并在表 5.1、表 5.2、表 5.3 中给出。

对于给定的弹翼平面形状和马赫数，从表 5.1、表 5.2、表 5.3 中得 $(C_{NW})_{\alpha=15^\circ}$、$(C_{NW})_{\alpha=35^\circ}$、$(C_{NW})_{\alpha=60^\circ}$，将它们与 a_1 代入式（5.20）～式（5.22）计算各马赫数、各攻角（$\alpha \leqslant 60^\circ$）下的系数 a_2、a_3、a_4，再由式（5.18）计算 C_{NW}。

表 5.1　$(C_{NW})_{\alpha=15^\circ}$ 的值

λ_W	η_W	Ma_∞									
		0	0.6	0.8	1.0	1.2	1.6	2.0	3.0	4.5	≥6.0
≤0.5	0.0	0.28	0.29	0.30	0.32	0.33	0.33	0.32	0.24	0.175	0.125
	0.5	0.39	0.41	0.415	0.42	0.43	0.42	0.39	0.28	0.22	0.18
	1.0	0.34	0.34	0.36	0.40	0.42	0.42	0.40	0.30	0.23	0.19
1.0	0.0	0.43	0.44	0.46	0.49	0.53	0.47	0.43	0.33	0.26	0.21
	0.5	0.47	0.50	0.60	0.62	0.625	0.55	0.50	0.39	0.29	0.22
	1.0	0.46	0.48	0.52	0.58	0.60	0.55	0.51	0.39	0.29	0.22
2.0	0.0	0.55	0.59	0.65	0.67	0.68	0.58	0.48	0.33	0.26	0.22
	0.5	0.56	0.59	0.66	0.76	0.80	0.66	0.54	0.40	0.31	0.26
	1.0	0.56	0.59	0.66	0.76	0.70	0.62	0.55	0.38	0.29	0.23
≥4.0	0.0	0.65	0.66	0.71	0.83	0.86	0.73	0.59	0.43	0.31	0.23
	0.5	0.69	0.71	0.75	0.88	0.92	0.75	0.62	0.45	0.34	0.28
	1.0	0.69	0.71	0.75	0.88	0.92	0.75	0.62	0.45	0.34	0.28

表 5.2　$(C_{NW})_{\alpha=35^\circ}$ 的值

λ_W	η_W	Ma_∞									
		0	0.6	0.8	1.0	1.2	1.6	2.0	3.0	4.5	≥6.0
≤0.5	0.0	0.89	0.91	0.93	0.95	0.98	0.95	0.88	0.72	0.65	0.61

续表

λ_W	η_W	Ma_∞									
		0	0.6	0.8	1.0	1.2	1.6	2.0	3.0	4.5	≥6.0
≤0.5	0.5	1.10	1.13	1.16	1.25	1.20	1.09	1.0	0.84	0.76	0.72
	1.0	1.06	1.08	1.13	1.16	1.19	1.12	1.03	0.86	0.76	0.72
1.0	0.0	1.18	1.20	1.22	1.24	1.18	1.09	1.0	0.80	0.70	0.66
	0.5	1.2	1.22	1.24	1.33	1.40	1.20	1.15	0.95	0.82	0.76
	1.0	1.10	1.11	1.16	1.26	1.36	1.20	1.16	0.95	0.82	0.76
2.0	0.0	0.95	1.01	1.13	1.20	1.28	1.18	1.08	0.93	0.86	0.81
	0.5	1.0	1.07	1.18	1.3	1.4	1.32	1.17	1.0	0.90	0.85
	1.0	0.98	1.05	1.17	1.27	1.39	1.32	1.21	1.0	0.90	0.85
≥4.0	0.0	0.97	1.05	1.17	1.21	1.34	1.22	1.10	0.95	0.87	0.83
	0.5	1.03	1.09	1.22	1.32	1.44	1.35	1.25	1.05	0.96	0.92
	1.0	1.03	1.09	1.21	1.32	1.44	1.35	1.25	1.05	0.96	0.92

表 5.3　$(C_{NW})_{\alpha=60°}$ 的值

λ_W	η_W	Ma_∞									
		0	0.6	0.8	1.0	1.2	1.6	2.0	3.0	4.5	≥6.0
≤0.5	0.0	1.10	1.11	1.15	1.26	1.33	1.37	1.31	1.25	1.21	1.18
	0.5	1.26	1.27	1.30	1.40	1.54	1.64	1.54	1.44	1.39	1.36
	1.0	1.26	1.27	1.30	1.40	1.51	1.58	1.54	1.46	1.40	1.36
1.0	0.0	1.44	1.46	1.49	1.53	1.56	1.61	1.50	1.42	1.38	1.36
	0.5	1.40	1.42	1.45	1.53	1.58	1.70	1.64	1.54	1.48	1.45
	1.0	1.33	1.34	1.35	1.44	1.62	1.72	1.67	1.57	1.50	1.46
2.0	0.0	1.26	1.27	1.34	1.48	1.59	1.74	1.68	1.54	1.48	1.45
	0.5	1.30	1.31	1.37	1.48	1.63	1.84	1.80	1.63	1.57	1.54
	1.0	1.30	1.31	1.37	1.48	1.63	1.76	1.73	1.64	1.57	1.54
≥4.0	0.0	1.27	1.28	1.37	1.50	1.64	1.80	1.70	1.56	1.50	1.47
	0.5	1.31	1.32	1.40	1.52	1.70	1.89	1.82	1.66	1.60	1.56
	1.0	1.31	1.32	1.40	1.52	1.70	1.78	1.75	1.66	1.60	1.57

$60° < \alpha \leqslant 90°$ 时弹翼的法向力系数用下述方法计算

（1）当 $Ma_\infty \leqslant 1.2$ 时

$$C_{NW}=(C_{NW})_{\alpha=60^\circ}\left(\frac{\sin\alpha}{\sin 60^\circ}\right)^{\frac{1}{3}} \tag{5.23}$$

（2）当 $Ma_\infty \geqslant 2.0$ 时

$$C_{NW}=(C_{NW})_{\alpha=60^\circ}\left(\frac{\sin\alpha}{\sin 60^\circ}\right) \tag{5.24}$$

（3）当 $1.2 < Ma_\infty < 2.0$ 时，用 $Ma_\infty = 1.2$ 和 2.0 时的 C_{NW} 内插，即

$$C_{NW}=(C_{NW})_{Ma_\infty=1.2}+[(C_{NW})_{Ma_\infty=2.0}-(C_{NwW})_{Ma_\infty=1.2}]\frac{Ma_\infty-1.2}{0.8} \tag{5.25}$$

用下述方法计算 $\alpha > 90^\circ$ 时弹翼的法向力系数。将攻角表达为

$$\alpha=\frac{\pi}{2}+\alpha^*$$

式中 α^* 为大于 $\frac{\pi}{2}$ 的攻角值，即

$$\alpha^*=\alpha-\frac{\pi}{2}$$

于是，从对称性上考虑应有

$$(C_{NW})_{\alpha=\frac{\pi}{2}+\alpha^*}=(C_{NW})_{\alpha=\frac{\pi}{2}-\alpha^*} \tag{5.26}$$

5.6　弹翼升力系数和阻力系数计算方法

弹翼的升力系数 C_{LW} 和阻力系数 C_{DW} 可分别通过其法向力系数 C_{NW} 和轴向力系数 C_{AW} 求得

$$C_{LW}=C_{NW}\cos\alpha-C_{AW}\sin\alpha \tag{5.27}$$

$$C_{DW}=C_{AW}\cos\alpha+C_{NW}\sin\alpha \tag{5.28}$$

5.7　算　　例

图 5.30 为在 Ma_∞=0.8，4.5 条件下，对展弦比 λ_W=0.5、根梢比 η_W=2.0 的弹翼按本章方法计算得到的法向力系数 C_{NW} 随攻角变化曲线。图 5.31 为马赫数 Ma_∞=4.6 时，对根梢比 η_W=2.0 的弹翼在不同攻角下计算得到的法向力系数 C_{NW} 随其展弦比 λ_W 变化曲线。在图 5.30 和图 5.31 中也给出了相应的风洞实验结果，由图可见计算结果与实验结果符合很好。

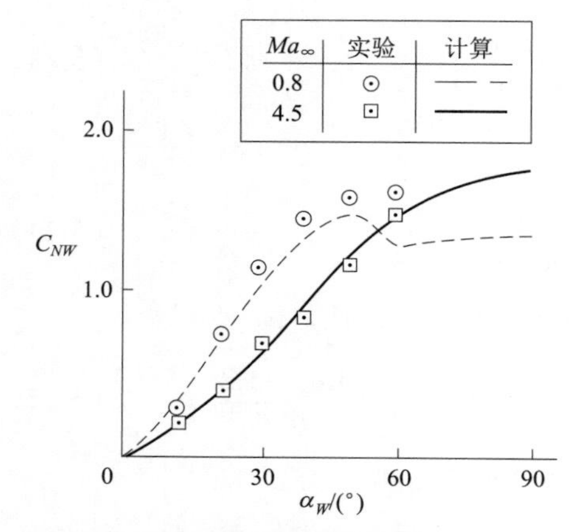

图 5.30 弹翼法向力系数随攻角变化的计算值与实验值的比较（λ_W=0.5，η_W=2.0）

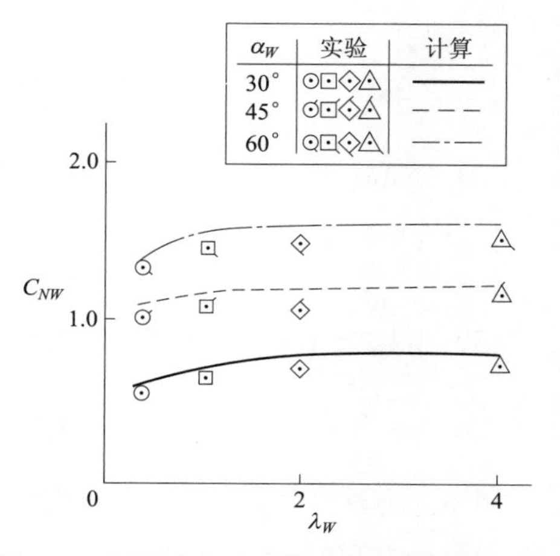

图 5.31 不同攻角下弹翼法向力系数随展弦比变化的计算值与实验值的比较（Ma_∞ = 4.6, η_W = 2.0）

第 6 章　弹翼—弹身—尾翼组合体法向力和轴向力工程计算方法

6.1　弹翼—弹身—尾翼组合体法向力系数表达式

当攻角较大时，弹身的法向力有非线性部分，弹翼和尾翼的法向力也有非线性部分。此外，弹翼—弹身干扰因子也有非线性部分，于是可将弹翼—弹身—尾翼组合体的法向力系数表示为

$$
\begin{aligned}
C_N &= C_{NB} + C_{NW(B)} + C_{NT(B)} + C_{NT(v)} \\
&= [(C_N)_L + (C_N)_{NL}]_B + \{[(C_N^\alpha)_L \cdot \alpha + (C_N)_{\alpha NL}]_W [K_{W(B)} + K_{B(W)}] + \\
&\quad [(C_N^\alpha)_L \delta_W + (C_N)_{\delta_W NL}]_W [k_{W(B)} + k_{B(W)}]\} \frac{S_W}{S_{\mathrm{ref}}} + \\
&\quad \{[(C_N^\alpha)_L (\alpha - \varepsilon) + (C_N)_{\alpha NL}]_T [K_{T(B)} + K_{B(T)}] + \\
&\quad [(C_N^\alpha)_L \delta_T + (C_N)_{\delta_T NL}]_T [k_{T(B)} + k_{B(T)}]\} k_q \frac{S_T}{S_{\mathrm{ref}}}
\end{aligned}
\tag{6.1}
$$

式中，$C_{NW(B)}$、$C_{NT(B)}$ 分别为弹翼—弹身组合段和尾翼—弹身组合段的法向力系数；

$C_{NT(v)}$ 为由前翼下洗在尾翼上产生的法向力系数；

$[(C_N)_L + (C_N)_{NL}]_B$ 为单独弹身的线性法向力系数和非线性法向力系数之和，按第 4 章所介绍的方法计算；

$[(C_N^\alpha)_L \cdot \alpha + (C_N)_{\alpha NL}]_W$ 为单独弹翼对攻角的线性法向力系数和非线性法向力系数之和，按第 5 章所介绍的方法计算；

$[(C_N^\alpha)_L (\alpha - \varepsilon) + (C_N)_{\alpha NL}]_T$ 为单独尾翼对攻角的线性法向力系数（考虑下洗）和非线性法向力系数之和，按本章介绍的方法计算；

$[(C_N^\alpha)_L \delta_W + (C_N)_{\delta_W NL}]_W$、$[(C_N^\alpha)_L \delta_T + (C_N)_{\delta_T NL}]_T$ 为单独弹翼或单独尾翼对弹翼或尾翼偏角的线性法向力系数与非线性法向力系数之和，按本章介绍的方法计算；

$(K_{W(B)})_W$、$(K_{T(B)})_T$ 有弹身和攻角存在时弹翼或尾翼上的法向力同 $\delta = 0°$ 时单独弹翼或单独尾翼的法向力之比，见式（3.88）和式（3.92）；

$(k_{W(B)})_W$、$(k_{T(B)})_T$ 有弹身和翼偏角存在时弹翼或尾翼上的法向力同 $\delta = 0°$ 时单独弹翼或者尾翼的法向力之比，见式（3.90）和式（3.94）；

$(K_{B(W)})_W$、$(K_{B(T)})_T$ 有弹翼或尾翼与攻角存在时弹身上的法向力同 $\delta = 0°$ 时单独弹

翼或单独尾翼的法向力之比，见式（3.89）和式（3.93）；

$(k_{B(W)})_W$、$(k_{B(T)})_T$ 有弹翼或尾翼与翼偏角存在时，弹身上的法向力同$\delta=0°$ 时弹翼或尾翼的法向力之比，见式（3.91）和式（3.95）；

ε为尾翼处的平均下洗角；k_q为尾翼处的平均阻滞系数，$k_q=\dfrac{q_T}{q_\infty}$，$q_\infty$、$q_T$分别为来流动压和尾翼区的平均动压。

在大攻角和大翼偏角时，弹翼—弹身（尾翼—弹身）干扰因子——$(K_{W(B)})_W$、$(K_{T(B)})_T$、$(k_{W(B)})_W$、$(k_{T(B)})_T$、$(K_{B(W)})_W$、$(K_{B(T)})_T$、$(k_{B(W)})_W$、$(k_{B(T)})_T$也由线性部分和非线性部分组成；线性部分即为细长体理论或线化理论结果；非线性部分既是攻角（翼偏角）的非线性函数，也是翼面展弦比、根梢比及马赫数的非线性函数。下面介绍翼—身干扰因子非线性部分的工程计算方法。

6.2 由攻角引起的弹翼—弹身、弹身—弹翼干扰因子计算方法

为了从实验中得到大攻角下的弹翼—弹身、弹身—弹翼的干扰因子，必须要有全弹和部件的气动特性数据库。数据库中应包括气动特性参数C_N、m_z、x_p、$C_{NW(B)}$、C_{NW}、C_A、C_{NB}、m_{zB}、$(x_p)_B$随攻角α、马赫数Ma_∞、滚转角θ、展弦比λ、根梢比η的变化，然后用下式计算$\Delta C_{NB(W)}$

$$\Delta C_{NB(W)}=C_N-C_{NB}-C_{NW(B)} \tag{6.2}$$

或

$$\Delta C_{NB(W)}=C_{NB(W)}-C_{NB}$$

通过对大量风洞实验结果的分析发现，对所有的马赫数、展弦比、根梢比，在滚转角$\theta=0°$（+形）和45°（×形）状态下，干扰因子$K_{W(B)}$和$K_{B(W)}$都有图 6.1 和图 6.2 所示的变化规律，并都可以细长体理论结果为基础进行描述。图 6.1 和图 6.2 中的参数定义如下：

$[\Delta K_{W(B)}]_{\alpha=0}$——细长体理论值同$\alpha=0°$时实验值之差；

α_C——$K_{W(B)}$值开始减小的攻角；

$\dfrac{dK_{W(B)}}{d\alpha}$——在$\alpha=\alpha_C$与$\alpha=\alpha_D$之间$K_{W(B)}$的下降率；

α_D——$K_{W(B)}$达到最小值时的攻角；

α_M——$K_{W(B)}$开始达到常数值时的攻角；

$[K_{W(B)}]_{\alpha=\alpha_M}$——在$\alpha=\alpha_M$处$K_{W(B)}$达到的常数值；

$[\Delta K_{B(W)}]_{\alpha=0}$——细长体理论/线化理论值与$\alpha=0°$时实验值之差；

$\dfrac{dK_{B(W)}}{d\alpha}$——$K_{B(W)}$在$\alpha=0°$与$\alpha=\alpha_1$之间的变化率；

α_1——$\dfrac{\mathrm{d}K_{B(W)}}{\mathrm{d}\alpha}$变号时的攻角；

α_2——$K_{B(W)}$达到常数值时的攻角；

$[K_{B(W)}]_{\min}$——$\alpha > \alpha_2$时，$K_{B(W)}$的实验值仅为细长体理论值或线化理论值的一部分。

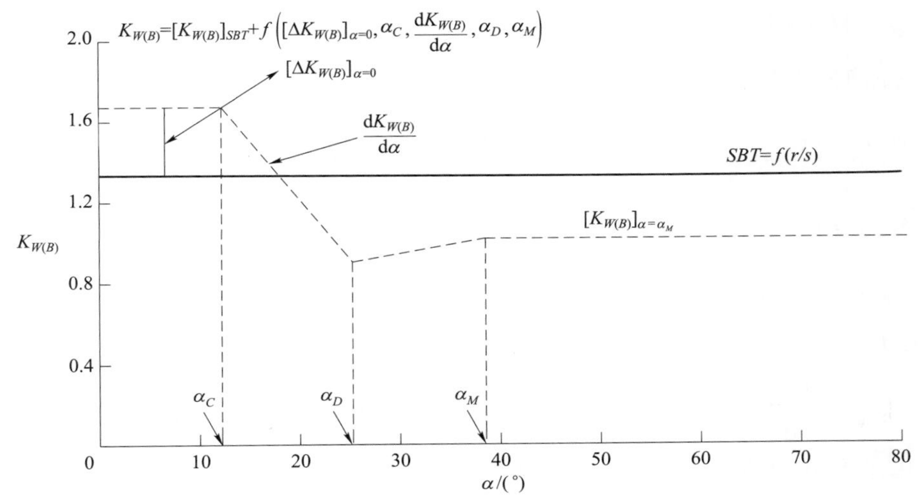

图 6.1　$K_{W(B)}$ 随攻角的变化

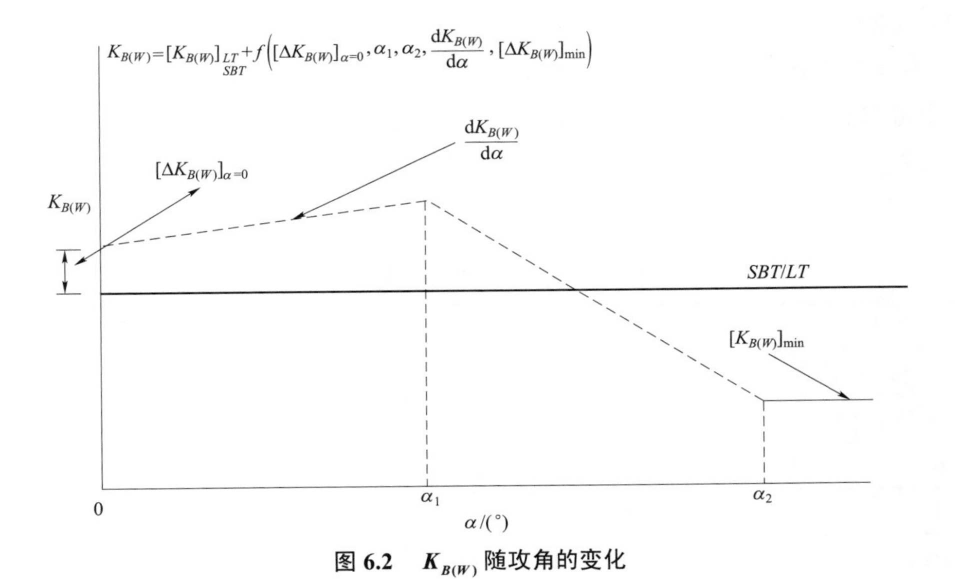

图 6.2　$K_{B(W)}$ 随攻角的变化

根据图 6.1、图 6.2 可得到考虑攻角非线性的 $K_{W(B)}$和 $K_{B(W)}$的计算公式。$K_{W(B)}$的公式为

$$
\left.\begin{aligned}
&K_{W(B)}=[K_{W(B)}]_{SBT}+[\Delta K_{W(B)}]_{\alpha=0},\quad \alpha\leqslant\alpha_C\\
&K_{W(B)}=[K_{W(B)}]_{SBT}+[\Delta K_{W(B)}]_{\alpha=0}+\left|(|\alpha|-\alpha_C)\right|\frac{\mathrm{d}K_{W(B)}}{\mathrm{d}\alpha},\quad \alpha_C<\alpha\leqslant\alpha_D\\
&K_{W(B)}=[K_{W(B)}]_{\alpha=\alpha_D}+\frac{\alpha-\alpha_D}{\alpha_M-\alpha_D}\{[K_{W(B)}]_{\alpha=\alpha_M}-[K_{W(B)}]_{\alpha=\alpha_D}\},\quad \alpha_D<\alpha\leqslant\alpha_M\\
&K_{W(B)}=[K_{W(B)}]_{\alpha=\alpha_M},\quad \alpha>\alpha_M
\end{aligned}\right\}\tag{6.3}
$$

$K_{B(W)}$的公式为

$$
\left.\begin{aligned}
&K_{B(W)}=[K_{B(W)}]_{\substack{LT\\SBT}}+[\Delta K_{B(W)}]_{\alpha=0}+|\alpha|\frac{\mathrm{d}K_{B(W)}}{\mathrm{d}\alpha},\quad \alpha\leqslant\alpha_1\\
&K_{B(W)}=[K_{B(W)}]_{\alpha=\alpha_1}+\frac{\alpha_1-|\alpha|}{\alpha_2-\alpha_1}\{[K_{B(W)}]_{\alpha=\alpha_1}-[K_{B(W)}]_{\min}\},\quad \alpha_1<\alpha\leqslant\alpha_2\\
&K_{B(W)}=[K_{B(W)}]_{\min},\quad \alpha_1\geqslant\alpha_2
\end{aligned}\right\}\tag{6.4}
$$

$\theta=0°$时，式（6.3）、式（6.4）中的参数$[\Delta K_{W(B)}]_{\alpha=0}$、$\alpha_C$、$[\Delta K_{W(B)}]_{\alpha=\alpha_D}$、$\alpha_D$、$\alpha_M$、$[\Delta K_{B(W)}]_{\alpha=0}$、$\dfrac{\mathrm{d}K_{B(W)}}{\mathrm{d}\alpha}$、$\alpha_1$、$\alpha_2$的值在表 6.1 至表 6.9 中给出。$\theta=45°$时相应的参数在表 6.10 至表 6.19 中给出。它们是弹翼展弦比 λ_W、根梢比η_W 及马赫数 Ma_∞的函数。式（6.4）中的$[K_{B(W)}]_{\min}$在图 6.3 中给出，它是径展比$\dfrac{r}{s}$、马赫数 Ma_∞和头部之后圆柱段弹身长度 L_c的函数。有了这些参数利用式（6.3）、式（6.4）就可计算 $0.1\leqslant Ma_\infty\leqslant 5.0$，$0.25\leqslant\lambda_W\leqslant 2$，$1/\eta_W=0$，0.5，1.0，$\alpha\geqslant 0°$时非线性干扰因子 $K_{W(B)}$和 $K_{B(W)}$，再利用式（6.1）计算不考虑前翼对后翼下洗影响的翼—身—尾组合体导弹无舵偏时的法向力系数。

对表 6.1 至表 6.9 的数据进行内插，可得到其他 Ma_∞、α、λ_W、$1/\eta_W$ 下的 $K_{W(B)}$和 $K_{B(W)}$。

表 6.1　$\theta=0°$ 时 $[\Delta K_{W(B)}]_{\alpha=0}$ 数据

λ_W	$1/\eta_W$	Ma_∞				
		≤0.1	0.6	0.8	1.2	≥1.5
≤0.25	0，0.5，1.0	−0.30	0.00	0.00	0.00	0
0.5	0.5	0.30	0.27	0.23	0.05	0
1.0	0.5	0.54	0.25	0.10	0.00	0
≥2.0	0.5	0.00	0.20	0.20	0.10	0
0.5	0.0	0.30	0.35	0.42	0.18	0
1.0	0.0	0.54	0.29	0.16	0.06	0
≥2.0	0.0	0.00	0.20	0.20	0.10	0

续表

λ_W	$1/\eta_W$	Ma_∞				
		≤0.1	0.6	0.8	1.2	≥1.5
0.5	1.0	0.30	0.27	0.29	0.05	0
1.0	1.0	0.54	0.31	0.19	0.06	0
≥2.0	1.0	0.00	0.20	0.20	0.10	0

表 6.2　$\theta = 0°$ 时 α_C（度）数据

λ_W	$1/\eta_W$	Ma_∞				
		≤0.1	0.6	0.8	1.2	≥1.5
≤0.25	0，0.5，1.0	0.0	22.0	22.0	0	0
0.5	0.5	30.0	17.3	11.5	10.0	0
1.0	0.5	30.0	15.0	11.0	10.0	0
≥2.0	0.5	10.0	20.0	20.0	15.0	0
0.5	0.0	30.0	12.0	10.0	10.0	0
1.0	0.0	30.0	13.0	10.0	10.0	0
≥2.0	0.0	10.0	20.0	20.0	15.0	0
0.5	1.0	30.0	17.3	15.0	10.0	0
1.0	1.0	30.0	15.0	12.5	10.0	0
≥2.0	1.0	10.0	20.0	20.0	15.0	0

表 6.3　$\theta = 0°$ 时 $[\Delta K_{W(B)}]_{\alpha=\alpha_D}$ 数据

λ_W	$1/\eta_W$	Ma_∞										
		≤0.1	0.6	0.8	1.2	1.5	2.0	2.5	3.0	3.5	4.5	≥5.0
≤0.25	0，0.5，1.0	1.0	1.0	1.0	1.0	1.0	1.0	1.0	1.0	1.0	1.0	1.0
0.5	0.5	1.0	1.0	1.0	0.90	0.90	1.0	0.95	1.0	0.97	1.0	1.0
1.0	0.5	1.0	1.0	1.0	0.95	1.0	1.0	1.0	1.0	1.0	1.0	1.0
≥2.0	0.5	1.0	1.0	0.95	0.95	1.0	1.0	1.0	1.0	1.0	1.0	1.0
0.5	0.0	1.0	1.0	1.0	1.05	0.90	0.90	0.90	0.90	0.90	0.90	1.0
1.0	0.0	1.0	1.0	1.0	0.95	1.0	1.0	1.0	1.0	1.0	1.0	1.0
≥2.0	0.0	1.0	1.0	0.95	1.0	1.0	1.0	1.0	1.0	1.0	1.0	1.0
0.5	1.0	1.0	1.0	1.0	1.0	1.0	1.0	1.05	1.15	1.13	1.15	1.0
1.0	1.0	1.0	1.0	1.0	0.95	0.95	0.95	1.0	1.0	1.0	1.0	1.0
≥2.0	1.0	1.0	1.0	1.0	1.0	1.0	1.0	1.0	0.93	0.90	0.95	1.0

表 6.4　$\theta=0°$ 时 α_D（度）数据

λ_W	$1/\eta_W$	Ma_∞										
		≤0.1	0.6	0.8	1.2	1.5	2.0	2.5	3.0	3.5	4.5	≥5.0
≤0.25	0，0.5，1.0	44.0	40.0	38.0	35.0	30.0	25.0	16.3	15.1	13.9	13.1	12.3
0.5	0.5	50.0	33.0	31.4	27.5	30.0	16.8	17.8	17.0	15.0	15.0	14.0
1.0	0.5	50.0	32.5	39.0	22.0	20.0	22.5	17.5	18.0	10.0	17.0	15.0
≥2.0	0.5	42.0	35.0	35.0	30.0	25.0	16.5	17.0	16.0	10.0	17.0	15.0
0.5	0.0	50.0	30.0	30.0	21.2	25.0	15.0	14.0	15.0	15.0	12.0	11.5
1.0	0.0	50.0	31.0	39.0	20.0	18.0	21.5	16.0	17.0	11.0	13.0	13.0
≥2.0	0.0	42.0	35.0	35.0	30.0	25.0	20.0	17.7	17.0	12.0	12.6	11.5
0.5	1.0	50.0	33.0	34.2	26.0	30.0	14.2	17.0	13.4	11.8	12.2	11.5
1.0	1.0	50.0	33.0	40.0	21.0	20.0	22.0	17.0	16.0	9.0	14.0	12.0
≥2.0	1.0	42.0	35.0	35.0	30.0	25.0	18.0	15.0	15.5	12.0	12.6	11.5

表 6.5　$\theta=0°$ 时 α_M（度）数据

λ_W	$1/\eta_W$	Ma_∞										
		≤0.1	0.6	0.8	1.2	1.5	2.0	2.5	3.0	3.5	4.5	≥5.0
≤0.25	0，0.5，1.0	50.0	45.0	45.0	40.0	44.0	38.0	50.0	46.0	50.0	50.0	46.0
0.5	0.5	50.0	33.0	31.4	40.0	50.0	17.0	40.0	17.0	40.0	15.0	14.0
1.0	0.5	50.0	33.0	39.0	45.0	50.0	50.0	50.0	36.0	33.0	17.0	17.0
≥2.0	0.5	50.0	43.0	45.0	30.5	50.0	50.0	50.0	36.0	33.0	17.0	17.0
0.5	0.0	50.0	30.0	30.0	40.0	50.0	48.0	50.0	50.0	50.0	50.0	50.0
1.0	0.0	50.0	31.0	40.0	50.0	42.0	50.0	50.0	50.0	44.0	40.0	40.0
≥2.0	0.0	50.0	43.0	45.0	45.0	50.0	50.0	50.0	50.0	50.0	50.0	35.0
0.5	1.0	50.0	33.0	34.2	50.0	31.0	50.0	50.0	50.0	50.0	50.0	50.0
1.0	1.0	50.0	33.0	40.0	50.0	42.0	50.0	50.0	50.0	44.0	40.0	40.0
≥2.0	1.0	50.0	43.0	45.0	45.0	25.0	18.0	15.0	36.0	33.0	37.0	30.0

表 6.6　$\theta=0°$ 时 $[\Delta K_{B(W)}]_{\alpha=0}$ 数据

λ_W	$1/\eta_W$	Ma_∞										
		≤0.1	0.6	0.8	1.2	1.5	2.0	2.5	3.0	3.5	4.5	≥5.0
≤0.25	0，0.5，1.0	0.0	0.0	0.0	0.0	0.0	0.0	0.0	0.0	0.0	0.0	0.0

续表

λ_W	$1/\eta_W$	Ma_∞										
		≤0.1	0.6	0.8	1.2	1.5	2.0	2.5	3.0	3.5	4.5	≥5.0
0.5	0.5	0.0	−0.28	−0.15	0.16	0.10	−0.02	0.0	0.0	0.0	0.0	0.0
1.0	0.5	0.0	−0.20	−0.20	0.15	0.20	0.05	0.0	0.0	0.0	0.0	0.0
≥2.0	0.5	0.0	−0.20	−0.07	0.17	0.18	0.10	0.0	0.0	0.0	0.0	0.0
0.5	0.0	0.0	−0.33	−0.30	0.28	0.20	0.10	0.08	0.0	0.0	0.0	0.0
1.0	0.0	0.0	−0.24	−0.25	0.13	0.28	0.05	0.0	0.0	0.0	0.0	0.0
≥2.0	0.0	0.0	−0.20	−0.07	0.17	0.0	0.05	0.0	0.0	0.0	0.0	0.0
0.5	1.0	0.0	−0.28	−0.15	0.25	0.0	0.10	0.0	0.0	0.0	0.0	0.0
1.0	1.0	0.0	−0.20	−0.20	0.22	0.10	0.05	0.0	0.0	0.0	0.0	0.0
≥2.0	1.0	0.0	−0.20	−0.07	0.17	0.20	0.10	0.15	0.0	0.0	0.0	0.0

表 6.7　$\theta=0°$ 时 $\frac{dK_{B(W)}}{d\alpha}$（1/度）数据

λ_W	$1/\eta_W$	Ma_∞										
		≤0.1	0.6	0.8	1.2	1.5	2.0	2.5	3.0	3.5	4.5	≥5.0
≤0.25	0, 0.5, 1.0	0.0	0.000	0.000	0.000	0.000	0.000	−0.007	−0.014	−0.015	−0.02	−0.024
0.5	0.5	0.006	0.023	0.023	−0.009	−0.012	−0.010	−0.015	−0.014	−0.015	−0.016	−0.020
1.0	0.5	0.006	0.012	0.011	−0.003	−0.003	−0.005	−0.006	−0.008	−0.010	−0.012	−0.015
≥2.0	0.5	0.000	0.012	0.011	0.000	0.000	−0.001	−0.012	−0.014	−0.015	−0.016	−0.020
0.5	0.0	0.006	0.043	0.058	0.000	0.000	0.000	−0.004	−0.014	−0.015	−0.016	−0.020
1.0	0.0	0.006	0.020	0.022 5	−0.003	−0.003	−0.005	−0.006	−0.008	−0.010	−0.012	−0.015
≥2.0	0.0	0.000	0.012	0.011	0.000	0.000	−0.002	−0.012	−0.014	−0.015	−0.016	−0.020
0.5	1.0	0.006	0.038	0.033	−0.013	−0.012	−0.010	−0.015	−0.014	−0.015	−0.016	−0.020
1.0	1.0	0.006	0.007	0.005	−0.003	−0.010	−0.010	−0.015	−0.016	−0.016	−0.016	−0.018
≥2.0	1.0	0.000	0.012	0.011	0.000	−0.002	−0.007	−0.012	−0.014	−0.015	−0.016	−0.020

表 6.8　$\theta=0°$ 时 α_1（度）数据

λ_W	$1/\eta_W$	Ma_∞										
		≤0.1	0.6	0.8	1.2	1.5	2.0	2.5	3.0	3.5	4.5	≥5.0
≤0.25	0，0.5，1.0	30.0	21.1	16.5	45.0	37.0	33.3	23.3	20.5	18.0	15.0	14.0

续表

λ_W	$1/\eta_W$	Ma_∞										
		≤0.1	0.6	0.8	1.2	1.5	2.0	2.5	3.0	3.5	4.5	≥5.0
0.5	0.5	30.0	22.2	16.7	62.0	43.0	40.0	25.0	25.0	25.0	20.0	20.0
1.0	0.5	30.0	25.0	20.0	70.0	30.0	25.0	28.6	23.0	20.4	26.0	26.0
≥2.0	0.5	30.0	25.0	20.0	40.0	66.0	58.0	30.0	24.0	20.4	26.0	26.0
0.5	0.0	30.0	24.2	17.2	25.0	25.0	20.0	20.0	10.0	27.0	20.0	20.0
1.0	0.0	30.0	25.0	20.0	70.0	61.0	18.0	27.0	18.0	24.0	24.0	24.0
≥2.0	0.0	30.0	25.0	20.0	40.0	48.5	49.0	30.0	32.0	30.0	26.0	26.0
0.5	1.0	30.0	17.0	15.5	48.5	43.0	40.0	25.0	26.5	21.6	20.0	20.0
1.0	1.0	30.0	25.0	20.0	70.0	54.0	22.0	29.5	23.5	18.0	22.0	22.0
≥2.0	1.0	30.0	25.0	20.0	40.0	48.0	47.0	32.0	26.0	20.0	26.0	26.0

表 6.9 $\theta=0°$ 时α_2（度）数据

λ_W	$1/\eta_W$	Ma_∞										
		≤0.1	0.6	0.8	1.2	1.5	2.0	2.5	3.0	3.5	4.5	≥5.0
≤0.25	0，0.5，1.0	90.0	80.0	65.0	63.4	45.0	43.3	42.5	31.5	37.3	40.0	40.0
0.5	0.5	90.0	80.0	65.0	62.0	43.0	41.0	42.5	25.0	42.0	40.0	40.0
1.0	0.5	90.0	80.0	80.0	80.0	65.0	46.0	40.0	36.0	40.0	40.0	40.0
≥2.0	0.5	90.0	80.0	80.0	80.0	90.0	90.0	42.0	40.0	40.0	40.0	40.0
0.5	0.0	90.0	80.0	80.0	80.0	49.0	47.8	42.5	43.0	26.5	40.0	40.0
1.0	0.0	90.0	80.0	80.0	80.0	59.0	46.0	40.0	40.0	34.0	40.0	40.0
≥2.0	0.0	90.0	80.0	80.0	80.0	90.0	90.0	41.0	35.0	40.0	43.0	43.0
0.5	1.0	90.0	80.0	53.2	48.7	43.0	41.0	42.5	26.5	43.5	40.0	40.0
1.0	1.0	90.0	80.0	74.0	72.0	55.0	46.0	40.0	32.0	40.0	40.0	40.0
≥2.0	1.0	90.0	80.0	80.0	80.0	90.0	90.0	45.0	30.0	40.0	43.0	43.0

表 6.10 $\theta=45°$时 $[\Delta K_{W(B)}]_{\alpha=0}$ 数据

λ_W	$1/\eta_W$	Ma_∞										
		≤0.1	0.6	0.8	1.2	1.5	2.0	2.5	3.0	3.5	4.5	≥5.0
≤0.25	0，0.5，1.0	−0.20	0.00	0.00	0.00	0.00	0	0	0	0	0	0
0.5	0.5	0.00	0.05	0.00	−0.13	0.00	0	0	0	0	0	0

续表

λ_W	$1/\eta_W$	Ma_∞										
		≤0.1	0.6	0.8	1.2	1.5	2.0	2.5	3.0	3.5	4.5	≥5.0
1.0	0.5	0.13	0.05	0.00	0.00	−0.10	0	0	0	0	0	0
≥2.0	0.5	0.00	0.00	0.00	0.00	0.00	0	0	0	0	0	0
0.5	0.0	0.00	0.10	0.14	0.00	−0.22	0	0	0	0	0	0
≥2.0	0.0	0.00	0.00	0.00	0.00	−0.18	0	0	0	0	0	0
0.5	1.0	0.00	0.10	0.05	−0.23	0.00	0	0	0	0	0	0
≥2.0	1.0	0.00	0.00	0.00	0.00	0.00	0	0	0	0	0	0

表 6.11　$\theta = 45°$时α_C（度）数据

λ_W	$1/\eta_W$	Ma_∞										
		≤0.1	0.6	0.8	1.2	1.5	2.0	2.5	3.0	3.5	4.5	≥5.0
≤0.25	0，0.5，1.0	10.0	22.0	22.0	0.0	0.0	0	0	0	0	0	0
0.5	0.5	45.0	11.5	11.0	10.0	0.0	0	0	0	0	0	0
1.0	0.5	45.0	13.3	0.0	6.5	0.0	0	0	0	0	0	0
≥2.0	0.5	20.0	10.0	0.0	6.5	2.2	0	0	0	0	0	0
0.5	0.0	39.0	15.0	11.5	10.0	0.0	0	0	0	0	0	0
≥2.0	0.0	20.0	10.0	0.0	6.5	0.0	0	0	0	0	0	0
0.5	1.0	45.0	15.0	15.0	15.0	0.0	0	0	0	0	0	0
≥2.0	1.0	20.0	10.0	0.0	6.5	1.5	0	0	0	0	0	0

表 6.12　$\theta = 45°$时$[\Delta K_{W(B)}]_{\alpha=\alpha_D}$数据

λ_W	$1/\eta_W$	Ma_∞										
		≤0.1	0.6	0.8	1.2	1.5	2.0	2.5	3.0	3.5	4.5	≥6.0
≤0.25	0，0.5，1.0	1.0	1.0	1.00	1.00	1.00	1.00	1.00	1.00	1.00	1.00	1.0
0.5	0.5	1.0	1.0	1.00	0.90	0.90	1.00	0.95	1.00	0.97	1.00	1.0
1.0	0.5	1.0	1.0	1.00	0.95	1.00	1.00	1.00	1.00	1.00	1.00	1.0
≥2.0	0.5	1.0	1.0	0.95	0.95	1.00	1.00	1.00	1.00	1.00	1.00	1.0
0.5	0.0	1.0	1.0	1.00	1.00	0.90	0.90	0.90	0.90	0.90	0.90	1.0
≥2.0	0.0	1.0	1.0	0.95	1.00	1.00	1.00	1.00	1.00	1.00	1.00	1.0
0.5	1.0	1.0	1.0	1.00	1.00	1.00	1.00	1.00	1.00	1.00	1.00	1.0
≥2.0	1.0	1.0	1.0	1.00	1.00	1.00	1.00	1.00	0.93	0.90	0.95	1.0

表 6.13　$\theta=45°$时α_D（度）数据

λ_W	$1/\eta_W$	Ma_∞										
		≤0.1	0.6	0.8	1.2	1.5	2.0	2.5	3.0	3.5	4.5	≥6.0
≤0.25	0，0.5，1.0	20.0	40.0	38.0	35.0	30.0	25.0	16.3	15.1	13.9	13.1	10.0
0.5	0.5	59.0	33.0	30.0	25.6	25.0	15.0	15.0	10.0	15.0	12.0	10.0
1.0	0.5	59.0	38.0	32.0	26.0	24.0	17.0	15.0	14.4	10.0	10.0	10.0
≥2.0	0.5	39.0	31.5	30.0	28.0	25.0	16.5	15.0	14.4	10.0	13.0	10.0
0.5	0.0	39.0	35.5	33.0	39.5	29.5	15.0	25.0	15.0	15.0	10.0	10.0
≥2.0	0.0	39.0	31.5	30.0	28.0	24.7	17.0	13.5	11.4	10.0	10.0	10.0
0.5	1.0	59.0	35.5	33.0	25.6	29.5	15.0	15.0	15.0	12.0	13.0	10.0
≥2.0	1.0	39.0	31.5	30.0	28.0	23.3	14.0	16.0	15.0	11.8	12.0	10.0

表 6.14　$\theta=45°$时α_M（度）数据

λ_W	$1/\eta_W$	Ma_∞										
		≤0.1	0.6	0.8	1.2	1.5	2.0	2.5	3.0	3.5	4.5	≥6.0
≤0.25	0，0.5，1.0	40.0	45.0	45.0	40.0	44.0	43.0	38.0	28.0	25.0	29.0	20.0
0.5	0.5	65.0	33.0	30.0	49.0	52.0	40.0	40.0	30.0	25.0	25.0	20.0
1.0	0.5	65.0	38.0	47.0	49.5	66.0	48.5	45.0	41.0	40.0	10.0	20.0
≥2.0	0.5	40.0	31.5	40.0	56.0	57.0	45.0	45.0	41.0	40.0	28.0	20.0
0.5	0.0	40.0	35.5	33.0	65.0	48.0	50.0	46.0	30.0	30.0	50.0	20.0
≥2.0	0.0	40.0	31.5	40.0	56.0	55.0	58.5	49.8	44.2	41.5	28.5	20.0
0.5	1.0	65.0	35.5	33.0	49.0	52.0	40.0	28.0	24.0	21.0	13.0	20.0
≥2.0	1.0	40.0	31.5	40.0	56.0	49.5	44.0	40.0	33.0	32.0	28.0	20.0

表 6.15　$\theta=45°$时$[\Delta K_{W(B)}]_{\alpha=\alpha_M}$ 数据

λ_W	$1/\eta_W$	Ma_∞										
		≤0.1	0.6	0.8	1.2	1.5	2.0	2.5	3.0	3.5	4.5	≥6.0
≤0.25	0，0.5，1.0	0.80	0.95	1.0	1.0	1.0	1.0	1.0	1.0	1.0	1.0	1.0
0.5	0.5	0.80	0.95	1.0	1.0	1.0	1.0	1.0	1.0	1.0	1.0	1.0
1.0	0.5	0.80	0.90	1.0	1.0	1.0	1.0	1.0	1.0	1.0	1.0	1.0
≥2.0	0.5	0.80	0.90	1.0	1.0	1.0	1.0	1.0	1.0	1.0	1.0	1.0
0.5	0.0	0.85	0.95	1.0	1.0	1.0	1.0	1.0	1.0	1.0	1.0	1.0

续表

λ_W	$1/\eta_W$	Ma_∞										
		⩽0.1	0.6	0.8	1.2	1.5	2.0	2.5	3.0	3.5	4.5	⩾6.0
⩾2.0	0.0	0.85	0.95	1.0	1.0	1.0	1.0	1.0	1.0	1.0	1.0	1.0
0.5	1.0	0.80	0.95	1.0	1.0	1.0	1.0	1.0	1.0	1.0	1.0	1.0
⩾2.0	1.0	0.80	0.95	1.0	1.0	1.0	1.0	1.0	1.0	1.0	1.0	1.0

表 6.16　$\theta=45°$时 $[\Delta K_{B(W)}]_{\alpha=0}$ 数据

λ_W	$1/\eta_W$	Ma_∞										
		⩽0.1	0.6	0.8	1.2	1.5	2.0	2.5	3.0	3.5	4.5	⩾6.0
⩽0.25	0，0.5，1.0	−0.10	−0.18	0.00	0.00	0.0	0.0	0	0	0	0	0
0.5	0.5	0.0	−0.22	0.00	0.00	0.2	0.1	0.08	0	0	0	0
1.0	0.5	0.0	−0.07	−0.18	0.20	0.2	0.0	0	0	0	0	0
⩾2.0	0.5	0.0	−0.23	−0.18	0.20	0.0	0.0	0	0	0	0	0
0.5	0.0	0.0	−0.12	0.00	0.25	0.2	0.0	0	0	0	0	0
⩾2.0	0.0	0.0	−0.23	−0.18	0.20	0.0	0.0	0	0	0	0	0
0.5	1.0	0.0	−0.22	0.00	0.25	0.2	0.1	0.08	0	0	0	0
⩾2.0	1.0	0.0	−0.23	−0.18	0.20	0.0	0.0	0	0	0	0	0

表 6.17　$\theta=45°$时 $\frac{dK_{B(W)}}{d\alpha}$（1/度）数据

λ_W	$1/\eta_W$	Ma_∞										
		⩽0.1	0.6	0.8	1.2	1.5	2.0	2.5	3.0	3.5	4.5	⩾6.0
⩽0.25	0，0.5，1.0	−0.005 0	−0.005 57	−0.009 25	−0.021 5	−0.023 8	−0.045 0	−0.026 8	−0.065 0	−0.065 0	−0.060	−0.060
0.5	0.5	0.001 5	−0.002 10	−0.007 20	−0.010 0	−0.014 0	−0.044 0	−0.027 5	−0.033 0	−0.062 0	−0.060	−0.060
1.0	0.5	−0.003 0	0.000 00	0.007 50	−0.015 0	−0.015 0	−0.020 0	−0.025 0	−0.022 0	−0.014 3	−0.013	−0.010
⩾2.0	0.5	0.003 0	0.006 70	0.013 30	−0.015 0	−0.017 0	−0.030 0	−0.045 0	−0.054 0	−0.060 0	−0.062	−0.065
0.5	0.0	−0.002 0	−0.008 30	−0.010 00	−0.017 0	−0.026 0	−0.005 0	−0.012 5	−0.010 0	−0.005 0	−0.005	−0.060
⩾2.0	0.0	0.003 0	0.006 70	0.013 30	−0.015 0	−0.017 0	−0.030 0	−0.045 0	−0.054 0	−0.060 0	−0.062	−0.065
0.5	1.0	0.001 5	−0.001 20	−0.001 00	−0.014 0	−0.014 0	−0.042 5	−0.027 5	−0.040 0	−0.072 0	−0.060	−0.060
⩾2.0	1.0	0.003 0	0.006 70	0.013 30	−0.015 0	−0.017 0	−0.030 0	−0.045 0	−0.054 0	−0.060 0	−0.062	−0.065

表 6.18　$\theta=45°$时α_1（度）数据

λ_W	$1/\eta_W$	Ma_∞										
		≤0.1	0.6	0.8	1.2	1.5	2.0	2.5	3.0	3.5	4.5	≥6.0
≤0.25	0，0.5，1.0	10.0	45.5	35.0	30.0	23.0	22.0	20.8	20.0	20.0	15.0	8.0
0.5	0.5	10.0	57.0	45.0	30.0	25.0	16.0	20.0	15.0	10.0	10.0	8.0
1.0	0.5	10.0	34.5	35.0	35.0	36.6	10.0	15.0	17.5	42.0	40.0	30.0
≥2.0	0.5	10.0	15.0	30.0	35.0	20.0	20.0	18.0	17.5	30.0	35.0	35.0
0.5	0.0	10.0	35.0	45.0	30.0	19.0	20.0	22.5	15.0	15.0	15.0	8.0
≥2.0	0.0	20.0	15.0	30.0	35.0	20.0	20.0	18.0	17.5	30.0	35.0	35.0
0.5	1.0	10.0	57.0	45.0	30.0	25.0	16.0	20.0	15.0	10.0	10.0	8.0
≥2.0	1.0	10.0	15.0	30.0	35.0	20.0	10.0	15.0	17.5	30.0	35.0	35.0

表 6.19　$\theta=45°$时α_2（度）数据

λ_W	$1/\eta_W$	Ma_∞										
		≤0.1	0.6	0.8	1.2	1.5	2.0	2.5	3.0	3.5	4.5	≥6.0
≤0.25	0，0.5，1.0	55.0	55.0	50.0	50.0	45.0	37.0	44.0	29.5	29.5	29.5	25.0
0.5	0.5	75.0	65.0	55.0	43.0	40.0	38.0	44.0	44.0	36.0	30.0	20.0
1.0	0.5	75.0	65.0	60.0	60.0	60.0	60.0	62.0	80.0	42.0	40.0	30.0
≥2.0	0.5	75.0	65.5	60.0	60.0	50.0	60.0	62.0	80.0	42.0	45.0	45.0
0.5	0.0	75.0	60.0	60.0	52.0	40.0	35.0	44.0	50.0	36.0	30.0	20.0
≥2.0	0.0	75.0	65.0	60.0	60.0	50.0	60.0	62.0	80.0	42.0	45.0	45.0
0.5	1.0	75.0	65.0	55.0	42.0	40.0	38.0	44.0	40.0	36.0	30.0	20.0
≥2.0	1.0	75.0	65.0	60.0	60.0	60.0	60.0	62.0	80.0	42.0	45.0	45.0

建立$K_{W(B)}$和$K_{B(W)}$数学模型依据的部件和全弹气动特性的基本实验数据库的最大攻角为40°，对于$\alpha>40°$的$K_{W(B)}$和$K_{B(W)}$由外插得到。

从图 6.3 看出，$\theta=0°$和$\theta=45°$的$[K_{B(W)}]_{\min}$差别很大。其主要原因是$\alpha>20°\sim25°$时，$\theta=45°$状态的弹翼—弹身外形的法向力比$\theta=0°$状态的法向力低。直观地看，当$\theta=45°$时，迎风面翼片遮蔽了气流绕弹身的弯曲流动，而背风面翼片对弹身传递的载荷要比$\theta=0°$时的少。同时图 6.3 表明，在$\theta=45°$，r/s小时，翼片间的“阻塞”作用使$K_{B(W)}$增大许多。

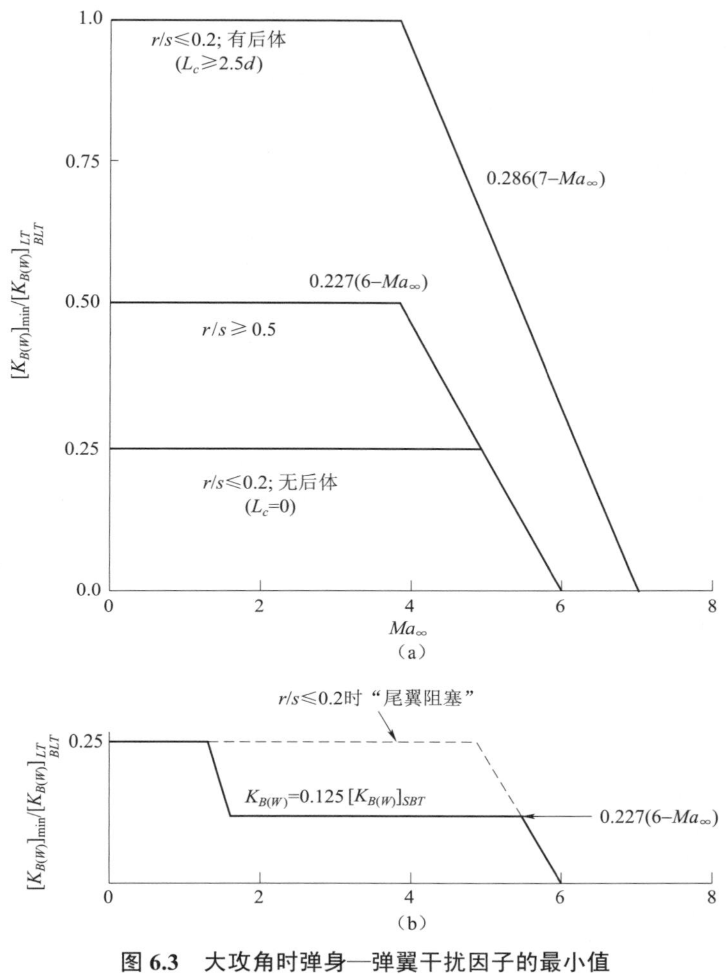

图 6.3　大攻角时弹身—弹翼干扰因子的最小值

（a）θ=0°；（b）θ= 45°

作为对上述弹翼—弹身、弹身—弹翼非线性干扰模型实用性的检验，下面以图 6.4 所示弹身—弹翼导弹外形为例，计算干扰因子 $K_{W(B)}$ 和 $K_{B(W)}$，进而给出干扰法向力并同实验数据进行比较。图 6.4 所示外形为 NASA 数据库中的一个外形，弹身长径比为 12.33，尖拱形头部长径比为 3.0，弹翼根弦长径比为 2.66，梢弦长径比为 1.33，弹翼净展长径比为 1.0，弹翼展弦比λ_W=0.5，梢根比 $1/\eta_W = 0.5$。风洞实验马赫数 $Ma_\infty = 0.6$～4.5；攻角 $\alpha = 0°$～40°；滚转角θ= 0°，45°。$\Delta C_{NB(W)}$ 是按式（6.2）计算得到的。在弹身非线性法向力计算时使用的临界横流雷诺数 $Re_{\rm ncr} = 330\,000$，临界马赫数 $Ma_{cr} = 0$。图 6.5 给出了 $Ma_\infty = 0.6$，2.0，4.5；θ= 0° 时 $C_{NW(B)}$、$\Delta C_{NB(W)}$ 计算结果与实验结果的比较；图 6.6 为θ= 45° 时 $C_{NW(B)}$、$\Delta C_{NB(W)}$ 计算结果同实验结果的比较。从图看出，亚声速当 $\alpha \leqslant 5°$ 时、超声速当 $\alpha \leqslant 10°$ 时，线化理论给出了与实验数据吻合的结果。非线性经验模型很好地预示了弹翼—弹身段总载荷 $C_{NW(B)}$ 及弹身上的附加载荷 $\Delta C_{NB(W)}$。图 6.7 给出了 $\theta=0°$、$45°$ 时弹翼—弹身组合体外形的总法向力系数 C_N。从图 6.7 可看出，对于十字形翼—身组合体外形，线化理论预示的 C_N 与滚转角无关。非线性理论所给出的 C_N 与滚转角有关，而且与实验结果很吻合。

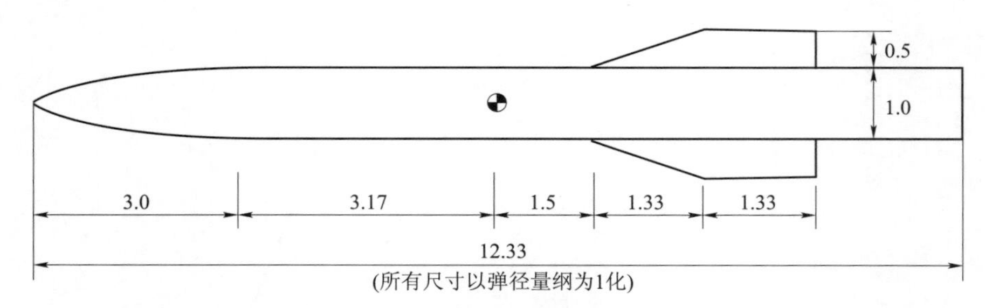

图 6.4 NASA 数据库中的翼—身组合体外形（λ_W=0.5，$1/\eta_W$=0.5）

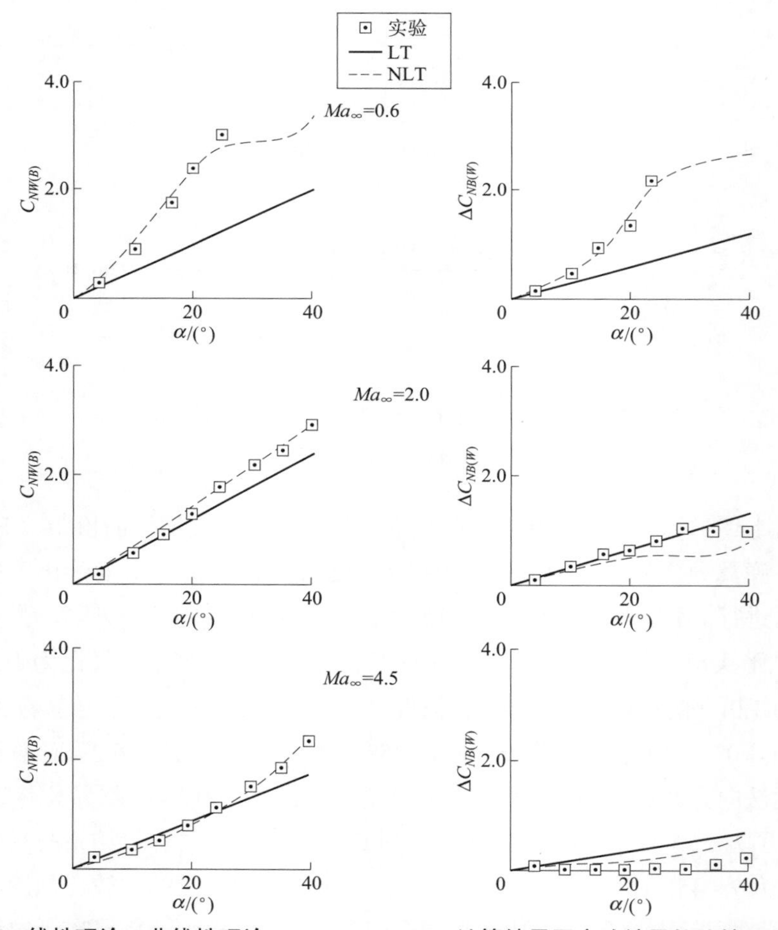

图 6.5 线性理论、非线性理论 $C_{NW(B)}$、$\Delta C_{NB(W)}$ 计算结果同实验结果的比较，$\theta=0°$

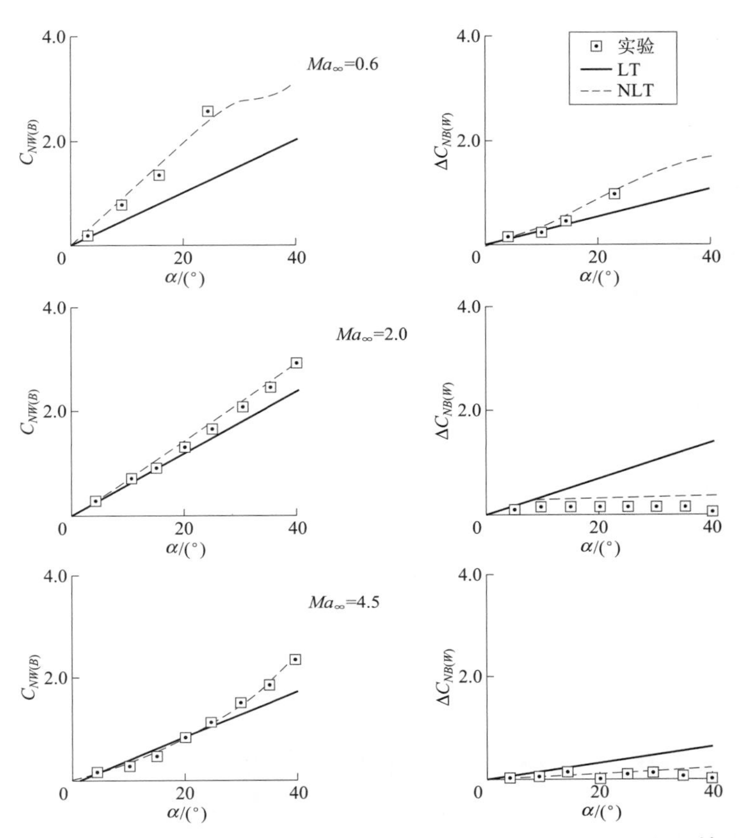

图 6.6　线性理论、非线性理论 $C_{NW(B)}$、$\Delta C_{NB(W)}$ 计算结果同实验结果的比较，$\theta=45°$

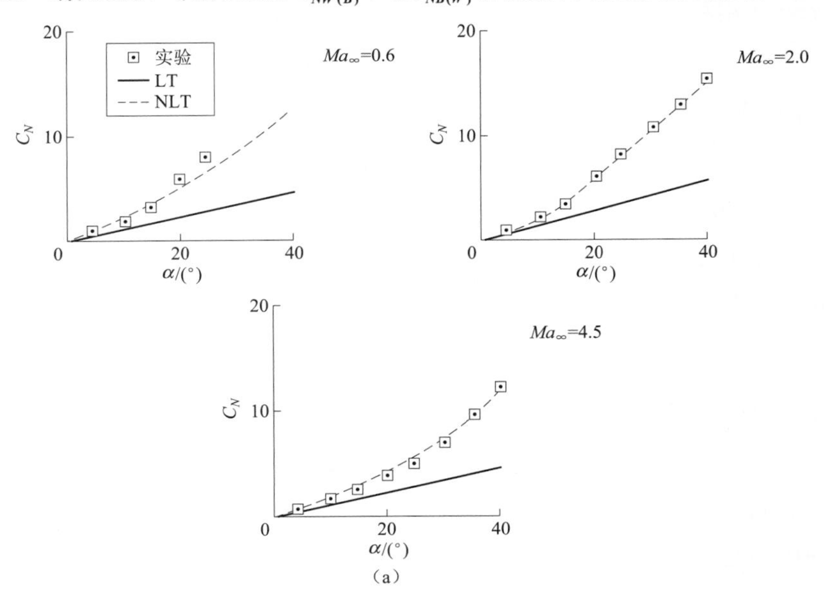

图 6.7　线性理论、非线性理论 C_N 计算结果同实验结果的比较

（a）$\theta=0°$

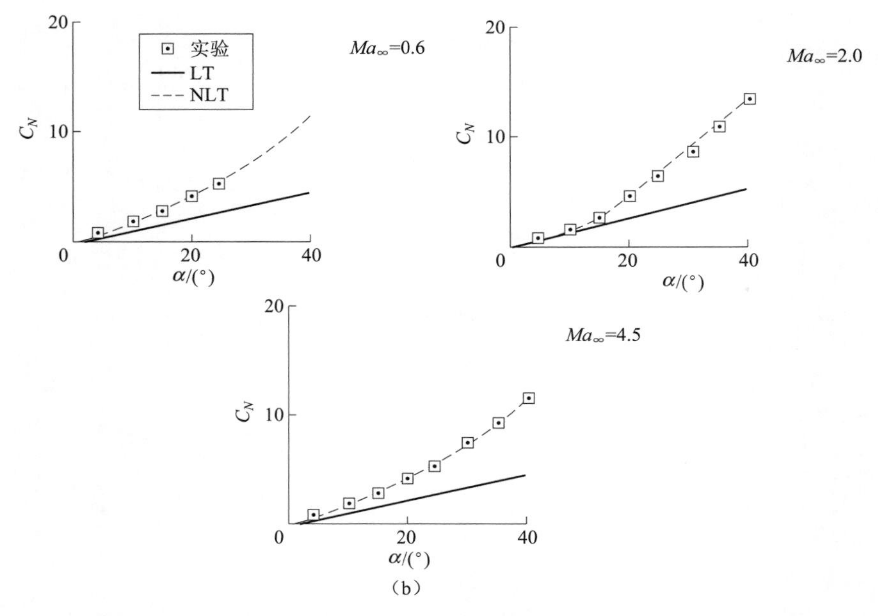

图 6.7　线性理论、非线性理论 C_N 计算结果同实验结果的比较（续）

（b）θ= 45°

6.3　由舵偏角引起的弹翼—弹身、弹身—弹翼干扰因子计算方法

由舵偏角产生的弹翼—弹身非线性干扰因子 $k_{W(B)}$ 的数学模型如下

$$k_{W(B)} = C_1(Ma_\infty)[k_{W(B)}]_{SBT} + C_2(|\alpha_W|,\ Ma_\infty) \tag{6.5}$$

式中，α_W 是弹翼偏转 δ_W 时的有效攻角，由下式计算

$$\alpha_W = \alpha + \delta_W$$

式(6.5)对θ= 0° 和θ= 45° 都适用，只是当θ分别等于 0° 和45°时式(6.5)中的 $C_1(Ma_\infty)$ 和 $C_2(|\alpha_W|,\ Ma_\infty)$ 取不同值。

计算θ= 0° 弹身—弹翼非线性干扰因子 $k_{B(W)}$ 的数学模型为

$$k_{B(W)} = [k_{B(W)}]_{SBT} + C_3(\alpha_W) \tag{6.6}$$

计算θ= 45°弹身—弹翼非线性干扰因子 $k_{B(W)}$ 的数学模型为

$$k_{B(W)} = [k_{B(W)}]_{SBT} + C_4(\alpha_W) \tag{6.7}$$

式（6.5)、式（6.6）和式（6.7）中的常数 C_1、C_2、C_3、C_4 通过尾翼偏转导弹模型风洞实验数据库的数值试验确定。在表 6.20 和表 6.21 中分别给出θ= 0° 和θ= 45° 状态下的这些常数及 $k_{W(B)}$、$k_{B(W)}$ 的计算模型。表中的 F 是用于非线性弹翼—尾翼干扰计算模型中的参数。

表 6.20　$k_{W(B)}$、$k_{B(W)}$ 半经验的非线性模型，$\theta=0°$

Ma_∞	非线性模型	
$Ma_\infty \leqslant 0.8$	$\|\alpha_W\| \leqslant 24.0°$	$k_{W(B)} = 1.1[k_{W(B)}]_{SBT}$
	$\|\alpha_W\| > 24.0°$	$k_{W(B)} = 1.1[0.000\ 794\|\alpha_W\|^2 - 0.093\ 3\|\alpha_W + 2.71]$
	$\|\alpha_W\| > 52.0°$	$k_{W(B)} = 0.04$
		$F=1.1$
$Ma_\infty=1.1$	$\|\alpha_W\| \leqslant 15.0°$	$k_{W(B)} = 1.0[k_{W(B)}]_{SBT}$
	$\|\alpha_W\| > 15.0°$	$k_{W(B)} = 1.0[1.33 - \|\alpha_W\|/45]$
	$\|\alpha_W\| > 58.0°$	$k_{W(B)} = 0.04$
		$F=1.1$
$Ma_\infty=1.5$	$\|\alpha_W\| \leqslant 10.0°$	$k_{W(B)} = 1.0[k_{W(B)}]_{SBT}$
	$\|\alpha_W\| > 10.0°$	$k_{W(B)} = 1.0[k_{W(B)}]_{SBT} - 0.005[\|\alpha_W\| - 10.0]$； $[k_{W(B)}]_{\min} = 0.6$
	$\|\alpha_W\| \leqslant 20.0°$	$F=0.8$
	$\|\alpha_W\| > 20.0°$	$F = 0.8 + 0.10[\|\alpha_W\| - 20.0]$
$Ma_\infty=2.0$	$\|\alpha_W\| \leqslant 10.0°$	$k_{W(B)} = 0.9[k_{W(B)}]_{SBT}$
	$\|\alpha_W\| > 10.0°$	$k_{W(B)} = 0.9[k_{W(B)}]_{SBT} - 0.003[\|\alpha_W\| - 10.0]$； $[k_{W(B)}]_{\min} = 0.63$
	$\|\alpha_W\| \leqslant 20.0°$	$F=0.8$
	$\|\alpha_W\| > 20.0°$	$F = 0.8 + 0.17[\|\alpha_W\| - 20.0]$
$Ma_\infty=2.3$	$\|\alpha_W\| \leqslant 40.0°$	$k_{W(B)} = 0.9[k_{W(B)}]_{SBT}$
	$\|\alpha_W\| > 40.0°$	$k_{W(B)} = 0.9[k_{W(B)}]_{SBT} + 0.005[\|\alpha_W\| - 40.0]$； $[k_{W(B)}]_{\max} = 0.76$
	$\|\alpha_W\| \leqslant 30.0°$	$F=0.9$
	$\|\alpha_W\| > 30.0°$	$F = 0.9 + 0.15[\|\alpha_W\| - 30.0]$
$Ma_\infty=2.87$	$\|\alpha_W\| \leqslant 40.0°$	$k_{W(B)} = 0.9[k_{W(B)}]_{SBT}$
	$\|\alpha_W\| > 40.0°$	$k_{W(B)} = 0.9[k_{W(B)}]_{SBT} + 0.005[\|\alpha_W\| - 40.0]$； $[k_{W(B)}]_{\max} = 0.96$
	$\|\alpha_W\| \leqslant 30.0°$	$F=0.9$
	$\|\alpha_W\| > 30.0°$	$F = 0.9 + 0.17[\|\alpha_W\| - 30.0]$

续表

Ma_∞	非线性模型	
$Ma_\infty=3.95$	$\lvert\alpha_W\rvert \leqslant 20.0^\circ$	$k_{W(B)}=0.8[k_{W(B)}]_{SBT}$
	$\lvert\alpha_W\rvert > 20.0^\circ$	$k_{W(B)}=0.8[k_{W(B)}]_{SBT}+0.007[\lvert\alpha_W\rvert-20.0]$； $[k_{W(B)}]_{\max}=1.07$
	$\lvert\alpha_W\rvert \leqslant 30.0^\circ$	$F=0.9$
	$\lvert\alpha_W\rvert > 30.0^\circ$	$F=0.9+0.2[\lvert\alpha_W\rvert-30.0]$
$Ma_\infty \geqslant 4.6$	$\lvert\alpha_W\rvert \leqslant 20.0^\circ$	$k_{W(B)}=0.75[k_{W(B)}]_{SBT}$
	$\lvert\alpha_W\rvert > 20.0^\circ$	$k_{W(B)}=0.75[k_{W(B)}]_{SBT}+0.013[\lvert\alpha_W\rvert-20.0]$； $[k_{W(B)}]_{\max}=1.33$
	$\lvert\alpha_W\rvert \leqslant 35.0^\circ$	$F=0.9$
	$\lvert\alpha_W\rvert > 35.0^\circ$	$F=0.9+0.2[\lvert\alpha_W\rvert-35.0]$
式中，$\alpha_W=\alpha+\delta_W$，对于大 α_W，取		
$0 \leqslant Ma_\infty \leqslant \infty$	$\lvert\alpha_W\rvert \leqslant 70.0^\circ$	$k_{B(W)}=[k_{B(W)}]_{SBT}$
	$70.0^\circ < \lvert\alpha_W\rvert \leqslant 90.0^\circ$	$k_{B(W)}=[k_{B(W)}]_{SBT}\left[1-\left(\frac{\lvert\alpha_W\rvert-70}{20}\right)\right]$
	$\lvert\alpha_W\rvert > 90.0^\circ$	$k_{B(W)}=0$

表 6.21　$k_{W(B)}$、$k_{B(W)}$ 半经验的非线性模型，$\theta=45^\circ$

Ma_∞	非线性模型	
$Ma_\infty \leqslant 0.8$	$\lvert\alpha_W\rvert \leqslant 40.0^\circ$	$k_{W(B)}=1.15[k_{W(B)}]_{SBT}$
	$\lvert\alpha_W\rvert > 40.0^\circ$	$k_{W(B)}=1.15[-0.045\,5\lvert\alpha_W\rvert+2.74]$； $[k_{W(B)}]_{\min}=0.01$
		$F=1.1$
$Ma_\infty=1.1$	$\lvert\alpha_W\rvert \leqslant 15.0^\circ$	$k_{W(B)}=0.95[k_{W(B)}]_{SBT}$
	$\lvert\alpha_W\rvert > 15.0^\circ$	$k_{W(B)}=0.95[1.33-\lvert\alpha_W\rvert/45]$； $k_{W(B)}=0.04$
		$F=1.1$
$Ma_\infty=1.5$	$\lvert\alpha_W\rvert \leqslant 35.0^\circ$	$k_{W(B)}=0.95[k_{W(B)}]_{SBT}$

续表

Ma_∞	非线性模型	
$Ma_\infty=1.5$	$35.0^\circ \leqslant \lvert\alpha_W\rvert \leqslant 55.0^\circ$	$k_{W(B)}=[-8.067\times10^{-5}(\lvert\alpha_W\rvert-35.0)^3+$ $0.002\,01(\lvert\alpha_W\rvert-35.0)^2-$ $0.029\,5(\lvert\alpha_W\rvert-35.0)+0.94][k_{W(B)}]_{SBT}$
	$\lvert\alpha_W\rvert \geqslant 55.0^\circ$	$k_{W(B)}=[k_{W(B)}]_{\alpha_W=55}-$ $[(\lvert\alpha_W\rvert-55.0)/35.0][k_{W(B)}]_{\alpha_W=55}-$ $0.2[k_{W(B)}]_{SBT}$ $[k_{W(B)}]_{\min}=0.2[k_{W(B)}]_{SBT}$
	$\lvert\alpha_W\rvert \leqslant 20.0^\circ$	$F=0.8$
	$\lvert\alpha_W\rvert > 20.0^\circ$	$F=0.8+0.17[\lvert\alpha_W\rvert-20.0]$
$Ma_\infty=2.0$	$\lvert\alpha_W\rvert \leqslant 32.5^\circ$	$k_{W(B)}=0.95[k_{W(B)}]_{SBT}$
	$32.5^\circ < \lvert\alpha_W\rvert \leqslant 55.0^\circ$	$k_{W(B)}=[-0.8\times10^{-5}(\lvert\alpha_W\rvert-32.5)^3-$ $0.000\,91(\lvert\alpha_W\rvert-32.5)^2+$ $0.011(\lvert\alpha_W\rvert-32.5)+0.95][k_{W(B)}]_{SBT}$
	$\lvert\alpha_W\rvert > 55.0^\circ$	$k_{W(B)}=[k_{W(B)}]_{\alpha_W=55}-((\lvert\alpha_W\rvert-55)/35)\cdot$ $([k_{W(B)}]_{\alpha_W=55}-0.2[k_{W(B)}]_{SBT})$
	$\lvert\alpha_W\rvert \geqslant 75.0^\circ$	$k_{W(B)}=0.2[k_{W(B)}]_{SBT}$
	$\lvert\alpha_W\rvert \leqslant 20.0^\circ$	$F=0.8$
	$\lvert\alpha_W\rvert > 20.0^\circ$	$F=0.8+0.17[\lvert\alpha_W\rvert-20.0]$
$Ma_\infty=2.35$	$\lvert\alpha_W\rvert \leqslant 30.0^\circ$	$k_{W(B)}=0.95[k_{W(B)}]_{SBT}$
	$30.0^\circ < \lvert\alpha_W\rvert \leqslant 40.0^\circ$	$k_{W(B)}=[4.257\times10^{-5}(\lvert\alpha_W\rvert-30.0)^3-$ $0.002\,91(\lvert\alpha_W\rvert-30.0)^2+$ $0.038\,8(\lvert\alpha_W\rvert-30.0)+0.976][k_{W(B)}]_{SBT}$
	$40.0^\circ < \lvert\alpha_W\rvert \leqslant 78.0^\circ$	$k_{W(B)}=[k_{W(B)}]_{\alpha_W=40}-((\lvert\alpha_W\rvert-40.0)/38.0)\cdot$ $([k_{W(B)}]_{\alpha_W=40}-0.20[k_{W(B)}]_{SBT})$; $[k_{W(B)}]_{\min}=0.2[k_{W(B)}]_{SBT}$
	$\lvert\alpha_W\rvert > 78.0^\circ$	$k_{W(B)}=0.2[k_{W(B)}]_{SBT}$
	$\lvert\alpha_W\rvert \leqslant 30.0^\circ$	$F=0.9$
	$\lvert\alpha_W\rvert > 30.0^\circ$	$F=0.9+0.15[\lvert\alpha_W\rvert-30.0]$

续表

Ma_∞	非线性模型	
Ma_∞=2.87	$\lvert\alpha_W\rvert \leqslant 30.0°$	$k_{W(B)}=0.95[k_{W(B)}]_{SBT}$
	$30.0° < \lvert\alpha_W\rvert \leqslant 50.0°$	$k_{W(B)}=[6.526\times10^{-5}(\lvert\alpha_W\rvert-30.0)^3-0.004\,05(\lvert\alpha_W\rvert-30.0)^2+0.057\,5(\lvert\alpha_W\rvert-30.0)+0.947][k_{W(B)}]_{SBT}$
	$50.0° < \lvert\alpha_W\rvert \leqslant 78.0°$	$k_{W(B)}=[k_{W(B)}]_{\alpha_W=50}-((\lvert\alpha_W\rvert-50.0)/28.0)\cdot([k_{W(B)}]_{\alpha_W=50}-0.20[k_{W(B)}]_{SBT})$; $[k_{W(B)}]_{\min}=0.2[k_{W(B)}]_{SBT}$
	$\lvert\alpha_W\rvert \leqslant 30.0°$	F=0.9
	$\lvert\alpha_W\rvert > 30.0°$	$F=0.9+0.17[\lvert\alpha_W\rvert-30.0]$
Ma_∞=3.95	$\lvert\alpha_W\rvert \leqslant 35.0°$	$k_{W(B)}=0.88[k_{W(B)}]_{SBT}$
	$35.0° \leqslant \lvert\alpha_W\rvert \leqslant 48.0°$	$k_{W(B)}=[-8.84\times10^{-5}(\lvert\alpha_W\rvert-35.0)^3+0.000\,173(\lvert\alpha_W\rvert-35.0)^2+0.039\,7(\lvert\alpha_W\rvert-35.0)+0.884][k_{W(B)}]_{SBT}$
	$48.0° \leqslant \lvert\alpha_W\rvert \leqslant 80.0°$	$k_{W(B)}=[k_{W(B)}]_{\alpha_W=48}-((\lvert\alpha_W\rvert-48.0)/32.0)\cdot([k_{W(B)}]_{\alpha_W=48}-0.20[k_{W(B)}]_{SBT})$; $[k_{W(B)}]_{\min}=0.2[k_{W(B)}]_{SBT}$
	$\lvert\alpha_W\rvert \leqslant 30.0°$	F=0.9
	$\lvert\alpha_W\rvert > 30.0°$	$F=0.9+0.2[\lvert\alpha_W\rvert-30.0]$
$Ma_\infty \geqslant 4.6$	$\lvert\alpha_W\rvert \leqslant 35.0°$	$k_{W(B)}=0.83[k_{W(B)}]_{SBT}$
	$35.0° \leqslant \lvert\alpha_W\rvert \leqslant 55.0°$	$k_{W(B)}=[4.697\times10^{-5}(\lvert\alpha_W\rvert-35.0)^3-0.004\,63(\lvert\alpha_W\rvert-35.0)^2+0.073\,9(\lvert\alpha_W\rvert-35.0)+0.83][k_{W(B)}]_{SBT}$
	$50.0° \leqslant \lvert\alpha_W\rvert \leqslant 77.0°$	$k_{W(B)}=[k_{W(B)}]_{\alpha_W=50}-((\lvert\alpha_W\rvert-50.0)/27.0)\cdot([k_{W(B)}]_{\alpha_W=50}-0.20[k_{W(B)}]_{SBT})$; $[k_{W(B)}]_{\min}=0.2[k_{W(B)}]_{SBT}$
	$\lvert\alpha_W\rvert \leqslant 35.0°$	F=0.9
	$\lvert\alpha_W\rvert > 35.0°$	$F=0.9+0.2[\lvert\alpha_W\rvert-35.0]$
$0 \leqslant Ma_\infty \leqslant \infty$	$\lvert\delta_W\rvert \leqslant 30.0$	$k_{B(W)}=[k_{B(W)}]_{SBT}-\frac{\lvert\delta_W\rvert}{30.0}(0.75[k_{B(W)}]_{SBT})$

续表

Ma_∞	非线性模型	
$0 \leqslant Ma_\infty \leqslant \infty$	$\vert\delta_W\vert > 30.0°$	$k_{B(W)} = 0.25[k_{B(W)}]_{SBT}$
	$\vert\alpha_W\vert \geqslant 55.0°$	$k_{B(W)} = 0$
	$50.0° \leqslant \vert\alpha_W\vert \leqslant 55.0°$	线性变为零

图 6.8 是由翼偏转角引起的弹翼—弹身干扰系数 $k_{W(B)}$ 随来流马赫数 Ma_∞、弹翼有效攻角 α_W 的定性变化曲线。图 6.8 表明，在 $Ma_\infty \leqslant 1$ 时，对于小 α_W 值，细长体理论给出的 $k_{W(B)}$ 值偏低；在 $\alpha_W \approx 22°$ 时，$k_{W(B)}$ 开始减小；在 $\alpha_W \approx 52°$ 时，$k_{W(B)}$ 变为零。在 $Ma_\infty >> 1$，$\alpha_W < 35°$ 时，$k_{W(B)}$ 的值小于细长体理论值；然后，由于非线性压缩效应，$k_{W(B)}$ 大于细长体理论值；在 $\alpha_W \approx 50°$ 时，$k_{W(B)}$ 达到最大值，然后又开始减小；在 $\alpha_W \approx 64°$ 时，$k_{W(B)}$ 等于细长体理论值；在 $\alpha_W \approx 72°$ 时，$k_{W(B)}$ =0。

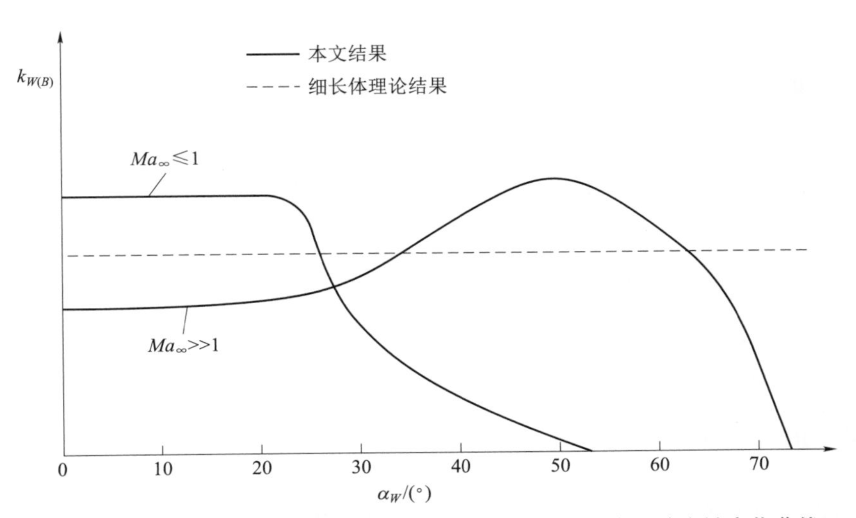

图 6.8　由翼偏角引起的弹翼—弹身干扰系数随 Ma_∞、$|\alpha_W|$ 定性变化曲线

比较 $\theta = 0°$ 和 $\theta = 45°$ 两种滚转状态 $k_{W(B)}$ 的非线性模型（表 6.20 和表 6.21）时发现，两种状态的常数不同，非线性开始出现的 α_W 有差别。另外，对于 $\theta = 0°$，$k_{W(B)}$ 随 α_W 基本为线性变化（只有 $Ma_\infty \leqslant 0.8$，$\alpha_W > 24°$ 时，$k_{W(B)}$ 中包括 α_W 的平方项）。而 $\theta = 45°$ 时，$k_{W(B)}$ 随 α_W 的三次方变化，因此在 $\theta = 45°$ 时，$k_{W(B)}$ 中基本包含了 α_W 引起的全部非线性。

图 6.9 为 $\theta = 0°$，45° 时 $k_{B(W)} \sim \alpha_W$（δ_W）的定性变化曲线。$\theta = 0°$ 时，一直到 $\alpha_W = 66°$，$k_{B(W)}$ 都为常数（细长体理论值）；当 $\alpha_W > 66°$ 时，$k_{B(W)}$ 为线性衰减，直到 $\alpha_W = 90°$ 时，$k_{B(W)}$ =0。$\theta = 45°$ 时，$k_{B(W)}$ 仅与 δ_W 有关。$\delta_W = 0$ 时，$k_{B(W)}$ 为细长体理论值。在 $\delta_W = 0° \sim 30°$ 之间，$k_{B(W)}$ 呈线性减小趋势。$\delta_W = 30°$ 时，$k_{B(W)}$ 衰减至细长体理

论值的25%。在$\delta_W = 30° \sim 50°$之间，$k_{B(W)}$为常数（细长体理论值的25%）。$\delta_W > 50°$时，$k_{B(W)}$又呈线性减小趋势，直到$\delta_W = 55°$，$k_{B(W)} = 0$。

当$\theta = 45°$且两对翼都偏转相同的δ_W时，应将表6.21中$k_{W(B)}$和$k_{B(W)}$乘以$\sqrt{2}$。

也需指出，进行俯仰力矩计算时将假定$k_{W(B)}$的压心与$K_{W(B)}$的相同，$k_{B(W)}$的压心与$K_{B(W)}$的相同。

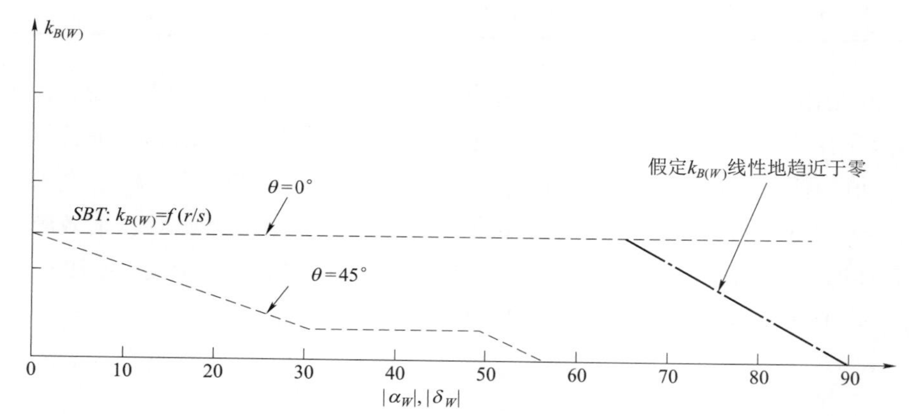

图 6.9　由翼偏角引起的弹身—弹翼干扰系数随$|\alpha_W|$、$|\delta_W|$的定性变化

6.4　非线性弹翼—尾翼干扰模型

最后一个问题是建立式（6.1）中由弹翼—尾翼干扰在尾翼上产生的法向力系数项$C_{NT(v)}$的非线性模型。仍采用细长体理论与风洞实验数据库相结合的办法建立考虑攻角、马赫数、翼偏角非线性影响的半经验模型。对$\theta = 0°$和$\theta = 45°$分别建立模型。

6.4.1　$\theta = 0°$（“— — +”布局或“+ — +”布局）

图6.10给出了某“— — +”布局弹翼—弹身—尾翼组合体导弹外形及通过风洞实验和各种气动预估程序计算得到的由弹翼洗流干扰在一片水平尾翼（2号尾翼）上产生的法向力系数$C_{NT(v)}$随攻角变化曲线，该图表明了建立和完善弹翼对尾翼干扰产生的法向力系数$C_{NT(v)}$非线性模型的必要性。图6.10（a）为实验和计算的外形，图6.10（b）和（c）分别为$\theta = 0°$；Ma=1.96，4.02时，由弹翼下洗在2号尾翼片上产生的干扰法向力系数$C_{NT(v)}$随攻角的变化曲线。由图可见，除AP98程序的计算结果与实验结果比较接近外，采用AP95、AERODSN、MissileⅡA和LRCDM程序计算的$C_{NT(v)}$都与实验结果相差很大。$C_{NT(v)}$虽小，由于其力臂大，所以对导弹的纵向稳定性与控制特性影响很大。由于$C_{NT(v)}$不能用任何简单的理论方法很好地预示，所以必须发展新的半经验方法。

对于$\theta = 0°$状态，由前翼下洗在尾翼上产生的干扰法向力系数为

$$C_{NT(v)}=\frac{(C_N^\alpha)_W(C_N^\alpha)_T[K_{W(B)}\alpha+k_{W(B)}\delta_W]\,i(s_T-r_T)S_W}{2\pi\lambda_T(z_{(v)W}-r_W)S_{\mathrm{ref}}} \tag{6.8}$$

将式（6.8）写为下面的形式

$$C_{NT(v)}=[C_{NT(v)}]_\alpha+F[C_{NT(v)}]_\delta \tag{6.9}$$

式中 F 为经验系数，需通过数值试验并同有控制面偏转导弹的风洞实验数据进行比较来确定（该参数已在表 6.20 和表 6.21 中给出）。注意，式（6.8）中的 $K_{W(B)}$ 与 $k_{W(B)}$ 已包括了攻角、舵偏角、马赫数产生的非线性。

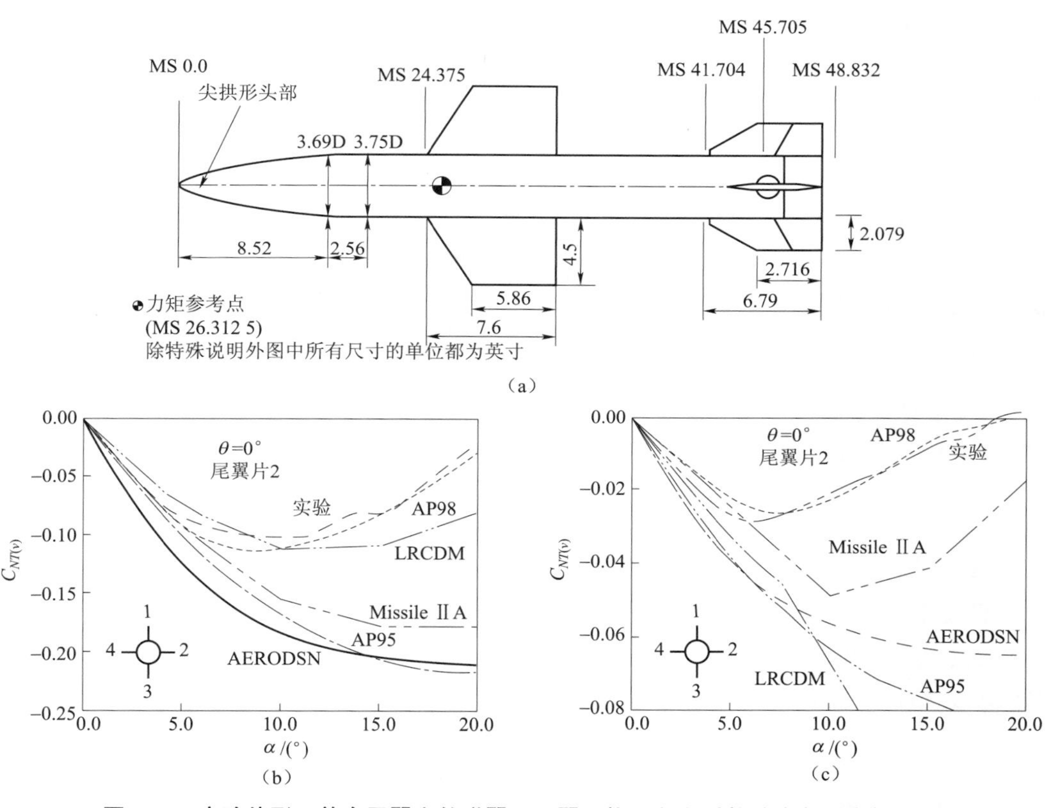

图 6.10　实验外形及单个尾翼上的弹翼—尾翼干扰法向力系数随攻角的变化曲线

（a）实验和计算外形；（b）单个尾翼上的弹翼—尾翼干扰法向力系数随攻角的变化曲线（Ma_∞=1.96）；

（c）单个尾翼上的弹翼—尾翼干扰法向力系数随攻角的变化曲线（Ma_∞=4.02）

虽然式（6.8）和式（6.9）可以预示空气动力学的某些非线性，但它有两个明显的缺点。第一，式（6.8）中的干扰因子 i 与马赫数无关；第二，式（6.9）的第一项没有类似于第二项中起着非线性作用的参数 F。为了解决这两个问题，对于无舵偏角 $\theta=0°$ 状态的 $C_{NT(v)}$，用下面的非线性式来拟合风洞实验数据

$$[C_{NT(v)}]_\alpha=A+B\alpha+C\alpha^2+D\alpha^3 \tag{6.10}$$

式中的四个参数要用四个条件来确定，它们是：

（1）假定弹翼为薄翼，对流动的扰动很小，于是 $\alpha=0°$ 时，$C_{NT(v)}=0$；

（2）在 $\alpha\approx0°$ 时要给出 $C_{NT(v)}$ 的细长体理论值的斜率，并通过 $C_{NT(v)}$ 的实验值的斜率进行修正；

（3）根据实验数据给出 $C_{NT(v)}=0$ 时的攻角；

（4）要求 $C_{NT(v)}$ 的最大值为某攻角下细长体理论值的某一百分数。

根据风洞实验结果和细长体理论利用上述四个条件得到了式（6.10）的四个系数为

$$A=0 \tag{6.11}$$

$$B=\left[\left(\frac{\mathrm{d}C_{NT(v)}}{\mathrm{d}\alpha}\right)_{\alpha=0}\right]_{SBT}E_1 \tag{6.12}$$

$$C=\frac{-B-D\alpha_{N0}^2}{\alpha_{N0}} \tag{6.13}$$

$$D=\frac{E_2\alpha_{N0}-B\alpha_{N0}\alpha_F+B\alpha_F^2}{\alpha_{N0}\alpha_F^3-\alpha_F^2\alpha_{N0}^2} \tag{6.14}$$

B、C、D 表达式中的系数如下：

α_{N0}——按图 6.11 确定；

α_F——（将图 6.12 确定的值）$\times\dfrac{\alpha_{N0}}{100}$；

E_1——$E_1=\left[\left(\dfrac{C_{NT(v)}}{\mathrm{d}\alpha}\right)_{\alpha=0}\right]_{\exp}\Big/\left[\left(\dfrac{C_{NT(v)}}{\mathrm{d}\alpha}\right)_{\alpha=0}\right]_{SBT}$，按图 6.13 确定；

E_2——E_2=将图 6.14 确定的值$\times([C_{NT(v)}]_{SBT})_{\alpha=\alpha_F}$。

图 6.11～图 6.14 给出了通过数据库得到的 α_{N0}、α_F、E_1、E_2 随马赫数的变化曲线，而 $C_{NT(v)}$ 的线性理论值由式（6.8）计算。图 6.11～图 6.14 实际上代表了细长体理论值与实验值的偏差量。

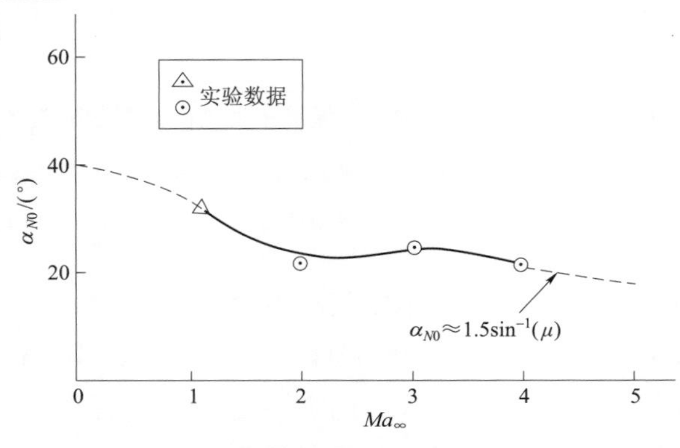

图 6.11　可略去翼—尾干扰的攻角

（$\theta=0°$ 状态非线性翼—尾干扰模型中的参数）

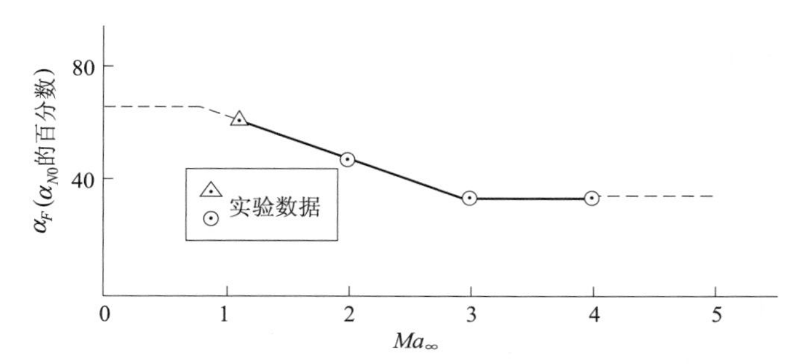

图 6.12 翼—尾干扰最大时的攻角（以 α_{N0} 的百分数表示）

（$\theta=0°$ 状态非线性翼—尾干扰模型中的参数）

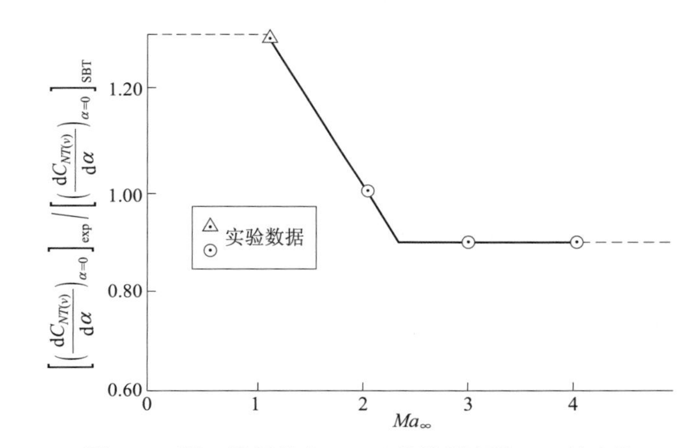

图 6.13 翼—尾干扰在 $\alpha=0°$ 处的斜率随 Ma_∞ 的变化

（$\theta=0°$ 状态非线性翼—尾干扰模型中的参数）

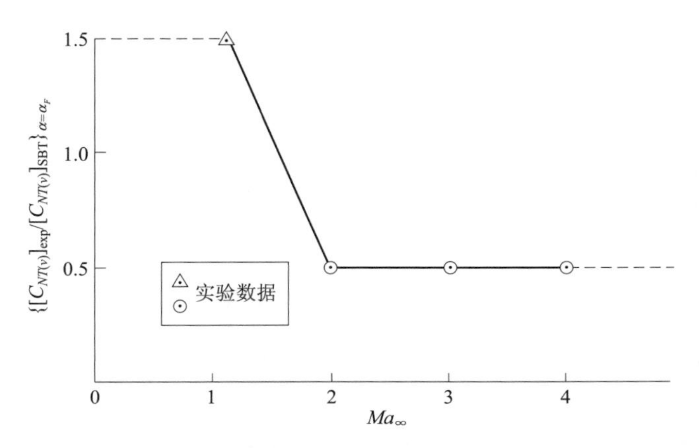

图 6.14 细长体理论预示的翼—尾干扰法向力系数 $C_{NT(v)}$ 的最大值

（以细长体理论值百分数表示，$\theta=0°$ 状态非线性翼—尾干扰模型中的参数）

对于面积比实验外形面积大的弹翼，$C_{NT(v)}$变为可以忽略时的攻角α_N按下式增加

$S_W / S_{ref} \leqslant 5.5$时，　　$\alpha_N = \alpha_{N0}$

$S_W / S_{ref} > 5.5$时，　　$\alpha_N = \alpha_{N0} \cdot \dfrac{S_W / S_{ref}}{5.5}$　　（6.15）

α_N的上限为$2.5\alpha_{N0}$。$S_W / S_{ref} > 5.5$时，尾翼上法向力损失的上限保持不变，该上限值按下式确定：

当$Ma_\infty \leqslant 1.5$时

$$\frac{|C_{NT(v)}|}{C_{NT}} = 1.0, \quad \alpha \leqslant 5^\circ$$

$$\frac{|C_{NT(v)}|}{C_{NT}} = 1.0 - 0.041\,25(\alpha - 5), \quad \alpha > 5^\circ \qquad (6.16)$$

当$1.5 < Ma_\infty \leqslant 2.5$时，

$$\frac{|C_{NT(v)}|}{C_{NT}} = 0.9 - 0.025\alpha, \quad \alpha \leqslant 10^\circ$$

$$\frac{|C_{NT(v)}|}{C_{NT}} = 0.65 - 0.023\,5(\alpha - 10), \quad \alpha > 10^\circ \qquad (6.17)$$

当$Ma_\infty > 2.5$时，$\dfrac{|C_{NT(v)}|}{C_{NT}} = 0.8 - 0.025\alpha$　　（6.18）

式中攻角α以度计。式（6.16）表明，$\alpha \leqslant 5^\circ$时，由于前翼的下洗使尾翼的法向力完全损失；当攻角增大时，法向力损失按式（6.16）～式（6.18）呈线性减少。

图 6.10 表明，AERODSN、AP95 等气动预估程序都过分地预示了$C_{NT(v)}$。而采用上述非线性翼—尾干扰模型的 AP98 所预示的$C_{NT(v)}$ (C_{NDW})与实验数据比较接近。

从图 6.13 和图 6.14 中可看到，小攻角下，在低马赫数时，细长体理论给出的$C_{NT(v)}$过低；而在高马赫数时，$C_{NT(v)}$又过高。在$Ma_\infty = 2.0$附近，细长体理论预示的结果最好（见图 6.13）。在大攻角时$C_{NT(v)}$衰减得比细长体理论值快得多，当马赫数增大时更是如此。图 6.12 和图 6.13 说明，使$C_{NT(v)}$变得可以忽略的攻角随Ma_∞增大而减小。

6.4.2　$\theta = 45^\circ$（“×—×”布局）

当$\theta = 45^\circ$时，翼—尾干扰法向力系数由下式确定，

$$C_{NT(v)} = \frac{S_W (C_N^\alpha)_W (C_N^\alpha)_T [K_{W(B)}\alpha + Fk_{W(B)}\delta_W]}{2\pi\lambda_T (z_{(v)W} - r_W) S_{ref}} (s_T - r_T)[i_1 \cos\theta + i_4 \sin\theta] \qquad (6.19)$$

式中的$K_{W(B)}$、$k_{W(B)}$都是非线性量。当$\theta = 45^\circ$时，背风面尾翼片的翼—尾干扰因子i_4不同于迎风面尾翼片的翼—尾干扰因子i_1。但从对称性考虑，i_1和i_2在数值上是相等的，i_3和i_4在数值上也是相等的，见图 3.13 和图 3.14。因此仅需研究$\theta = 0^\circ$～180°的流场就可以了。

在小攻角和低马赫数时，从迎风面弹翼片脱出的旋涡强度与从背风面弹翼片脱出的旋涡强度大小相等、方向相反的假设是十分合理的，并导致十字形翼—身—尾导弹的空气动力特性与滚转位置无关的结果。随攻角和马赫数增大，这个假设变得不正确。事实上，当攻角或法向马赫数增大时，迎风面弹翼片上的载荷增大，而背风面弹翼片上的载荷减小，从迎风面和背风面弹翼片脱出的旋涡强度不一样。

为了得到$\theta=45°$有攻角时的非线性翼—尾干扰模型，在此定义迎风面翼片载荷因子P_W和背风面翼片的载荷因子P_l

$$P_W=1.0+0.6\frac{\alpha}{65}，\quad P_l=1.0-0.6\frac{\alpha}{65}，\quad \alpha\leqslant 65° \tag{6.20}$$

$$P_W=1.6，\quad P_l=0.4，\quad \alpha>65°$$

上式表明，当α=65°时，$P_W=1.6$，$P_l=0.4$，迎风面翼片与背风面翼片的载荷比为$P_W/P_l=4.0$；当$\alpha>65°$时，P_W、P_l及P_W/P_l不再变化。当$1°<\alpha<15°$时，P_W随α增大呈线性增加；P_l随α增大呈线性减小。

利用式（6.20）可得到$\theta=45°$滚转位置时非线性干扰因子i的近似表达式

$$\begin{aligned}i_1=\frac{2\cos\theta}{1+1/\eta_T}\Bigg\{&P_W\left[L\left(\frac{1}{\eta_T},\frac{r_T}{s_T},\frac{z_1}{s_T},\frac{y_1}{s_T}\right)-L\left(\frac{1}{\eta_T},\frac{r_T}{s_T},\frac{z_2}{s_T},\frac{y_2}{s_T}\right)-\right.\\&\left.L\left(\frac{1}{\eta_T},\frac{r_T}{s_T},\frac{z_5}{s_T},\frac{y_5}{s_T}\right)+L\left(\frac{1}{\eta_T},\frac{r_T}{s_T},\frac{z_6}{s_T},\frac{y_6}{s_T}\right)\right]+P_l\left[-L\left(\frac{1}{\eta_T},\frac{r_T}{s_T},\frac{z_3}{s_T},\frac{y_3}{s_T}\right)+\right.\\&\left.L\left(\frac{1}{\eta_T},\frac{r_T}{s_T},\frac{z_4}{s_T},\frac{y_4}{s_T}\right)+L\left(\frac{1}{\eta_T},\frac{r_T}{s_T},\frac{z_7}{s_T},\frac{y_7}{s_T}\right)-L\left(\frac{1}{\eta_T},\frac{r_T}{s_T},\frac{z_8}{s_T},\frac{y_8}{s_T}\right)\right]\Bigg\}\end{aligned} \tag{6.21}$$

$$\begin{aligned}i_4=\frac{2\sin\theta}{1+1/\eta_T}\Bigg\{&P_W\left[L\left(\frac{1}{\eta_T},\frac{r_T}{s_T},\frac{z_1}{s_T},\frac{y_1-z_{(v)W}\cos\theta}{s_T}\right)-\right.\\&\left.L\left(\frac{1}{\eta_T},\frac{r_T}{s_T},\frac{z_2}{s_T},\frac{y_1-z_{(v)W}\cos\theta}{s_T}\right)-L\left(\frac{1}{\eta_T},\frac{r_T}{s_T},\frac{z_5}{s_T},\frac{y_5}{s_T}\right)+L\left(\frac{1}{\eta_T},\frac{r_T}{s_T},\frac{z_6}{s_T},\frac{y_6}{s_T}\right)\right]+\\&P_l\left[-L\left(\frac{1}{\eta_T},\frac{r_T}{s_T},\frac{z_3}{s_T},\frac{y_3}{s_T}\right)+L\left(\frac{1}{\eta_T},\frac{r_T}{s_T},\frac{z_4}{s_T},\frac{y_4}{s_T}\right)+L\left(\frac{1}{\eta_T},\frac{r_T}{s_T},\frac{z_7}{s_T},\frac{y_7}{s_T}\right)-\right.\\&\left.L\left(\frac{1}{\eta_T},\frac{r_T}{s_T},\frac{z_8}{s_T},\frac{y_8}{s_T}\right)\right]\Bigg\}\end{aligned} \tag{6.22}$$

小攻角和大舵偏时，式（6.19）返回到细长体理论表达式。式（6.21）、式（6.22）中，r和s的定义见图 3.4，z和y根据图 3.11 和 3.12 确定。

对$\theta=45°$滚转位置非线性翼—尾干扰模型要做的最后修正是根据实验数据，按类似于$\theta=0°$时图 6.11～图 6.14 的方法调整式（6.19）。$\theta=45°$时尾翼片上下洗干扰法向

力系数 $C_{NT(v)}$ 随攻角 α 变化，实验数据如图 6.15 所示，$Ma_\infty=1.95$，3.02，4.01。从图 6.15 看出，在 $\alpha=10°\sim15°$ 之间 $C_{NT(v)}\sim\alpha$ 曲线有拐点，表明在这个攻角范围内从迎风面翼片和背风面翼片脱出的旋涡对尾翼的法向力是相反的作用。若像 $\theta=0°$ 滚转位置那样导出类似于图 6.11～图 6.14 所示的非线性翼—尾干扰模型，由于缺乏实验数据和图 6.15 那样的曲线形状而变得非常困难。于是采用修正细长体理论的方法来建立 $\theta=45°$ 滚转状态的非线性翼—尾干扰模型。首先用细长体理论计算 $Ma_\infty=1.95$（2.0），3.02（3.0），4.01（4.0）各攻角的翼—尾干扰法向力系数 $C_{NT(v)}$，然后做出实验数据同细长体理论结果比值 $G_1=C_{NT(v)\mathrm{EXP}}/C_{NT(v)SBT}$ 随攻角变化的曲线，如图 6.16 所示。按 $\theta=0°$ 的式（6.9），对于 $\theta=45°$、$\delta_W=0$ 应有

$$C_{NT(v)}=G_1[C_{NT(v)}]_{SBT} \tag{6.23}$$

像 $\theta=0°$ 时那样，对 $\theta=45°$ 时式（6.23）附加式（6.16）～式（6.18）所示的限制条件。这样式（6.23）、式（6.16）～式（6.18）、图 6.16 及式（6.21）、式（6.22）、式（6.19）便组成了确定 $\theta=45°$ 滚转位置无舵偏状态导弹半经验非线性的翼—尾干扰模型。随着风洞实验数据的增加和 CFD 数据精度的提高，可对上述的半经验翼—尾干扰模型进行精细的调整，使其具有更好的预示精度。

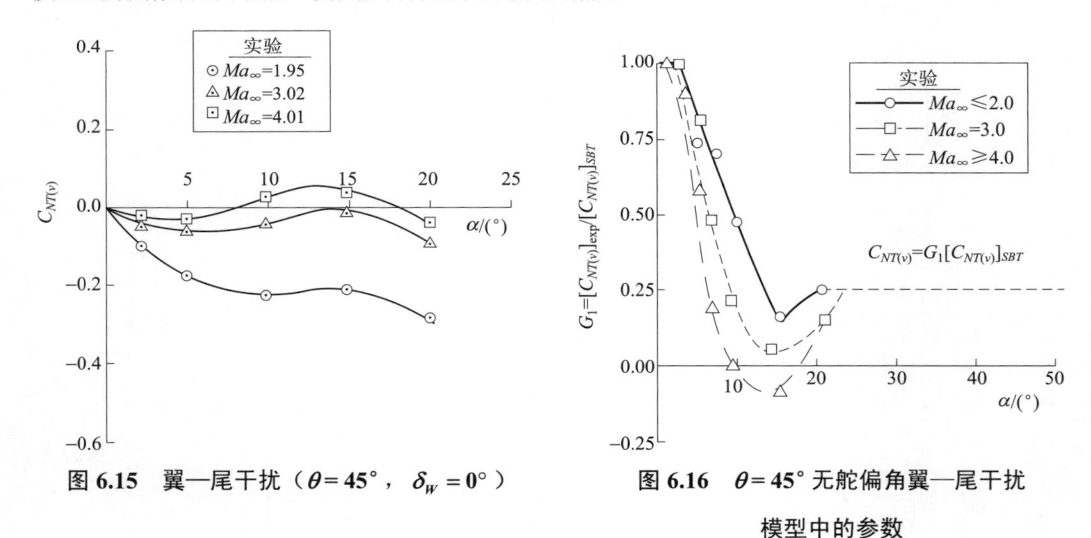

图 6.15　翼—尾干扰（$\theta=45°$，$\delta_W=0°$）

图 6.16　$\theta=45°$ 无舵偏角翼—尾干扰模型中的参数

6.5　弹翼—弹身—尾翼组合体轴向力系数计算方法

6.5.1　零攻角轴向力系数

$$C_{A0}=C_{A0B}+C_{A0W}\frac{nS_W}{S_{\mathrm{ref}}}+C_{A0T}\frac{nS_T}{S_{\mathrm{ref}}} \tag{6.24}$$

式中，S_W、S_T 分别为一对悬臂弹翼或尾翼的平面面积，n 为弹翼或尾翼的对数。

6.5.2　攻角对轴向力系数的影响

1）翼偏角 $\delta = 0°$

（1）弹身—尾翼或弹身—弹翼组合体

零攻角时的轴向力系数为

$$C_{A0} = C_{A0B} + C_{A0T}\frac{nS_T}{S_{\text{ref}}} \tag{6.25}$$

和

$$C_{A0} = C_{A0B} + C_{A0W}\frac{nS_W}{S_{\text{ref}}} \tag{6.26}$$

将攻角对 C_A 的影响表示为

$$C_A = C_{A0} + f(Ma_\infty,\ \alpha) \tag{6.27}$$

此时仍用式（4.26）计算 $f(Ma_\infty,\ \alpha)$，但计算式（4.27）中的系数 A、B、C、D 所需的参数 $f'(Ma_\infty,0)$、$f(Ma_\infty,30)$、$f(Ma_\infty,60)$、$f(Ma_\infty,90)$ 由图 6.17 得到。

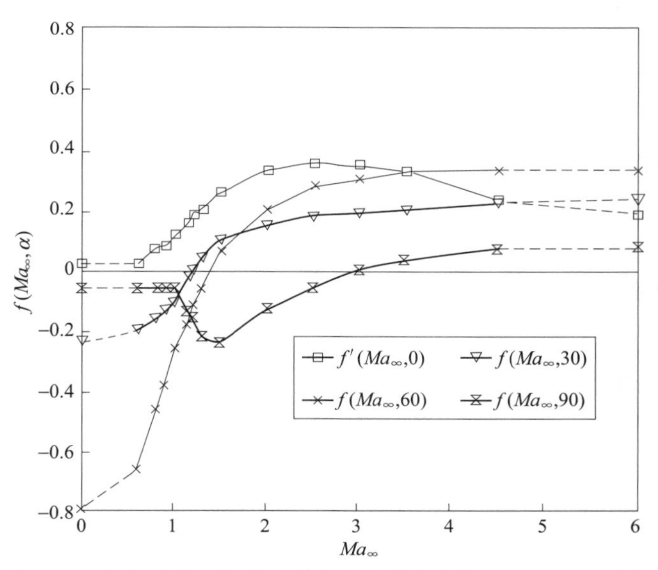

图 6.17　攻角对翼—身外形轴向力的影响参数 $f(Ma_\infty,\ \alpha)$ 曲线

（2）弹身—弹翼—尾翼组合体。

$$C_{A0} = C_{A0B} + C_{A0W}\frac{nS_W}{S_{\text{ref}}} + C_{A0T}\frac{nS_T}{S_{\text{ref}}} \tag{6.28}$$

将攻角对 C_A 的影响仍表示为

$$C_A = C_{A0} + f(Ma_\infty,\ \alpha)$$

此时计算攻角对 C_{A0} 影响公式中系数 A、B、C、D 所需的参数 $f'(Ma_\infty,0)$、$f(Ma_\infty,30)$、$f(Ma_\infty,60)$、$f(Ma_\infty,90)$ 由图 6.18 得到。

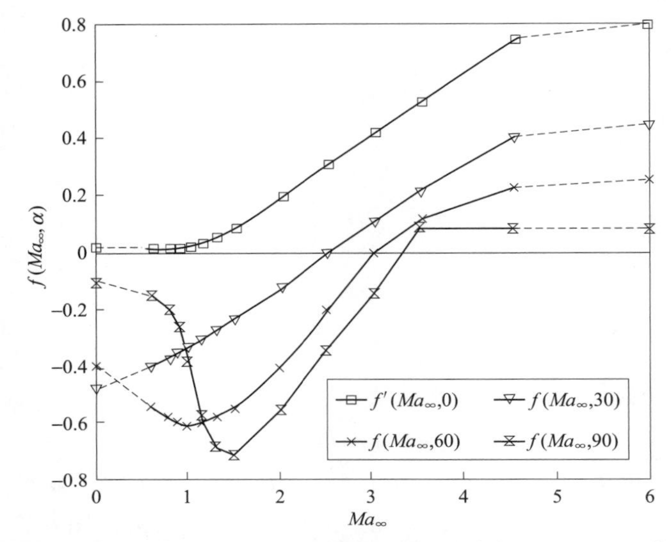

图 6.18　攻角对翼—身—尾外形轴向力的影响参数 $f(Ma_\infty,\ \alpha)$ 曲线

2）翼偏角 $\delta_W \neq 0°$

（1）弹翼控制。

对于弹翼控制，由控制面偏角 δ_W 产生的轴向力系数增量（$\alpha=0°$）为

$$C_{A0\delta_W}=[C_{NW(B)}\sin\delta_W]f(Ma_\infty,\ \alpha_W) \tag{6.29}$$

式中，$C_{NW(B)}$ 为有弹身存在时弹翼上由攻角和控制面偏转角产生的法向力系数，$\alpha_W=\alpha+\delta_W$。此时翼—身—尾组合体的轴向力系数为

$$C_{A0}=C_{A0B}+C_{A0W}+C_{A0\delta_W} \tag{6.30}$$

将攻角对 C_A 的影响仍表示为

$$C_A=C_{A0}+f(Ma_\infty,\ \alpha_W) \tag{6.31}$$

（2）尾翼控制。

对于尾翼控制，由控制面偏角 δ_T 产生的轴向力系数增量（$\alpha=0°$）为

$$C_{A0\delta_T}=[(C_{NT(B)}+C_{NT(v)})\sin\delta_T]f(Ma_\infty,\ \alpha_T) \tag{6.32}$$

式中，$C_{NT(B)}$ 为有弹身存在时尾翼上由攻角和控制面偏转角产生的法向力系数；$C_{NT(v)}$ 为由前翼下洗在尾翼上产生的法向力系数，$\alpha>0$ 时，$C_{NT(v)}<0$；$\alpha<0$ 时，$C_{NT(v)}>0$，$\alpha_T=\alpha+\delta_T$。

当 α 与 δ_W 同号时，式（6.29）中的 $f(Ma_\infty,\ \alpha_W)=1$；当 α 与 δ_T 同号时，式（6.32）中的 $f(Ma_\infty,\ \alpha_T)=1$。当 α 与 δ_W 或当 α 与 δ_T 反号，且当弹体滚转角 $\theta=0°$ 时，式（6.29）和式（6.31）中的 $f(Ma_\infty,\ \alpha_W)$ 和式（6.32）中的 $f(Ma_\infty,\ \alpha_T)$ 按图 6.19（a）取值；当

弹体滚转角$\theta = 45°$时，式（6.29）和式（6.31）中的$f(Ma_\infty, \alpha_W)$或式（6.32）中的$f(Ma_\infty, \alpha_T)$按图6.19（b）取值。

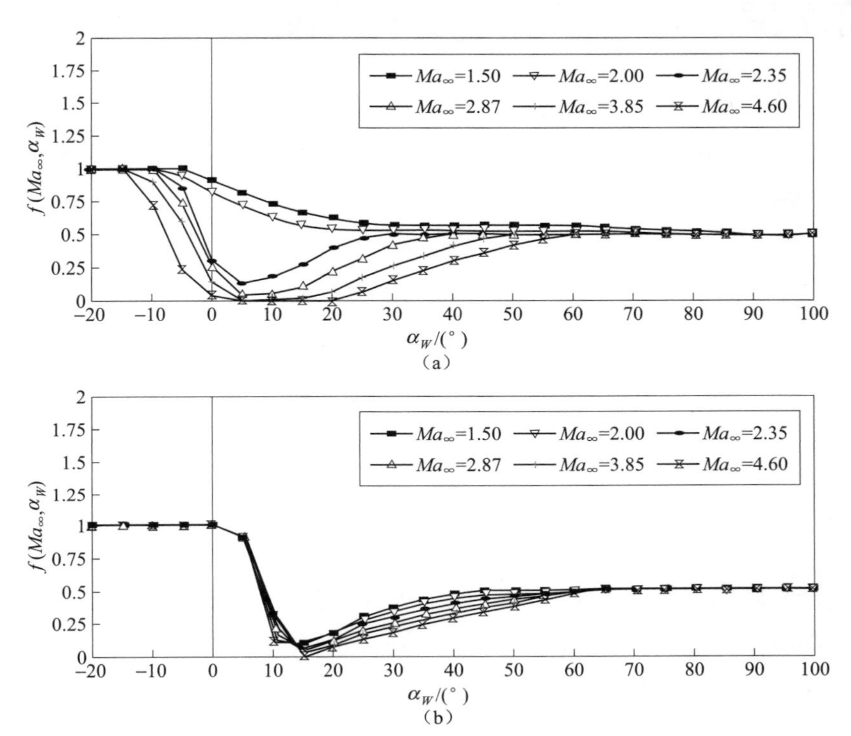

图6.19　控制面偏转时，攻角对轴向力的影响参数$f(Ma_\infty, \alpha_W)$曲线

（a）$\theta = 0°$；（b）$\theta = 45°$

6.6　弹翼—弹身—尾翼组合体的升力系数和阻力系数计算方法

弹翼—弹身—尾翼组合体的升力系数C_L和阻力系数C_D可分别通过其法向力系数C_N和轴向力系数C_A求得

$$C_L = C_N \cos\alpha - C_A \sin\alpha \tag{6.33}$$

$$C_D = C_A \cos\alpha + C_N \sin\alpha \tag{6.34}$$

第 7 章　压心系数及力矩系数工程计算方法

按空气动力学中的部件组合法，对于图 7.1 所示的弹翼—弹身—尾翼组合体导弹外形，其压心系数的表达式为：

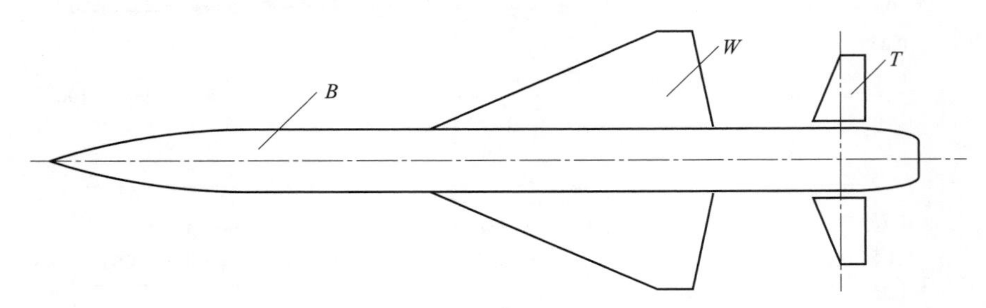

图 7.1　典型导弹外形图

$$
\begin{aligned}
\overline{x}_p = & \left[C_{NB}(\overline{x}_p)_B + C_{NW}(\overline{x}_p)_W + \Delta C_{NW(B)}(\overline{x}_p)_{W(B)} + \Delta C_{NB(W)}(\overline{x}_p)_{B(W)} + C_{NT}(\overline{x}_p)_T + \right. \\
& \left. \Delta C_{NT(B)}(\overline{x}_p)_{T(B)} + \Delta C_{NB(T)}(\overline{x}_p)_{B(T)} + C_{NT(v)}(\overline{x}_p)_{T(v)} \right] \Big/ \left[C_{NB} + C_{NW} + \Delta C_{NW(B)} + \right. \\
& \left. \Delta C_{NB(W)} + C_{NT} + \Delta C_{NT(B)} + \Delta C_{NB(T)} + C_{NT(v)} \right]
\end{aligned}
\tag{7.1}
$$

式中　$\overline{x}_p = \dfrac{x_p}{L_B}$——弹翼—弹身—尾翼组合体的总法向力作用点至弹身头部顶点的量纲为 1 的距离；

$(\overline{x}_p)_B = \dfrac{(x_p)_B}{L_B}$——弹身法向力作用点至弹身头部顶点的量纲为 1 的距离；

$(\overline{x}_p)_W = \dfrac{(x_p)_W}{L_B}$——弹翼法向力作用点至弹身头部顶点的量纲为 1 的距离；

$(\overline{x}_p)_{W(B)} = \dfrac{(x_p)_{W(B)}}{L_B}$——弹身对弹翼干扰法向力（系数 $\Delta C_{NW(B)}$）作用点至弹身头部顶点的量纲为 1 的距离；

$(\overline{x}_p)_{B(W)} = \dfrac{(x_p)_{B(W)}}{L_B}$——弹翼对弹身干扰法向力（系数 $\Delta C_{NB(W)}$）作用点至弹身头部顶点的量纲为 1 的距离；

$(\overline{x}_p)_T = \dfrac{(x_p)_T}{L_B}$——尾翼法向力作用点至弹身头部顶点的量纲为 1 的距离；

$(\overline{x}_p)_{T(B)} = \dfrac{(x_p)_{T(B)}}{L_B}$——弹身对尾翼干扰法向力（系数 $\Delta C_{NT(B)}$）作用点至弹身头部顶点的量纲为 1 的距离；

$(\overline{x}_p)_{B(T)} = \dfrac{(x_p)_{B(T)}}{L_B}$——尾翼对弹身干扰法向力（系数 $\Delta C_{NB(T)}$）作用点至弹身头部顶点的量纲为 1 的距离；

$(\overline{x}_p)_{T(v)} = \dfrac{(x_p)_{T(v)}}{L_B}$——弹翼对尾翼洗流干扰法向力（系数 $C_{NT(v)}$）作用点至弹身头部顶点的量纲为 1 的距离。

第 4、5 两章已介绍了各法向力系数的计算方法。在这一章里主要介绍各法向力作用点及力矩的计算方法。

7.1　单独弹身的压心系数及俯仰力矩系数计算方法

单独弹身各部分的法向力及总法向力作用点见图 7.2。

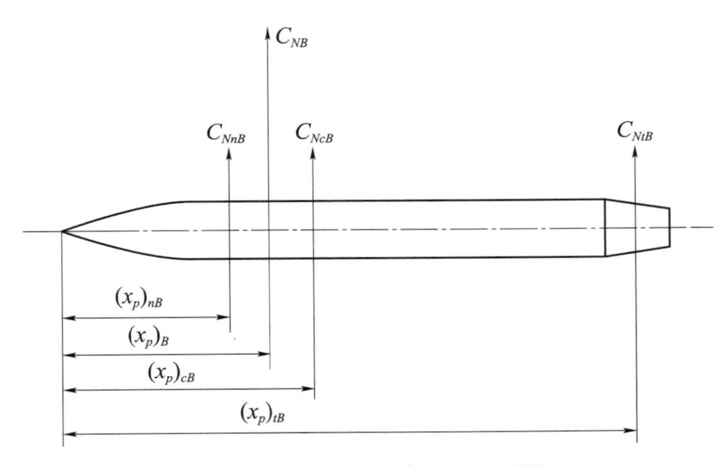

图 7.2　确定单独弹身的压心用图

单独弹身的压心系数可表示为

$$(\overline{x}_p)_B = \frac{[C_{NB} \times (\overline{x}_p)_B]_L + [C_{NB} \times (\overline{x}_p)_B]_{NL}}{(C_{NB})_L + (C_{NB})_{NL}} \tag{7.2}$$

式中　$(\overline{x}_p)_B = \dfrac{(x_p)_B}{L_B}$——为单独弹身法向力系数（$C_{NB} = (C_{NB})_L + (C_{NB})_{NL}$）的压心，即 C_{NB} 的作用点到弹身头部顶点的量纲为 1 的距离；

$\left[(\overline{x}_p)_B\right]_L = \dfrac{\left[(x_p)_B\right]_L}{L_B}$——为单独弹身线性法向力（系数 $(C_{NB})_L$）的作用点到弹身

头部顶点的量纲为 1 的距离；

$\left[(\bar{x}_p)_B\right]_{NL}=\dfrac{\left[(x_p)_B\right]_{NL}}{L_B}$ ——为单独弹身非线性法向力（系数 $(C_{NB})_{NL}$ ）的作用点到弹身头部顶点的量纲为 1 的距离；

$(C_{NB})_L$ ——为单独弹身的线性法向力系数；

$(C_{NB})_{NL}$ ——为单独弹身的非线性法向力系数。

在第 4 章中介绍了单独弹身线性法向力系数 $(C_{NB})_L$ 和非线性法向力系数 $(C_{NB})_{NL}$ 的计算方法。这里介绍线性法向力压心系数 $[(\bar{x}_p)_B]_L$ 和非线性法向力压心系数 $[(\bar{x}_p)_B]_{NL}$ 的计算方法。这样就可用式（7.2）计算单独弹身的压心系数 $(\bar{x}_p)_B$ 。

7.1.1 线性法向力 $(C_{NB})_L$ 的作用点

旋成体弹身一般由头部、中间圆柱段和尾部组成，单独弹身的线性法向力系数为：

$$(C_{NB})_L=C_{Nn}+C_{Nc}+C_{Nt} \tag{7.3}$$

式中 C_{Nn} ——头部法向力系数；

C_{Nt} ——尾部法向力系数；

C_{Nc} ——中间圆柱段的法向力系数。

按线化理论， $C_{Nc}=0$ ，实际上在小攻角时 C_{Nc} 不为零，为计算方便，一般将其贡献并入到 C_{Nn} 中，所以

$$(C_{NB})_L=C_{Nn}+C_{Nt} \tag{7.4}$$

1）头部压心

在低马赫数时，细长体理论给出的头部压心的计算公式为

$$(x_p)_n=L_n-\frac{W_n}{S_B} \tag{7.5}$$

式中 L_n ——弹身头部长度；

W_n ——弹身头部体积；

S_B ——弹身头部底端面的横截面积。

如果知道旋成体头部曲线方程 $y=f(x)$ ，可用下面公式求 W_n

$$W_n=\pi\int_0^{L_n}y^2\mathrm{d}x \tag{7.6}$$

或

$$W_n=2\pi\bar{y}A \tag{7.7}$$

式中， A 为 $y=f(x)$ 与 x 轴之间的面积， $\bar{y}$ 为面心到 x 轴的距离。

经验指出，当马赫数增大时，具有圆柱后体的头部压心后移，且圆柱后体的长径比越大，后移量越大，考虑这一影响后，细长体理论公式（7.5）成为

$$(x_p)_n = L_n - \frac{W_n}{S_B} + \Delta x_p \tag{7.8}$$

式中，压心相对后移量$\Delta x_p / L_n$随马赫数 Ma_∞及圆柱段后体长径比与头部长径比之比f_c / f_n变化的经验曲线见图 7.3。

为了便于计算，下面给出几种带圆柱后体钝头部体积的计算公式

（1）球钝圆锥头部—圆柱体（见图 4.8）

$$W_n = \frac{1}{3}\pi(L_n - h)(D^2 + Dd + d^2) \tag{7.9}$$

式中，d=2r。

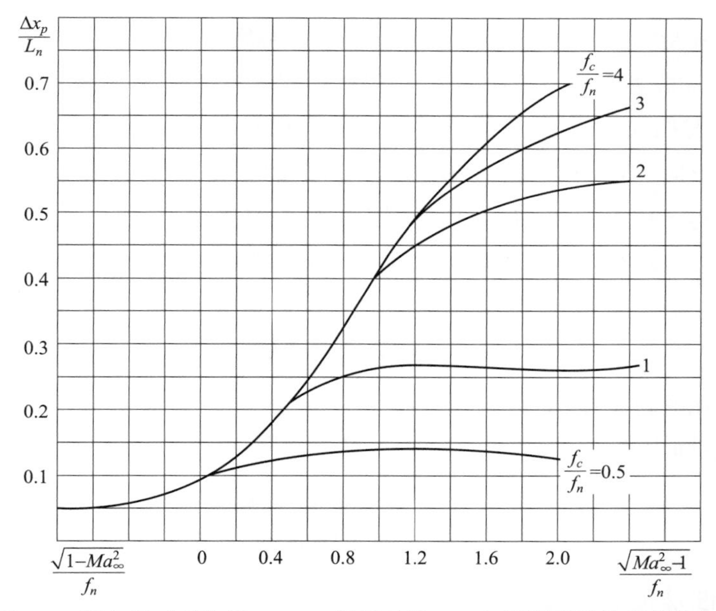

图 7.3　压心相对后移量$\Delta x_p / L_n$随马赫数 Ma_∞及圆柱段后体长径比与头部长径比之比f_c / f_n的变化曲线

（2）球钝拱形头部—圆柱体（见图 4.9）

$$W_n = \pi\left[(b^2 + R^2)(L_n - h) - \frac{1}{3}(L_n - h)^3 - b(L_n - h)\sqrt{R^2 - (L_n - h)^2} - bR^2 \arcsin\left(\frac{L_n - h}{R}\right)\right] + \pi h^2\left(r - \frac{h}{3}\right) \tag{7.10}$$

式中，R 为头部母线的曲率半径，b 为曲率中心至头部纵轴的距离，b 取绝对值。

（3）平顶圆锥头部—圆柱体（见图 4.10）

$$W_n = \frac{1}{3}\pi L_n(D^2 + Dd + d^2) \tag{7.11}$$

（4）平顶拱形头部—圆柱体（见图 4.11）

$$W_n = \pi\left[(b^2+R^2)L_n - \frac{1}{3}L_n^3 - bL_n\sqrt{R^2-L_n^2} - bR^2\arcsin\left(\frac{L_n}{R}\right)\right] \tag{7.12}$$

以上各 W_n 计算式中外形参数的定义见各自的头部外形图。

2）尾部压心

按细长体理论，尾部压心至弹身头部顶点距离的计算公式为

$$(x_p)_t = L_B - \frac{S\times L_t - W_t}{S - S_b} \tag{7.13}$$

式中 W_t——尾部体积；

S_b——底部横截面积。

制导兵器弹身的尾部一般是收缩的（船尾），且底部为平的，而收缩尾部的母线可为直线（圆锥形船尾），也可为曲线（抛物线形船尾）。对于锥形船尾，其体积可用式（7.11）计算；对曲线形船尾，其体积可用式（7.12）近似计算。

攻角 $\alpha\neq 0°$ 时，由于空气的黏性和尾部流动的分离，使得尾部上的压力分布图像与细长体理论有一定差别，从而也使得尾部的压心与按式（7.13）计算的结果有一定差别。由于尾部法向力不大，所以确定尾部压心 $(x_p)_t$ 的误差对整个弹身的压心影响不大。为更简单起见，甚至可用下式计算尾部的压心

$$(x_p)_t = L_B - 0.5L_t \tag{7.14}$$

即认为尾部的压心位于尾部长度的中点。

3）线性法向力的作用点

$$[(\overline{x}_p)_B]_L = \frac{C_{Nn}(\overline{x}_p)_n + C_{Nt}(\overline{x}_p)_t}{(C_{NB})_L} \tag{7.15}$$

7.1.2 非线性法向力 $(C_{NB})_{NL}$ 的作用点

将 $(C_{NB})_{NL}$ 的作用点表示为

$$[(\overline{x}_p)_B]_{NL} = [(\overline{x}_p)_B]_L + \Delta(\overline{x}_p)_B \tag{7.16}$$

式中，$\Delta(\overline{x}_p)_B$ 为由攻角所引起的压心移动量，这个移动量对于不同的马赫数也是不同的，可按表（7.1）取值，该表得自于两个外形弹身的试验数据库，是以弹身长度的相对量表示的。负值表示向前移动，正值表示向后移动。

表 7.1 单独弹身压心的移动量 $\Delta(\overline{x}_p)_B$（弹身长度的百分数）

Ma/α	0	10	20	30	40	50	60	70	80	90
0.00	0.00	0.01	0.01	0.000	−0.025	−0.040	−0.040	−0.030	−0.010	0.00
0.20	0.00	0.02	0.02	0.010	−0.025	−0.040	−0.050	−0.030	−0.015	0.00
0.40	0.00	0.03	0.03	0.010	−0.025	−0.040	−0.050	−0.030	−0.015	0.00

续表

Ma/α	0	10	20	30	40	50	60	70	80	90
0.60	0.00	0.03	0.03	0.010	–0.035	–0.055	–0.070	–0.050	–0.030	0.00
0.80	0.00	0.02	0.02	–0.015	–0.050	–0.070	–0.070	–0.050	–0.015	0.00
0.90	0.00	0.00	0.00	–0.015	–0.050	–0.070	–0.070	–0.040	–0.015	0.00
1.00	0.00	0.00	0.00	–0.015	–0.040	–0.040	–0.040	–0.030	–0.005	0.00
1.15	0.00	0.00	0.00	–0.015	–0.020	–0.025	–0.030	–0.025	–0.005	0.00
1.30	0.00	0.00	0.00	–0.005	–0.010	–0.010	–0.010	–0.005	0.000	0.00
1.50	0.00	0.00	0.00	0.000	0.000	0.000	–0.005	–0.005	0.000	0.00
2.00	0.00	0.02	0.02	0.020	0.015	0.010	0.005	0.000	0.000	0.00
2.50	0.00	0.03	0.03	0.030	0.015	0.010	0.005	0.000	0.000	0.00
6.00	0.00	0.03	0.03	0.030	0.015	0.010	0.005	0.000	0.000	0.00
20.00	0.00	0.00	0.00	0.000	0.000	0.000	0.000	0.000	0.000	0.00

7.1.3　单独弹身的俯仰力矩系数

求出了单独弹身的线性法向力系数$(C_{NB})_L$、非线性法向力系数$(C_{NB})_{NL}$、线性法向力压心系数$[(\bar{x}_p)_B]_L$、非线性法向力压心系数$[(\bar{x}_p)_B]_{NL}$之后，就可由式（7.2）求出单独弹身的压心系数$(\bar{x}_p)_B$，然后按下式求对弹身顶点的俯仰力矩系数

$$m_{z0B} = -C_{NB} \times (\bar{x}_p)_B \tag{7.17}$$

7.2　单独弹翼压心系数计算方法

7.2.1　小攻角弹翼的压心系数

单独弹翼的压心系数$\bar{x}_{pA}$通常以平均气动弦b_A为参考量，即

$$\bar{x}_{pA} = \frac{x_{pA}}{b_A} \tag{7.18}$$

式中，x_{pA}为压心至平均气动弦前缘点的距离，见图 7.4；b_A为

$$b_A = \frac{4}{3}\frac{S_W}{l_W}\left[1 - \frac{\eta_W}{(\eta_W + 1)^2}\right] \tag{7.19}$$

在第 3 章中，根据附着涡层理论给出了低、亚声速对称薄翼型压心系数的结果（见式（3.46））为

$$\bar{x}_p = \frac{x_p}{b} = \frac{1}{4}$$

式中，b 为翼型弦长。

超声速下对称薄翼型压心系数的线化理论结果（见式（3.53））为

$$\bar{x}_p = \frac{x_p}{b} = \frac{1}{2}$$

三维翼压心系数的计算公式是在二维翼压心系数基础上得到的。

1）大展弦比弹翼

大展弦比弹翼压心至弹身头部顶点的距离为（见图 7.5）

$$x_{pW} = x_W + b_A \bar{x}_{pA} \tag{7.20}$$

式中　x_W——单独弹翼平均气动弦前缘至弹身头部顶点的距离；

$\bar{x}_{pA}$——低、亚声速时取 0.25，超声速时取 0.5。

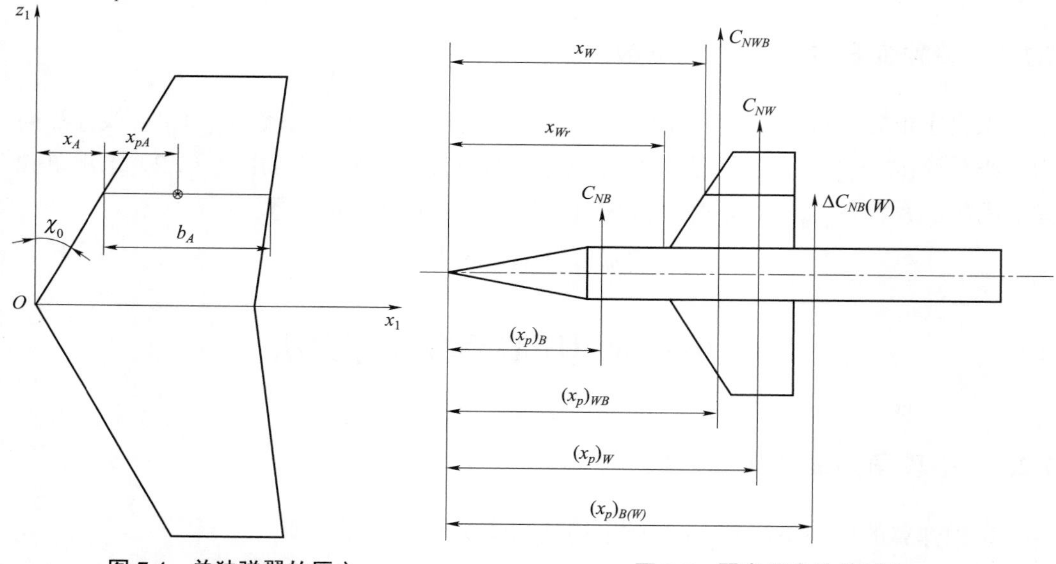

图 7.4　单独弹翼的压心　　　　**图 7.5　翼身组合体的压心**

2）中、小展弦比弹翼

具有对称翼型的中小展弦比的薄弹翼，在亚、超声速区可根据有限翼展线化理论计算 $\bar{x}_{pA}$，经过实验修正后以组合参数 $(\lambda_W\sqrt{|Ma_\infty^2-1|}, \lambda_W\tan\chi_{0.5}, \eta)$ 的形式绘制成曲线，如图 7.6 所示，以供设计计算使用。而在跨声速区 $(\lambda_W\sqrt{|Ma_\infty^2-1|}\approx 0)$ 的曲线完全是经验性的。

根据跨声速相似律，弹翼的相对厚度参数 $\lambda_W\sqrt[3]{\bar{c}}$ 对 $\bar{x}_{pA}$ 有重要影响。图 7.7 是根据无后掠弹翼风洞实验结果绘制的曲线。曲线表明，当 $\lambda_W\sqrt[3]{\bar{c}}=1.85$ 时，在 $Ma_\infty=0.8\sim0.9$ 区域内，压心变化得很剧烈。对于其他平面形状弹翼还缺乏跨声速区弹翼厚度对压心影响的数据。图 7.6 曲线所对应的 $\lambda_W\sqrt[3]{\bar{c}}=0.5\sim0.8$。

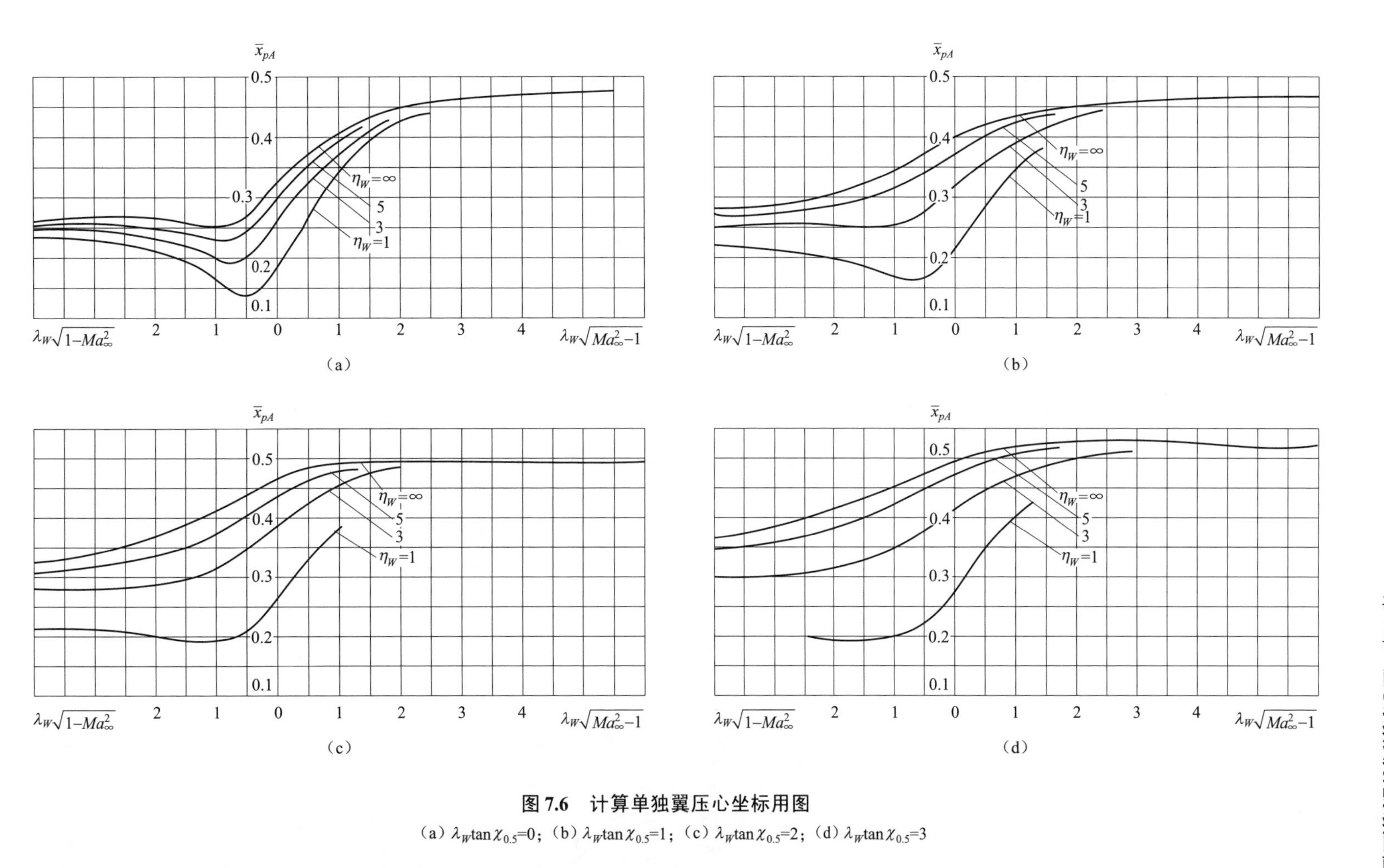

图 7.6　计算单独翼压心坐标用图

（a）$\lambda_W\tan\chi_{0.5}=0$；（b）$\lambda_W\tan\chi_{0.5}=1$；（c）$\lambda_W\tan\chi_{0.5}=2$；（d）$\lambda_W\tan\chi_{0.5}=3$

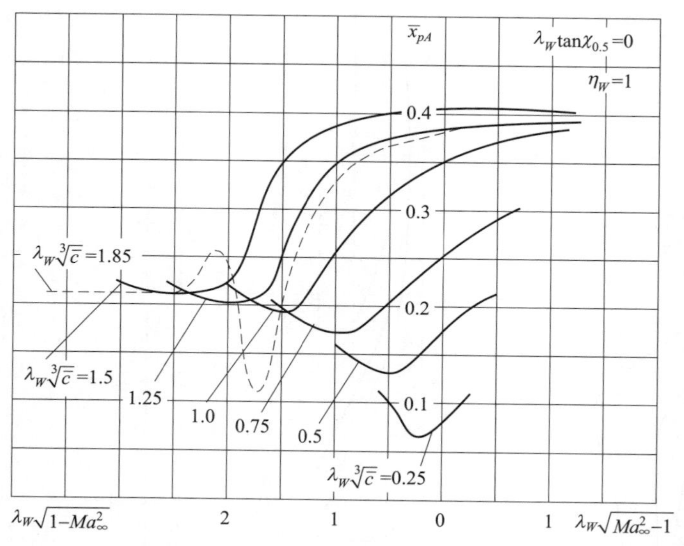

图 7.7 参数 $\lambda_W\sqrt[3]{\bar{c}}$ 对矩形翼压心位置的影响

7.2.2 大攻角弹翼的压心系数

当 $\theta=0°$ 时，以 A 表示单独弹翼小攻角线性法向力的作用点（压心），以 B 表示单独弹翼大攻角时非线性法向力的作用点（压心），并假定在 $\alpha=60°$ 时非线性法向力作用点位于翼平面的形心处，则单独弹翼的压心或弹翼—弹身组合段的压心 $(x_p)_{W(B)}$ 可用下面的二次公式计算

$$(x_p)_W=(x_p)_{W(B)}=A+\frac{1}{36}|\alpha|(B-A)+\frac{1}{5\,400}\alpha^2(A-B) \tag{7.21}$$

当 $\theta\neq0°$ 时（假定为 4 片弹翼），有攻角时迎风面翼片的载荷比背风面翼片的载荷要大，而迎风面翼片的当地马赫数比处于背风面翼片的当地马赫数要小，因此迎风面翼片的压心要朝前移动。由于迎风面翼片和背风面翼片的法向力和压心不同，因此同式（7.21）的计算值相比，$\theta\neq0°$ 时的压心有一个向前的移动量。该移动量在中等攻角时最大，在 $\alpha=0°$ 和 $90°$ 时趋于零。$\alpha=90°$ 时，迎风面翼片携带了全部载荷。$\theta\neq0°$ 时，单独弹翼压心的移动量或弹翼—弹身组合段的压心移动量 $(\Delta x_p)_{W(B)}$ 可用下式计算

$$(\Delta x_p)_W=(\Delta x_p)_{W(B)}=(z_p)_W\cos^2\theta\sin(2\alpha)\frac{\Delta C_{NW}}{C_{NW}} \tag{7.22}$$

式中，C_{NW} 为迎风面和背风面弹翼（悬臂段）上的总载荷，ΔC_{NW} 为迎风面弹翼与背风面弹翼载荷之差，$(z_p)_W$ 为弹翼平面形心的横向坐标。对于梯形弹翼有

$$(z_p)_W = r + \frac{l_W}{b_0 + b_1}\left(\frac{b_0}{2} - \frac{b_1}{3}\right) \tag{7.23}$$

式中，r 为装弹翼处弹身的半径，l_W 为弹翼的净展长，b_0 为弹翼的根弦长，b_1 为弹翼的梢弦长。

从式（7.22）看出，$\cos^2\theta$ 的作用可看作 $(\Delta C_{NW}\cos\theta)$ 和 $[(z_p)_W\cos\theta]$ 的作用，即将 ΔC_{NW} 和 $(z_p)_W$ 旋转到了与 $\theta \neq 0°$ 相应的方向；$\sin(2\alpha)$ 的作用是使 $(\Delta x_p)_W$ 在 $\alpha = 0°$、$\alpha = 90°$ 时的零值与在 $\alpha = 45°$ 时为最大值之间变化。

关于 $\Delta C_{NW}/C_{NW}$ 随攻角的变化，根据数据库在 $\alpha = 0° \sim 65°$ 之间为线性变化，而在 $\alpha > 65°$ 可假定迎风面翼片携带了80%的载荷，背风面翼片携带了20%的载荷，于是有

$$\frac{\Delta C_{NW}}{C_{NW}} = 0.8\left(\frac{\alpha}{65}\right),\quad \alpha \leqslant 65° \tag{7.24}$$

式中 α 的单位为度。将式（7.22），式（7.23），式（7.24）联立起来得

$$\begin{aligned}
(\Delta x_p)_W &= (\Delta x_p)_{W(B)} = -\left[r + \left(\frac{l_W}{b_0 + b_1}\right)\left(\frac{b_0}{2} - \frac{b_1}{3}\right)\right]\cos^2\theta\sin(2\alpha)\left(\frac{0.8\alpha}{65}\right),\quad \alpha \leqslant 65° \\
(\Delta x_p)_W &= (\Delta x_p)_{W(B)} = -0.8\left[r + \left(\frac{l_W}{b_0 + b_1}\right)\left(\frac{b_0}{2} - \frac{b_1}{3}\right)\right]\cos^2\theta\sin(2\alpha),\quad \alpha > 65°
\end{aligned} \tag{7.25}$$

下面给出两个例子以说明单独弹翼压心工程计算方法的实用性。第一个例子是展弦比 $\lambda_W = 0.5$，根梢比 $\eta_W = 2.0$，$Ma_\infty = 0.8$ 和 4.5，$\alpha = 0°\sim90°$ 时压心计算值与实验值的比较，见图7.8。第二个例子是 $Ma_\infty = 4.6$；$\eta_W = 2.0$；$\alpha = 30°, 45°, 60°$ 时单独弹翼压心系数随展弦比 λ_W 变化的计算值与实际值的比较，见图7.9。从图7.8、图7.9可看出，由上述计算方法给出的压心系数与实验值很吻合。

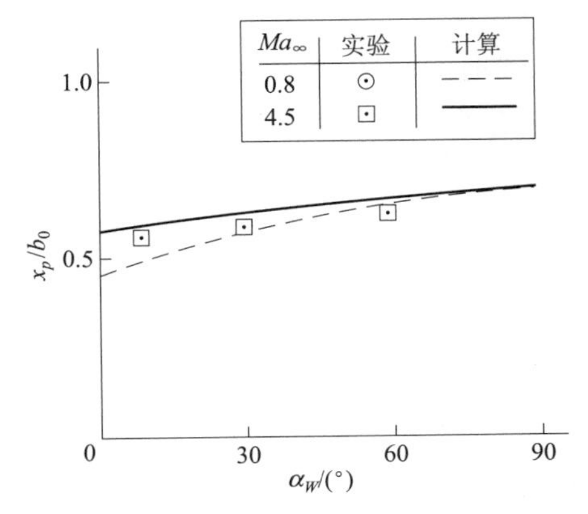

图 7.8　弹翼压心系数计算值与实验值的比较

（λ_W =0.5，η_W =2.0，θ=0°）

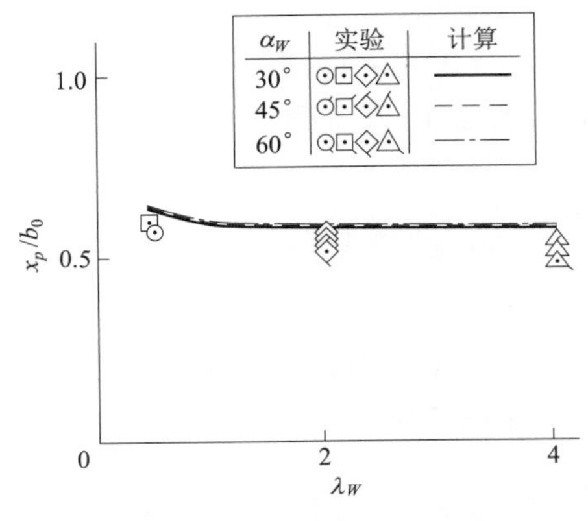

图 7.9　弹翼压心系数计算值与实验值的比较

（$Ma_\infty = 4.6$, $\eta_W = 2.0$，θ=0°）

7.3 弹翼—弹身组合体压心系数计算方法

弹翼—弹身组合体压心系数的表达式为

$$
\begin{aligned}
(\overline{x}_p)_{WB} &= \frac{C_{NB}(\overline{x}_p)_B + C_{NW}(\overline{x}_p)_W + \Delta C_{NW(B)}(\overline{x}'_p)_{W(B)} + \Delta C_{NB(W)}(\overline{x}'_p)_{B(W)}}{C_{NB} + C_{NW} + \Delta C_{NW(B)} + \Delta C_{NB(W)}} \\
&= \frac{C_{NB}(\overline{x}_p)_B + C_{NW}(\overline{x}_p)_W + \Delta C_{NW(B)}(\overline{x}'_p)_{W(B)} + \Delta C_{NB(W)}(\overline{x}'_p)_{B(W)}}{C_{NWB}}
\end{aligned}
\tag{7.26}
$$

式中 $(\overline{x}_p)_{WB} = \dfrac{(x_p)_{WB}}{L_B}$——翼身组合体的压心系数，即翼身组合体法向力合力作用点至弹身头部顶点的量纲为 1 的距离；

$(\overline{x}_p)_B = \dfrac{(x_p)_B}{L_B}$——单独弹身上法向力的作用点至弹身头部顶点的量纲为 1 的距离；

$(\overline{x}_p)_W = \dfrac{(x_p)_W}{L_B}$——单独弹翼上法向力的作用点至弹身头部顶点的量纲为 1 的距离；

$(\overline{x}'_p)_{W(B)} = \dfrac{(x'_p)_{W(B)}}{L_B}$——弹身对弹翼干扰法向力的作用点至弹身头部顶点的量纲为 1 的距离；

$(\overline{x}'_p)_{B(W)} = \dfrac{(x'_p)_{B(W)}}{L_B}$——弹翼对弹身干扰法向力的作用点至弹身头部顶点的量纲为 1 的距离；

$(\overline{x}_p)_{W(B)} = \dfrac{(x_p)_{W(B)}}{L_B}$——包含弹身对弹翼干扰在内的弹翼法向力作用点至弹身头部顶点的量纲为 1 的距离。

当 $\theta = 0°$ 时，$(x_p)_W$ 按式（7.21）计算；当 $\theta \neq 0°$ 时，$(x_p)_W$ 按式（7.21 与式（7.25）组合计算。可以将弹翼根部剖面的压心至弹身头部顶点的量纲为 1 的坐标取为 $(\overline{x}'_p)_{B(W)}$。

$(x_p)_{W(B)}$ 可按下式计算

$$(x_p)_{W(B)} = (x_p)_W - f_1 \tan \chi \tag{7.27}$$

式中，f_1 为单独弹翼上法向力作用点 A 与弹身对弹翼干扰法向力作用点 B 之间的展向距离（见图 7.10）。χ 为 AB 连线的后掠角，亚声速时，χ 近似取 $\chi_{0.25}$；超声速时，χ 近似取 $\chi_{0.5}$。f_1 与弹翼净半展长 $\dfrac{l_W}{2}$ 之比可由图 7.11 确定。

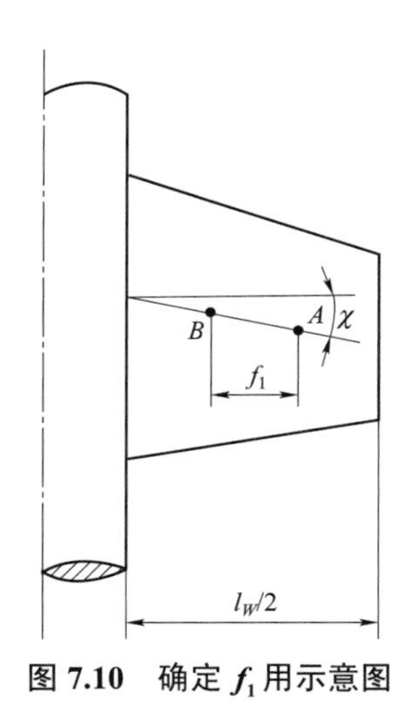

图 7.10　确定 f_1 用示意图

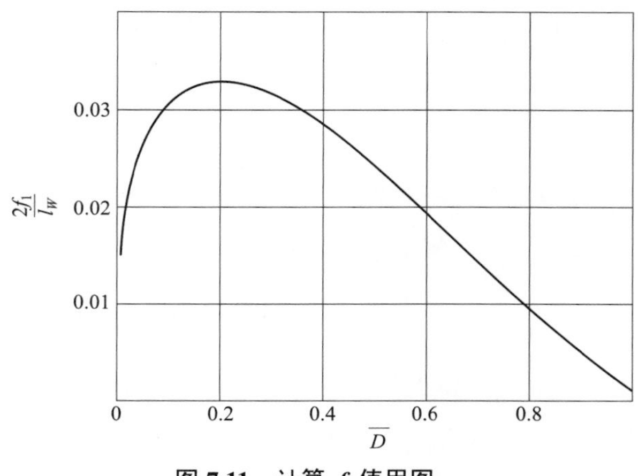

图 7.11　计算 f_1 值用图

7.4　弹翼—弹身—尾翼组合体压心系数计算方法

将弹翼—弹身—尾翼组合体的压心系数表示为

$$\begin{aligned}\bar{x}_p &= \frac{(C_N)_{WB}(\bar{x}_p)_{WB} + C_{NT}(\bar{x}_p)_T + \Delta C_{NT(B)}(\bar{x}'_p)_{T(B)} + \Delta C_{NB(T)}(\bar{x}'_p)_{B(T)} + C_{NT(v)}(\bar{x}_p)_{T(v)}}{(C_N)_{WB} + C_{NT} + \Delta C_{NT(B)} + \Delta C_{NB(T)} + C_{NT(v)}} \\ &= \frac{(C_N)_{WB}(\bar{x}_p)_{WB} + C_{NT}(\bar{x}_p)_T + \Delta C_{NT(B)}(\bar{x}'_p)_{T(B)} + \Delta C_{NB(T)}(\bar{x}'_p)_{B(T)} + C_{NT(v)}(\bar{x}_p)_{T(v)}}{C_N}\end{aligned} \tag{7.28}$$

式中　$\bar{x}_p = \dfrac{x_p}{L_B}$ ——弹翼—弹身—尾翼组合体的法向力的作用点至弹身头部顶点的量纲为 1 的距离；

$(\bar{x}_p)_T = \dfrac{(x_p)_T}{L_B}$ ——单独尾翼上法向力的作用点至弹身头部顶点的量纲为 1 的距离，计算方法与 $(\bar{x}_p)_W$ 相同；

$(\bar{x}'_p)_{T(B)} = \dfrac{(x'_p)_{T(B)}}{L_B}$ ——弹身对尾翼干扰法向力的作用点至弹身头部顶点的量纲为 1 的距离，计算方法与 $(\bar{x}'_p)_{W(B)}$ 相同；

$(\bar{x}'_p)_{B(T)} = \dfrac{(x'_p)_{B(T)}}{L_B}$ ——尾翼对弹身干扰法向力的作用点至弹身头部顶点的量纲为 1 的距离，取尾翼根部剖面压心至弹身头部顶点的量纲为 1 的坐标；

$(\bar{x}_p)_{T(v)} = \dfrac{(x_p)_{T(v)}}{L_B}$ ——由前翼下洗在尾翼上产生的法向力的作用点至弹身头部顶点的量纲为 1 的距离，与单独尾翼压心至弹身头部顶点的量纲为 1 的坐标相同。

有弹身存在时悬臂尾翼上的法向力系数按下式计算

$$C_{NT} + \Delta C_{NT(B)} = \{[(C_N^\alpha)_L(\alpha - \varepsilon) + (C_N)_{\alpha NL}]_T[(K_{T(B)})_{SBT} + (\Delta K_{T(B)})_{NL}]_T + [(C_N^\alpha)_L\delta_T + (C_N)_{\delta_T NL}]_T[C_1(k_{T(B)})_{SBT} + C]_T\}k_q\frac{S_T}{S_{\text{ref}}} \tag{7.29}$$

式中，$\Delta C_{NB(T)}$ 为尾翼对弹身的干扰法向力系数，按下式计算

$$\Delta C_{NB(T)} = \{[(C_N^\alpha)_L(\alpha - \varepsilon) + (C_N)_{\alpha NL}]_T[(K_{B(T)})_{SBT} + (\Delta K_{B(T)})_{NL}]_T + [(C_N^\alpha)_L\delta_T + (C_N)_{\delta_T NL}]_T[C_2(k_{B(T)})_{SBT} + C]_T\}k_q\frac{S_T}{S_{\text{ref}}} \tag{7.30}$$

$(C_N)_{\alpha NL}$ 和 $(C_N)_{\delta_T NL}$ 的计算要使用 6.4 节所述的非线性弹翼—尾翼干扰模型。

7.5 静态力矩系数计算方法

作用在制导兵器上的总空气动力矩 M 沿弹体坐标系（图 7.12）分解后，得到沿三个体轴的空气动力矩，它们分别是：绕横轴 Oz_1 的力矩，称为俯仰力矩，以 M_{z_1} 表示；绕竖轴 Oy_1 的力矩，称为偏航力矩，以 M_{y_1} 表示；绕纵轴 Ox_1 的力矩，称为滚转力矩，以 M_{x_1} 表示。

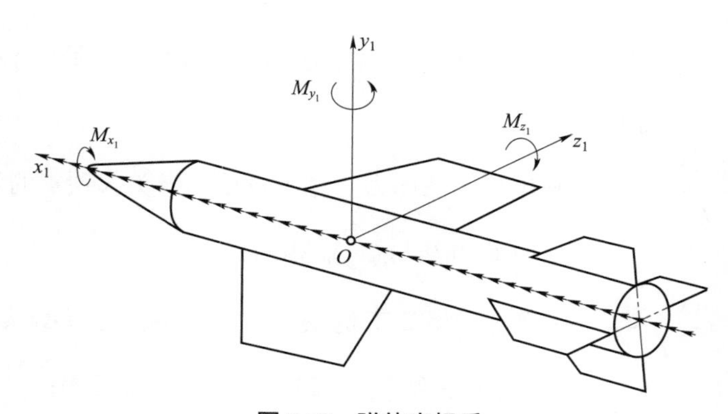

图 7.12 弹体坐标系

7.5.1 俯仰力矩系数

俯仰力矩 M_{z_1} 是攻角及其变化率 $\dfrac{\mathrm{d}\alpha}{\mathrm{d}t}$，舵偏角 δ_z 及其变化率 $\dfrac{\mathrm{d}\delta_z}{\mathrm{d}t}$，旋转角速度 ω_{z_1}、

ω_{y_1}、ω_{x_1}，飞行马赫数，气动外形布局及几何参数的函数。对于特定的外形布局及几何参数，在一定马赫数下，M_{z_1} 可表示成

$$M_{z_1}=f\left(\alpha,\delta_z,\omega_{x_1},\omega_{y_1},\omega_{z_1},\frac{\mathrm{d}\alpha}{\mathrm{d}t},\frac{\mathrm{d}\delta_z}{\mathrm{d}t}\right) \tag{7.31}$$

俯仰力矩系数 m_{z_1} 定义为

$$m_{z_1}=\frac{M_{z_1}}{q_\infty SL_B}$$

为了简便，通常将下标“1”省略不写，但仍表明是对 Oz_1 轴的力矩。俯仰力矩 M_z 主要有两部分：对应于 $\omega_z=0,\ \frac{\mathrm{d}\alpha}{\mathrm{d}t}=0$ 的力矩称为静态俯态力矩；对应于 $\omega_z\neq 0,\ \frac{\mathrm{d}\alpha}{\mathrm{d}t}\neq 0$ 的力矩，称为动态俯仰力矩，即俯仰阻尼力矩。

有了法向力系数和压心系数，很容易得到静态俯仰力矩系数的计算公式。

1）弹翼—弹身组合体

当坐标系原点取在弹身头部顶点，且以头部顶点为力矩参考点时，有

$$m_z=-(C_N)_{WB}(\bar{x}_p)_{WB} \tag{7.32}$$

当坐标系原点取在质心 x_g，且以质心为力矩参考点时，有

$$m_z=-(C_N)_{WB}[(\bar{x}_p)_{WB}-\bar{x}_g] \tag{7.33}$$

式中，$\bar{x}_g=\frac{x_g}{L_B}$ 为质心到弹身头部顶点的量纲为1的距离，称为质心系数。

2）弹翼—弹身—尾翼组合体

当坐标系原点取在弹身头部顶点，且以头部顶点为力矩参考点时，有

$$m_z=-C_N\bar{x}_p \tag{7.34}$$

当坐标系原点取在质心 x_g，且以质心为力矩参考点时，有

$$m_z=-C_N(\bar{x}_p-\bar{x}_g) \tag{7.35}$$

m_z 对 α 的导数 m_z^α 称为静稳定系数，在小攻角时有

$$m_z^\alpha=\left(\frac{\partial m_z}{\partial\alpha}\right)_{\alpha=0}=-C_N^\alpha(\bar{x}_p-\bar{x}_g) \tag{7.36}$$

m_z 对 C_N 的导数

$$m_z^{C_N}=\left(\frac{\partial m_z}{\partial C_N}\right)_{C_N=0}=-(\bar{x}_p-\bar{x}_g) \tag{7.37}$$

称为纵向静稳定裕度，或纵向静稳定度，用以衡量导弹的静稳定程度。当 $m_z^\alpha<0$（亦即 $m_z^{C_N}<0$）时，导弹是静稳定的，$|m_z^\alpha|$ 越大（亦即 $|m_z^{C_N}|$ 越大），导弹越稳定；当 $m_z^\alpha>0$（亦即 $m_z^{C_N}>0$）时，导弹是静不稳定的，此时，m_z^α 越大（亦即 $m_z^{C_N}$ 越大），导弹越

不稳定。制导兵器的$|m_z^{C_N}|$一般为 3%～8%，对于打击固定目标的制导兵器，要求$|m_z^{C_N}|$大些；对于打击机动目标，尤其是打击近距离机动目标的制导兵器，要求$|m_z^{C_N}|$小些。

7.5.2 偏航力矩系数

对于轴对称的制导兵器，$\omega_y=0$, $\frac{\mathrm{d}\beta}{\mathrm{d}t}=0$时的定态偏航力矩可从相应的定态俯仰力矩转换得到。如果取$m_y=\frac{M_y}{q_\infty SL_B}$，当$\beta=\alpha$时，有

$$m_y=m_z$$

$$m_y^\beta=m_z^\alpha$$

$$m_y^{C_z}=-m_z^{C_N}$$

如果偏航力矩系数m_y的参考长度为通过弹身的弹翼全展长l'_W，即

$$m_y=\frac{M_y}{q_\infty Sl'_W}$$

则当$\beta=\alpha$时，有

$$m_y=m_z\cdot\frac{L_B}{l'_W}$$

$$m_y^\beta=m_z^\alpha\cdot\frac{L_B}{l'_W}$$

$$m_y^{C_z}=-m_z^{C_N}\cdot\frac{L_B}{l'_W}$$

7.5.3 滚转力矩系数

有些制导兵器采用绕自身纵轴旋转的飞行方式，其上必然作用有驱动旋转的力矩M_x。该力矩一般是由弹翼或尾翼的差动安装角δ产生。有时也由几何扭转角产生。如果略去ω_y、ω_z对滚转力矩的影响，则飞行中制导兵器上作用的滚转力矩可表达为

$$M_x=(M_x)_{\omega_x=0}+M_x^{\omega_x}\omega_x \tag{7.38}$$

写成系数形式为

$$m_x=m_{x_0}+m_x^{\varpi_x}\varpi_x \tag{7.39}$$

式中

$$m_x=\frac{M_x}{q_\infty Sl'_W}$$

$$m_{x_0}=(m_x)_{\omega_x=0}$$

$$m_x^{\varpi_x}=\frac{\partial m_x}{\partial \varpi_x}$$

$$\varpi_x=\frac{\omega_x l'_W}{2V_\infty}$$

式（7.38）中的 $(M_x)_{\omega_x=0}$ 为定态滚转力矩，$M_x^{\omega_x}\omega_x$ 为滚转阻尼力矩。

$(M_x)_{\omega_x=0}$ 与弹翼（尾翼）的后掠角、翼梢形状、翼剖面形状、上反角、安装角、攻角、侧滑角等因素有关。制导兵器一般采用轴对称布局，弹翼（尾翼）或呈“+”形或呈“×”形，翼梢也多做圆钝处理。这样可以忽略弹翼后掠角、上反角、翼梢形状对滚转力矩的影响。对于平板翼来说，由弹翼（尾翼）安装角产生的滚转力矩系数的经验计算公式为

$$m_x=57.3k_{W(B)}C_{NW}^{\alpha}\delta\frac{m_x^{\beta}}{C_N^{\alpha}\psi}n\kappa_{\varphi}n_3\frac{S_W}{S}\tag{7.40}$$

式中　δ——弹翼或尾翼的安装角，以度为单位；

n——弹翼或尾翼片的对数，4 片时 $n=2$；

κ_{φ}——翼片间影响系数，由图 7.13 查得；

n_3——弹径的影响系数，由图 7.14 查得；

$\frac{m_x^{\beta}}{C_N^{\alpha}\psi}$——上反角参数，由图 7.15 查得。

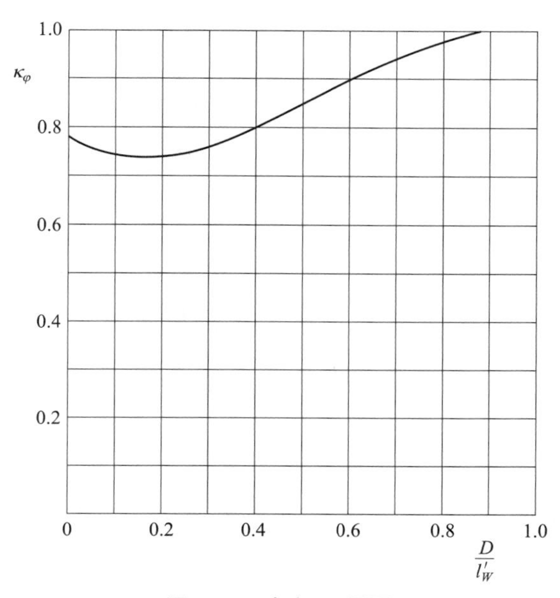

图 7.13　确定 κ_{φ} 用图

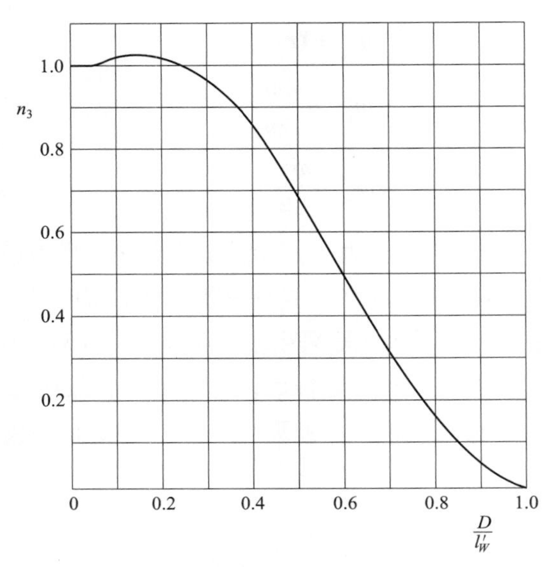

图 7.14 确定 n_3 用图

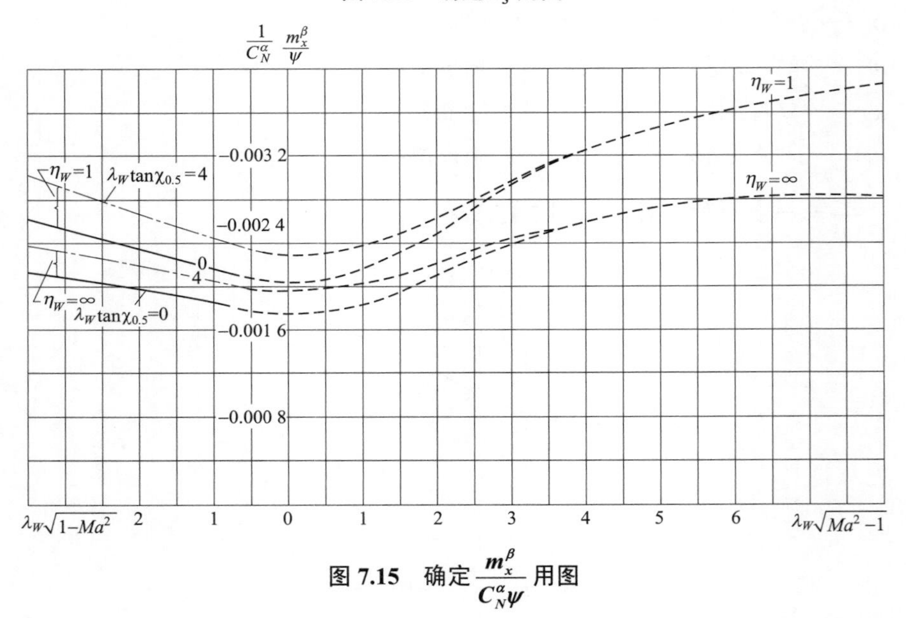

图 7.15 确定 $\frac{m_x^\beta}{C_N^\alpha\psi}$ 用图

对于大展弦比弹翼或尾翼，可用下式计算由安装角产生的滚转力矩系数

$$m_x = C_{NW}^\alpha k_{W(B)}\delta\frac{z_g}{l'_W}n\kappa_\varphi n_3\frac{S_W}{S} \tag{7.41}$$

式中，z_g 为弹翼或尾翼上由安装角产生的附加法向力作用点到弹体纵轴的距离。对于后掠梯形翼

$$z_g = \frac{D}{2}+\frac{l_W(\eta_W+3)}{6(\eta_W+1)} \tag{7.42}$$

第 8 章　动导数工程计算方法

空气动力系数和空气动力矩系数对弹体旋转角速度及攻角、侧滑角和舵偏角变化率的导数称为动导数，如法向力系数 C_N 对俯仰角速度 ω_z 的导数 $C_N^{\omega_z}$，滚转力矩系数 m_x 对滚转角速度 ω_x 的导数。常用的动导数包括几个旋转导数和洗流时差导数，它们是时与旋转角速度和下洗、侧洗时差相关联的气动力系数和气动力矩系数的导数。

法向力系数 C_N（或升力系数 C_L）、俯仰力矩系数 m_z 对俯仰角速度 ω_z 的导数 $C_N^{\omega_z}$（$C_L^{\omega_z}$）、$m_z^{\omega_z}$ 称为俯仰动导数。由于 $C_N^{\omega_z}$（$C_L^{\omega_z}$）、$m_z^{\omega_z}$ 是阻尼俯仰转动的，因此也称为俯仰阻尼导数。同样，侧向力系数 C_z（或横向力系数 C_{z1}）、偏航力矩系数 m_y 对偏航角速度 ω_y 的导数 $C_z^{\omega_y}$（$C_{z1}^{\omega_y}$）、$m_y^{\omega_y}$ 称为偏航动导数或偏航阻尼导数；滚转力矩系数 m_x 对滚转角速度 ω_x 的导数 $m_x^{\omega_x}$ 称为滚转动导数或滚转阻尼导数。俯仰力矩系数 m_z 对攻角变化率 $\dot{\alpha}$ $\left(\dot{\alpha}=\dfrac{\mathrm{d}\alpha}{\mathrm{d}t}\right)$ 和俯仰控制舵偏角变化率 $\dot{\delta}_z$ $\left(\dot{\delta}_z=\dfrac{\mathrm{d}\delta_z}{\mathrm{d}t}\right)$ 的导数 $m_z^{\dot{\alpha}}$、$m_z^{\dot{\delta}_z}$ 称为洗流时差导数；偏航力矩系数 m_y 对侧滑角变化率 $\dot{\beta}$ 和偏舵控制舵偏角变化率 $\dot{\delta}_y$ $\left(\dot{\delta}_y=\dfrac{\mathrm{d}\delta_y}{\mathrm{d}t}\right)$ 的导数 $m_y^{\dot{\beta}}$ 及 $m_y^{\dot{\delta}_y}$ 称为侧洗时差导数。此外，还有交叉导数 $m_x^{\omega_y}$、$m_x^{\omega_z}$、$m_y^{\omega_x}$、$m_z^{\omega_x}$，其中 $m_x^{\omega_y}$、$m_x^{\omega_z}$ 称为倾斜螺旋导数；$m_y^{\omega_x}$ 称为偏航螺旋导数，$m_z^{\omega_x}$ 称为俯仰螺旋导数。对于旋转飞行器，还有与旋转引起的马格努斯力和马格努斯力矩相关的动导数 $C_{z_m}^{\omega_x}$、$m_{y_m}^{\omega_x}$ 和 $C_{N_m}^{\omega_x}$、$m_{z_m}^{\omega_x}$，称为马格努斯导数。

在计算动导数时，旋转角速度和攻角、侧滑角及舵偏角变化率常用量纲为 1 的量来表示，如俯仰动导数、偏航动导数和滚转动导数常用 $m_z^{\bar{\omega}_z}$、$m_y^{\bar{\omega}_y}$ 和 $m_x^{\bar{\omega}_x}$ 表示，洗流时差导数常用 $m_z^{\bar{\dot{\alpha}}}$ 和 $m_z^{\bar{\dot{\delta}}_z}$ 表示，等等，其中 $\bar{\omega}_z=\dfrac{\omega_z l_B'}{2V_\infty}$，$\bar{\omega}_y=\dfrac{\omega_y L_B}{V_\infty}$，$\bar{\omega}_x=\dfrac{\omega_x l_W'}{2V_\infty}$（或 $\bar{\omega}_x=\dfrac{\omega_x D_B}{2V_\infty}$），$\bar{\dot{\alpha}}=\dfrac{\dot{\alpha}L_B}{V_\infty}$，$\bar{\dot{\delta}}_z=\dfrac{\dot{\delta}_z L_B}{V_\infty}$。本章介绍的动导数计算方法仅限于小攻角。

8.1　俯仰动导数 $m_z^{\bar{\omega}_z}$

当导弹以 V_∞ 飞行，并以角速度 ω_z 绕 Oz_1 轴转动时，对于距质心前后均为 r 的点 A 和点 B，将有一个垂直于弹轴的运动速度 $\Delta V=\omega_z r$，A 点的 ΔV 朝上，B 点的 ΔV 朝下，如图 8.1 所示。而在 A 点气流有一个向下的附加速度 ΔV，在 B 点气流有一个向上的附加速度ΔV；在A点有一个负的附加攻角$(\Delta\alpha)_A$，在B点有一个正的附加攻角$(\Delta\alpha)_B$；在A点的附加法向力为负，在B点的附加法向力为正，这两点附加法向力对质心的力矩的方向恰好与ω_z的方向相反，起到阻止弹体绕质心旋转的作用，因此叫俯仰阻尼力矩。俯仰阻尼力矩大小与俯仰角速度ω_z大小成正比，一般用对量纲为1的转速$\bar{\omega}_z=\dfrac{\omega_z L_B}{V_\infty}$的导数，即$m_z^{\bar{\omega}_z}$表示俯仰阻尼力矩大小。

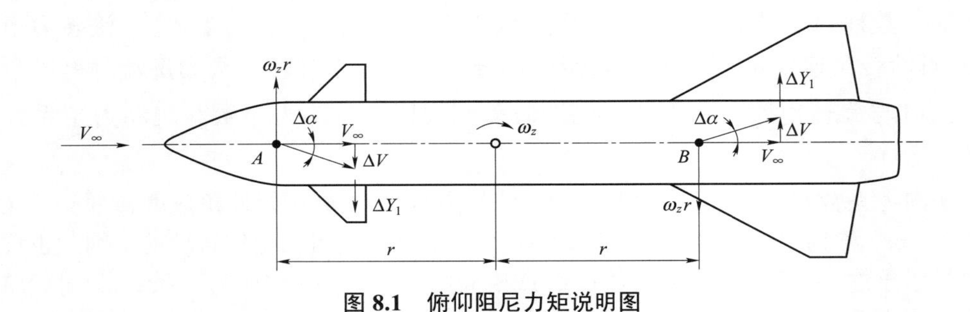

图 8.1　俯仰阻尼力矩说明图

在质心前后其他点上的情况类似，只是阻尼力矩随r呈线性变化，距离质心远的点，阻尼力矩大，距离质心近的点，阻尼力矩小。

8.1.1　弹翼—弹身组合体的俯仰动导数

弹翼—弹身组合体的俯仰动导数$(m_z^{\bar{\omega}_z})_{WB}$由三部分组成

$$(m_z^{\bar{\omega}_z})_{WB}=(m_z^{\bar{\omega}_z})_B+[(m_z^{\bar{\omega}_z})_{W(B)}+(\Delta m_z^{\bar{\omega}_z})_{B(W)}]\frac{S_W}{S_{ref}} \tag{8.1}$$

式中　$(m_z^{\bar{\omega}_z})_B$——单独弹身的俯仰动导数；

$(m_z^{\bar{\omega}_z})_{W(B)}$——有弹身干扰时外露弹翼的俯仰动导数；

$(\Delta m_z^{\bar{\omega}_z})_{B(W)}$——弹翼对弹身干扰产生的俯仰动导数。

在零攻角或小攻角时，式（8.1）中各部分的计算公式如下：

$$(m_z^{\bar{\omega}_z})_B=-57.3C_{NB}^{\alpha}\left(\frac{x_g-(x_p)_B}{L_B}\right)^2 \tag{8.2}$$

$$(m_z^{\bar{\omega}_z})_{W(B)}=-57.3K_{W(B)}C_{NW}^{\alpha}\frac{S_W}{S_{\text{ref}}}\left(\frac{x_g-(x_p)_{W(B)}}{L_B}\right)^2 \tag{8.3}$$

$$(\Delta m_z^{\bar{\omega}_z})_{B(W)}=-57.3K_{B(W)}C_{NW}^{\alpha}\frac{S_W}{S_{\text{ref}}}\left(\frac{x_g-(x_p)_{B(W)}}{L_B}\right)^2 \tag{8.4}$$

式中，$\bar{\omega}_z=\dfrac{\omega_z L_B}{V_\infty}$，$L_B$为弹身长度。

8.1.2　弹翼—弹身—尾翼组合体的俯仰动导数

不考虑翼面偏角及下洗影响时，弹翼—弹身—尾翼组合体的俯仰动导数为

$$m_z^{\bar{\omega}_z} = (m_z^{\bar{\omega}_z})_B + (m_z^{\bar{\omega}_z})_W \left[K_{W(B)} + K_{B(W)}\right]_W \frac{S_W}{S_{\text{ref}}} + \left[(m_z^{\bar{\omega}_z})_{T(B)} + (\Delta m_z^{\bar{\omega}_z})_{B(T)}\right] \frac{S_T}{S_{\text{ref}}} \tag{8.5}$$

式中，$K_{W(B)}$、$K_{B(W)}$ 是对攻角的翼—身干扰因子；$(m_z^{\bar{\omega}_z})_{T(B)}$ 是有弹身干扰时外露尾翼的俯仰动导数；$(\Delta m_z^{\bar{\omega}_z})_{B(T)}$ 是尾翼对弹身干扰产生的俯仰动导数。在零攻角或小攻角时，$(m_z^{\bar{\omega}_z})_{T(B)}$ 与 $(\Delta m_z^{\bar{\omega}_z})_{B(T)}$ 的计算公式为

$$(m_z^{\bar{\omega}_z})_{T(B)} = -57.3 K_{T(B)} C_{NT}^{\alpha} \sqrt{k_q} \frac{S_T}{S_{\text{ref}}} \left(\frac{x_g - (x_p)_{T(B)}}{L_B}\right)^2 \tag{8.6}$$

$$(\Delta m_z^{\bar{\omega}_z})_{B(T)} = -57.3 K_{B(T)} C_{NT}^{\alpha} \sqrt{k_q} \frac{S_T}{S_{\text{ref}}} \left(\frac{x_g - (x_p)_{B(T)}}{L_B}\right)^2 \tag{8.7}$$

由于弹翼位于质心附近，需要重新推导单独弹翼的俯仰动导数的计算公式。利用“弯曲假设”，即用不转动的弯曲弹翼来代替转动的平面弹翼，采用有限翼展弹翼理论，可得到它的计算公式。

1）超声速

$$(m_z^{\bar{\omega}_z})_W = \left(\frac{m_z^{\bar{\omega}_z}}{C_N^{\alpha}}\right)_W C_{NW}^{\alpha} \tag{8.8}$$

而

$$\left(\frac{m_z^{\bar{\omega}_z}}{C_N^{\alpha}}\right)_W = \left(\frac{m_z^{\bar{\omega}_z}}{C_N^{\alpha}}\right)'_W - B_1\left(\frac{1}{2} - \bar{x}_g\right) - 57.3\left(\frac{1}{2} - \bar{x}_g\right)^2 \tag{8.9}$$

式中　$\bar{x}_g = \dfrac{x_g}{b_A}$；

x_g ——质心至弹翼平均气动弦前缘的距离；

$\left(\dfrac{m_z^{\bar{\omega}_z}}{C_N^{\alpha}}\right)'_W$、$B_1$ 随 $\lambda_W \sqrt{Ma_\infty^2 - 1}$，$\lambda_W \tan\chi_{0.5}$ 的变化曲线见图 8.2 和图 8.3。

2）亚声速 $Ma_\infty < Ma_{cr}$

（1）矩形弹翼。

$$(m_z^{\bar{\omega}_z})_W = -\frac{C_{NW}^{\alpha}}{4}(l_W - 2\bar{x}_g)^2 - \frac{2\pi - C_{NW}^{\alpha}}{16} \tag{8.10}$$

（2）后掠翼。

$$(m_z^{\bar{\omega}_z})_W = \left[-C_{NW}^{\alpha}(A + B\lambda_W \tan\chi + C\lambda_W^2 \tan^2\chi) - D\right] \frac{S_W}{S_{\text{ref}}} \left(\frac{b_A}{L_B}\right)^2 \tag{8.11}$$

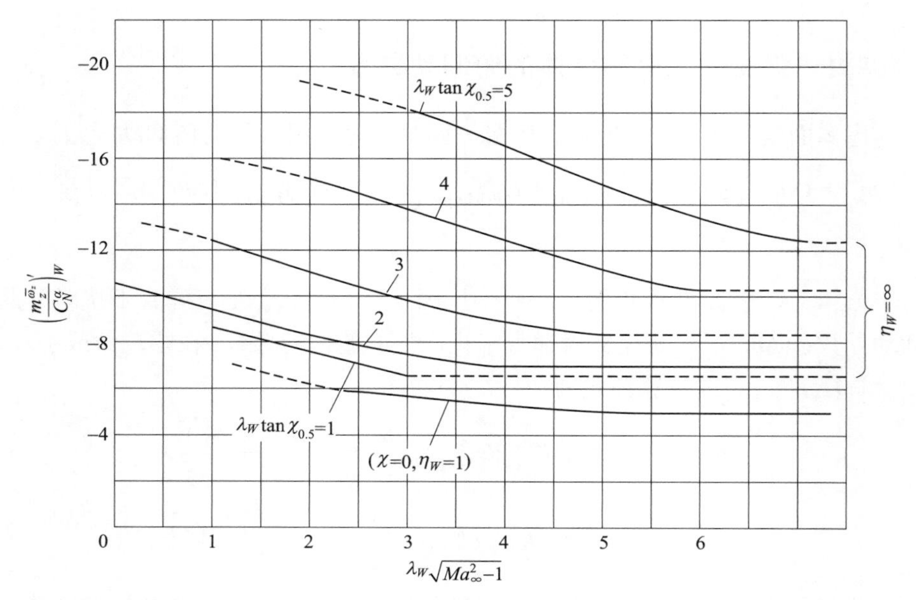

图 8.2　当 $\bar{x}_g = 0.5$ 时，确定单独三角形弹翼 $\left(\frac{m_z^{\bar{\omega}_z}}{C_N}\right)'_W$ 用图

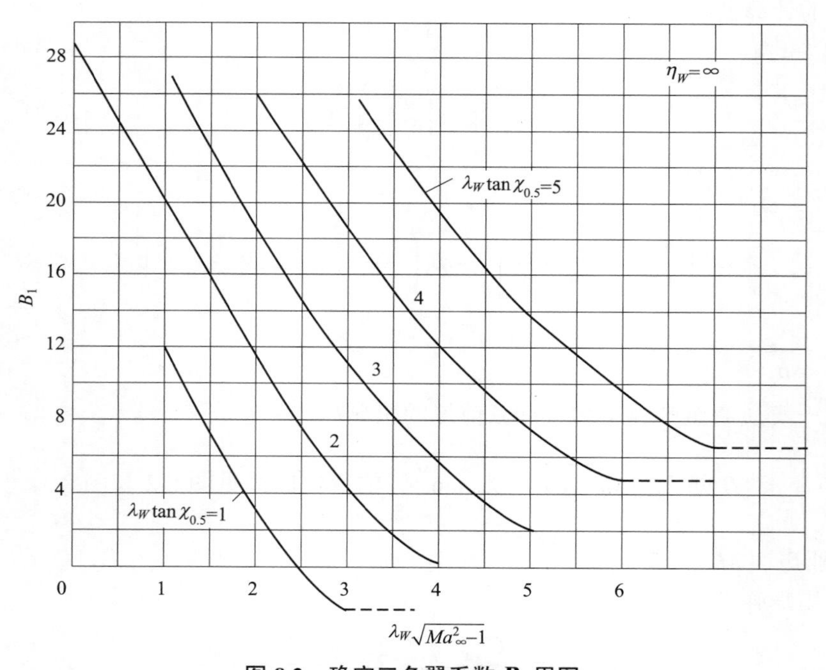

图 8.3　确定三角翼系数 B_1 用图

式中 $$A = (\bar{x}_0 + \bar{x}_g \bar{b}_A)\left(\bar{x}_0 + \bar{x}_g \bar{b}_A - \frac{3\eta_W + 1}{4\eta_W}\right) + \frac{2\eta_W + 1}{16\eta_W} \tag{8.12}$$

$$B = \frac{\eta_W - 1}{\eta_W + 1}\left(\frac{7\eta_W^2 + \eta_W - 2}{144\eta_W} - \frac{\bar{x}_0 - \bar{x}_g \bar{b}_A}{6}\right) \tag{8.13}$$

$$C = \left(\frac{\eta_W + 2}{12\eta_W}\right)^2 - \frac{\eta_W + 2}{24\eta_W}\bar{b}_A + \frac{\bar{b}_A}{12} \tag{8.14}$$

$$D = \frac{\pi}{8}\frac{\eta_W^2 + \eta_W + 1}{3\eta_W^2} \tag{8.15}$$

$$\bar{x}_0 = \frac{(\eta_W + 2)(\eta_W - 1)}{12\eta_W(\eta_W + 1)} \tag{8.16}$$

$$\bar{b}_A = \frac{b_A}{b_0} = \frac{2}{3}\frac{\eta_W^2 + \eta_W + 1}{\eta_W(\eta_W + 1)} \tag{8.17}$$

$$\bar{x}_g = \frac{x_g}{b_A}$$

b_0——根弦长。

8.2　洗流时差导数 $m_z^{\bar{\dot{\alpha}}}$ 、 $m_z^{\bar{\dot{\delta}}_z}$

在一般情况下，飞行器的飞行是非定常运动，在这种运动中各运动学参数都是时间的函数，作用在飞行器上的空气动力和力矩不仅取决于该瞬时的攻角、舵偏角、旋转角速度和马赫数等参数值，还取决于它们随时间而变化的特性。前面各章计算作用在飞行器上的空气动力和力矩都是假设仅取决于该瞬时运动学参数，即在定常假设下进行的。当飞行器的运动学参数随时间变化比较缓慢时，按定常假设计算的空气动力和力矩与实际值十分接近。但是对于某些问题，比如与洗流延迟现象有关的动导数的计算就不能采用定常假设。

设飞行器以速度 V_∞ 和随时间而变化的攻角飞行，此时由于攻角的变化，使得弹翼后的洗流也跟着变化。但是被弹翼偏斜的气流并不能即刻到达尾翼，而必须经过某个时间间隔，这段时间取决于弹翼至尾翼的距离及气流的速度

$$\Delta t \approx \frac{(x_p)_T - (x_p)_W}{V_\infty\sqrt{k_q}} \tag{8.18}$$

可以认为，在非定常飞行中某瞬时 t 尾翼区的洗流角与定态飞行中的一样，但所对应的却是 Δt 之前，即 $t_1 = t - \Delta t$ 瞬时的攻角。瞬时 t_1 与 t 攻角之差为

$$\Delta\alpha = -57.3\frac{\mathrm{d}\alpha}{\mathrm{d}t}\Delta t = -57.3\dot{\alpha}\frac{(x_p)_T - (x_p)_W}{V_\infty\sqrt{k_q}} \tag{8.19}$$

注意式（8.19）中 $\dot{\alpha}$ 的单位为弧度/秒，而 $\Delta\alpha$ 的单位为度。

非定常运动时的下洗角与定态运动时下洗角之差为

$$\Delta\varepsilon = \varepsilon_{WB}^{\alpha}\Delta\alpha \tag{8.20}$$

式中，$\varepsilon_{WB}^{\alpha}$ 为尾翼区平均下洗角对攻角的导数，可按下式计算

$$\varepsilon_{WB}^{\alpha} = \frac{-57.3C_{NW}^{\alpha}K_{W(B)}\left(\frac{l'_T}{2}-r\right)_T i}{2\pi\lambda_T(z_{(v)W}-r_W)K_{T(B)}\frac{S_T}{S_{\text{ref}}}}\frac{S_W}{S_{\text{ref}}} \tag{8.21}$$

其中 $z_{(v)W}$ 为弹翼后缘涡的展向位置（见图 3.10（a）），用式（3.101）计算。

这种洗流延迟引起的尾翼附加法向力和附加俯仰力矩为

$$\Delta Y_{1T} = -C_{NT}^{\alpha}K_{T(B)}\Delta\varepsilon q k_q S_T \tag{8.22}$$

$$\Delta M_z = \Delta Y_{1T}[x_g-(x_p)_T] \tag{8.23}$$

附加俯仰力矩系数为

$$\begin{aligned}\Delta m_z &= \frac{\Delta M_z}{qS_{\text{ref}}L_B}\\ &= -57.3C_{NT}^{\alpha}K_{T(B)}\varepsilon_{WB}^{\alpha}\bar{\dot{\alpha}}\sqrt{k_q}\frac{S_T}{S_{ref}}\frac{(x_p)_T-x_g}{L_B}\frac{(x_p)_T-(x_p)_W}{L_B}\end{aligned} \tag{8.24}$$

式中　$\bar{\dot{\alpha}} = \frac{\dot{\alpha}L_B}{V_\infty}$

Δm_z 对 $\bar{\dot{\alpha}}$ 的导数为

$$m_z^{\bar{\dot{\alpha}}} = \frac{\partial m_z}{\partial\bar{\dot{\alpha}}} = -57.3C_{NT}^{\alpha}K_{T(B)}\varepsilon_{WB}^{\alpha}\sqrt{k_q}\frac{S_T}{S_{\text{ref}}}\frac{(x_p)_T-x_g}{L_B}\frac{(x_p)_T-(x_p)_W}{L_B} \tag{8.25}$$

式（8.25）表明，$m_z^{\bar{\dot{\alpha}}}$ 是负的，表明由下洗延迟引起的附加力矩是阻止攻角变化的。对于正常式布局飞行器，可近似取 $(x_p)_T-(x_p)_W \approx (x_p)_T-x_g$，于是式（8.25）简化为

$$m_z^{\bar{\dot{\alpha}}} = -57.3C_{NT}^{\alpha}K_{T(B)}\varepsilon_{WB}^{\alpha}\sqrt{k_q}\frac{S_T}{S_{\text{ref}}}\left(\frac{(x_p)_T-x_g}{L_B}\right)^2 \tag{8.26}$$

比较公式（8.26）和公式（8.6）可以看出，对于正常式布局飞行器，$m_z^{\bar{\dot{\alpha}}}$ 和 $(m_z^{\bar{\omega}_z})_{T(B)}$ 之间存在如下的关系

$$m_z^{\bar{\dot{\alpha}}} \approx (m_z^{\bar{\omega}_z})_{T(B)}\varepsilon_{WB}^{\alpha} \tag{8.27}$$

由于 $\varepsilon_{WB}^{\alpha}<1$，所以 $|m_z^{\bar{\dot{\alpha}}}|<|(m_z^{\bar{\omega}_z})_{T(B)}|$，一般 $|m_z^{\bar{\dot{\alpha}}}|$ 不会超过 $|m_z^{\bar{\omega}_z}|$ 的 30%。

在鸭式布局飞行器中也存在由洗流延迟引起的附加力矩，此时有

$$m_z^{\bar{\dot{\alpha}}} = -57.3C_{NT}^{\alpha}K_{T(B)}\varepsilon_{av}^{\alpha}\frac{(x_p)_W-x_g}{L_B}\frac{(x_p)_W-(x_p)_T}{L_B} \tag{8.28}$$

式中，下标“W”表示鸭翼，“av”表示平均。对于具有反安定面的无尾式布局飞行器

也可以用这个公式计算 $m_z^{\bar{\dot{\alpha}}}$。

当弹翼和尾翼是“＋”形或“×”形时，在利用上述公式计算 $m_z^{\bar{\dot{\alpha}}}$ 时要注意前后翼的配置形式：“×—×”“＋—×”“×—＋”。如果后翼面呈“×”形，则在式（8.26）和式（8.28）的右边应乘以

$$k_\psi = 2\cos^2\psi \tag{8.29}$$

考虑翼片间的干扰，k_ψ 按图 8.4 取值。

洗流延迟现象不仅在攻角变化时发生，在俯仰控制舵偏角随时间变化时也会发生。对旋转弹翼式布局，当舵偏角 δ_z 随时间变化时，即 $\dot{\delta} = \dfrac{\mathrm{d}\delta}{\mathrm{d}t} \neq 0$ 时，由前翼后洗流随时间变化而产生的俯仰力矩也是阻止 δ 变化的。按类似上面的推导可得

$$m_z^{\bar{\dot{\delta}}_z} = m_z^{\bar{\dot{\alpha}}} \frac{\varepsilon_{WB}^{\delta}}{\varepsilon_{WB}^{\alpha}} \left(\frac{k_{T(B)}}{K_{T(B)}} \right) \tag{8.30}$$

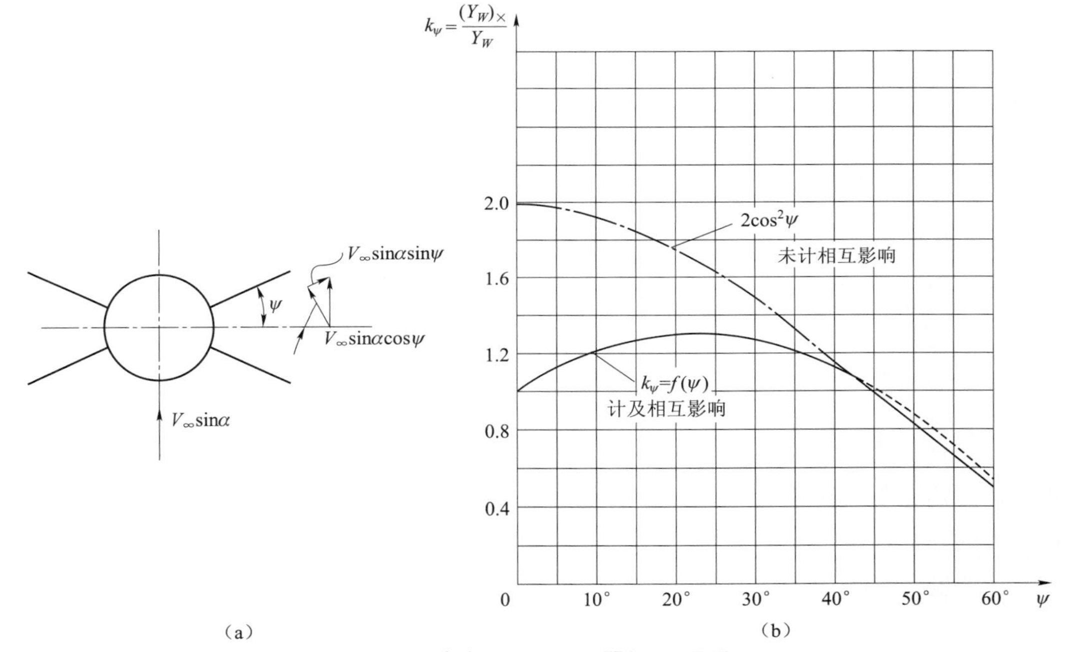

图 8.4　确定“×”形尾翼的 k_ψ 用图

式中
$$\bar{\dot{\delta}}_z = \frac{\dot{\delta}_z L_B}{V_\infty}$$

对于鸭式布局飞行器也有类似现象发生，此时有

$$m_z^{\bar{\dot{\delta}}_z} = m_z^{\bar{\dot{\alpha}}} \frac{\varepsilon_{av}^{\delta}}{\varepsilon_{av}^{\alpha}} \left(\frac{k_{W(B)}}{K_{W(B)}} \right) \tag{8.31}$$

8.3 偏航动导数 $m_y^{\bar{\omega}_y}$

对于轴对称飞行器，如果取

$$m_y = \frac{M_y}{q_\infty S L_B},\quad \bar{\omega}_y = \frac{\omega_y L_B}{V_\infty},\quad \bar{\dot{\beta}} = \frac{\dot{\beta} L_B}{V_\infty},\quad \bar{\dot{\delta}}_y = \frac{\dot{\delta}_y L_B}{V_\infty}$$

则有

$$m_y^{\bar{\omega}_y} = m_z^{\bar{\omega}_z},\quad m_y^{\bar{\dot{\beta}}} = m_z^{\bar{\dot{\alpha}}},\quad m_y^{\bar{\dot{\delta}}_y} = m_z^{\bar{\dot{\delta}}_z} \tag{8.32}$$

如果按通常习惯，取弹翼全展长 l'_W 为参考长度时

$$m_y = \frac{M_y}{q_\infty S l'_W},\quad \bar{\omega}_y = \frac{\omega_y l'_W}{2V_\infty},\quad \bar{\dot{\beta}} = \frac{\dot{\beta} l'_W}{2V_\infty},\quad \bar{\dot{\delta}}_y = \frac{\dot{\delta}_y l'_W}{2V_\infty}$$

则有

$$\begin{aligned} m_y^{\bar{\omega}_y} &= 2m_z^{\bar{\omega}_z}\left(\frac{L_B}{l'_W}\right)^2 \\ m_y^{\bar{\dot{\beta}}} &= 2m_z^{\bar{\dot{\alpha}}}\left(\frac{L_B}{l'_W}\right)^2 \\ m_y^{\bar{\dot{\delta}}_y} &= 2m_z^{\bar{\dot{\delta}}_z}\left(\frac{L_B}{l'_W}\right)^2 \end{aligned} \tag{8.33}$$

8.4 滚转动导数 $m_x^{\bar{\omega}_x}$

当飞行中的导弹以角速度 ω_x 绕其纵轴滚转时，导弹上将作用一个阻碍其转动的力矩，该力矩称为滚转阻尼力矩。滚转阻尼力矩主要由翼面产生，弹身的滚转阻尼力矩由空气的黏性产生，是摩擦阻尼力矩，其值很小。滚转阻尼力矩系数 m_x 对于量纲为 1 的滚转速度 $\bar{\omega}_x$ 的导数称为滚转动导数。对于弹翼—弹身—尾翼组合体，滚转动导数为

$$m_x^{\bar{\omega}_x} = (m_x^{\bar{\omega}_x})_B + (m_x^{\bar{\omega}_x})_{W(B)} + (m_x^{\bar{\omega}_x})_{T(B)} \tag{8.34}$$

其中第一项为弹身的滚转动导数；第二项为考虑弹身对弹翼干扰的弹翼的滚转动导数；第三项为考虑弹身对尾翼干扰的尾翼的滚转动导数。

8.4.1 $(m_x^{\bar{\omega}_x})_B$ 的计算

对于全湍流边界层，弹身的滚转动导数为

$$m_x^{\bar{\omega}_x} = -4\times 0.074 R \nu^{\frac{1}{5}} V_\infty^{-\frac{1}{5}} \frac{L_B^{4/5}}{l_W'^2} \tag{8.35}$$

式中，R 为弹身的半径，ν为黏性系数，l'_W 为弹翼的全展长。注意 m_x、$\bar{\omega}_x$、$m_x^{\bar{\omega}_x}$ 的定义如下

$$m_x = \frac{M_x}{q_\infty S_B l'_W}$$

$$\bar{\omega}_x = \frac{\omega_x l'_W}{2V_\infty}$$

$$m_x^{\bar{\omega}_x} = \left(\frac{\partial m_x}{\partial \bar{\omega}_x}\right)_{\bar{\omega}_x=0}$$

8.4.2　$(m_x^{\bar{\omega}_x})_{W(B)}$ 的计算

1）中、小展弦比弹翼

对于中、小展弦比弹翼，包括弹身对弹翼干扰的滚转动导数按下式计算

$$(m_x^{\bar{\omega}_x})_{W(B)} = -C_{NW}^{\alpha} K_{W(B)} \left(\frac{m_x^{\bar{\omega}_x}}{C_N^{\alpha}}\right)_W \kappa_W n \frac{S_W}{S_{\text{ref}}} \tag{8.36}$$

式中，n 表示弹翼片的对数，2 片弹翼时 n=1，4 片弹翼时 n=2，6 片弹翼时 n=3；κ_W 为考虑弹径影响的参数，从图 8.5 查得；参数 $\left(\frac{m_x^{\bar{\omega}_x}}{C_N^{\alpha}}\right)_W$ 从图 8.6 查得。

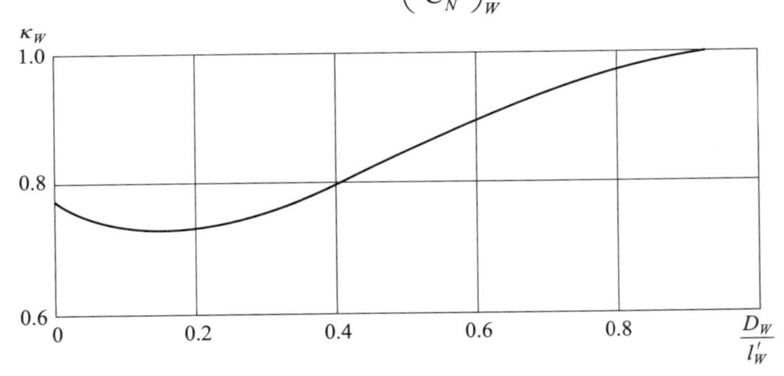

图 8.5　关系式 $\kappa_W = f\left(\frac{D_W}{l'_W}\right)$ 的图线

2）大展弦比弹翼

对于大展弦比弹翼，考虑弹身干扰的滚转动导数按下式计算

$$(m_x^{\bar{\omega}_x})_{W(B)} = -4 \times 57.3 C_{NW}^{\alpha} K_{W(B)} \left(1 - \frac{1}{2\lambda_W \sqrt{Ma_n^2 - 1}}\right) \cos\chi_0 \kappa_W \left(\frac{z_g}{l'_W}\right)^2 \frac{S_W}{S_{\text{ref}}} n \tag{8.37}$$

式中，χ_0 为弹翼前缘后掠角，Ma_n 为垂直于前缘的马赫数，z_g 为翼片上附加法向力作用点至弹身纵轴的距离，n 为翼片对数；对于梯形翼，z_g 由公式（7.42）计算

$$z_g = \frac{D}{2} + \frac{l_W(\eta_W + 2)}{6(\eta_W + 1)}$$

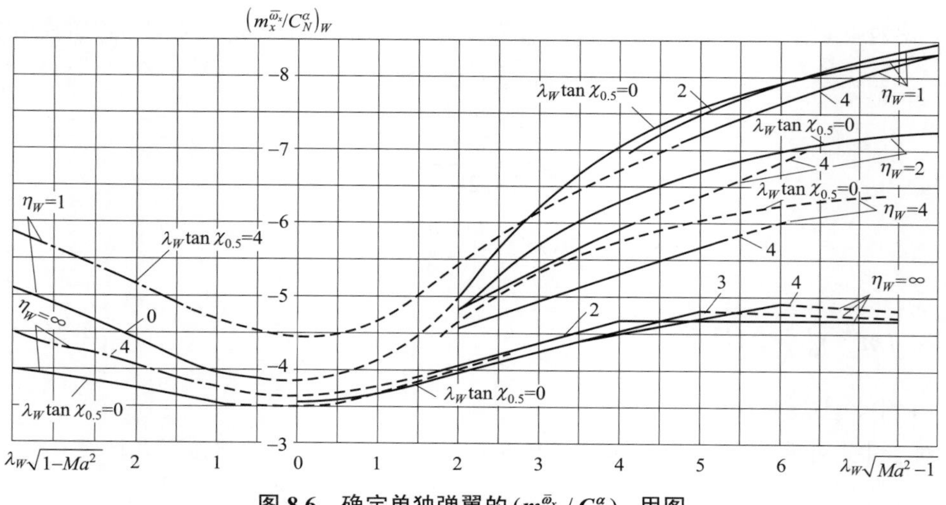

图 8.6　确定单独弹翼的 $(m_x^{\bar{\omega}_x}/C_N^{\alpha})_W$ 用图

8.4.3　$(m_x^{\bar{\omega}_x})_{T(B)}$ 的计算

考虑弹身干扰在内的尾翼滚转动导数按下式计算

$$(m_x^{\bar{\omega}_x})_{T(B)} = -C_{NT}^{\alpha} K_{T(B)} \left(\frac{m_x^{\bar{\omega}_x}}{C_N^{\alpha}}\right)_T \kappa_T n_T \frac{S_T}{S_{\text{ref}}} \left(\frac{l'_T}{l'_W}\right)^2 \tag{8.38}$$

式中，n_T 为尾翼片的对数；κ_T 为弹径的影响系数，根据尾翼处弹身直径 D_T 与尾翼全展长 l'_T 之比 $\frac{D_T}{l'_T}$，由图 8.5 查得。需强调的是，式（8.38）的 C_{NT}^{α} 的参考面积为 S_T；m_x、$\bar{\omega}_x$ 的定义如下

$$m_x = \frac{M_x}{q_\infty S_{ref} l'_T},\quad \bar{\omega}_x = \frac{\omega_x l'_T}{2V_\infty}$$

另外，在 $(m_x^{\bar{\omega}_x})_{T(B)}$ 计算中没有考虑弹翼的下洗影响。

8.5　偏航（俯仰）螺旋导数 $m_y^{\bar{\omega}_x}(m_z^{\bar{\omega}_x})$

当飞行器出现绕弹体纵轴滚转时，在弹翼和尾翼上会产生偏航（俯仰）力矩，这个力矩称为偏航（俯仰）螺旋力矩，力矩系数 $m_y(m_z)$ 对量纲为 1 的角速度 $\bar{\omega}_x$ 的导数称为偏航（俯仰）螺旋导数。

偏航螺旋力矩的产生机理可用图 8.7 来说明。当弹翼以 ω_x 绕 Ox_1 旋转飞行时，弹翼的每个剖面都获得附加的垂直速度，ω_x 为正时（后视），右翼片的附加速度向下，左翼片的附加速度向上；右翼片的攻角增大，左翼片的攻角减少。右、左翼片攻角的增加和减少，使得与攻角平方成正比的前缘吸力呈差动变化，即右翼的前缘吸力增加了 ΔX_r，左翼片的前缘吸力减少了 ΔX_l，恰好构成力偶，并产生附加的偏航力矩 ΔM_y。如果弹翼为“＋”形，那么有 ω_x 时，垂直两片弹翼产生的是附加俯仰力矩。附加偏航（俯仰）力矩系数对 $\bar{\omega}_x$ 的导数为偏航（俯仰）螺旋导数。从上面的分析可知，如果弹翼前缘为超声速的，则 $m_y^{\bar{\omega}_x}$ 和 $m_z^{\bar{\omega}_x}$ 为零；如果弹翼前缘为尖的，则 $m_y^{\bar{\omega}_x}$ 和 $m_z^{\bar{\omega}_x}$ 很小。总之，同 $m_y^{\beta}\cdot\beta$ 与 $m_z^{\alpha}\cdot\alpha$ 相比，$m_y^{\bar{\omega}_x}\cdot\bar{\omega}_x$ 和 $m_z^{\bar{\omega}_x}\cdot\bar{\omega}_x$ 是可以忽略的。

对于图 8.8 所示的非对称尾翼，$m_y^{\bar{\omega}_x}$ 却必须考虑，因为此时与 $\bar{\omega}_x$ 有关的偏航力矩来源于旋转引起的附加侧滑角产生的附加侧向力；另外，由于非对称的垂直尾翼离飞行器的质心较远，因此附加的偏航力矩较大。可用下面的简化方法确定这个附加偏航力矩。

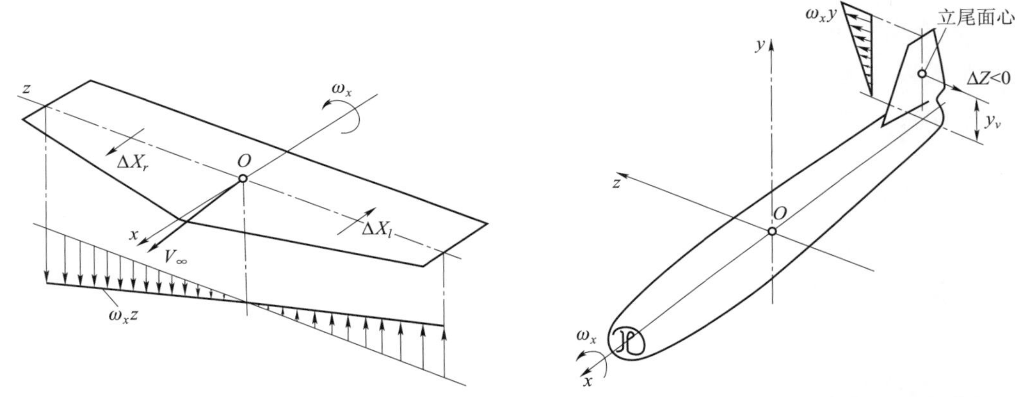

图 8.7　弹翼绕轴 Ox_1 转动时的附加速度和附加轴向力　　图 8.8　确定垂直尾翼的偏航力矩用图

由 $\bar{\omega}_x$ 产生的附加侧滑角为

$$\Delta\beta = 57.3\frac{\omega_x y}{V_\infty} \tag{8.39}$$

式中 y 为所取剖面到弹身轴线的距离。$\Delta\beta$ 沿垂尾高度呈线性变化，可近似认为 $\Delta\beta$ 沿垂尾的高度为常数，等于尾翼面心处的值，即

$$\Delta\beta_{av} = 57.3\frac{\omega_x y_{TC}}{V_\infty} \tag{8.40}$$

式中，y_{TC} 为尾翼面心到弹身轴线的距离。

于是在非对称垂尾上作用的侧向力为

$$\Delta Z = -C_{NT}^{\alpha}K_{T(B)}\Delta\beta_{av}q_\infty\sqrt{k_q}S_T \tag{8.41}$$

由 ΔZ 产生的偏航力矩为

$$\Delta M_y = \Delta Z\left[(x_p)_T - x_g\right] \tag{8.42}$$

偏航螺旋导数为

$$m_{yT}^{\bar{\omega}_x} = -57.3C_{NT}^{\alpha}K_{T(B)}\sqrt{k_q}\frac{S_T}{S}\frac{(x_p)_T - x_g}{L_B}\frac{2y_{TC}}{L_B} \tag{8.43}$$

式中 $m_{yT} = \dfrac{M_{yT}}{q_\infty S_T l_T'}$；

$\bar{\omega}_x = \dfrac{\omega_x l_T'}{2V_\infty}$。

8.6 倾斜螺旋导数 $m_x^{\bar{\omega}_y}$ 和 $m_x^{\bar{\omega}_z}$

由角速度 ω_y、ω_z 产生的滚转力矩有时称为倾斜螺旋力矩，倾斜螺旋力矩系数对 $\bar{\omega}_y$、$\bar{\omega}_z$ 的导数 $m_x^{\bar{\omega}_y}$、$m_x^{\bar{\omega}_z}$ 称为倾斜螺旋导数。以图 8.9 说明倾斜螺旋力矩的产生原因。一梯形翼以 ω_y 绕通过根弦中点的 $Oy_1(\bar{x}_g = 0.5)$ 轴旋转时，弹翼的每个剖面都获得沿 Ox_1 方向的附加速度

$$\Delta V = \omega_y z \tag{8.44}$$

如图 8.9 所示，$\omega_y > 0$ 时，右翼片的附加速度向前，左翼片的附加速度向后，这样右翼片的绕流速度增大，而左翼片的绕流速度减少。此时，左右翼片剖面的攻角也改变了，弹翼任意剖面的附加攻角为

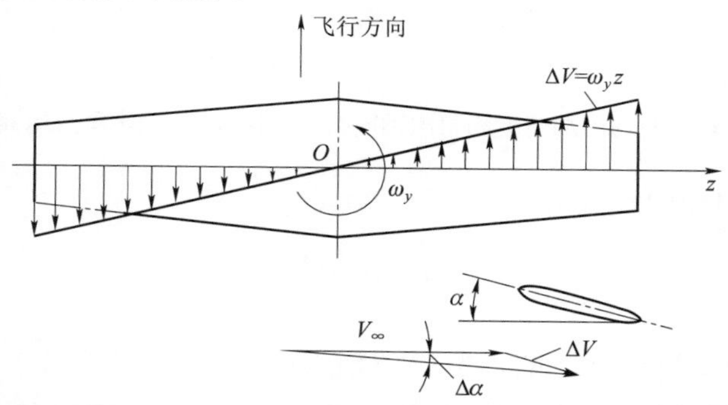

图 8.9　当无后掠翼绕通过根弦中点的 Oy_1 轴转动时，剖面上的附加速度和附加攻角

$$\Delta\alpha \approx \tan\Delta\alpha \approx -\frac{\Delta V\sin\alpha}{V_\infty + \Delta V\cos\alpha} \approx -\frac{\Delta V}{V_\infty}\alpha = -\frac{\omega_y z}{V_\infty}\alpha = -\bar{\omega}_y\bar{z}\alpha \tag{8.45}$$

式中，$\bar{\omega}_y = \dfrac{\omega_y l_W}{2V_\infty}$，$\bar{z} = \dfrac{z}{l_W/2}$。

在右翼片上 $\Delta\alpha$ 为正，左翼片上 $\Delta\alpha$ 为负。此外，左、右翼片的动压也不一样。左、右翼片的法向力差动将产生绕 Ox_1 的倾斜力矩，当 ω_y 为正时，倾斜力矩总是负的，因此

$$m_x^{\bar{\omega}_y} = \frac{\partial m_x}{\partial \bar{\omega}_y} < 0$$

如果弹翼是后掠的（图 8.10），当弹翼绕通过平均气动弦中点在对称面上的投影点 O 点的 Oy_1 轴旋转时，右翼片的外部剖面获得指向右前方的附加速度 ΔV，而内部剖面的附加速度则是指向左前方的。左翼片上的附加速度指向刚好相反，结果好像在弹翼的每个剖面上出现了某个侧滑角，这将产生附加的倾斜力矩。

如果 Oy_1 不通过平均气动弦中点（见图 8.11），则弹翼以角速度 ω_y 绕 Oy_1 转动可视为以下两种运动的合成：

（1）弹翼以 ω_y 绕通过平均气动弦中点的 Oy_1 作转动；

（2）弹翼以速度

$$V_z = \omega_y\left(x_A + \frac{1}{2}b_A - x_g\right) = \omega_y b_A\left(\bar{x}_A + \frac{1}{2} - \bar{x}_g\right) \tag{8.46}$$

沿 Oz_1 轴做侧向移动，式中 $\bar{x}_A = \frac{x_A}{b_A}$，$\bar{x}_g = \frac{x_g}{b_A}$。这两种运动与 V_∞ 叠加就导致弹翼以

$$\beta = 57.3\frac{V_z}{V_\infty} = 57.3\frac{\omega_y b_A}{V_\infty}\left(\bar{x}_A + \frac{1}{2} - \bar{x}_g\right) \tag{8.47}$$

进行侧滑。

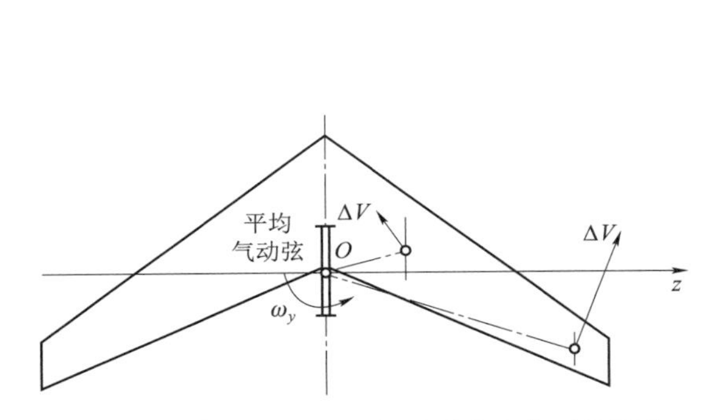

图 8.10　后掠翼绕通过平均气动弦中点在对称面上投影点的 Oy_1 轴转动时，不同剖面上的附加速度

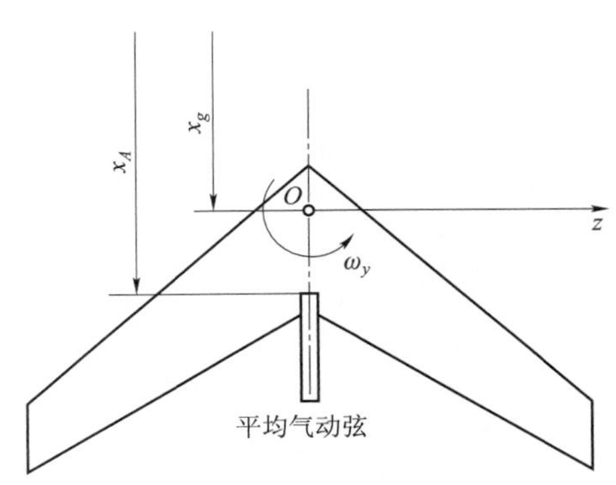

图 8.11　弹翼绕不通过平均气动弦中点在对称面上投影点的 Oy_1 轴转动

后掠翼在侧滑飞行时会产生倾斜力矩，该力矩与后掠角、翼梢形状、上反角及弹翼—弹身干扰有关。根据以上讨论可得 $m_x^{\bar{\omega}_y}$ 的一般表达式

$$(m_x^{\bar{\omega}_y})_W = (m_x^{\bar{\omega}_y})'_W + 57.3(m_{xW}^{\beta})_* \frac{2b_A}{l_W}\left(\bar{x}_A + \frac{1}{2} - \bar{x}_g\right) \tag{8.48}$$

式中，$(m_x^{\bar{\omega}_y})'_W$ 是当 $\bar{x}_g = \bar{x}_A + \frac{1}{2}$ 时的 $(m_x^{\bar{\omega}_y})_W$

$$(m_x^{\bar{\omega}_y})'_W = \left(\frac{m_x^{\bar{\omega}_y}}{C_N}\right)'_W C_{NW}^{\alpha}\alpha \tag{8.49}$$

对于矩形翼，当 $\lambda_W\sqrt{Ma_\infty^2-1}\geqslant 2$ 时

$$\left(\frac{m_x^{\bar{\omega}_y}}{C_N}\right)'_W = \frac{1}{57.3(Ma_\infty^2-1)}\left(\frac{m_x^{\bar{\omega}_x}}{C_N^{\alpha}}\right)_W \tag{8.50}$$

式中的 $\left(\frac{m_x^{\bar{\omega}_x}}{C_N^{\alpha}}\right)_W$ 按图 8.6 确定。

对于三角翼，$\left(\frac{m_x^{\bar{\omega}_y}}{C_N}\right)'_W$ 按图 8.12 确定，该图适用于亚声速前缘、超声速后缘情况，即

$$\left|(\lambda_W\tan\chi_{0.5}-2)\right| < \lambda_W\sqrt{Ma_\infty^2-1} < (\lambda_W\tan\chi_{0.5}+2)$$

式（8.48）中的静导数 $(m_{xW}^{\beta})_*$ 按下式计算

$$(m_{xW}^{\beta})_* = (m_x^{\beta})_\psi + (m_x^{\beta})_i + \left[\left(\frac{\partial^2 m_x}{\partial\alpha\partial\beta}\right)_\chi + \left(\frac{\partial^2 m_x}{\partial\alpha\partial\beta}\right)_{\text{end}}\right]\alpha \tag{8.51}$$

式中，下标 ψ 代表上反角贡献；i 代表翼—身干扰贡献；χ 代表后掠角贡献；end 代表翼梢形状影响。

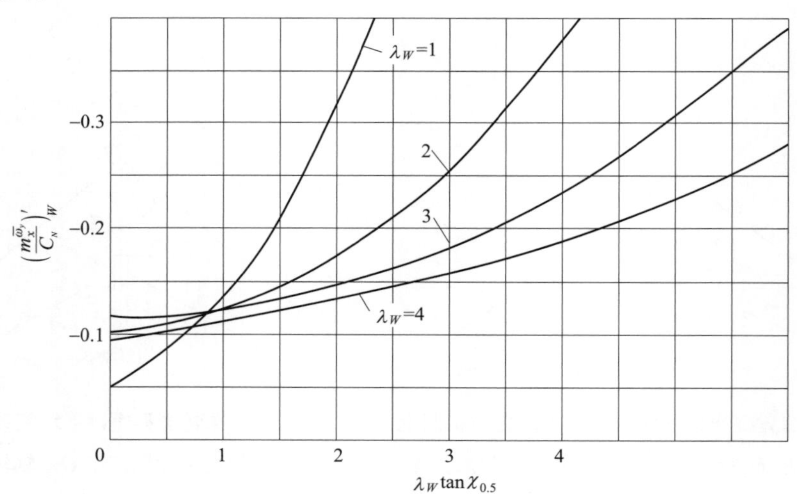

图 8.12　确定三角翼 $\left(\frac{m_x^{\bar{\omega}_y}}{C_N}\right)'_W$ 用图

当弹翼为“＋”形时，由于翼片间的干扰，由 ω_y 产生的倾斜力矩有所减小，需引进修正系数 κ_W，于是

$$(m_x^{\bar{\omega}_y})_{W+} = \kappa_W (m_x^{\bar{\omega}_y})_{W-} \tag{8.52}$$

式中的 κ_W 仍按图 8.5 确定。

当飞行器绕 Oz_1 转动时，垂直安置的那对弹翼产生与 ω_z 有关的倾斜螺旋力矩。如果飞行器是轴对称的，则有

$$M_{xW}^{\omega_z} = M_{xW}^{\omega_y}$$

于是

$$(m_x^{\bar{\omega}_z})_{W+} = \frac{l_W}{2b_A}(m_x^{\bar{\omega}_y})_{W+} \tag{8.53}$$

注意在上式中

$$\bar{\omega}_y = \frac{\omega_y l_W}{2V_\infty}, \qquad \bar{\omega}_z = \frac{\omega_z b_A}{V_\infty}$$

除弹翼外，不对称安置的垂直尾翼也产生倾斜螺旋力矩。按与 $m_y^{\bar{\omega}_x}$ 类似的讨论，可得

$$m_{xT}^{\bar{\omega}_y} = -57.3 C_{NT}^{\alpha} K_{T(B)} \sqrt{k_q} \frac{S_T}{S} \frac{(x_p)_T - x_g}{L_B} \frac{2y_{TC}}{L_B} \tag{8.54}$$

将该式与式（8.43）比较，可得到

$$(m_x^{\bar{\omega}_y})_T = (m_y^{\bar{\omega}_x})_T \tag{8.55}$$

注意式中
$$m_{xT} = \frac{M_{xT}}{q_\infty S_T l_T'}$$

而
$$\bar{\omega}_y = \frac{\omega_y l_T'}{2V_\infty}$$

第 9 章　舵面效率和铰链力矩工程计算方法

9.1　舵面效率计算方法

舵面又称为操作面，是保证制导兵器具有良好的操纵性和机动性，准确命中预定目标不可缺少的部件。

根据舵面工作环境中介质的不同，将舵面分为两类：燃气舵和空气舵。对于大气中飞行的制导兵器多使用空气舵。

空气舵按其功能可分为升降舵、方向舵和差动舵（副翼）。每种舵面按它的运动方式或在翼面上的位置，又可分为五类：全动舵、后缘舵、差动舵、翼端舵和扰流片，见图 9.1。

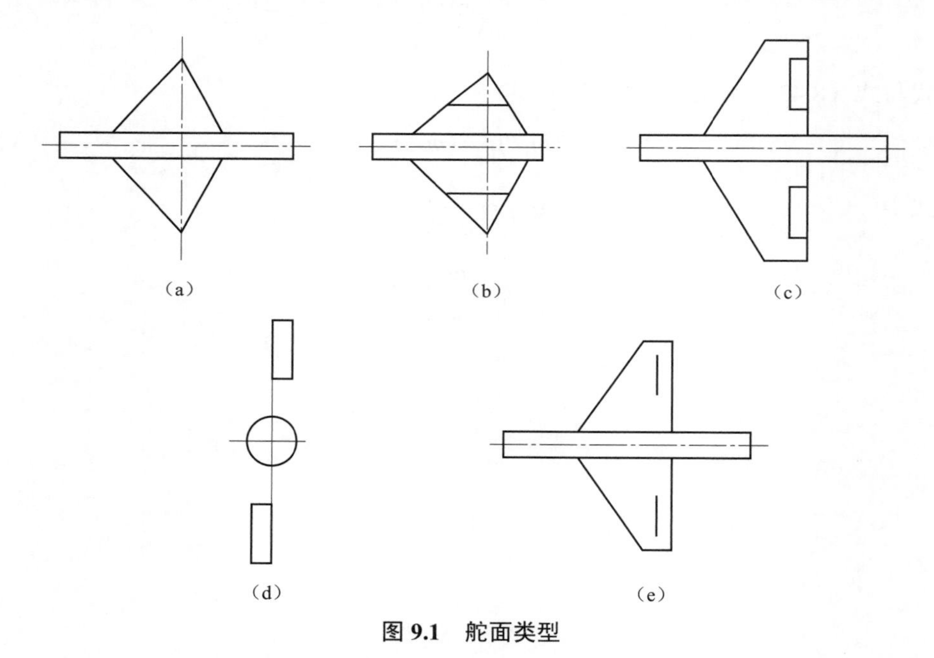

图 9.1　舵面类型

(a) 全动舵；(b) 翼端舵；(c) 后缘舵；(d) 差动舵；(e) 扰流片

舵面偏转方向的一般规定是：从导弹底部朝前看，升降舵后缘向下、方向舵后缘向右偏转为正，反之为负。对于水平弹翼上的副翼，右副翼后缘向下为正；对于垂直弹翼上的副翼，上副翼后缘向右为正。

根据导弹纵向平衡条件可得出

$$\left(\frac{\alpha}{\delta_z}\right)_{\text{bal}} = -\frac{m_z^{\delta_z}}{m_z^{\alpha}} \tag{9.1}$$

$\left(\frac{\alpha}{\delta_z}\right)_{\text{bal}}$ 称为平衡比或配平比，表示单位舵偏角产生平衡攻角能力的大小，是衡量导弹纵向操纵性的一个指标，各种外形布局飞行器的平衡比 $\left(\frac{\alpha}{\delta_z}\right)_{\text{bal}}$ 可参考表 9.1。

表 9.1　各种外形布局飞行器的平衡比 $\left(\frac{\alpha}{\delta_z}\right)_{\text{bal}}$

气动布局类型	$\left(\frac{\alpha}{\delta_z}\right)_{\text{bal}}$
正常式	–0.6～–1.2
鸭式	0.8～1.2
无尾式	–0.5～–0.8
旋转弹翼式	±0.10～±0.25

制导兵器在飞行过程中产生加速度的能力是衡量其机动性好坏的标准。法向加速度的大小取决于法向力的大小，法向力越大，则法向机动性越好。制导兵器的机动性可以利用过载来评定，可用过载越大，机动性越好。对于正常式布局的制导兵器，单位攻角产生的可用法向过载为

$$\frac{n_y}{\alpha} = \frac{1}{G}\left(\frac{P}{57.3} + Y^{\alpha} - \frac{m_z^{\alpha}}{m_z^{\delta_z}} Y^{\delta_z}\right) \tag{9.2}$$

式中，P 为发动机的推力。

单位升降舵偏角产生的可用法向过载为

$$\frac{n_y}{\delta_z} = \frac{1}{G}\left[-\frac{m_z^{\delta_z}}{m_z^{\alpha}}\left(\frac{P}{57.3} + Y^{\alpha}\right) + Y^{\delta_z}\right] \tag{9.3}$$

假定 Y^{δ_z} 为小量忽略掉，可得单位升降舵偏角所产生的法向过载与静稳定性的关系

$$\frac{n_y}{\delta_z} = \frac{m_z^{\delta_z}\left(\frac{P}{57.3} + C_L^{\alpha} q_{\infty} S_{\text{ref}}\right)}{G C_L^{\alpha}(x_p - x_g)} \tag{9.4}$$

可见，静稳定性增加，可用过载下降，导弹机动性变差。增加舵面效率，可用过载增大，机动性提高。

舵面效率是指单位舵偏角所产生的附加气动力或力矩，一般用 $C_N^{\delta_z}$ 、$m_z^{\delta_z}$ 表示升降舵效率；用 $C_z^{\delta_y}$ 、$m_y^{\delta_y}$ 表示方向舵效率；用 $m_x^{\delta_x}$ 表示副翼效率。

9.1.1 后缘升降舵（后缘方向舵）

1）亚、跨声速

在亚、跨声速范围内，特别是亚声速时，由后缘舵面偏转产生的干扰会传递到前面的安定面上，使舵面效率增加，此时，升降舵效率 $C_N^{\delta_z}$ 可用下式计算

$$C_N^{\delta_z} = C_{NT}^{\alpha} k_{T(B)} k_q n_z \frac{S_T}{S_{\text{ref}}} \tag{9.5}$$

式中 C_{NT}^{α} ——整个尾翼的法向力系数导数；

n_z ——升降舵的相对效率

$$n_z = n_1 n_2 k_c \cos\chi_R \tag{9.6}$$

n_2 ——取决于舵的相对弦长 $\bar{b} = \dfrac{b_R}{b_T}$ 和 $\lambda_T\sqrt{1 - Ma_\infty^2}$ 的系数，按图 9.2 确定，其中 b_T 为整个尾翼的弦长，b_R 为舵面弦长；

n_1 ——考虑舵面展向两侧没有伸到安定面端部的修正系数[1]；

χ_R ——舵面转轴后掠角；

k_c ——缝隙修正系数，Ma_∞>1.4 时，k_c=0.95～1.0；Ma_∞<Ma_{cr} 时，k_c=0.8。

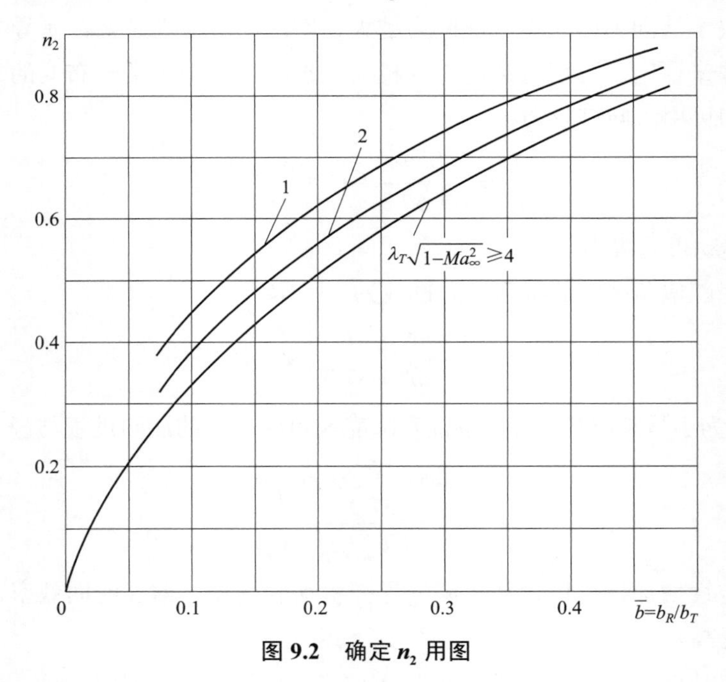

图 9.2 确定 n_2 用图

俯仰力矩系数对舵偏角的导数为

$$m_z^{\delta_z} = -C_N^{\delta_z}\frac{(x_p)_R - x_g}{L_B} \tag{9.7}$$

式中，$(x_p)_R$ 是攻角为零、升降舵偏转时平尾压心到弹身头部顶点的距离；L_B 为弹身长度。

对于后缘舵，若 b_R 只占尾翼弦长的一小部分，近似认为由舵偏转所产生的尾翼法向力作用于舵平均气动弦的前缘点。

方向舵效率 $C_z^{\delta_y}$ 、$m_y^{\delta_y}$ 的计算与 $C_N^{\delta_z}$ 、$m_z^{\delta_z}$ 类似。

当舵面偏转时，如果舵面前缘与安定面前缘之间有较大缝隙，则舵面偏转引起的扰动难以传递到安定面上，舵偏转产生的法向力只限于舵本身，而不影响安定面上的法向升力。此时应把舵面看成一个单独翼面。公式（9.5）中的 C_{NT}^{α}、$k_{T(B)}$、S_T 应为一对舵面的值 C_{NR}^{α}、$k_{R(B)}$、S_R，下标 R 表示舵面。公式（9.6）中的 $n_2=1$。公式（9.7）中的 $(x_p)_R$ 为单独舵面的压心。

2）超声速

舵前缘为超声速时，舵面偏转引起的扰动不能传递到前面的安定面上，应把舵看成一个翼面进行法向力计算。如果 λ_R 足够大，可用二维翼公式计算 C_{NR}^{α}

$$C_{NR}^{\alpha} = \frac{4}{57.3\sqrt{k_q Ma_{\infty}^2 - 1}} \tag{9.8}$$

舵效率 $C_N^{\delta_z}$ 为

$$C_N^{\delta_z} = C_{NR}^{\alpha} k_{R(B)} k_q k_c \cos\chi_R \xi_{ST}\frac{S_R}{S_{\text{ref}}} \tag{9.9}$$

式中，ξ_{ST} 为考虑安定面及舵面上边界层影响的修正系数，计算 ξ_{ST} 的半经验公式为

$$\xi_{ST} = 1 - \left(4\frac{C_2}{C_1}\bar{c}_T + 0.15\right)(1 - \bar{b}_R) \tag{9.10}$$

其中 $\bar{c}_T$、$\bar{b}_R$ 为尾翼的相对厚度和舵的相对弦长，它们是在垂直于转轴的平面内舵的中点量取的。C_1、C_2 为二次理论中计算翼型压力系数公式中的系数

$$C_1 = \frac{4}{\sqrt{Ma_{\infty}^2 - 1}} \tag{9.11}$$

$$C_2 = \frac{\frac{\gamma+1}{2}Ma_{\infty}^4 - 2Ma_{\infty}^2 + 2}{(Ma_{\infty}^2 - 1)^2} \tag{9.12}$$

俯仰力矩系数对舵偏角的导数为

$$m_z^{\delta_z} = -C_N^{\delta_z}\frac{(x_p)_R - x_g}{L_B} \tag{9.13}$$

式中，$(x_p)_R$ 为升降舵压心到弹身头部顶点的距离，$Ma_\infty > 1.3$ 时可认为 $(x_p)_R$ 位于平均气动弦中点。

9.1.2 全动升降舵（全动方向舵）

1）鸭式舵

计算鸭式升降舵效率时，必须考虑鸭舵下洗流场对后翼面法向力的影响。此时，$C_N^{\delta_z}$ 的计算公式为

$$C_N^{\delta_z} = C_{NR(B)}^{\delta_z} \frac{S_R}{S_{\text{ref}}} - C_{NT(B)}^{\delta_z} \varepsilon_T^{\delta_z} \frac{S_T}{S_{\text{ref}}} \tag{9.14}$$

式中　$C_{NR(B)}^{\delta_z}$——鸭舵—弹身组合段在 $\alpha = 0°, \delta \neq 0°$ 状态下的法向力系数导数；

$\varepsilon_T^{\delta_z}$——单位鸭舵偏转角在后翼面处的平均下洗角。

舵偏转产生的俯仰力矩系数导数为

$$m_z^{\delta_z} = C_{NR(B)}^{\delta_z} \frac{S_R}{S_{\text{ref}}} \left[\frac{x_g - (x_p)_R}{L_B} \right] + C_{NT(B)}^{\alpha} \varepsilon_T^{\delta_z} \frac{S_T}{S_{\text{ref}}} \left[\frac{(x_p)_{T(B)} - x_g}{L_B} \right] \tag{9.15}$$

式中　$(x_p)_R$——鸭舵在 $\alpha = 0°$，$\delta \neq 0°$ 状态下的压心坐标，$C_{NT(B)}^{\delta_z} \approx C_{NT(B)}^{\alpha}$。

鸭式方向舵效率的计算可按类似的方法进行。

2）正常式“+—+”布局全动舵

前、后翼面呈“+—+”形的正常式全动升降舵效率为

$$C_N^{\delta_z} = C_{NT}^{\alpha} k_{T(B)} k_q k_c \frac{S_T}{S_{\text{ref}}} \tag{9.16}$$

$$m_z^{\delta_z} = C_N^{\delta_z} \left[\frac{x_g - (x_p)_T}{L_B} \right] \tag{9.17}$$

3）正常式“×—×”布局全动舵

当四个舵面同时向上或向下偏转时，其效率为

$$C_N^{\delta_z} = 2\cos\psi C_{NT}^{\alpha} k_{T(B)} k_q k_c \frac{S_T}{S_{\text{ref}}} \tag{9.18}$$

若两对舵面相互垂直，则 $\psi = 45°$，上式成为

$$C_N^{\delta_z} = \sqrt{2} C_{NT}^{\alpha} k_{T(B)} k_q k_c \frac{S_T}{S_{\text{ref}}} \tag{9.19}$$

可见“×”形全动舵效率是“+”形舵的 $\sqrt{2}$ 倍，即

$$(C_N^{\delta_z})_{\times\times} = \sqrt{2} (C_N^{\delta_z})_{++} \tag{9.20}$$

$$(m_z^{\delta_z})_{\times\times} = \sqrt{2} (m_z^{\delta_z})_{++} \tag{9.21}$$

9.1.3　副翼

1）弹翼后缘副翼

亚声速时，相对弦长为常数的一对后缘副翼的效率可按下式计算

$$m_x^{\delta_x}=57.3\left(\frac{1}{C_N^{\alpha}}\frac{m_x^{\beta}}{\psi}\right)_W C_{NW}^{\alpha}k_{W(B)}k_q n_x n_3\frac{S_W}{S_{\mathrm{ref}}} \tag{9.22}$$

式中　n_3——弹身影响修正因子；

n_x——副翼的相对效率

$$n_x=k_c\cos\chi_R n_2 n_4 \tag{9.23}$$

n_2——取决于舵相对弦长的影响系数，计算方法与升降舵中的 n_2 相同；

n_4——副翼展长及其在展向位置的影响系数

$$n_4=(n_4)_0-(n_4)_1 \tag{9.24}$$

$(n_4)_0$、$(n_4)_1$ 分别是副翼翼根处及翼梢处的 n_4 值。

如果副翼前缘缝隙较大，或副翼前缘为超声速前缘时，式（9.22）中的法向力系数应为一对孤立副翼的值。

2）全动副翼

一对全动副翼的效率可用下式计算

$$m_x^{\delta_x}=-C_N^{\delta_x}\frac{(z_p)_R}{L_B} \tag{9.25}$$

式中，$(z_p)_R$ 为副翼展向压心坐标，$C_N^{\delta_x}$ 的计算方法与 $C_N^{\delta_z}$ 相同。

3）“＋”“×”形副翼

当“＋”形翼或 $\psi=45°$ 的“×”形翼有两对副翼时，副翼效率计算式（9.22）和式（9.25）应为

$$m_x^{\delta_x}=2\times 57.3\left(\frac{1}{C_N^{\alpha}}\frac{m_x^{\beta}}{\psi}\right)_W C_{NW}^{\alpha}k_{W(B)}k_q\kappa_\varphi n_x n_3\frac{S_W}{S} \tag{9.26}$$

$$m_x^{\delta_x}=-2C_N^{\delta_x}\frac{(z_p)_R}{L} \tag{9.27}$$

式中　κ_φ——翼片间相互影响因子，由图 7.13 确定。

9.2　铰链力矩计算方法

铰链力矩是指作用在舵面上的气动力相对于舵面转轴的力矩。为使舵面偏转，舵机的传动机构必须克服舵面的铰链力矩。铰链力矩越大，在一定舵机功率下舵

面的偏转角速度越小，对控制指令的反应越慢。如果舵面的最大铰链力矩大于舵机的额定输出功率，那么飞行器便不可能在最大舵偏角及最大攻角下进行机动飞行。

设作用在舵面法向的力 N_R 的作用点（舵面压心）在转轴之后 h 处，则规定 h 为正（见图 9.3）。按通常规定，当铰链力矩力图使舵作正向偏转（$\delta_R > 0°$）时，铰链力矩为正，于是有

$$M_h = -N_R h \tag{9.28}$$

N_R 在垂直于速度方向的分量为舵的升力

$$L_R = N_R \cos(\alpha + \delta_R) \tag{9.29}$$

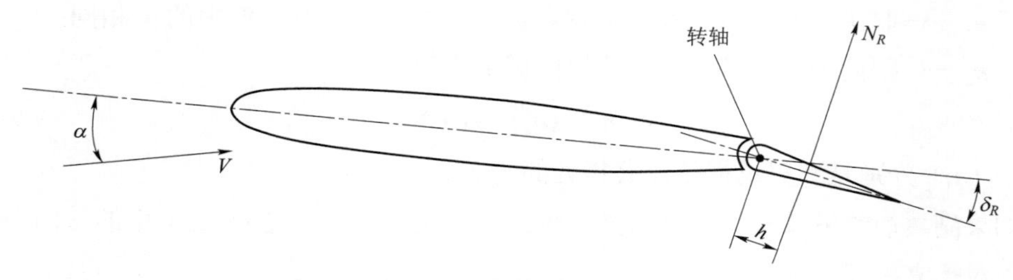

图 9.3　铰链力矩示意图

在小 α、δ_R 下有

$$M_h \approx -L_R h \tag{9.30}$$

铰链力矩系数定义为

$$m_h = \frac{M_h}{q_T S_R b_{AR}} = \frac{M_h}{k_q q_\infty S_R b_{AR}} = \frac{-L_R h}{k_q q_\infty S_R b_{AR}} = -C_{LR}\frac{h}{b_{AR}} \tag{9.31}$$

式中 S_R——舵的面积；

b_{AR}——舵的平均气动弦长；

C_{LR}——舵的升力系数；

q_T——尾翼区动压。

铰链力矩系 m_h 的大小取决于舵的类型、舵面的几何形状、转轴位置、马赫数、攻角和舵偏角等。当舵面几何参数和马赫数给定时，只能通过减少 m_h 的方法来减少 M_h。减少 m_h 的主要方法是采用舵的气动补偿。最常采用的是轴式气动补偿，即将舵的转轴后移至压心附近，以减少 h，从而减少 m_h。此时转轴前面的舵面就是轴式补偿面 $S_{co,\,R}$，对于矩形舵，$S_{co,\,R} \approx h_{co,\,R} \cdot l_R$，式中 $h_{co,\,R}$ 为补偿距离，l_R 为舵的净展长（见图 9.4）。

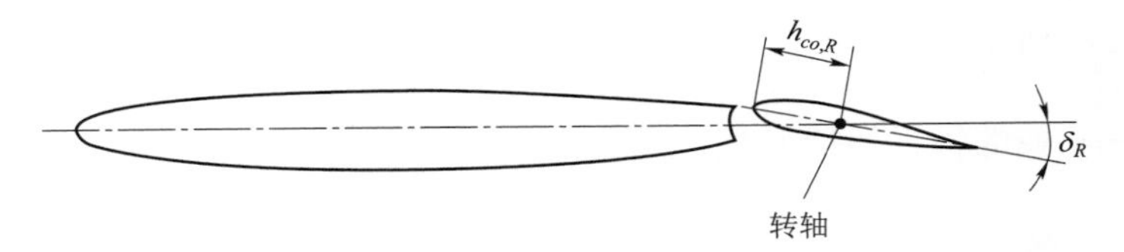

图 9.4　轴式补偿示意图

当α、δ_R较小时，铰链力矩系数与α、δ_R之间关系接近线性，于是有

$$m_h = m_h^{\alpha}\alpha + m_h^{\delta_R}\delta_R \tag{9.32}$$

下面给出各种类型舵面铰链力矩系数导数m_h^{α}、$m_h^{\delta_R}$的计算公式。

9.2.1　全动舵

1）正常式布局的全动舵

$$m_h^{\alpha} = -C_{LR}^{\alpha}K_{R(B)}k_q(1-\varepsilon_{WB}^{\alpha})\frac{(h_{\alpha})_R}{b_{AR}} \tag{9.33}$$

$$m_h^{\delta_R} = -C_{LR}^{\alpha}k_{R(B)}k_q k_c \cos\chi_R \frac{(h_{\delta})_R}{b_{AR}} \tag{9.34}$$

$$m_h = m_h^{\alpha}\alpha + m_h^{\delta_R}\delta_R \tag{9.35}$$

式中，$(h_{\alpha})_R$、$(h_{\delta})_R$分别是“$\delta=0°$，$\alpha\neq 0°$”和“$\alpha=0°$，$\delta\neq 0°$”状态下舵面的压心到转轴的距离，χ_R是转轴后掠角。m_h的参考面积为一对舵的面积S_R；参考长度为舵的平均气动弦长b_{AR}。C_{LR}^{α}为单独舵面的升力系数导数。

2）鸭式全动舵

$$m_h^{\alpha} = -C_{LR}^{\alpha}K_{R(B)}\frac{(h_{\alpha})_R}{b_{AR}} \tag{9.36}$$

$$m_h^{\delta_R} = -C_{LR}^{\alpha}k_{R(B)}k_c \cos\chi_R \frac{(h_{\delta})_R}{b_{AR}} \tag{9.37}$$

9.2.2　后缘舵

1）亚跨声速后缘舵

（1）正常式布局。

$$m_h^{\alpha} = -0.12\bar{b}_R\left(1-3.6\frac{S_{co,\ R}}{S_R}\right)C_{LT}^{\alpha}K_{T(B)}(1-\varepsilon_{WB}^{\alpha}) \tag{9.38}$$

$$m_h^{\delta_R} = -0.14\left[1-6.5\left(\frac{S_{co,\ R}}{S_R}\right)^{3/2}\right]C_{LT}^{\alpha}k_{T(B)}k_q k_c \cos\chi_R \tag{9.39}$$

式中　C_{LT}^{α}——单独尾翼的升力系数导数；

$\bar{b}_R$——舵的相对弦长；

$S_{co,\ R}$——舵的轴式补偿面积。

（2）鸭式布局。

$$m_h^{\alpha} = -0.12\bar{b}_R\left(1-3.6\frac{S_{co,\ R}}{S_R}\right)C_{LR}^{\alpha}K_{R(B)} \tag{9.40}$$

$$m_h^{\delta_R} = -0.14\left[1-6.5\left(\frac{S_{co,\ R}}{S_R}\right)^{3/2}\right]C_{LR}^{\alpha}k_{R(B)}k_c\cos\chi_R \tag{9.41}$$

2）超声速后缘舵

（1）正常式布局。

$$m_h^{\alpha} = -0.8C_{LR}^{\alpha}K_{R(B)}(1-\varepsilon_{WB}^{\alpha})\cos\chi_R\xi_{ST} \tag{9.42}$$

$$m_h^{\delta_R} = -0.8C_{LR}^{\alpha}k_{R(B)}\cos\chi_R\xi_{ST} \tag{9.43}$$

（2）鸭式布局。

$$m_h^{\alpha} = -0.8C_{LR}^{\alpha}K_{R(B)}\cos\chi_R\xi_{ST} \tag{9.44}$$

$$m_h^{\delta_R} = -0.8C_{LR}^{\alpha}k_{R(B)}\cos\chi_R\xi_{ST} \qquad (9.43)$$

9.2.3 副翼

1）亚跨声速

$$m_h^{\alpha} = -0.12\bar{b}_R\left(1-3.6\frac{S_{co,\ R}}{S_R}\right)C_{LW}^{\alpha}K_{W(B)} \tag{9.45}$$

$$m_h^{\delta_R} = -0.14\left[1-6.5\left(\frac{S_{co,\ R}}{S_R}\right)^{3/2}\right]C_{LW}^{\alpha}k_{W(B)}k_c\cos\chi_R \tag{9.46}$$

2）超声速

副翼前缘为超声速时，m_h^{α}、$m_h^{\delta_R}$ 的计算公式为

$$m_h^{\alpha} = -0.8C_{LR}^{\alpha}K_{R(B)}\xi_{ST} \tag{9.47}$$

$$m_h^{\delta_R} = -0.8C_{LR}^{\alpha}k_{R(B)}\cos\chi_R\xi_{ST} \qquad (9.43)$$

第 10 章　特殊部件气动特性的工程计算方法

10.1　非圆截面弹身的气动特性计算方法

10.1.1　概述

轴对称布局飞行器的弹身，一般都采用横截面为圆形的旋成体，面对称布局飞行器的弹身横截面一般为非圆形。从气动特性上考虑，横置矩形或椭圆形横截面的弹身能产生可观的升力，可提高飞行器的滑翔能力和巡航能力；竖置矩形或椭圆形横截面弹身能产生可观的侧向力，可提高侧向机动能力。从雷达隐身特性上考虑，当雷达对飞行器从侧向照射时，矩形截面弹身的 RCS 具有更高的峰值，但范围很窄。随着弹身的滚转，RCS 值迅速降低，使得在一定的滚转角范围内 RCS 的均值比圆截面弹身的 RCS 均值还低。从结构上来考虑，采用矩形或方形横截面弹身的空—地战术武器，在内、外挂机时都可以紧凑地排列在一起，与载机在整体上构成一个高密度低阻力的外形。对于采用子母战斗部的空—地战术武器，采用非圆横截面弹身有利于子弹药的布排，可增大装填密度，并且便于开舱和抛撒子弹药。

对于非圆截面弹身飞行器的气动特性，目前多采用对圆截面弹身飞行器气动特性进行横截面形状修正的方法，即乔振森（Joergensen）方法。

10.1.2　旋成体大攻角绕流法向力系数和俯仰力矩系数计算方法

大攻角时，旋成体的法向力和俯仰力矩由两部分组成：位流法向力和黏性法向力。

1）位流法向力

阿兰（Allen）由蒙克（Munk）的细长体理论方程得到单位长度弹身上的位流法向力为

$$f_{\mathrm{p}} = q_{\infty}\sin 2\alpha \frac{\mathrm{d}S_B}{\mathrm{d}x} \tag{10.1}$$

式中，S_B 为旋成体的横截面积，Ox 轴沿弹身的纵轴（见图 10.1）。马克（Mark）指出，小攻角时，f_{p} 实际作用在升力与法向力中间的角度上，于是式（10.1）应写成

$$f_{\mathrm{p}} = q_{\infty}\sin 2\alpha \cdot \cos\frac{\alpha}{2}\frac{\mathrm{d}S_B}{\mathrm{d}x} \tag{10.2}$$

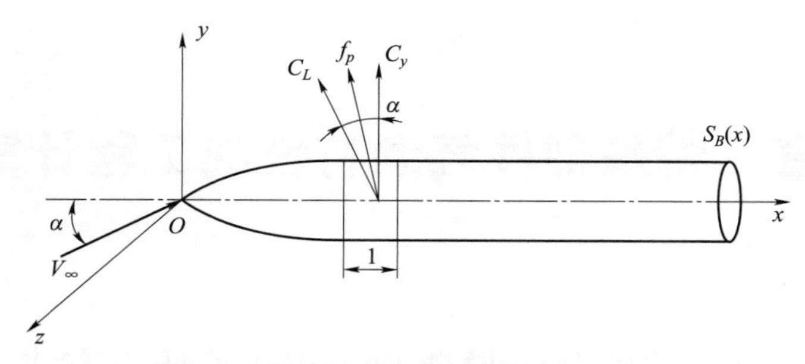

图 10.1　旋成体大攻角位流法向力示意图

2）黏性法向力

阿兰于 1949 年指出，单位长度旋成体由背风面黏性分离所产生的法向力为

$$f_v = 2rC_{dn}\frac{\rho V_n^2}{2} \tag{10.3}$$

式中，r 为当地半径，V_n 为垂直于弹身纵轴的速度，C_{dn} 为定态横流阻力系数，C_{dn} 取决于横流马赫数 Ma_n 和横流雷诺数 Re_n

$$Ma_n = \frac{V_n}{a} = Ma\sin\alpha$$

$$Re_n = \frac{\rho V_n L_B}{\mu} = Re\sin\alpha$$

由横流比拟理论确定。

3）横流阻力比例因子

二维圆柱绕流实际上代表的是无限长圆柱绕流，没有端面影响，其阻力系数为 C_{dc}；进行横流比拟的是有限长圆柱大攻角绕流时的横向流动，令其单位长度上法向力系数 C_{dn} 等于 C_{dc}。由于端面影响，实际上 $C_{dn} < C_{dc}$。令 $\eta = \frac{C_{dn}}{C_{dc}}$，通过对不同长径比有限长圆柱的实验可以得到 η 与长细比 L_B/D 的关系曲线（图 10.2）以备使用。于是式（10.3）成为

$$f_v = 2\eta rC_{dc}\frac{\rho V_\infty^2}{2}\sin^2\alpha \tag{10.4}$$

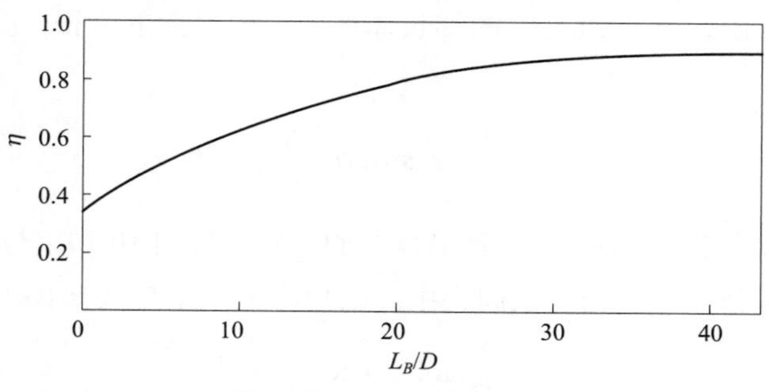

图 10.2　$\eta \sim L_B/D$ 曲线

4）法向力系数和俯仰力矩系数表达式

旋成体大攻角绕流时，单位长度弹身的法向力为

$$f = f_p + f_v = q_\infty \sin 2\alpha \cos\frac{\alpha}{2}\frac{\mathrm{d}S_B}{\mathrm{d}x} + 2\eta r C_{\mathrm{dc}}\frac{\rho V_\infty^2}{2}\sin^2\alpha \tag{10.5}$$

弹身上的总法向力和对质心 x_g 的俯仰力矩为

$$N = \int_0^{L_B} f\,\mathrm{d}x$$

$$M_{zg} = \int_0^{L_B} f(x_g - x)\,\mathrm{d}x$$

法向力系数和俯仰力矩系数为

$$C_N = \frac{Y}{q_\infty S_{\mathrm{ref}}} = \frac{\sin 2\alpha \cos\dfrac{\alpha}{2}}{S_{\mathrm{ref}}}\int_0^L \frac{\mathrm{d}S_B}{\mathrm{d}x}\mathrm{d}x + \frac{2\eta C_{dc}\sin^2\alpha}{S_{\mathrm{ref}}}\int_0^{L_B} r\mathrm{d}x \tag{10.6}$$

$$\begin{aligned} m_{zg} = \frac{M_{zg}}{q_\infty S_{\mathrm{ref}} L_B} = & \frac{\sin 2\alpha \cos\dfrac{\alpha}{2}}{S_{\mathrm{ref}} L_B}\int_0^{L_B} \frac{\mathrm{d}S_B}{\mathrm{d}x}(x_g - x)\,\mathrm{d}x + \\ & \frac{2\eta C_{\mathrm{dc}}\sin^2\alpha}{S_{\mathrm{ref}} L_B}\int_0^{L_B} r(x_g - x)\,\mathrm{d}x \end{aligned} \tag{10.7}$$

完成积分后得

$$C_N = \frac{S_b}{S_{\mathrm{ref}}}\sin 2\alpha' \cos\frac{\alpha'}{2} + \eta C_{dc}\frac{S_p}{S_{\mathrm{ref}}}\sin^2\alpha' ,\quad 0° \leqslant \alpha \leqslant 180° \tag{10.8}$$

$$\begin{aligned} m_{zg} = & \frac{W_{\mathrm{B}} - S_b(L_B - x_g)}{S_{\mathrm{ref}} L_B}\sin 2\alpha' \cos\frac{\alpha'}{2} + \\ & \eta C_{dc}\frac{S_p}{S_{\mathrm{ref}}}\frac{x_g - x_C}{L_B}\sin^2\alpha' ,\quad 0° \leqslant \alpha \leqslant 90° \end{aligned} \tag{10.9}$$

$$\begin{aligned} m_{zg} = & -\frac{W_B - S_b x_g}{S_{\mathrm{ref}} L_B}\sin 2\alpha' \cos\frac{\alpha'}{2} + \\ & \eta C_{dc}\frac{S_p}{S_{\mathrm{ref}}}\frac{x_g - x_C}{L_B}\sin^2\alpha' ,\quad 90° < \alpha \leqslant 180° \end{aligned} \tag{10.10}$$

式中，S_{ref} 为参考面积；L_B 为弹身长度；x_g 为质心到弹身顶点的距离，取为力矩参考点；S_b 为弹身底端面面积；S_p 为弹身水平投影面积；W_B 为弹身体积；x_C 为弹身水平投影面积面心至弹身顶点的距离。

当 $0° \leqslant \alpha \leqslant 90°$ 时，$\alpha' = \alpha$；当 $90° < \alpha \leqslant 180°$ 时，$\alpha' = 180° - \alpha$，见图 10.3。

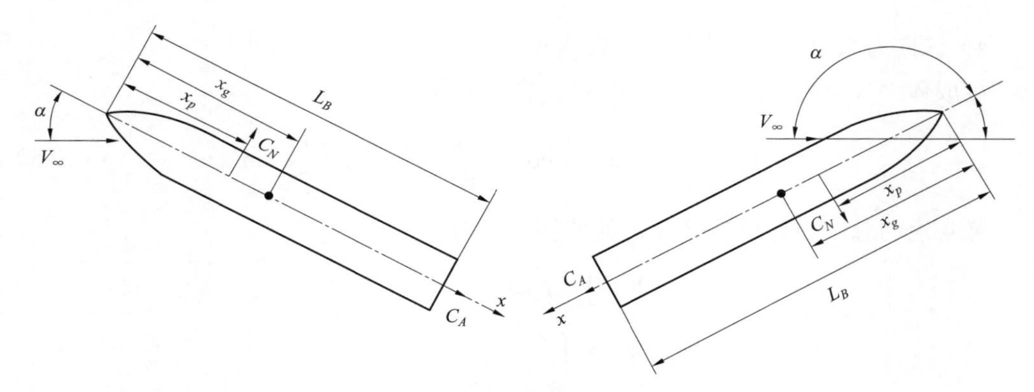

图 10.3　旋成体大攻角绕流时的符号规定

纵向压心系数 $\bar{x}_p$ 为

$$\bar{x}_p = \frac{x_p}{L_B} = \frac{x_g}{L_B} - \frac{m_{zg}}{C_N} \tag{10.11}$$

轴向力系数 C_A 为

$$\left.\begin{aligned} C_A &= (C_A)_{\alpha=0^\circ} \cos^2\alpha, & 0^\circ \leqslant \alpha \leqslant 90^\circ \\ C_A &= (C_A)_{\alpha=180^\circ} \cos^2\alpha, & 90^\circ < \alpha \leqslant 180^\circ \end{aligned}\right\} \tag{10.12}$$

升力系数 C_L 为

$$C_L = C_N \cos\alpha - C_A \sin\alpha \tag{10.13}$$

阻力系数 C_D 为

$$C_D = C_A \cos\alpha + C_N \sin\alpha \tag{10.14}$$

10.1.3　沿纵轴截面积不变的非圆截面弹身气动特性计算方法

乔振森指出，如果给出非圆截面弹身合适的横流阻力系数 C_{dc} 和横流阻力比例因子 η，非圆截面弹身纵向气动特性就可用沿弹身纵轴的等效圆截面弹身的气动特性来预估，为此将式（10.6）和式（10.7）写为

$$C_N = \frac{\sin 2\alpha \cos\dfrac{\alpha}{2}}{S_{\mathrm{ref}}} \int_0^{L_B} \left(\frac{C_n}{C_{no}}\right)_{\mathrm{SBT}} \frac{\mathrm{d}S_B}{\mathrm{d}x}\,\mathrm{d}x + \frac{2\eta C_{dc} \sin^2\alpha}{S_{\mathrm{ref}}} \int_0^{L_B} \left(\frac{C_n}{C_{no}}\right)_{\mathrm{Nt}} r\,\mathrm{d}x \tag{10.15}$$

$$\begin{aligned} m_{zg} = {} & \frac{\sin 2\alpha \cos\dfrac{\alpha}{2}}{S_{\mathrm{ref}} L_B} \int_0^{L_B} \left(\frac{C_n}{C_{no}}\right)_{\mathrm{SBT}} \frac{\mathrm{d}S_B}{\mathrm{d}x}(x_g - x)\,\mathrm{d}x + {} \\ & \frac{2\eta C_{dc} \sin^2\alpha}{S_{\mathrm{ref}} L_B} \int_0^{L_B} \left(\frac{C_n}{C_{no}}\right)_{\mathrm{Nt}} r(x_g - x)\,\mathrm{d}x \end{aligned} \tag{10.16}$$

式中，$\dfrac{C_n}{C_{no}}$ 为非圆截面弹身和等效圆截面弹身当地单位长度法向力系数之比；下标 SBT

表示细长体理论，Nt 表示牛顿理论。

对于沿弹身纵轴横截面积不变的非圆截面弹身，式（10.15）、式（10.16）的积分结果为

$$C_N=\frac{S_b}{S_{\text{ref}}}\sin 2\alpha'\cos\frac{\alpha'}{2}\left(\frac{C_N}{C_{No}}\right)_{\text{SBT}}+\eta C_{dc}\frac{S_p}{S_{\text{ref}}}\sin^2\alpha'\left(\frac{C_N}{C_{No}}\right)_{\text{Nt}},\quad 0°\leqslant\alpha\leqslant 180° \tag{10.17}$$

$$m_{zg}=\frac{W_B-S_b\left(L_B-x_g\right)}{S_{\text{ref}}L_B}\left[\sin 2\alpha'\cos\frac{\alpha'}{2}\right]\left(\frac{m_z}{m_{zo}}\right)_{\text{SBT}}+\eta C_{dc}\frac{S_p}{S_{\text{ref}}}\frac{x_g-x_C}{L_B}\sin^2\alpha'\left(\frac{m_z}{m_{zo}}\right)_{\text{Nt}},\quad 0°\leqslant\alpha\leqslant 90° \tag{10.18}$$

$$m_{zg}=-\frac{W_B-S_b x_g}{S_{\text{ref}}L_B}\sin 2\alpha'\cos\frac{\alpha'}{2}\left(\frac{m_z}{m_{zo}}\right)_{\text{SBT}}+\eta C_{dc}\frac{S_p}{S_{\text{ref}}}\frac{x_g-x_C}{L_B}\sin^2\alpha'\left(\frac{m_z}{m_{zo}}\right)_{\text{Nt}},\quad 90°<\alpha\leqslant 180° \tag{10.19}$$

可以证明

$$\left(\frac{C_N}{C_{No}}\right)_{\text{SBT}}=\left(\frac{m_z}{m_{zo}}\right)_{\text{SBT}}=\left(\frac{C_n}{C_{no}}\right)_{\text{SBT}}$$

$$\left(\frac{C_N}{C_{No}}\right)_{\text{Nt}}=\left(\frac{m_z}{m_{zo}}\right)_{\text{Nt}}=\left(\frac{C_n}{C_{no}}\right)_{\text{Nt}}$$

10.1.4　各种横截面形状$\left(\frac{C_n}{C_{no}}\right)_{\text{SBT}}$、$\left(\frac{C_n}{C_{no}}\right)_{\text{Nt}}$的计算公式

1）椭圆横截面体

（1）$\left(\frac{C_n}{C_{no}}\right)_{\text{SBT}}$

对于椭圆横截面体有

$$\left(\frac{C_n}{C_{no}}\right)_{\text{SBT}}=\frac{a}{b}\cos^2\theta+\frac{b}{a}\sin^2\theta \tag{10.20}$$

式中，a、b 分别为半长轴和半短轴；θ为滚转角。

当横流垂直于半长轴 a 时（见图 10.4（a）），$\theta=0°$

$$\left(\frac{C_n}{C_{no}}\right)_{\text{SBT}}=\frac{a}{b}$$

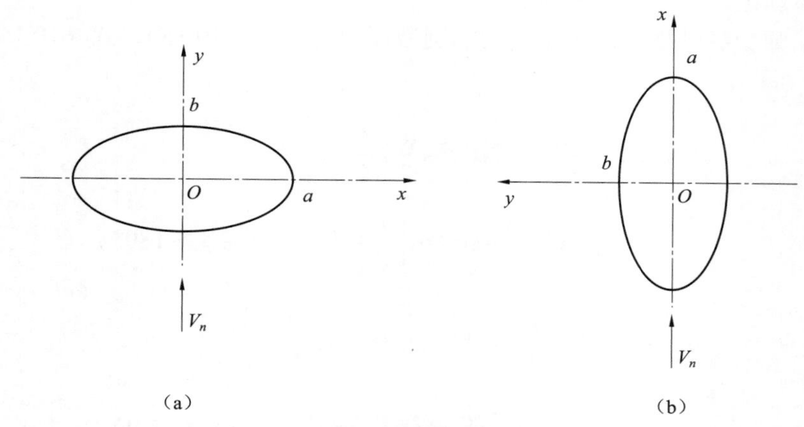

图 10.4 椭圆横截面

（a）$\theta = 0°$；（b）$\theta = 90°$

当横流垂直于半短轴b时（见图 10.4（b）），$\theta = 90°$

$$\left(\frac{C_n}{C_{no}}\right)_{\mathrm{SBT}} = \frac{b}{a}$$

（2）$\left(\frac{C_n}{C_{no}}\right)_{\mathrm{Nt}}$

牛顿理论的压力系数公式为

$$C_p = \frac{p - p_\infty}{\frac{1}{2}\rho_\infty V_\infty^2} = 2\sin^2\delta \tag{10.21}$$

式中，δ为物面切线与来流方向的夹角。对于二维圆柱，由

$$x^2 + y^2 = r^2$$

可得

$$\tan\delta = \frac{\mathrm{d}y}{\mathrm{d}x} = -\sqrt{\frac{r^2}{y^2} - 1}$$

$$\sin^2\delta = \frac{\tan^2\delta}{1 + \tan^2\delta} = 1 - \frac{y^2}{r^2}$$

由此得绕二维圆柱流动的阻力系数为

$$C_{dc} = C_{dn} = \frac{2}{d}\int_0^r C_p \mathrm{d}y = \frac{2}{d}\int_{90°}^{0°} 2\sin^2\delta \mathrm{d}\delta = \frac{2}{d}\int_0^r 2\left(1 - \frac{y^2}{r^2}\right)\mathrm{d}y = \frac{4}{3} \tag{10.22}$$

对于二维椭圆的绕流（见图 10.4），当$\theta = 0°$时

$$\left(\frac{C_n}{C_{no}}\right)_{\text{Nt}}=\frac{3}{2}\sqrt{\frac{a}{b}}\left\{\frac{-\frac{b^2}{a^2}}{\left(1-\frac{b^2}{a^2}\right)^{3/2}}\log\left[\frac{a}{b}\left(1+\sqrt{1-\frac{b^2}{a^2}}\right)\right]+\frac{1}{1-\frac{b^2}{a^2}}\right\} \tag{10.23}$$

当 $\theta=90°$ 时

$$\left(\frac{C_n}{C_{no}}\right)_{\text{Nt}}=\frac{3}{2}\sqrt{\frac{b}{a}}\left\{\frac{\frac{a^2}{b^2}}{\left(\frac{a^2}{b^2}-1\right)^{3/2}}\arctan\sqrt{\frac{a^2}{b^2}-1}-\frac{1}{\frac{a^2}{b^2}-1}\right\} \tag{10.24}$$

2）带中弹翼的椭圆横截面体

（1）$\left(\frac{C_n}{C_{no}}\right)_{\text{SBT}}$

当 $\theta=0°$，即横流垂直于长半轴和翼面时（见图 10.5（a））

$$\left(\frac{C_n}{C_{no}}\right)_{\text{SBT}}=\frac{1}{ab}(k_1^2+a^2) \tag{10.25}$$

式中 $k_1=A_1-\frac{(a+b)^2}{4A_1}$； $A_1=\frac{1}{2}(s+\sqrt{s^2+b^2-a^2})$。

当 $\theta=90°$，即横流垂直于短半轴和翼面时（见图 10.5（b））

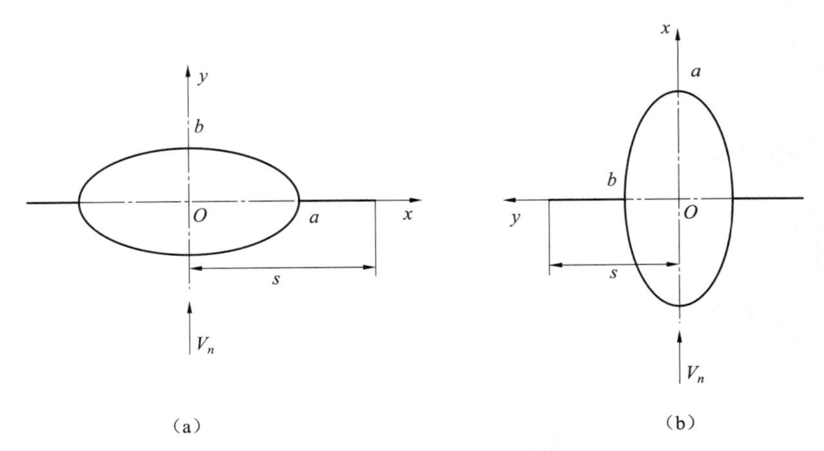

图 10.5 带中弹翼的椭圆横截面

（a） $\theta=0°$；（b） $\theta=90°$

$$\left(\frac{C_n}{C_{no}}\right)_{\mathrm{SBT}}=\frac{1}{ab}(k_2^2+b^2) \tag{10.26}$$

式中 $k_2=A_2-\dfrac{(a+b)^2}{4A_2}$；

$A_2=\dfrac{1}{2}(s+\sqrt{s^2+a^2-b^2})$。

（2）$\left(\dfrac{C_n}{C_{no}}\right)_{\mathrm{Nt}}$

当$\theta=0°$时，

$$\left(\frac{C_n}{C_{no}}\right)_{\mathrm{Nt}}=\frac{3}{2}\sqrt{\frac{a}{b}}\left\{\frac{-\frac{b^2}{a^2}}{\left(1-\frac{b^2}{a^2}\right)^{3/2}}\log\left[\frac{a}{b}\left(1+\sqrt{1-\frac{b^2}{a^2}}\right)\right]+\frac{1}{1-\frac{b^2}{a^2}}+\frac{s}{a}-1\right\} \tag{10.27}$$

当$\theta=90°$时，

$$\left(\frac{C_n}{C_{no}}\right)_{\mathrm{Nt}}=\frac{3}{2}\sqrt{\frac{b}{a}}\left\{\frac{\frac{a^2}{b^2}}{\left(\frac{a^2}{b^2}-1\right)^{3/2}}\arctan\sqrt{\frac{a^2}{b^2}-1}-\frac{1}{\frac{a^2}{b^2}-1}+\frac{s}{b}-1\right\} \tag{10.28}$$

3）尖角修圆的方横截面体

（1）$\left(\dfrac{C_n}{C_{no}}\right)_{\mathrm{SBT}}$

对于尖角修圆的方横截面体，当$k=0$时，$\left(\dfrac{C_n}{C_{no}}\right)_{\mathrm{SBT}}=1.19$；当$k=0.5$时，$\left(\dfrac{C_n}{C_{no}}\right)_{\mathrm{SBT}}=1.00$。

（2）$\left(\dfrac{C_n}{C_{no}}\right)_{\mathrm{Nt}}$

对于图 10.6 所示的带圆角的方横截面体，根据牛顿理论可以得到

$$\left(\frac{C_n}{C_{no}}\right)_{\mathrm{Nt}}=\left(\frac{C_{dn}}{C_{dno}}\right)_{\mathrm{Nt}}=\frac{1}{2}\left(\frac{3}{2}-k\right)\sqrt{\frac{\pi}{1-(4-\pi)k^2}} \tag{10.29}$$

式中$0\leqslant k\leqslant 0.5$。

由式（10.29），当$k=0$时，$\left(\dfrac{C_n}{C_{no}}\right)_{\mathrm{Nt}}=1.33$；当$k=0.5$时，$\left(\dfrac{C_n}{C_{no}}\right)_{\mathrm{Nt}}=1.00$。

4）尖角修圆的带中弹翼的方横截面体

（1）$\left(\dfrac{C_n}{C_{no}}\right)_{\text{Nt}}$

对图 10.7 所示的带中弹翼方横截面体的横向绕流，按牛顿理论有

$$\begin{aligned} C_{dn} &= \frac{2}{w}\int_0^s C_p \,\mathrm{d}y = \frac{2}{w}\int_0^{\frac{w}{2}} C_{p\text{body}} \,\mathrm{d}y + \frac{2}{w}\int_{\frac{w}{2}}^{s} C_{p\text{wing}} \,\mathrm{d}y \\ &= \frac{2}{w}\int_0^{\frac{w}{2}-r} C_{p\text{flat}} \,\mathrm{d}y + \frac{2}{w}\int_0^{r} C_{p\text{corner}} \,\mathrm{d}y + \frac{2}{w}\int_{\frac{w}{2}}^{s} C_{p\text{wing}} \,\mathrm{d}y \end{aligned} \tag{10.30}$$

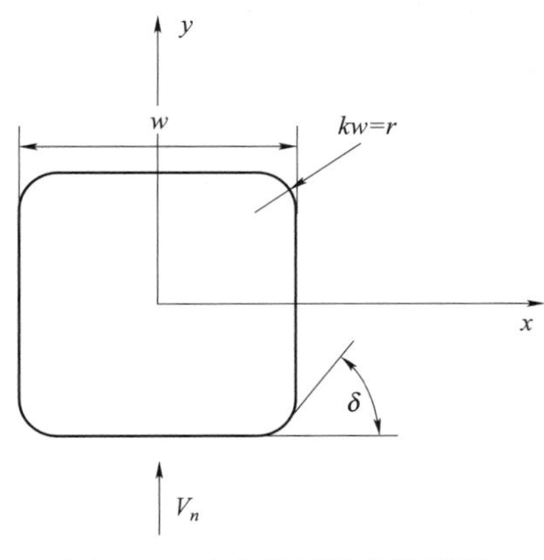

图 10.6　尖角修圆的方横截面

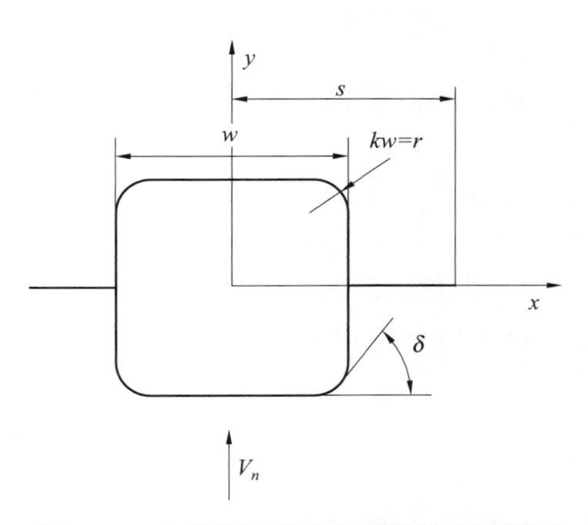

图 10.7　尖角修圆的带中弹翼的方横截面

在圆角部分

$$C_{p\text{corner}} = 2\left(1-\frac{y^2}{r^2}\right)$$

在弹体平面部分及弹翼部分，因为$\delta = 90°$，所以

$$C_p = 2$$

于是由式（10.30）得到

$$C_{dn} = 4\left(\frac{s}{w}-\frac{k}{3}\right) \tag{10.31}$$

尖角修圆的横截面的等效圆直径d为

$$d = 2w\sqrt{\frac{1-(4-\pi)k^2}{\pi}} \tag{10.32}$$

式（10.31）是基于弹身宽度w的，将其换为等效圆直径d时，可得

$$C_{dn} = 4\left(\frac{s}{w}-\frac{k}{3}\right)\frac{w}{d} \tag{10.33}$$

因为 $C_{dno}=\dfrac{4}{3}$

所以

$$\left(\frac{C_n}{C_{no}}\right)_{\mathrm{Nt}}=\left(\frac{C_{dn}}{C_{dno}}\right)_{\mathrm{Nt}}=\frac{3}{2}\left(\frac{s}{w}-\frac{k}{3}\right)\sqrt{\frac{\pi}{1-(4-\pi)k^2}}\ ,\qquad 0\leqslant k\leqslant 0.5 \tag{10.34}$$

（2）$\left(\dfrac{C_n}{C_{no}}\right)_{\mathrm{SBT}}$

一般来说弹翼不会位于弹身的头部，而弹身的位流法向力主要由头部贡献，所以对于有翼的方横截面体的 $\left(\dfrac{C_n}{C_{no}}\right)_{\mathrm{SBT}}$ 仍取无翼时的值，即 $k=0$ 时，$\left(\dfrac{C_n}{C_{no}}\right)_{\mathrm{SBT}}=1.19$；$k=0.5$ 时，$\left(\dfrac{C_n}{C_{no}}\right)_{\mathrm{SBT}}=1.00$。

5）尖角修圆的矩形横截面体

对于尖角修圆的矩形横截面绕流（图 10.8），有

$$C_{dn}=\frac{2}{w}\int_0^{\frac{w}{2}}C_{\mathrm{p}}\,\mathrm{d}\,y=\frac{2}{w}\int_0^{\frac{w}{2}-r}C_{p\,\mathrm{flat}}\,\mathrm{d}\,y+\frac{2}{w}\int_0^{r}C_{p\mathrm{corner}}\,\mathrm{d}\,y \tag{10.35}$$

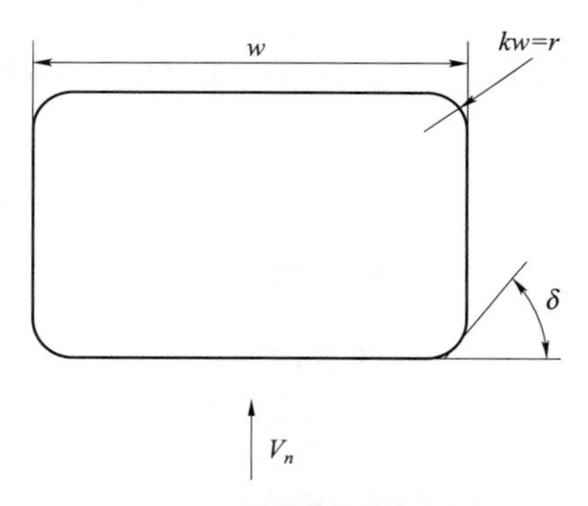

图 10.8　尖角修圆的矩形横截面

在弹体的平面部分 $C_p=2$；在圆角部分 $C_{p\mathrm{corner}}=2\left(1-\dfrac{y^2}{r^2}\right)$；于是由式（10.35）得

$$C_{dn}=2-\frac{4}{3}k \tag{10.36}$$

有圆角的矩形截面的面积为

$$\begin{aligned}S&=(w-2r)(h-2r)+\pi r^2\\&=\frac{w^2}{m}[1-2k(1+m)+k^2m(4+\pi)]\end{aligned}$$

式中　$m=\dfrac{w}{h}$，$k=\dfrac{r}{w}$。

等效圆直径 d 为

$$d=\sqrt{\frac{4S}{\pi}}=\frac{w}{m}\sqrt{m-2km(1+m)+k^2m^2(4+\pi)}$$

以 d 为基准时，式（10.36）成为

$$\begin{aligned}C_{dn}&=\left(2-\frac{4}{3}k\right)\frac{w}{d}\\&=\left(2-\frac{4}{3}k\right)\frac{m}{\sqrt{m-2km(1+m)+km^2(4+\pi)}}\end{aligned}\tag{10.37}$$

而

$$C_{dno}=\frac{4}{3}$$

所以

$$\left(\frac{C_n}{C_{no}}\right)_{\mathrm{Nt}}=\left(\frac{C_{dn}}{C_{dno}}\right)_{\mathrm{Nt}}=\frac{\left(\dfrac{3}{2}-k\right)m}{\sqrt{m-2km(1+m)+km^2(4+\pi)}}\tag{10.38}$$

6）尖角修圆的带中弹翼的矩形横截面体

对于尖角修圆的带中弹翼的矩形横截面绕流（见图 10.9），按牛顿理论有

$$\begin{aligned}C_{dn}&=\frac{2}{w}\int_0^s C_{\mathrm{p}}\,\mathrm{d}y=\frac{2}{w}\int_0^{\frac{w}{2}-r}C_{p\mathrm{body}}\,\mathrm{d}y+\frac{2}{w}\int_0^r C_{p\mathrm{corner}}\,\mathrm{d}y+\frac{2}{w}\int_{\frac{w}{2}}^s C_{p\mathrm{wing}}\,\mathrm{d}y\\&=\frac{2}{w}\int_0^{\frac{w}{2}-r}2\,\mathrm{d}y+\frac{2}{w}\int_0^r 2\left(1-\frac{y^2}{r^2}\right)\mathrm{d}y+\frac{2}{w}\int_{\frac{w}{2}}^s 2\,\mathrm{d}y\\&=2-\frac{4}{3}k+\frac{4}{w}\left(s-\frac{w}{2}\right)\end{aligned}\tag{10.39}$$

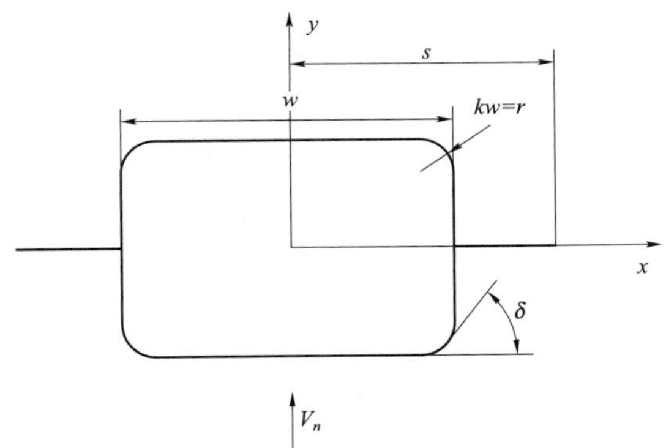

图 10.9　尖角修圆的带中弹翼的矩形横截面

换成以等效圆直径 d 为基准时，上式成为

$$C_{dn}=\left[2-\frac{4}{3}k+\frac{4}{w}\left(s-\frac{w}{2}\right)\right]\frac{w}{d}$$
$$=\left[2-\frac{4}{3}k+\frac{4}{w}\left(s-\frac{w}{2}\right)\right]\frac{m}{\sqrt{m-2km(1+m)+km^2(4+\pi)}} \tag{10.40}$$

$$\left(\frac{C_n}{C_{no}}\right)_{\mathrm{Nt}}=\left(\frac{C_{dn}}{C_{dno}}\right)_{\mathrm{Nt}}=\left[\frac{3}{2}-k+\frac{3}{w}\left(s-\frac{w}{2}\right)\right]\frac{m}{\sqrt{m-2km(1+m)+km^2(4+\pi)}} \tag{10.41}$$

当式（10.38）、式（10.41）中的 m 取为 $0<m<1$ 时，即可得竖置矩形横截面体绕流时 $\left(\frac{C_n}{C_{no}}\right)_{\mathrm{Nt}}$ 的相应公式。

10.2 卷弧翼的气动特性计算方法

10.2.1 概述

卷弧翼（WAW—Wrap-Around Wings 或 WAF—Wrap-Around Fins）自 20 世纪 50 年代中期出现以来，已被广泛地应用于各种战术武器，其中有多管远程火箭、反坦克导弹、末制导炮弹、航空炸弹、巡航导弹等。卷弧翼受到飞行武器设计者的如此重视，是由它独特的优点决定的。卷弧翼能折叠卷包在弹身上，使得展向尺寸很小，从而减小了对包装箱的空间要求，便于包装、储存和运输；可使多管火箭的发射管排布紧凑，减小了发射架的体积，增加了火箭弹的战术威力；可以做到包装筒与发射筒共用，减少了勤务处理，增加了武器系统的可靠性和储存期；卷弧弹翼卷包在弹身上时，阻力减小，稳定性大大提高，弹翼张开后，翼展迅速变大，可即刻增大升力和机动性，从而便于设计师对弹道、稳定性、机动性进行优化设计；对于无控飞行武器，卷弧翼自身能产生滚转力矩，使弹体自旋，有利于减小推力偏心、质量偏心、气动偏心等对散布的影响，提高精度。

卷弧翼独特的气动特性是其具有自诱导滚转力矩，而且在亚声速和超声速时自诱导滚转力矩的方向相反，使得具有卷弧翼的飞行武器的与滚转力矩有关的气动特性和飞行特性，譬如滚转阻尼、转速、马格努斯力、马格努斯力矩等，都和具有平直翼的飞行武器的有很大区别，而且容易产生滚转—俯仰（偏航）耦合共振、锥形运动等。空气动力学工作者和飞行武器设计者从卷弧翼问世以来就开始了卷弧翼气动特性和具有卷弧翼飞行器的飞行特性的研究工作。

10.2.2 气动布局与几何特性

1）气动布局

具有卷弧翼的战术武器有以下五种布局形式。

（1）尾翼式布局。

弹身为细长旋成体，三片、四片或六片卷弧形尾翼安装在弹身的尾部起稳定作用。这种布局多为无控火箭弹或简易控制火箭弹所采用，如美国的 MLRS、改进的 2.75"火箭弹；苏联的 БМ-21、БМ-30 多管火箭弹；意大利的 FIROS 系列火箭弹等。有些末制导炮弹也采用尾翼式布局，如瑞典的 STRIX，但需配以推力矢量控制。

（2）无尾式布局。

弹身为旋成体，四片或三片卷弧形弹翼布置在质心稍后处，它既是主升力面，又是稳定面。这种布局多为筒式发射的反坦克导弹所采用，如米兰、霍特、哨兵等反坦克导弹。

（3）正常式布局。

弹身为旋成体，四片卷弧形弹翼布置在质心附近，是主升力面，提供机动飞行所需的升力；四片卷弧形全动尾舵布置在弹身尾部，起稳定和控制作用。如末制导子弹 TGSM（见图 10.10）。图 10.11 是作为布局方案进行风洞实验研究的导弹外形，为四片卷弧形弹翼与四片平直形的全动尾舵组合的正常式布局。图 10.12 是作为布局方案进行风洞实验研究的巡航导弹外形，为一字形大展弦比弹翼与三片卷弧形全动尾舵组合的正常式布局。

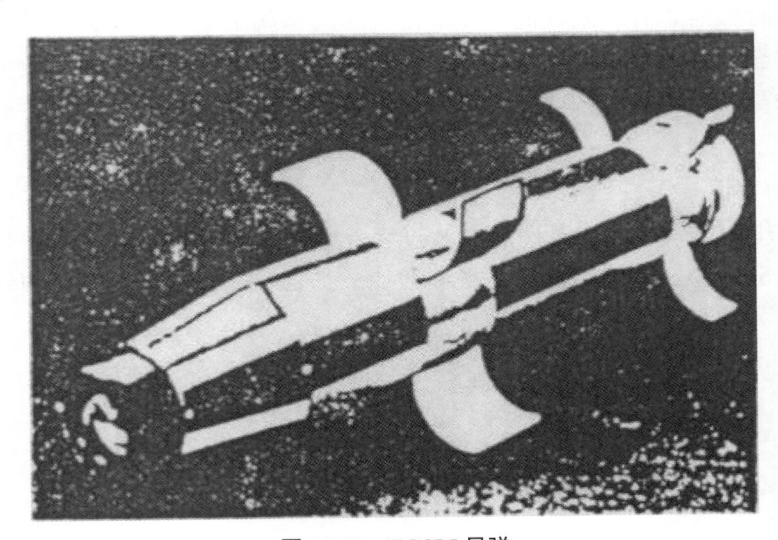

图 10.10　TGSM 导弹

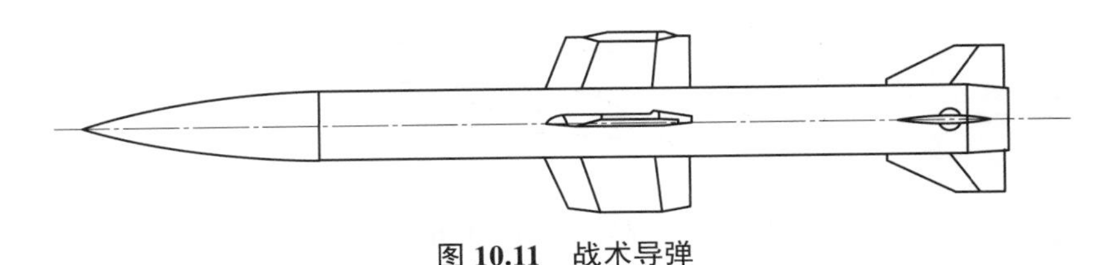

图 10.11　战术导弹

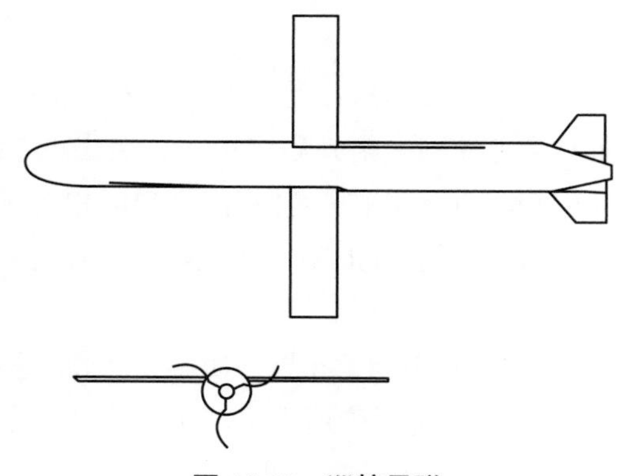

图 10.12　巡航导弹

（4）鸭式布局。

弹身为旋成体，四片卷弧形尾翼布置在弹身尾部，主要起稳定作用，四片平直形鸭舵布置在弹身头部起控制作用。鸭舵的展长一般小于弹径，在炮管内不折叠，有的末制导炮弹也采用这种布局，如瑞典的反装甲制导炮弹。

（5）异形布局（Exotic Configuration）。

为满足特殊需要有时采取的一些非常规布局都属于异形布局。图 10.13 所示的布局是为了获得高升力，同时又可以消除自诱导滚转力矩；图 10.14 所示布局是为了消除自诱导滚转力矩；图 10.15 所示的布局既为了获得高升力，又可消除自诱导滚转力矩。

2）几何特性

实际采用的卷弧翼一般有两种张开方式：全张开式（图 10.16（a））和翼根直立式（图 10.16（b））。有的卷弧翼在根部增加一平直段，目的是为了减弱卷弧翼的曲率效应。

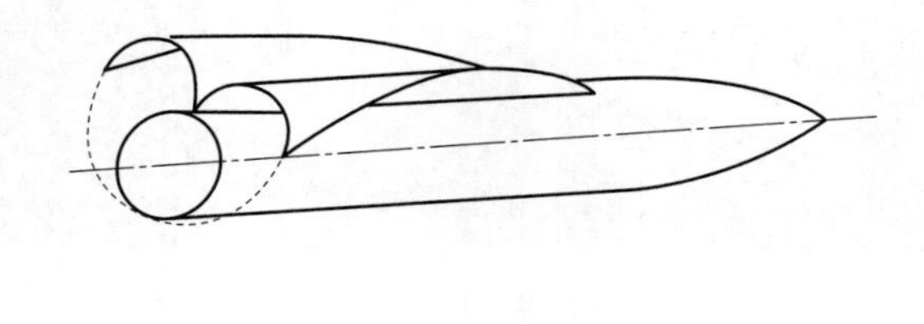

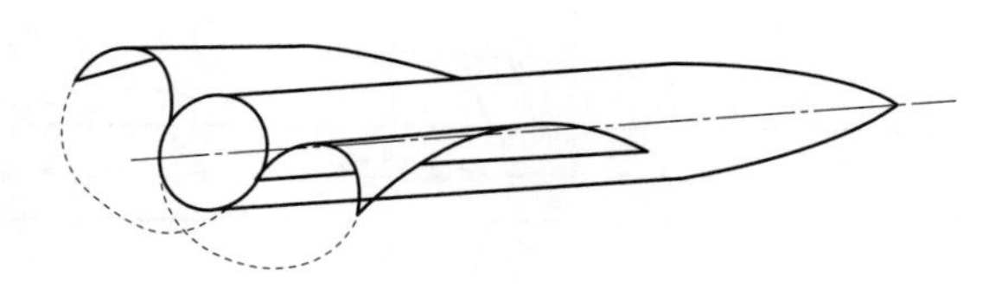

图 10.13　异形布局（高升力）

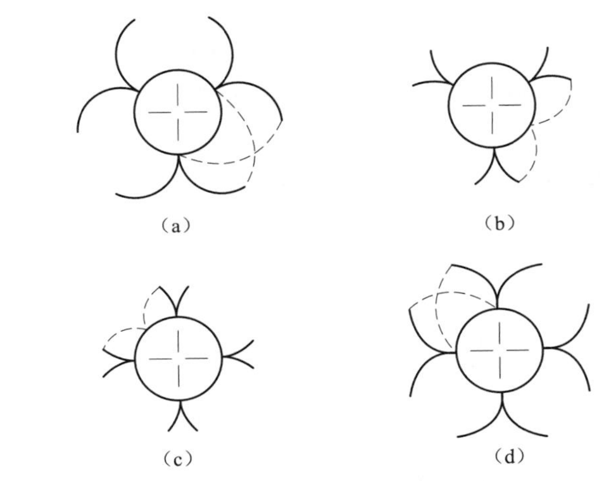

图 10.14　异形布局（消除滚转）

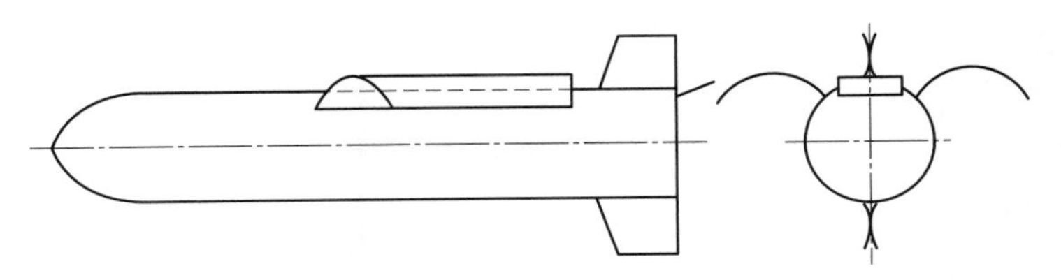

图 10.15　高升力无滚转布局

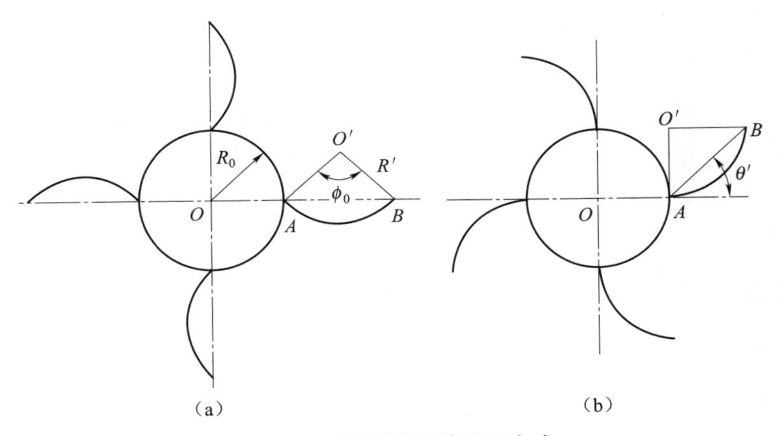

图 10.16　卷弧翼两种张开方式

(a) 全张开式；(b) 翼根直立式

图 10.16 所示（后视）的安装方式，通常叫做正装卷弧翼；反之叫做反装卷弧翼。

当卷弧翼沿着由凹面到凸面方向滚转，即当凸面为迎风面时，叫做正向滚转；当卷弧翼沿着由凸面到凹面方向滚转，即当凹面为迎风面时，叫做反向滚转。

有的飞行武器设计者习惯于让弹体顺时针（后视）滚转，有的设计者则习惯于让弹体逆时针（后视）滚转。这样，卷弧翼的安装方式和滚转方向就有四种组合：正装正向滚转（图 10.17（a））；反装反正向滚转（图 10.17（b））；正装反向滚转（图 10.17（c））；反装正向滚转（图 10.17（d））。

进行具有卷弧翼飞行器设计时，要求弹体在飞行中的滚转方向恒定，这主要由卷弧翼的安装角来保证。因此，从结构及滚转特性上看，反装正向滚转卷弧翼与正装正向滚转卷弧翼实质上是一样的；正装反向滚转卷弧翼与反装反向滚转卷弧翼实质上是一样的。

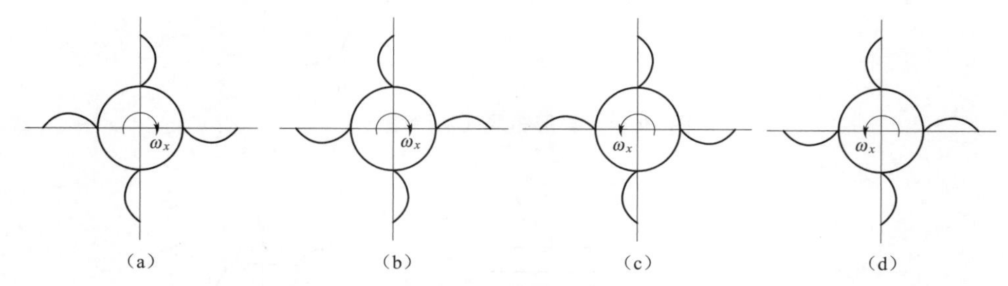

图 10.17　卷弧翼安装方式与滚转方向的组合

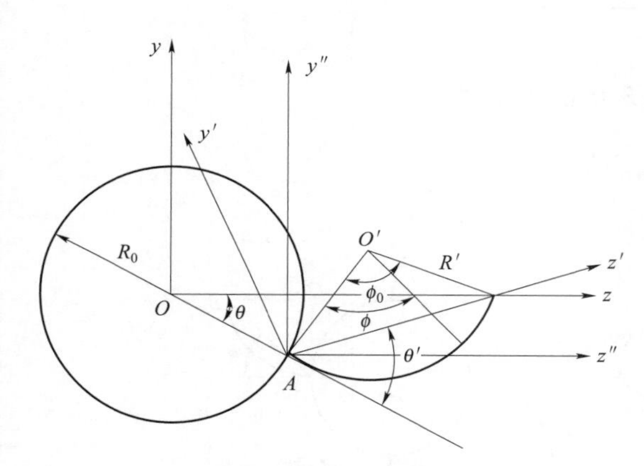

图 10.18　卷弧翼的几何特性

描述卷弧翼几何特性除需平直翼所需的全部外形几何参数（平面面积、展弦比、根梢比、相对厚度、后掠角、前缘角、后缘角等）外，还需增加以下几何参数：卷弧翼铰心半径 R_0，卷弧翼中弧线曲率半径 R'，卷弧翼圆心角 ϕ_0，卷弧翼张开角 θ'，卷弧翼缝隙（长、高）、卷弧翼片数 n，见图 10.18。

卷弧翼翼面上任一点的坐标及其斜率与张开方式有关。全张开式卷弧翼翼面上任一点的坐标及其斜率为

$$\left.\begin{aligned} y &= R'\left[\cos\frac{\phi_0}{2} - \cos\left(\phi - \frac{\phi_0}{2}\right)\right] \\ z &= R'\left[\sin\frac{\phi_0}{2} + \sin\left(\phi - \frac{\phi_0}{2}\right)\right] + R_0 \\ \frac{\mathrm{d}y}{\mathrm{d}z} &= \tan\left(\phi - \frac{\phi_0}{2}\right) \end{aligned}\right\} \tag{10.42}$$

翼根直立式卷弧翼翼面上任一点的坐标及其斜率为

$$\left.\begin{aligned}
&y = R'\cos\left(\frac{\pi}{4}-\theta-\frac{\phi_0}{2}\right) - R'\cos\left(\frac{\pi}{4}-\theta+\phi-\frac{\phi_0}{2}\right) - R_0\sin\theta \\
&z = -R'\sin\left(\frac{\pi}{4}-\theta-\frac{\phi_0}{2}\right) + R'\sin\left(\frac{\pi}{4}-\theta+\phi-\frac{\phi_0}{2}\right) + R_0\cos\theta \\
&\frac{\mathrm{d}y}{\mathrm{d}z} = \tan\left(\frac{\pi}{4}-\theta+\phi-\frac{\phi_0}{2}\right) \\
&2R'\sin\frac{\phi_0}{2}\sin\left(\frac{\pi}{4}-\theta\right) - R_0\sin\theta = 0 \\
&2R'\sin\frac{\phi_0}{2}\cos\left(\frac{\pi}{4}-\theta\right) + R_0\cos\theta = \frac{l_W}{2}
\end{aligned}\right\} \tag{10.43}$$

10.2.3　卷弧翼纵向气动特性计算方法

实验表明，具有卷弧翼的飞行器，其纵向气动特性，包括法向力、俯仰力矩、压心、俯仰阻尼，与相当平直翼飞行器的值基本相同；将相当平直翼的零阻乘以卷弧翼的弧长与外露半展长之比即可作为卷弧翼的零阻。这里相当平直翼是指与卷弧翼具有相同平面形状的平板翼，其弦长、后掠角与卷弧翼的相同，其展长为卷弧翼的有效展长。

卷弧翼的张开角增大时，法向力系数将减小，静稳定性将降低，压心将前移，俯仰阻尼将减小。任意张开角卷弧翼的法向力系数可按下式计算

$$C_{N\theta} = \cos\left(\frac{2\theta'}{3}\right)C_{N\theta'=0} \tag{10.44}$$

式中，$C_{N\theta'=0}$ 为 $\theta'=0°$ 时的法向力系数。

由张开角 θ' 的定义知，若卷弧翼的圆心角 $\phi_0=90°$，当卷弧翼处于全张开状态时，$\theta'=0°$；卷弧翼处于翼根直立状态时，$\theta'=45°$；卷弧翼处于垂直状态（翼根、翼梢连线与翼根处的径线垂直）时，$\theta'=90°$；卷弧翼卷包在弹身上处于全闭合状态时，$\theta'=135°$。图 10.19 给出了 $Ma=0.6$，1.0，3.0 时各种张开角状态的法向力系数与全张开状态法向力系数的比值 $K_{\theta'}$ 随张开角的变化实验曲线，图中也给出了按 $K_{\theta'}=\dfrac{C_{N\theta'}}{C_{N\theta'=0}}=\cos\left(\dfrac{2\theta'}{3}\right)$ 的计算结果，可见按式（10.44）计算卷弧翼的法向力能满足工程需要。

10.2.4　卷弧翼滚转气动特性计算方法

卷弧翼最重要的气动特性是自诱导滚转力矩及其换向。具有零安装角的卷弧翼飞行器，亚声速飞行时存在从凸面朝凹面滚转的力矩；超声速飞行时存在从凹面朝凸面滚转的力矩，滚转力矩在 $Ma=1$ 附近换向。研究表明，马赫数、攻角及翼的几何参数对自诱导滚转力矩都有影响。

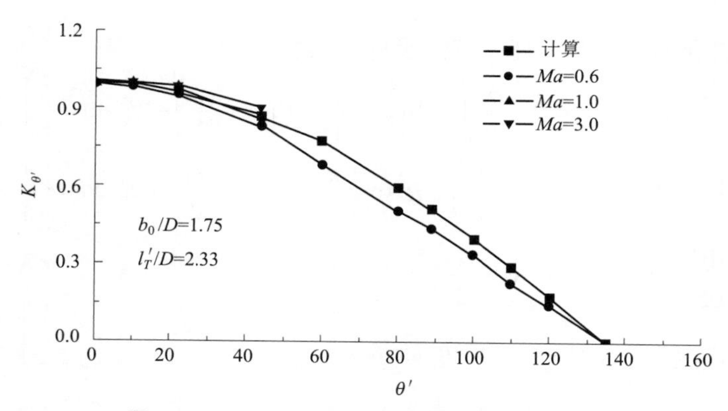

图 10.19　法向力效率 $K_{\theta'}$ 与张开角 θ' 的关系

马赫数直接影响自诱导滚转力矩的大小及方向。一般情况下，亚声速时，随马赫数增大自诱导滚转力矩系数绝对值减小；超声速时，随马赫数增大自诱导滚转力矩系数绝对值增大。

图 10.20 是翼根直立式标准卷弧翼外形自诱导滚转力矩系数 m_{x0} 随马赫数 Ma 变化的实验曲线。滚转力矩的换向马赫数在 Ma＝0.90～0.95 之间。自诱导滚转力矩随攻角呈抛物线变化。

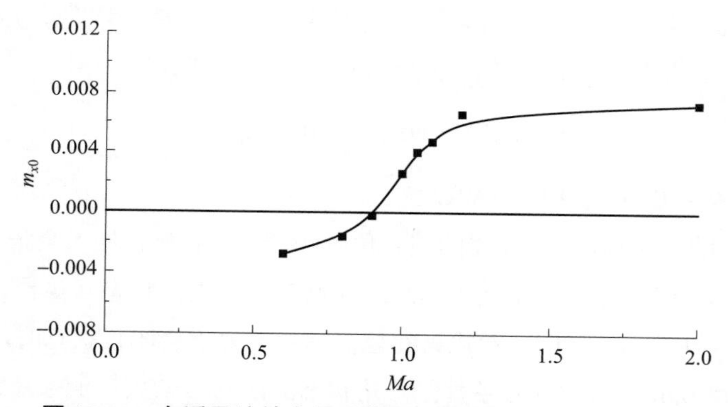

图 10.20　自诱导滚转力矩系数 m_{x0} 随马赫数 Ma 变化曲线

卷弧翼有自诱导滚转力矩，具有卷弧翼的飞行武器在飞行中必然绕纵轴滚转，而且在亚声速和超声速时滚转速度不同。图 10.21 是翼根直立式标准卷弧翼外形自诱导滚转平衡转速 ω_{x0} 随马赫数 Ma 变化的实验曲线。该图与图 10.20 所示的自诱导滚转力矩系数随马赫数变化曲线的趋势是一致的。

具有卷弧形尾翼稳定的无控火箭弹都采用低速旋转飞行方式。当有攻角和侧滑角存在时，弹体上要受到面外力和面外力矩作用，从而引起弹体的锥形运动。当锥角超过某一极限值时，可能会出现锥形运动发散，即出现动不稳定。对于无控弹，旋转飞行时出现锥形运动是自然的，锥角的大小取决于面外力和面外力矩的大小，面外力、面外力矩的大小又与转速和锥角有关，而转速又与锥角有关，特别是当采用正装正向旋转的卷弧形尾翼方案时，锥形运动往往会很严重。

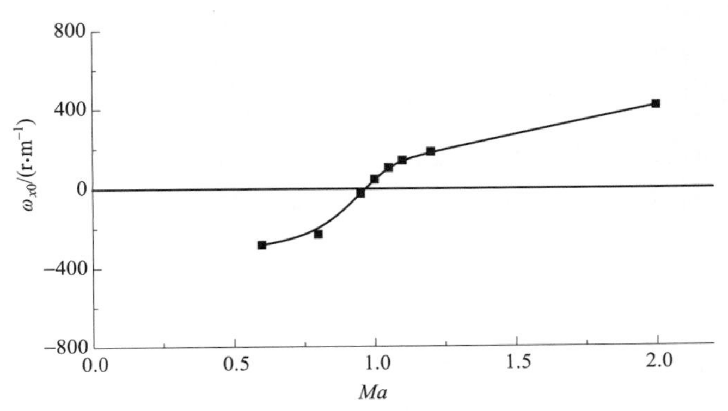

图 10.21　自诱导平衡转速 ω_{x0} 随马赫数 *Ma* 变化曲线

将卷弧翼的滚转力矩和转速写为

$$\left.\begin{aligned} m_x &= m_{x0} + m_x^{\delta} \cdot \delta + m_x^{\alpha^2} \cdot \alpha^2 \\ \bar{\omega}_x &= \bar{\omega}_{x0} + \bar{\omega}_x^{\delta} \cdot \delta + \bar{\omega}_x^{\alpha^2} \cdot \alpha^2 \end{aligned}\right\} \tag{10.45}$$

式中，m_{x0} 和 $\bar{\omega}_{x0}$ 是攻角 $\alpha = 0°$，安装角 $\delta = 0°$ 时卷弧翼的自诱导滚转力矩系数和自诱导转速；$m_x^{\delta} \cdot \delta$ 和 $\bar{\omega}_x^{\delta} \cdot \delta$ 是由安装角产生的滚转力矩系数和转速，与平直翼基本相同，大小与方向取决于 δ；$m_x^{\alpha^2}$、$\bar{\omega}_x^{\alpha^2}$ 为抛物线参数，$m_x^{\alpha^2} \cdot \alpha^2$ 和 $\bar{\omega}_x^{\alpha^2} \cdot \alpha^2$ 表示滚转力矩和转速随攻角呈抛物线变化。对于正装卷弧翼，在 $1.1 < Ma < 0.9$ 时，m_{x0}、$\bar{\omega}_{x0}$ 与安装角 $\delta = 8'$ 的相当平板翼的值接近。m_x^{δ}、$\bar{\omega}_x^{\delta}$ 可按相当平板翼计算；$m_x^{\alpha^2}$、$\bar{\omega}_x^{\alpha^2}$ 可取相当平板翼的阻力抛物线参数 $C_x^{\alpha^2}$。

卷弧翼的滚转阻尼与平直翼的滚转阻尼有很大区别。卷弧翼正向滚转时，滚转阻尼比相当平直翼的滚转阻尼要小；反向滚转时，滚转阻尼比相当平直翼的滚转阻尼要大。当安装角较小时，滚转阻尼基本与安装角无关。对于卷弧翼，有了 m_x 和 $\bar{\omega}_x$。就可以计算出 $m_x^{\bar{\omega}_x}$。也可以按照相当平板翼计算卷弧翼滚转阻尼系数，正装时将平板翼的结果除以弧/展比；反装时乘以弧/展比。

10.3　格栅翼的气动特性计算方法

10.3.1　概述

格栅翼是由外部框架和内部众多的薄格壁布置成框架形式或蜂窝形式的空间多升力面系统（见图 10.22），在较小的尺寸范围内可以布置很多格壁（升力面），从而在相同体积下格栅翼的升力要比常规平板翼大很多。由于它的弦长小，压心的移动量小，所以其铰链力矩要比平板翼低得多。格栅翼可以折叠贴附于弹身表面，有效地减小包装箱的体积及挂机状态的几何干扰，尤其适合载机内埋式武器采用。格栅翼的承载件分布合理，最大刚度面与最大气动载荷面基本重合。由于上述优点，使得格栅翼获得了越来越广泛的应用。俄罗斯将格栅翼作为稳定面成功地应用于“联盟号”宇宙飞船的逃逸救生系统；在P－77空空导弹上采用了格栅尾翼/舵。美国有的超声速导弹、制导航弹已使用了格栅尾翼/舵；有的小直径炸弹也采用格栅尾翼/舵方案。

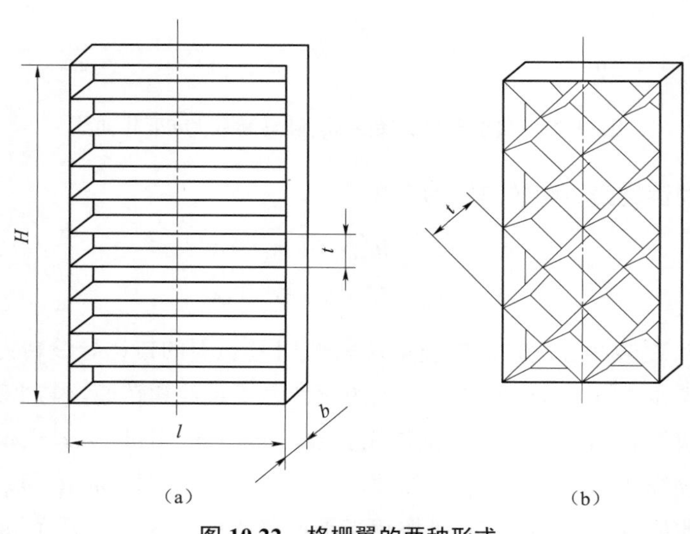

图 10.22　格栅翼的两种形式

(a) 框架式；(b) 蜂窝式

格栅翼的主要几何参数有：

l——翼宽；

H——翼高；

b——翼弦；

t——高度方向的格距；

$\bar{t}=\dfrac{t}{b}$——高度方向的相对格距；

t_z——宽度方向的格距；

$\bar{t}_z=\dfrac{t_z}{b}$——宽度方向的相对格距；

n——高度方向的格壁数；

n_z——宽度方向的格壁数；

c——格壁厚度；

$\overline{c}=\dfrac{c}{b}$——格壁相对厚度；

c_1——边框厚度；

$\overline{c}_1=\dfrac{c_1}{b}$——边框相对厚度；

S——格栅翼的升力面积（$S=nlb$）；

S_z——格栅翼的侧力面积（$S_z=n_zHb$）；

S^*——格栅翼的迎面面积（$S^*=Hl$）；

$L=\sqrt{H^2+l^2}$。

格栅翼的流动特性可用两格壁间的流态及临界马赫数、临界速度来表征，见图 10.23。

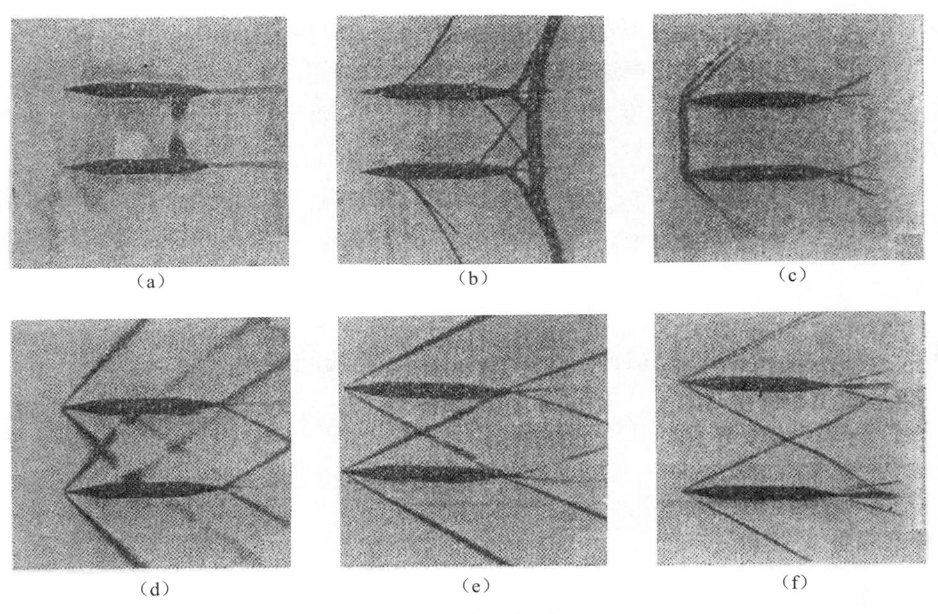

（a）　（b）　（c）

（d）　（e）　（f）

图 10.23　两格壁间的流态

图 10.23（a）表示来流虽是亚声速的，但在两格壁间最窄截面处的速度达到了当地声速，对应的来流马赫数 Ma 和来流速度 V 称为第一临界马赫数和第一临界速度，分别以 Ma_{cr1} 和 V_{cr1} 表示。

图 10.23（b）表示，当 $Ma_{\mathrm{cr1}}<Ma<Ma_{\mathrm{cr2}}$，$V_{\mathrm{cr1}}<V<V_{\mathrm{cr2}}$ 时，在两格壁间最窄截面之后为超声速流动，出现了膨胀波，在出口处出现了激波。

图 10.23（c）表示，当来流刚过声速后，在栅格翼前形成正激波，随着 Ma 数的增大，正激波逐渐向格栅翼靠近。当 $Ma=Ma_{\mathrm{cr2}}$，$V=V_{\mathrm{cr2}}$ 时，激波刚好贴在格栅翼前缘（入口），栅格通道内的流动为亚声速的，此时对应的来流马赫数和来流速度称为第二

临界马赫数和第二临界速度，分别以 Ma_{cr2} 和 V_{cr2} 表示。

图 10.23（d）表示，格壁前缘出现斜激波，且斜激波在上、下格壁间相交和反射，即上、下格壁对对面格壁附近的流动有影响。

图 10.23（e）表示，当 $Ma=Ma_{cr3}$，$V=V_{cr3}$ 时，上、下格壁前缘的斜激波刚好达到对面壁的后缘，即上、下格壁对对面格壁的流动已无影响，如同彼此隔离一样，此时的来流马赫数和来流速度称为第三临界马赫数和第三临界速度，以 Ma_{cr3} 和 V_{cr3} 表示。

图 10.23（f）表示，当 $Ma>Ma_{cr3}$，$V>V_{cr3}$ 时，格壁前缘的斜激波达到了对面格壁的后缘之后，格壁间的流动与图 10.23（e）所示的流动无本质区别，上、下格壁对对面格壁的流动没有影响。

发展格栅翼空气动力学的计算方法，尤其是近似计算方法，首先要弄清楚格壁间的流态及格栅翼结构、几何参数对流态的影响；然后求出 Ma_{cr1}、Ma_{cr2}、Ma_{cr3}。如果格栅翼在纯亚声速下使用，即 $Ma< Ma_{cr1}$，则选用亚声速流动模型计算格栅翼的空气动力特性。如果飞行速度为纯超声速，即 $Ma>Ma_{cr3}$，则选用超声速流动模型计算格栅翼的空气动力特性。如果飞行速度为亚、跨、超声速，则要采用三种流动模型计算格栅翼的空气动力特性。

为正确设计格栅翼，也必须弄清楚格壁间的流态和飞行速度条件。格栅翼的缺点是阻力大，对于无动力滑翔型武器来说，如果格栅尾翼/舵设计得不好，将使升阻比大幅度降低，使射程大幅度损失。

10.3.2 亚声速（$Ma<Ma_{cr1}$）格栅翼法向力、轴向力系数计算方法

根据格栅翼的风洞实验结果和数值计算结果可建立格栅翼升力、阻力的工程计算方法。

1）格栅翼的升力系数

当绕格栅翼的流动马赫数 $Ma\leqslant 0.3$ 时，可以忽略压缩性影响，此时格栅翼的升力系数对攻角的导数可表示为

$$C_L^\alpha=\frac{C_{Lcp}^\alpha}{1+\dfrac{k_H C_{Lcp}^\alpha}{4\bar{t}}} \tag{10.46}$$

式中，C_{Lcp}^α 为多面翼剖面平均升力系数，$C_{Lcp}^\alpha=f(\alpha_0,\ n,\ \bar{t})$；$k_H$ 为格栅翼尺寸影响的修正系数，$k_H=f\left(\dfrac{H}{l},\bar{t}\right)$。在线性范围内升力系数为

$$C_L=C_L^\alpha\bullet\alpha \tag{10.47}$$

式中，格栅翼的攻角 $\alpha=\delta-\delta_0$，δ_0 为格栅翼前缘与弹轴法向的夹角，即格栅翼的安装

角；δ 为格栅翼前缘与来流法向的夹角。

当 Ma>0.3 时，要考虑压缩性影响。按照仿射变换，格栅翼在可压缩流动中的升力系数导数为

$$C_L^\alpha = \frac{C_{LcpM}^\alpha}{\sqrt{1-Ma_\infty^2}+\dfrac{k_{HM}C_{LcpM}^\alpha}{4\bar{t}}} \tag{10.48}$$

式中，下标“M”表示仿射变换后格栅翼在不可压缩流中的值。

$C_{LcpM}^\alpha = f(n_M, \bar{t}_M)$ 为变换后无限翼展多面翼导数的平均值；

$k_{HM} = f\left(\dfrac{H_M}{l_M}，(n-1)\bar{t}_M\right)$ 为变换后的格栅翼翼展影响系数。

计算可压缩流中格栅翼升力系数的步骤如下：

（1）根据 Ma 计算 $n_M(=n)$，$\bar{H}_M\left(=\bar{H}=\dfrac{H}{l}\right)$，$\bar{t}_M=\bar{t}(\sqrt{1-Ma_M^2})$；

（2）按 n_M、$\bar{H}_M$、$\bar{t}_M$ 查有关图线得到 k_{HM}；

（3）按 n_M、$\bar{H}_M$、$\bar{t}_M$ 查有关图线得到 C_{LcpM}^α；

（4）代入式（10.48）计算 C_L^α；

（5）计算 $C_L = C_L^\alpha \bullet \alpha$。

2）格栅翼的阻力系数

将格栅翼的阻力系数表示为

$$C_D = C_{D0} + C_{Di} \tag{10.49}$$

式中　C_{D0}——零升力阻力系数；

C_{Di}——诱导阻力系数。

对于低亚声速流动，C_{D0} 可表示为

$$C_{D0} = C_{Df} + C_{DWRE} \tag{10.50}$$

其中，C_{Df} 为摩擦阻力系数，C_{DWRE} 为栅格钝后缘阻力系数。

格栅翼的摩擦阻力系数为

$$C_{Df} = 2C_f \frac{S_= + S_\parallel}{S}\eta_C \tag{10.51}$$

式中　$S_=$——水平格壁总面积（单面）；

$S_\parallel$——竖直格壁总面积（单面）；

η_C——格壁厚度修正系数；

S——栅格翼的升力面积。

对于框架式格栅翼

$$C_{Df}=2C_f\left(1+\frac{n_z}{n}\frac{H}{l}\right) \tag{10.52}$$

对于蜂窝式格栅翼

$$C_{Df}=2C_f\left(1+\frac{l+t}{H+t}\frac{H}{l}\right) \tag{10.53}$$

式中，C_f——绝热平板摩擦阻力系数

$$C_f=[C_f]_{M_\infty=0}\eta_M \tag{10.54}$$

η_M——压缩性修正系数。

钝后缘压差阻力系数可利用旋成体底部压力系数近似估算

$$C_{DWRE}=-C_{pb}\frac{S_b}{S} \tag{10.55}$$

式中　C_{pb}——旋成体底部压力系数

S_b——格栅翼所有格壁（包括边框）的底部面积

$$S_b=C_b(l\bullet n+Hn_z)$$

C_b——格壁的钝后缘厚度。

进行格栅翼诱导阻力系数计算时，要根据前缘的钝度决定是否考虑前缘吸力。

钝前缘格栅翼要考虑前缘吸力，此时有

$$C_{Di}=\frac{k_H C_L^2}{4\bar{t}\cos(\delta-\theta_i)}\frac{1}{\lambda}\frac{l}{b} \tag{10.56}$$

式中，θ_i为自由涡轴线倾斜角。对于矩形格壁，$\lambda=\frac{l}{b}$，当攻角不大时，式（10.56）简化为

$$C_{Di}=\frac{k_H C_L^2}{4\bar{t}} \tag{10.57}$$

尖前缘的格栅翼不考虑前缘吸力，此时有

$$C_{Di}=C_L^2\left[\frac{1}{C_{Lav}^2}+\frac{k_H}{4\bar{t}\cos(\delta-\theta_i)}\frac{1}{\lambda}\frac{l}{b}\right] \tag{10.58}$$

其中下标“*av*”表示为剖面平均升力系数。

对于矩形格壁，当攻角不大时，式（10.58）简化为

$$C_{Di}=C_L^2\left(\frac{1}{C_{Lav}^2}+\frac{k_H}{4\bar{t}}\right) \tag{10.59}$$

3）格栅翼大攻角气动特性

格栅翼更适合于在大攻角下使用，因为相邻格壁的影响使其上表面的逆压梯度降

低，分离滞后，且分离程度也较弱，即与平板翼相比，格栅翼的分离攻角较大。格栅翼的失速攻角α_{cr}及最大升力系数$C_{y\max}$与$\bar{H}$和$\bar{t}$有关，在低亚声速时，α_{cr}随$\bar{t}$减小而增大、随$\bar{H}$增大而增大。$\bar{H}=2$，$\bar{t}=0.5$时，α_{cr}可达30°。$C_{y\max}$随$\bar{t}$增大而增大、随$\bar{H}$减小而增大，$\bar{H}=0.5$，$\bar{t}=2$时，$C_{y\max}$可达0.75。

格栅翼的升力由两部分组成：无分离绕流产生的位流升力和分离流动产生的黏性升力。攻角越小，位流升力贡献的份额越大；攻角越大，黏性升力越大。基于位流理论和横流理论得到的大攻角下格栅翼的升力系数和阻力系数的计算公式为

$$\left.\begin{aligned}C_L &= C_N^{\alpha}\alpha\,\varDelta\cos\alpha + C_1(1-\varDelta)\sin^2\alpha\cos\alpha - C_{D0}\cos^2\alpha\sin\alpha \\ C_D &= C_{D0}\cos^3\alpha + C_N^{\alpha}\alpha\,\varDelta\sin\alpha + C_1(1-\varDelta)\sin^3\alpha\end{aligned}\right\} \tag{10.60}$$

式中

$\varDelta=\dfrac{S_1(\alpha)}{S}=f(Ma,\ \bar{H}\ ,\alpha)$，$S_1(\alpha)$是与位流升力对应的面积，$\varDelta$可由有关图线查得[23]。

$C_N^{\alpha}\approx C_L^{\alpha}$。

$\bar{t}\geqslant\tan\alpha$时，$C_1=\dfrac{C_{D平板}}{n}+1.14\dfrac{n-1}{n}$。

$\bar{t}<\tan\alpha$时，$C_1=\dfrac{C_{D平板}}{n}+1.14\dfrac{n-1}{n}\dfrac{\bar{t}}{\tan\alpha}$。

$C_{D平板}=f(Ma)$为平板的横流阻力系数，可由有关图线查得[23]。

在大攻角下，格栅翼的压心$(\bar{x}_p)_W$仍采用小攻角下的值，因此俯仰力矩仍按小攻角下的公式计算。

4）格栅翼—弹身的气动干扰

当气流以$V_\infty\alpha$绕圆柱流动时，按位流理论，流场中每点的速度为

$$\left.\begin{aligned}V_y' &= V_\infty\alpha\left(1-\frac{\cos 2\theta}{\bar{r}^2}\right)=V_\infty\tilde{\alpha} \\ V_z' &= V_\infty\alpha\frac{\sin 2\theta}{\bar{r}^2}\end{aligned}\right\} \tag{10.61}$$

式中，$\bar{r}=\dfrac{r}{r_0}$，$\tilde{\alpha}=\alpha\left(1-\dfrac{\cos 2\theta}{\bar{r}^2}\right)$为当地攻角。

当4个格栅翼呈“＋”形安装在弹身上时，对于左、右格栅翼，$\theta=\pm 90°$，此时

$$\tilde{\alpha}=\alpha\left(1+\frac{1}{\bar{r}^2}\right) \tag{10.62}$$

对于上、下格栅翼，$\theta=0°$和$180°$，有

$$\tilde{\alpha}=\alpha\left(1-\frac{1}{\bar{r}^{2}}\right) \tag{10.63}$$

左、右格栅翼的升力为

$$Y_{T(B)=}=\iint_{S} C_{L=}^{\alpha} \tilde{\alpha} q \mathrm{d} y_{1} \mathrm{d} z_{1} \tag{10.64}$$

假定 $Y_{T(B)=}$ 与平均攻角下的升力相等，即

$$Y_{T(B)=}=\iint_{S^{*}} C_{L=}^{\alpha} \tilde{\alpha} q \mathrm{d} y_{1} \mathrm{d} z_{1}=C_{L=}^{\alpha} \alpha_{cp} q S^{*} \tag{10.65}$$

则

$$\alpha_{cp}=\frac{1}{S^{*}} \iint_{S^{*}} \tilde{\alpha} \mathrm{d} y_{1} \mathrm{d} z_{1}=\frac{1}{H l} \iint_{S^{*}} \tilde{\alpha} \mathrm{d} y_{1} \mathrm{d} z_{1} \tag{10.66}$$

令

$$A=\iint_{S^{*}} \tilde{\alpha} \mathrm{d} y_{1} \mathrm{d} z_{1} \tag{10.67}$$

可求得

$$A=\frac{H_{0}}{H-h} A_{H}-\frac{h}{H_{0}-h} A_{H} \tag{10.68}$$

式中 H_0、H、h 的定义见图 10.24，图中的四条曲线分别对应于不同的 h 值。h=0 时，$A=A_{H}=f(H/D)$。

这样，对于左、右格栅翼，其平均攻角为

$$\alpha_{cp=}=\alpha(1+A) \tag{10.69}$$

对于上、下格栅翼，其平均攻角为

$$\alpha_{cp\|}=\alpha(1-A) \tag{10.70}$$

左、右格栅翼的升力系数为

$$C_{L_{T(B)=}}=C_{L_{T=}}^{\alpha} \alpha(1+A)=(k_{\alpha\alpha})_{T=} C_{L_{T=}}^{\alpha} \alpha$$

上、下格栅翼的升力系数为

$$C_{L_{T(B)\|}}=C_{L_{T\|}}^{\alpha} \alpha(1-A)=(k_{\alpha\alpha})_{T\|} C_{L_{T\|}}^{\alpha} \alpha s$$

计算时可以认为 $C_{L_{T=}}^{\alpha}=C_{L_{T\|}}^{\alpha}=C_{L_{T}}^{\alpha}$，于是上、下、左、右四个格栅翼的总升力系数为

$$C_{L_{T(B)}}=[(k_{\alpha\alpha})_{T=}+(k_{\alpha\alpha})_{T\|}] C_{L_{T}}^{\alpha} \alpha \tag{10.71}$$

式中

$$\left.\begin{aligned}(k_{\alpha\alpha})_{T=} &= 1 + A \\ (k_{\alpha\alpha})_{T\parallel} &= 1 + A\end{aligned}\right\} \tag{10.72}$$

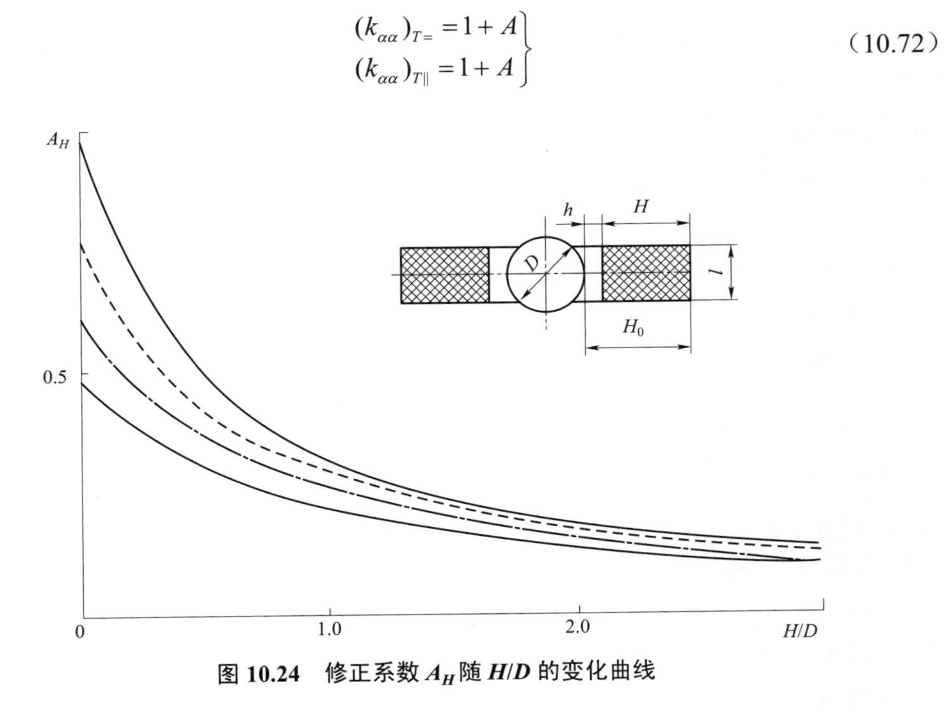

图 10.24　修正系数 A_H 随 H/D 的变化曲线

10.4　多片翼气动特性计算方法

10.4.1　概述

一组翼的翼片数多于四的叫做多片翼。对于尾翼稳定的无控弹箭，有时采用多片尾翼，增大纵、航向静稳定性。

在管（筒）式发射的迫击炮弹、反坦克火箭弹、航空火箭弹等小型近程武器上，广泛采用多片平直尾翼外形布局。在管式发射的远程火箭武器上广泛采用多片卷弧形尾翼外形布局，见表 10.1。

表 10.1　多片尾翼战术武器实例

序号	武 器 名 称	尾翼片数	安装类型	射程/m	发射方式	国别
1	NR414 式 81 mm 迫击炮榴弹	6	固定	3 200	迫击炮	比利时
2	NM123 式 81 mm 迫击炮榴弹	8	固定	5 800	迫击炮	挪威
3	O Φ-843 式 120 mm 迫击炮榴弹	10	固定	5 700	迫击炮	苏联
4	DM13 式 120 mm 脱壳穿甲弹	5	固定	1 800	坦克炮	德国

续表

序号	武 器 名 称	尾翼片数	安装类型	射程/m	发射方式	国别
5	M774 式 105 mm 脱壳穿甲弹	6	固定	1 700	坦克炮	美国
6	XM815 式 105 mm 破甲弹	6	后折前张		坦克炮	美国
7	达特 120 式反坦克火箭弹	6	前折后张	300	反坦克火箭筒	法国
8	B-300 式 82 mm 反坦克火箭弹	8	前折后张	600	反坦克火箭筒	以色列
9	БМ-21 多管火箭弹	4	卷弧翼	20 000	40 管	苏联
10	БМ-30 多管火箭弹	6	卷弧翼	70 000	12 管	苏联

管式发射的火箭弹采用卷弧形尾翼的最大问题是尾翼的翼展不能过大。一方面由于发射管内空间有限，卷弧翼包卷在弹体上时最好不要重叠。若卷弧翼片圆心角为 $\pi/2$，全张开时卷弧翼的展径比 $l_T'/D_T = 2.414$，四片翼处于折叠状态时刚好相互对接，这就限制了翼展。另一方面由于卷弧翼片很薄，翼展越大，根部的弯曲应力越大，强度问题越加突出。现代远程多管火箭弹的射程越来越远，速度越来越大，主动段终点速度已达到 1 500 m/s，翼片的气动载荷很大。此外，由于卷弧形尾翼火箭弹一般都采用旋转飞行方式，翼片处于交变载荷作用中，又带来疲劳破坏的问题。射程越远，飞行时间越长，疲劳强度问题越突出。提高远程多管火箭弹尾翼稳定效率，解决卷弧形尾翼强度的有效措施之一就是采用多片尾翼布局，如六片、八片卷弧形尾翼。

制导兵器，特别是以打击运动目标为主的反坦克导弹、反坦克/反直升机的多用途导弹，提高其法向机动飞行能力是一个追求的目标，也是评价导弹飞行性能的一个重要指标。制导兵器的法向机动飞行能力以法向过载来评定。法向过载表示导弹改变速度方向的能力，法向过载越大，导弹所能产生的法向加速度越大，导弹改变飞行方向的能力越大，做机动飞行时的转弯半径就越小。

导弹的需用法向过载与所要攻击目标的飞行特性有关；导弹能提供的过载与导弹的气动外形布局有关。以空气动力面操纵的制导兵器，多片弹翼是提高法向过载的有效途径。美国的“新标枪”是单兵便携式反坦克导弹，最大飞行速度为 170 m/s，弹长 1.2 m，弹径 0.127 m，采用红外成像制导，推力矢量与空气舵组合控制，正常式布局，筒式发射，发射前弹翼和尾翼向前折叠插入弹体内。有顶部攻击和迎面攻击两种形式。最大攻击距离为 2 000 m，顶部攻击的最小距离为 150 m，迎面攻击的最小距离为 65 m。图 10.25 是顶部攻击时的飞行弹道；图 10.26 是迎面攻击时的飞行弹道。“新标枪”的攻击飞行弹道要求导弹要有很大的转弯能力。为了增大法向过载，提高机动飞行能力，“新标枪”采用了八片弹翼，见图 10.27。

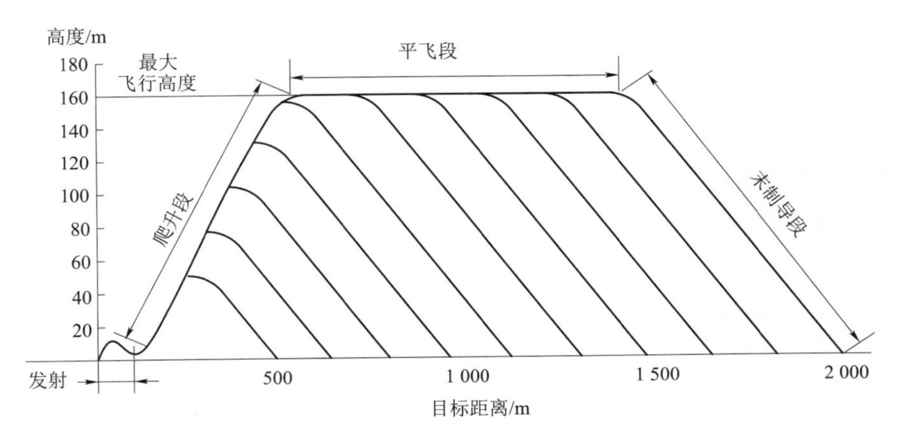

图 10.25　顶部攻击飞行弹道

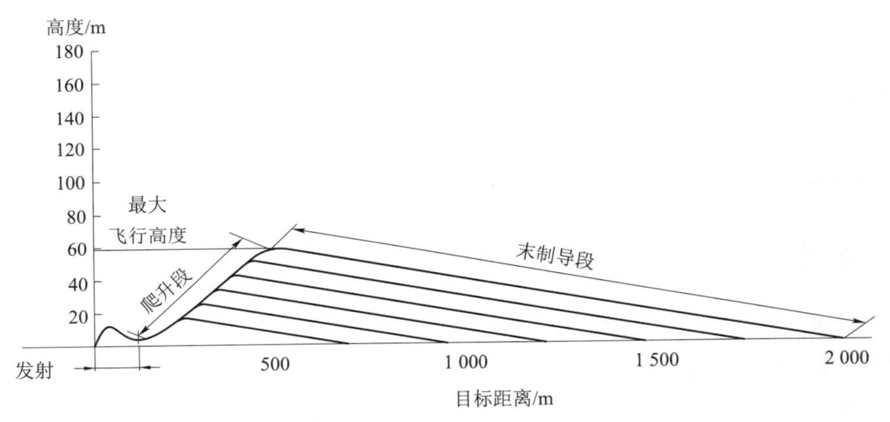

图 10.26　迎面攻击飞行弹道

图 10.27　美国“新标枪”反坦克导弹外形

10.4.2　翼片数与气动外形布局的配置关系

对于弹身—尾翼布局的无控武器，尾翼片数可为 4、6、8，尾翼片数由稳定性要求确定。对于弹身—尾翼布局的制导兵器，尾翼既起稳定作用又起控制作用，尾翼/舵片数为 4。

对于鸭式布局的制导兵器，鸭翼可为 2 片或 4 片。若鸭翼片数为 2，弹体必须低速旋转；若鸭翼片数为 4，弹体可旋转，若弹体不旋转则需要有辅助滚转控制机构。尾翼片数可为 4、6、8，由稳定性要求确定。

对于尾翼控制的正常式布局，前翼片数可为 2、4、6、8；尾翼/舵片数为 4。前翼片数为 2 的正常式布局，前后翼一般呈“——×”配置，通常为飞机类的具有滑翔飞行能力的武器。前翼片数为 4 时，前后翼可为“+-+”“×-×”或“+-×”“×-+”配置，主要由发射装置确定。前翼片数为 6 或 8 的目的是增大法向过载，为清楚起见，列表如表 10.2：

表 10.2　翼片数与气动外形布局的关系

外形布局	前翼片数	尾翼片数	目的	备注
弹身—尾翼布局	0	4、6、8	提高稳定性	无控
	0	4	尾翼控制	制导
鸭式布局	2	4、6、8	提高稳定性	弹体滚转
	4	4、6、8	提高稳定性	弹体滚转或辅助滚转控制
正常式布局（尾翼控制）	2	4		滑翔飞行
	4	4		+-+、×-×、+-×、×-+
	6、8	4	提高法向过载	

10.4.3　多片翼外形气动特性计算方法

在多片翼外形武器中，最关心的是翼片数对轴向力、法向力、压心、滚转力矩、滚转阻尼、转速和俯仰阻尼的影响。多片翼外形轴向力特性最简单的近似计算方法是对单片翼的轴向力乘以翼片数。法向力特性最简单的近似计算方法是对相应的四片翼外形乘以比例系数：

$$C_A = C_{AB} + (C_{ASF})(NF) \tag{10.73}$$

$$\left[C_{NW(B)}, C_{NB(W)}, C_{NT(v)}\right]_{6,8} = (F_6,\ F_8)\left[C_{NW(B)}, C_{NB(W)}, C_{NT(v)}\right]_4 \tag{10.74}$$

式中　C_{AB}——单独弹身的轴向力系数；

NF——翼片数；

C_{ASF}——单片翼的轴向力系数；

$C_{NW(B)}$——有弹身存在时弹翼的法向力系数；

$C_{NB(W)}$——有弹翼存在时弹身上的法向力系数；

$C_{NT(v)}$——由前翼后拖涡在尾翼上产生的负法向力系数；

F_6，F_8——6 片或 8 片翼外形的 $C_{NW(B)}$、$C_{NB(W)}$、$C_{NT(v)}$ 与 4 片翼外形 $C_{NW(B)}$、$C_{NB(W)}$、$C_{NT(v)}$ 的比值。

按细长体理论 F_6=1.5，F_8=2.0。对于多片翼外形若仍使用细长体理论结果存在以下问题：

（1）由细长体理论给出的 F_6、F_8 为常数，与翼面的展弦比、攻角、马赫数无关，这显然是不准确的。

（2）在超声速下多片翼外形的翼片间存在激波干扰，而细长体理论是线化理论的进一步简化。线化理论的前提之一是假设流动为等熵的，即流场中存在的是弱激波—马赫波。

（3）细长体理论没有考虑多片翼外形在大攻角、高马赫数下迎风面翼片、弹身对背风面翼片的阻塞效应。多片翼的阻塞效应可用图 10.28 来说明。从图可见，当 $\alpha=0°$ 时，绕各自翼片的流动状况相同，不存在阻塞效应。当 $\alpha=90°$，背风面翼片受到迎风面翼片及翼片所在处弹身的阻塞影响，但影响区域很小。当 $\alpha=45°$ 时，背风面翼片受到迎风面翼片及弹身的阻塞影响，且影响区域很大，阻塞效应严重。

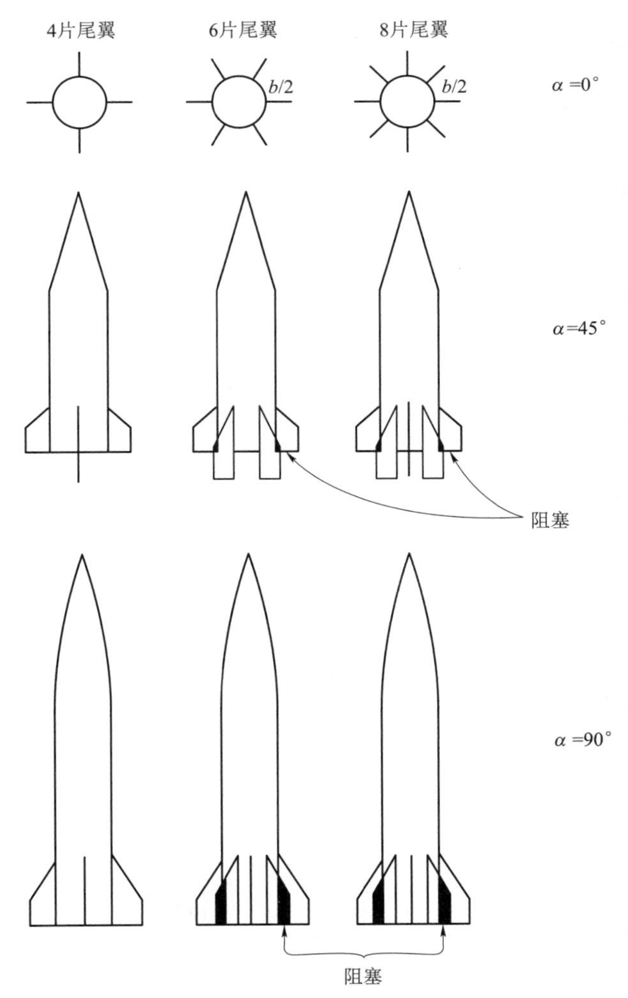

图 10.28　多片翼的阻塞效应示意图

F. G. Moore 分别采用欧拉方程和 N-S 方程数值计算程序计算了有大量风洞实验数据的 NASA 三军外形的气动特性，并通过数值计算结果与实验数据库结果的比较，确定了计算结果的精度，确认了计算结果的可信度，最后得到式（10.74）中的比例系数 F_6 和 F_8，结果见表 10.3。

表 10.3　系数 F_6 和 F_8 数值表

λ	α	F_6 Ma					F_8 Ma				
		0.6	1.5	2.0	3.0	4.5	0.6	1.5	2.0	3.0	4.5
0.25	0	1.26	1.37	1.27	1.19	1.22	1.90	1.42	1.4	1.27	1.30
	15	1.00	1.00	1.10	1.19	1.35	1.45	1.03	1.17	1.27	1.46
	30	1.00	1.00	1.00	1.19	1.22	1.00	1.00	1.01	1.27	1.32
	45	1.00	1.00	1.00	1.00	1.00	1.00	1.00	1.00	1.00	1.00
	60	1.00	1.00	1.00	1.00	1.00	1.00	1.00	1.00	1.00	1.00
	75	1.00	1.00	1.00	1.00	1.00	1.00	1.00	1.00	1.00	1.00
	90	1.00	1.00	1.00	1.00	1.00	1.00	1.00	1.00	1.00	1.00
0.50	0	1.35	1.25	1.20	1.30	1.47	1.45	1.36	1.28	1.35	1.72
	15	1.06	1.10	1.15	1.29	1.50	1.14	1.18	1.24	1.40	1.83
	30	1.00	1.00	1.07	1.28	1.36	1.00	1.08	1.16	1.41	1.60
	45	1.00	1.00	1.00	1.00	1.00	1.00	1.00	1.04	1.06	1.20
	60	1.00	1.00	1.00	1.00	1.00	1.00	1.00	1.00	1.00	1.00
	75	1.00	1.00	1.00	1.00	1.00	1.00	1.00	1.00	1.00	1.00
	90	1.00	1.00	1.00	1.00	1.00	1.00	1.00	1.00	1.00	1.00
1.0	0	1.40	1.22	1.35	1.42	1.50	1.92	1.27	1.58	1.96	2.00
	15	1.15	1.13	1.23	1.32	1.50	1.69	1.38	1.38	1.80	2.00
	30	1.07	1.00	1.00	1.21	1.38	1.43	1.28	1.15	1.64	2.00
	45	1.02	1.00	1.00	1.10	1.13	1.20	1.05	1.00	1.48	1.61
	60	1.00	1.00	1.00	1.00	1.00	1.00	1.00	1.00	1.32	1.25
	75	1.00	1.00	1.00	1.00	1.00	1.00	1.00	1.00	1.16	1.00
	90	1.00	1.00	1.00	1.00	1.00	1.00	1.00	1.00	1.00	1.00
2.0	0	1.42	1.50	1.50	1.50	1.50	1.92	1.77	1.97	1.92	1.90

续表

λ	α	F_6 Ma					F_8 Ma				
		0.6	1.5	2.0	3.0	4.5	0.6	1.5	2.0	3.0	4.5
	15	1.31	1.41	1.27	1.39	1.50	1.70	1.95	1.75	1.77	2.00
	30	1.17	1.00	1.03	1.27	1.45	1.47	1.65	1.57	1.62	2.10
	45	1.03	1.00	1.00	1.14	1.23	1.25	1.32	1.27	1.47	1.95
	60	1.00	1.00	1.00	1.00	1.00	1.02	1.00	1.02	1.32	1.62
	75	1.00	1.00	1.00	1.00	1.00	1.00	1.00	1.00	1.17	1.32
	90	1.00	1.00	1.00	1.00	1.00	1.00	1.00	1.00	1.00	1.00

10.4.4　算例

算例 1：六片尾翼—弹身外形，见图 10.29，图中所有尺寸均为弹径的倍数，气动特性计算结果见图 10.30。

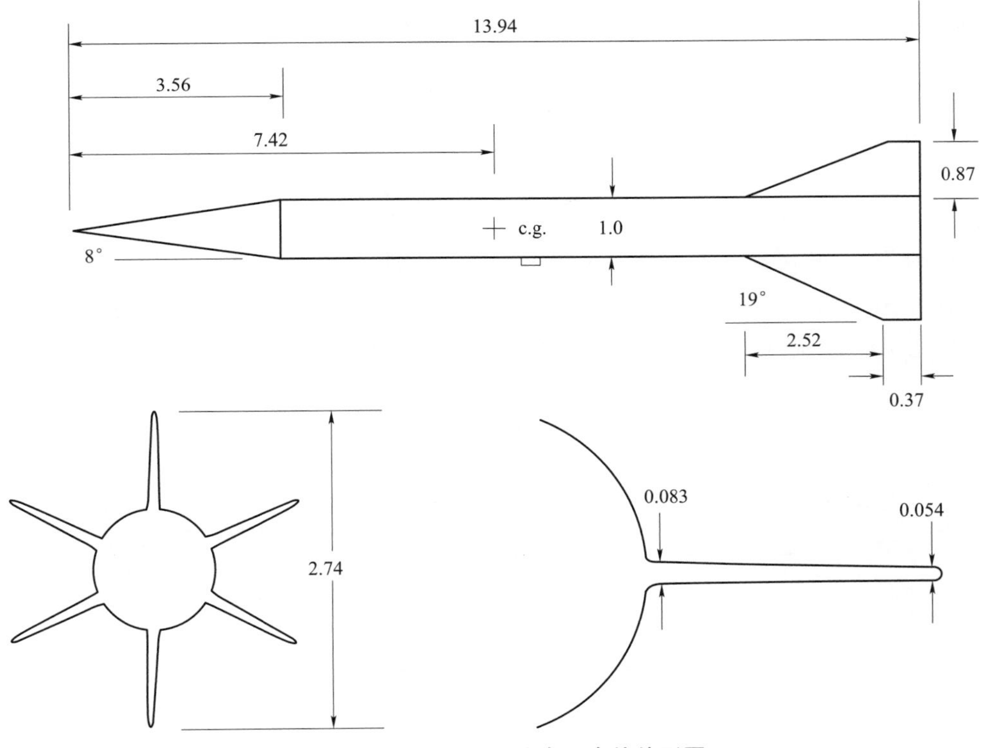

图 10.29　六片尾翼—弹身组合体外形图

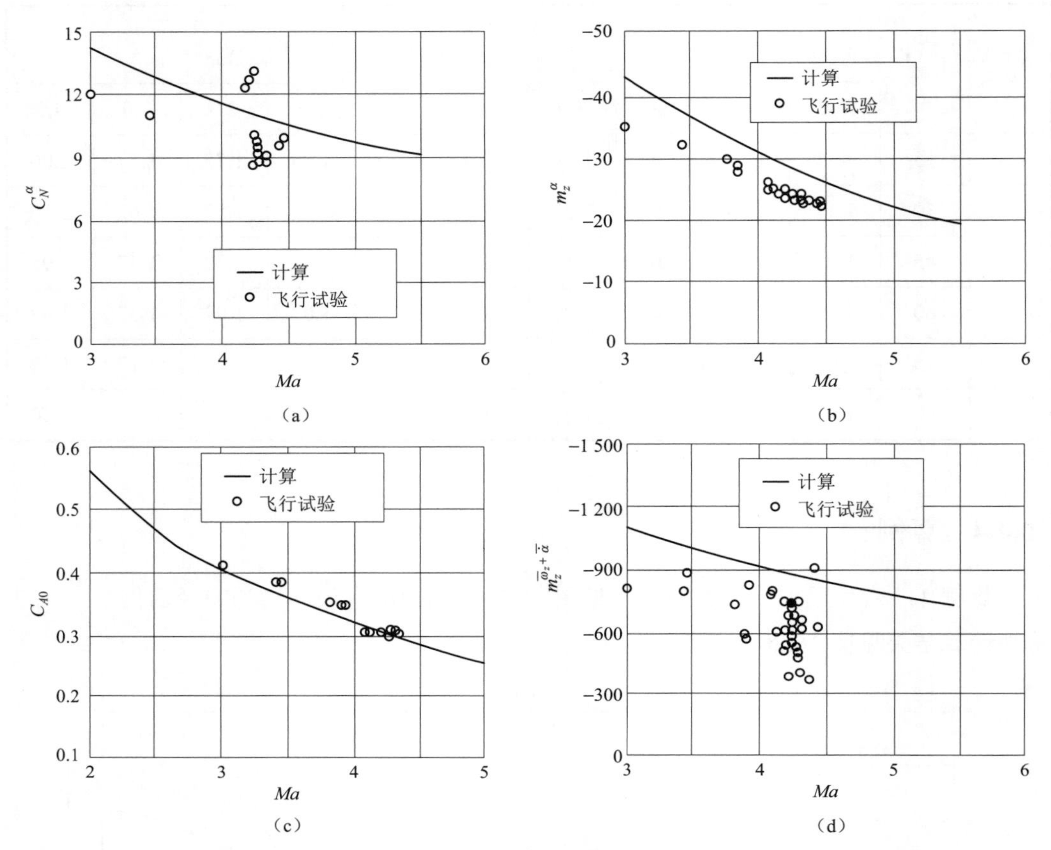

图 10.30　六片尾翼—弹身组合体气动特性计算结果

算例 2：八片尾翼—弹身外形见图 10.31，气动特性计算结果见图 10.32。

算例 3：六片、八片尾翼—弹身外形见图 10.33，法向力系数计算结果与实验结果比较见图 10.34，俯仰力矩系数计算结果与实验结果比较见图 10.35。

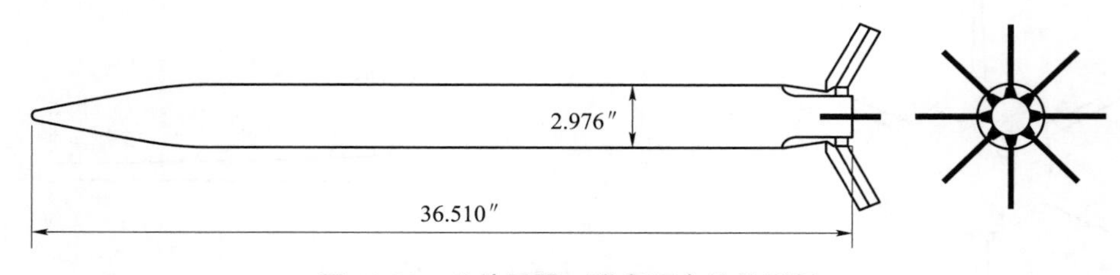

图 10.31　八片尾翼—弹身组合体外形图

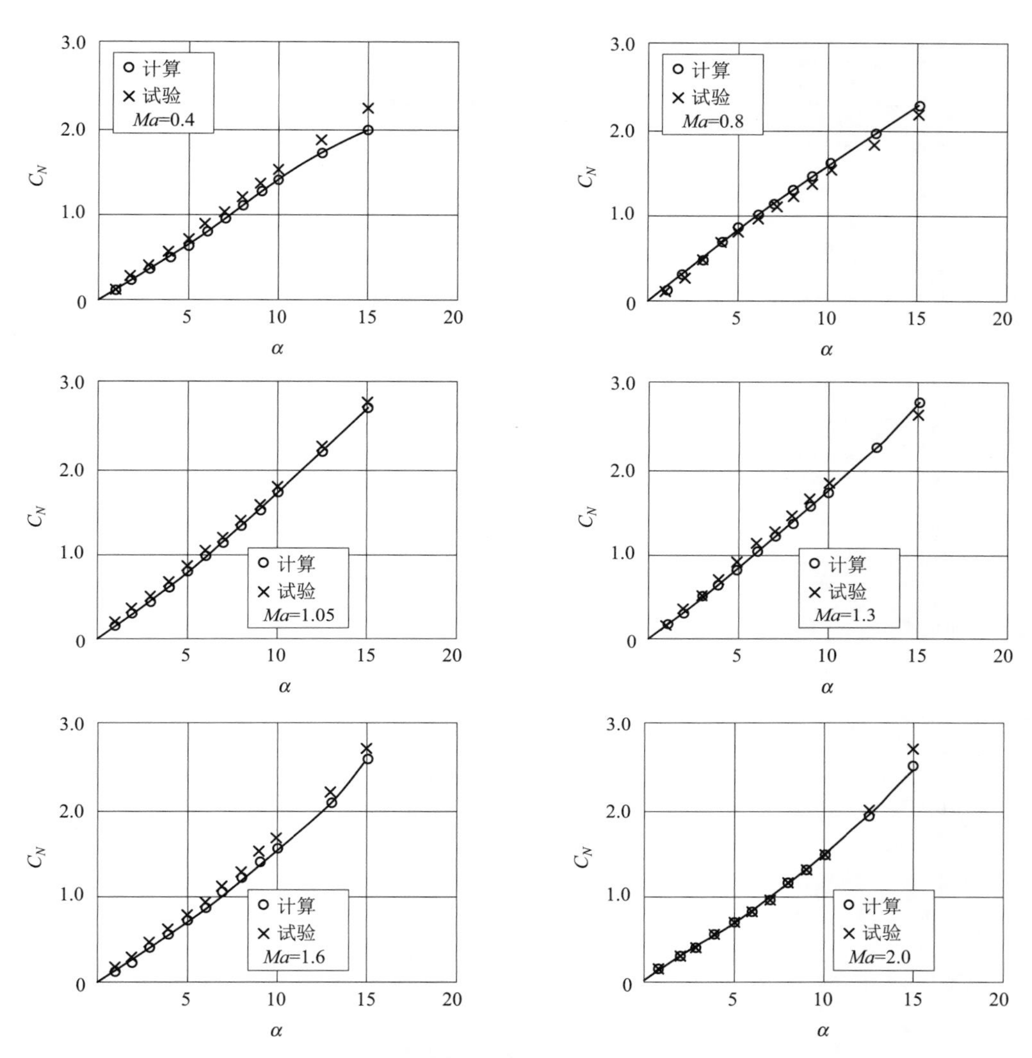

图 10.32 八片尾翼—弹身组合体气动特性计算结果

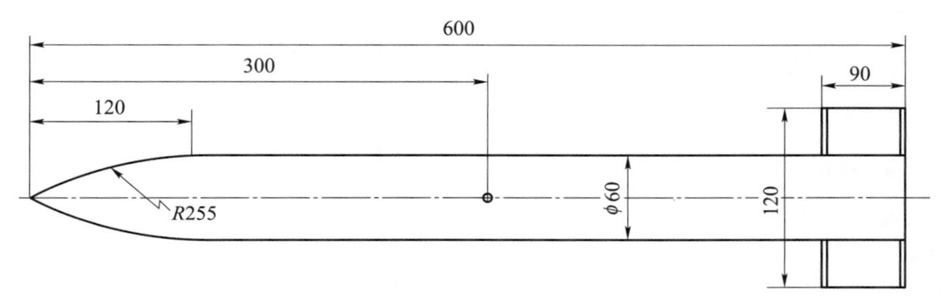

图 10.33 六片、八片尾翼—弹身组合体外形（单位：mm）

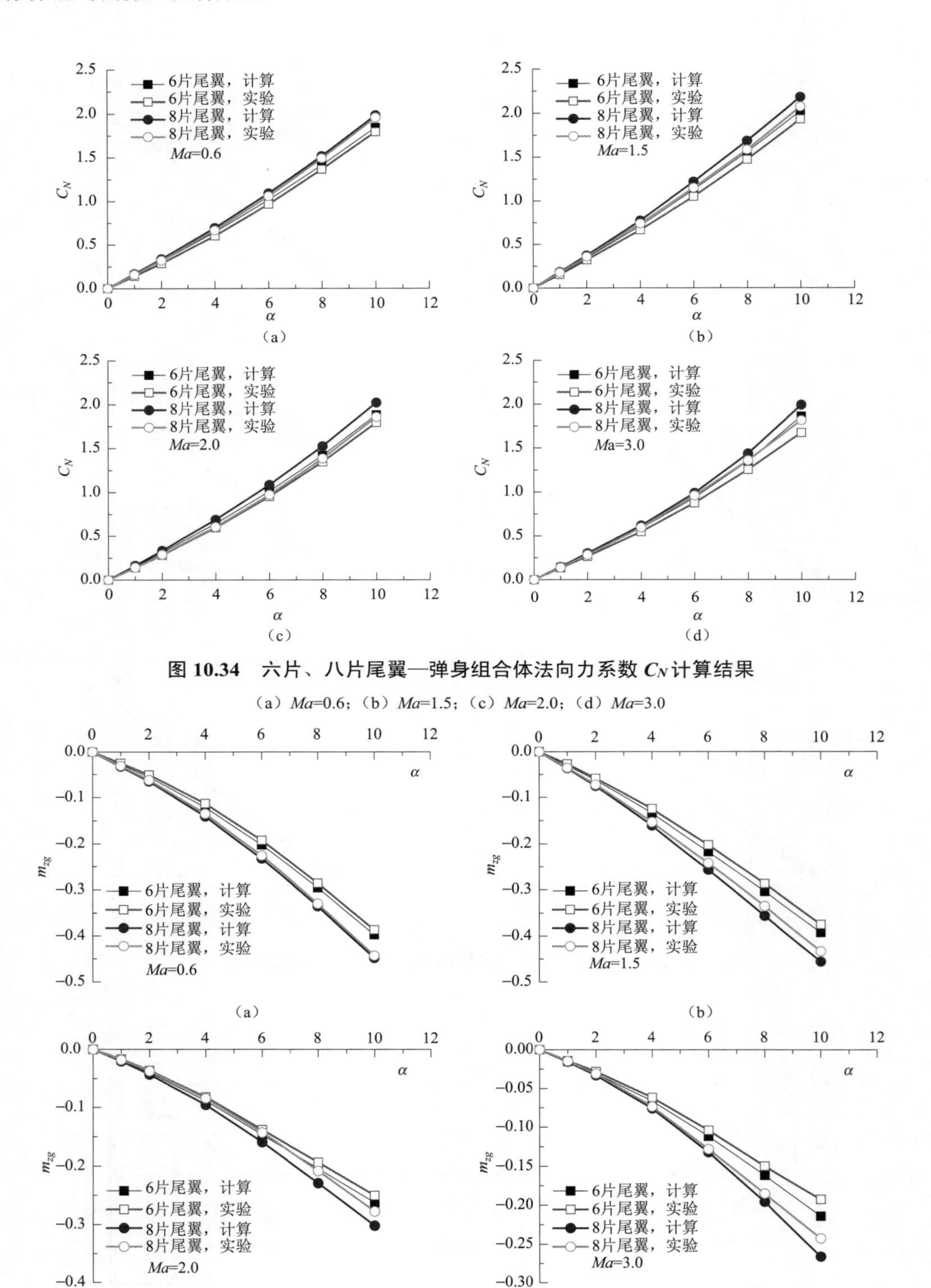

图 10.34　六片、八片尾翼—弹身组合体法向力系数 C_N 计算结果

(a) Ma=0.6；(b) Ma=1.5；(c) Ma=2.0；(d) Ma=3.0

图 10.35　六片、八片尾翼—弹身组合体俯仰力矩系数 m_{zg} 计算结果

(a) Ma=0.6；(b) Ma=1.5；(c) Ma=2.0；(d) Ma=3.0

第 11 章　弹箭旋转空气动力效应

11.1 概　　述

旋转飞行是战术武器经常采用的一种飞行方式。这种飞行方式有许多优点，譬如可以使静态不稳定的炮弹变为动态稳定的；可以简化导弹控制系统，用一个控制通道实现俯仰和偏航两个方向的控制；可以减小推力偏心、质量偏心、气动偏心等非对称因素对飞行性能的不利影响，从而提高密集度。旋转飞行也有不利的一面，它会产生新的不对称气动力和力矩，使飞行器的动态特性变得复杂。飞行器的旋转空气动力效应就是研究旋转所引起的绕流特性、空气动力特性的变化规律以及这些变化对飞行性能的影响。

早期旋转空气动力效应叫做马格努斯（Magnus）效应，是为了纪念德国学者马格努斯而得名。马格努斯在 1850 年进行了两项实验，一项是二维旋转圆柱压力分布实验，另一项是球的弹射实验。在旋转圆柱压力分布实验中发现，由于气流和旋转的耦合作用使得圆柱两边的压力分布不相同，产生了垂直于圆柱转轴和气流方向的力。在用滑膛枪发射球形弹丸的实验中发现，当球的质心在枪管中心线左边或右边时，球就相应地左旋或右旋，弹道就相应地左偏或右偏。这两项实验证明了 1730 年罗宾斯（Robins）的预言：弹丸的散布是由旋转造成的。随着研究工作的进展，研究所涉及的内容已超出了马格努斯效应的原始含义，于是逐渐形成了包括马格努斯效应在内的专门研究旋转飞行器空气动力特性的研究领域——旋转空气动力效应。

旋转空气动力效应的研究工作大致可分为三个阶段：古典阶段、战后阶段和近期阶段。古典阶段是从沃克（Walker）1671 年第一次观察到飞行中的网球由于旋转而产生漂移开始到第二次世界大战。这期间除了马格努斯著名的两项实验工作外，1878 年雷利（Rayleigh）研究了有环量的圆柱绕流，提出了升力与环量的关系式

$$L' = \rho_\infty V_\infty \Gamma \tag{11.1}$$

式中　L' ——单位长度圆柱的升力；

ρ_∞ ——来流密度；

V_∞ ——来流速度；

Γ ——环量。

该式也称为儒柯夫斯基（Жуковский）定理。1910—1912 年，拉斐（Lafay）对两个不

同直径的圆柱在不同转速下进行了升力、阻力和压力分布测量，得到了定量结果，并在低转速时发现了负马格努斯力。

气流中圆柱旋转可以产生升力这一现象被发现后，曾有不少人欲借这一原理产生升力加以利用，其中最有名的是德国工程师弗莱特内尔（Flettner）的工作。他认为气流中旋转圆柱产生的升力要比当量面积风帆产生的推力大得多，而驱动圆柱旋转所需的功率要比驱动螺旋桨所需要的功率小得多，用马格努斯转子代替风帆是经济可行的。他设计了两艘马格努斯转子船——布坎（Buckan）号和巴巴拉（Barbara）号，其中的一艘成功地驶过大西洋。除此之外，德国科学家贝茨（Betz）、普朗特（Prandtl）、布泽曼（Buseman）进行的带端板和不带端板旋转圆柱马格努斯效应的理论与实验研究，英国科学家里德（Reid）、汤姆（Thom）进行的雷诺数、长径比对圆柱马格努斯效应影响的研究，主要目的也是想把马格努斯效应作为动力加以利用。

20 世纪 50 年代初，美国弹道研究所（Ballistic Research Laboratory）的博尔茨（Bolz）、尼柯莱德斯（Nicolaidez）、墨菲（Murphy）等人在研究旋转弹丸飞行动力学时发现，马格努斯效应对动稳定性起着重要作用，定义了动稳定性因子 S_d、陀螺稳定性因子 S_g，给出了它们与气动特性和结构特性的关系，并由这两个因子给出了稳定性判据。

普拉图（Platou）进一步研究了纵向、横向回转半径，法向力，阻力，俯仰阻尼力矩及马格努斯力矩对动稳定性因子的影响，指出，对于一般的外形，在气动特性参数通常的变化范围内，马格努斯力矩导数和俯仰阻尼导数同样重要，都是旋转飞行武器设计者应该关心的主要问题。因此在 20 世纪 50 年代初掀起的马格努斯效应研究热潮中，研究工作主要集中于马格努斯效应对旋转飞行器动稳定性的影响，马格努斯力、力矩的理论计算方法和风洞实验技术。

随着数值计算技术的发展及大容量快速电子计算机的出现，从 20 世纪 70 年代开始马格努斯效应的研究工作进入了近期阶段。这一阶段的工作主要集中于马格努斯效应的机理研究、旋转飞行器绕流场的数值模拟以及精细的实验技术研究，其中包括旋转旋成体三维边界层的数值计算与实验测量、旋转旋成体大攻角非对称涡效应研究，飞行器大攻角旋转空气动力效应研究，特殊外形飞行器旋转空气动力效应研究等。

随着旋转飞行武器的不断增多，外形的不断变化，旋转空气动力效应的研究工作越来越受到关注，并将继续深入发展。

11.2　弹箭旋转空气动力效应机理

随着研究工作的不断深入，对旋转空气动力效应产生机理的认识也越来越全面了。一般来说，由旋转产生的力的大小和方向是随转速、攻角、马赫数、雷诺数、边界层状态、表面粗糙度以及结构外形不同而强烈变化的。下面介绍旋转空气动力效应的机理。

11.2.1　旋转弹身

单独弹身旋转空气动力效应主要由气流的黏性作用产生，与边界层性质、转捩、分离等密切相关，目前认识到的机理有以下 6 种。

1）边界层位移厚度的非对称畸变

弹身不旋转时，边界层相对于攻角平面是对称的。当弹身旋转时，边界层发生了畸变（图 11.1），左侧变薄，右侧变厚，最大厚度的位置不在正上方，而是沿着旋转方向移动。这样一来，按边界层位移厚度所确定的弹身有效外形相对于攻角平面不再对称了。把弹身各截面畸变后的外形合在一起，再按细长体理论计算空气动力，就会得到一个垂直于攻角平面的附加侧向力。按准弹体坐标系 $Ox_1y_1z_1$，该力在负 z_1 方向。这是旋转空气动力效应的一个来源。

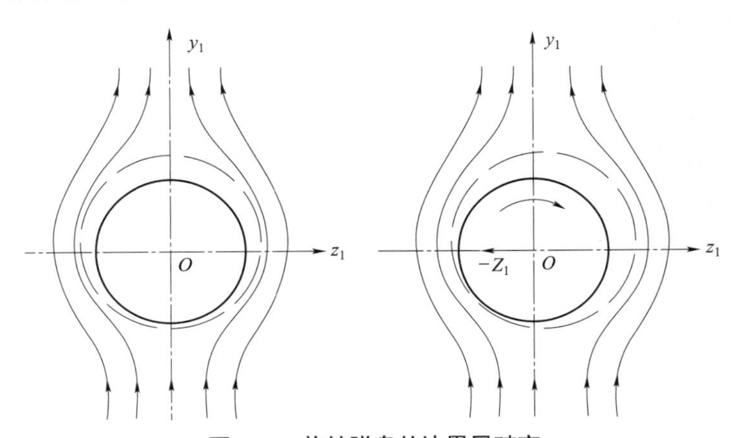

图 11.1　旋转弹身的边界层畸变

2）径向压力梯度的非对称畸变

图 11.2 给出了旋转弹身边界层内不同周向位置的速度分布，内侧速度即旋转线速度，外侧速度是不旋转时的位流速度。内、外侧之间的距离即为边界层厚度。由于物面是曲面，边界层内的压力沿径向是变化的，即存在压力梯度。又由于边界层内的速度分布左右不对称，边界层厚度左右也不一样，所以左右侧的压力梯度也不一样，这样也必将产生一个附加的侧向力。计算表明该附加力也在负 z_1 方向，大小与由边界层

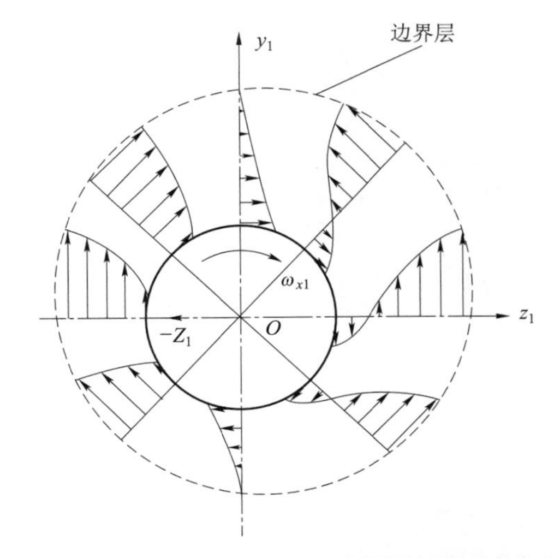

图 11.2　旋转弹身边界层内不同周向位置的速度分布

位移厚度非对称畸变所产生的那份附加力相当。

3）主流切应力的非对称畸变

边界层内沿垂直于弹身表面方向的速度梯度 $\frac{\partial u}{\partial y}$ 产生的切应力分布 $\tau_x = \mu\left(\frac{\partial u}{\partial y}\right)_0$ 也因旋转变为非对称。将这些非对称分布的切应力积分起来也得到一个附加的侧向力，该力也在负 z_1 方向，但要比前两种附加力小得多。

4）周向切应力的非对称畸变

边界层内由速度梯度 $\frac{\partial w}{\partial y}$ 产生的周向切应力分布 $\tau_\theta = \mu\left(\frac{\partial w}{\partial y}\right)_0$ 也由于旋转变为非对称。将这些非对称分布的周向切应力积分起来也得到一个附加的侧向力。计算表明该附加力方向与前三种相反，大小与径向压力梯度非对称畸变的贡献相当。

5）体涡非对称畸变

不旋转弹身在攻角不大时，体涡是对称的，不产生侧向力。当攻角大到某一值后出现非对称体涡，产生侧向力。弹身的旋转使得在攻角较小时就会导致分离的非对称（图 11.3），从而产生附加的侧向力。计算表明，由旋转导致分离非对称和体涡非对称所产生的附加侧向力的大小和方向同攻角、转速有关。在低转速下，小攻角时该附加侧向力在负 z_1 方向；大攻角时在正 z_1 方向，绝对值较大。

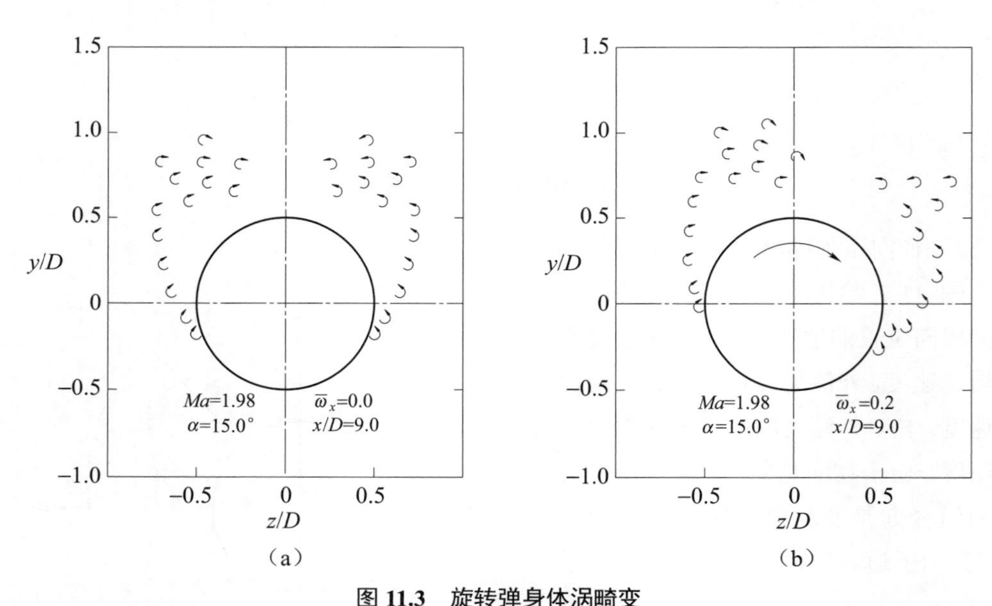

图 11.3　旋转弹身体涡畸变

（a）$\omega_x = 0$；（b）$\omega_x \neq 0$

6）边界层转捩非对称畸变

不旋转有攻角弹身的边界层，迎风面转捩较晚，背风面转捩较早，但相对于攻角平面是对称的。弹身旋转使得转捩区沿旋向移动，转捩区变为非对称的（图 11.4），从而产生附加的侧向力。研究表明，该份侧向力的方向在 z_1 轴的负向，大小与周向切应力非对称畸变的贡献同量级。

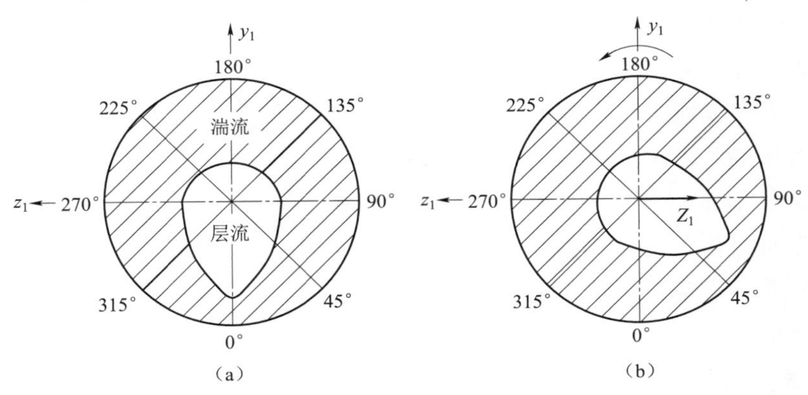

图 11.4　旋转弹身边界层转捩的畸变

（a）$\omega_x = 0$；（b）$\omega_x \neq 0$

11.2.2　旋转弹翼—弹身—尾翼组合体

弹翼的旋转空气动力效应机理与弹身不同。目前认识到的弹翼—弹身—尾翼组合体旋转空气动力效应的机理有 8 种。

1）旋转弹翼的附加攻角差动和附加速度差动

无安装角的平直翼绕纵轴旋转，将使左、右翼片对应剖面上的附加攻角和附加速度是差动的，由此产生的附加升力和附加阻力沿纵轴方向投影组成一个力偶。积分后得到一个附加的偏航（或俯仰）力矩。对于后视顺时针旋转的弹翼，附加偏航力矩是正的，其值可达同攻角下俯仰力矩的百分之十以上。

2）安装角差动

当有攻角的气流流过具有反对称安装角的弹翼时，即使翼面不旋转也会产生偏航（或俯仰）力矩。因为左、右翼片有反对称安装角，所以产生的附加升力和附加阻力是反对称的，它们沿弹体纵轴投影后得到的轴向力也是反对称的，恰好组成力偶，产生偏航（或俯仰）力矩。对于后视具有顺时针差动安装角的弹翼，附加偏航力矩是正的，大小与由附加攻角差动和附加速度差动产生的偏航力矩同量级。

3）弹翼钝后缘底压差动

在低超声速时，具有差动安装角的旋转弹翼，如果后缘是钝的，在一定条件下，底部压力可随攻角发生突然变化，使左、右翼片产生一份附加偏航力矩。实验表明这份偏航力矩也是正的，但其值要比前两份附加偏航力矩小得多。

4）弹身对背风面翼片的遮蔽干扰

图 11.5 是具有差动安装角弹翼的旋转翼—身组合体弹翼的展向载荷分布。攻角为零时，各翼片上的载荷分布是对称的。当有较小的正攻角时，由于弹身对背风面翼片的遮蔽作用，使翼根区载荷减小，而下翼片的载荷基本不变。由此产生干扰侧向力和偏航力矩。随着攻角增大，这个干扰侧向力和偏航力矩的绝对值增大。达到某一值后又下降。对于后视具有顺时针安装角的弹翼，干扰侧向力在负 z_1 方向，其值与弹身边界层位移厚度非对称畸变贡献相当。干扰偏航力矩为负，其值很小，可以略去。

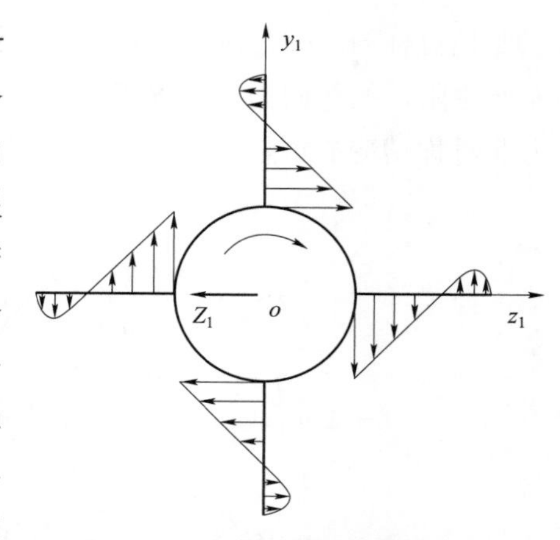

图 11.5　弹身对翼片的遮蔽干扰

5）前翼后拖涡迹螺旋形畸变对尾翼的干扰

对于弹翼—弹身—尾翼旋转飞行器，前翼尾涡的涡迹如图 11.6 所示。这种螺旋形尾涡将引起附加气动力和力矩。计算表明，对于后视顺时针旋转的弹翼，涡干扰侧向力在负 z_1 方向，大小与边界层位移厚度非对称畸变贡献相当。涡干扰偏航力矩很小，可以忽略不计。涡干扰滚转力矩与旋转方向相同。

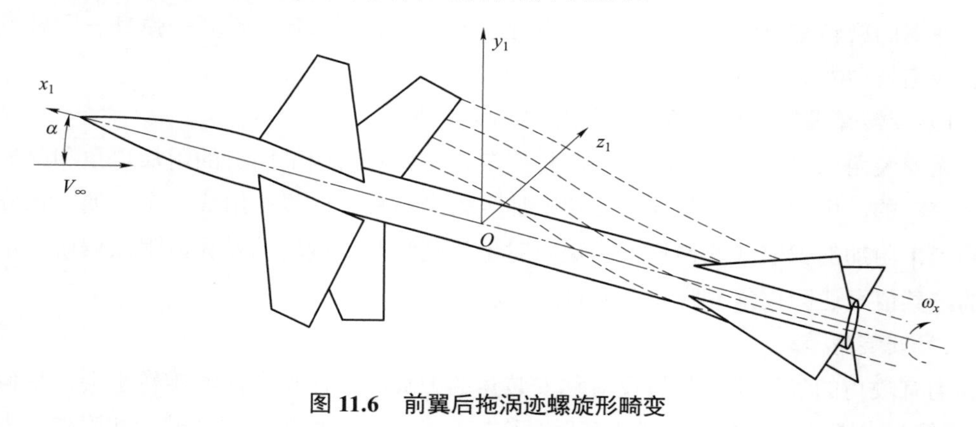

图 11.6　前翼后拖涡迹螺旋形畸变

6）非对称体涡对弹翼的冲击干扰

在弹身的旋转空气动力效应机理中有一种是体涡的非对称畸变，这个非对称体涡在翼片上也会产生干扰侧面力和偏航力矩。

7）前缘吸力的非对称

当翼的前缘为亚声速前缘时，气流绕过前缘会产生吸力。在既有攻角又有旋转时，左、右翼前缘吸力不再对称，因此有侧向力和偏航力矩产生。

8）侧缘吸力的非对称

在既有攻角又有旋转时，侧缘吸力也变得不对称，因此也会产生侧向力和偏航力矩。

11.3　弹身旋转诱导空气动力特性工程计算方法

11.3.1　马丁（Martin）方法

半径为 R 的长圆柱以角速度 ω_x 绕自身的纵轴旋转时，圆柱表面的线速度为 $\omega_x R$。设来流速度为 V_∞，攻角为 α。马丁（Martin）假定 α 是一阶小量，$\dfrac{\omega_x R}{V_\infty}$ 也是一阶小量，这样，α^2、$\left(\dfrac{\omega_x R}{V_\infty}\right)^2$、$\alpha\left(\dfrac{\omega_x R}{V_\infty}\right)$就是二阶小量。

马丁求解速度的各级近似方程，得到各级近似的速度表达式、位移厚度及总速度、总位移厚度，然后用细长体理论求出三维旋成体有效外形的扰动速度、压力系数，并积分得到马格努斯力、马格努斯力矩和压心。

马丁方法仅考虑了边界层位移厚度对旋转空气动力效应的贡献，得到的马格努斯力系数 C_{Z_m}、马格努斯力矩系数 m_{y_m} 及其马格努斯力作用点距弹身头部顶点的量纲为 1 的距离（即压心系数）$\bar{x}_{pm}$ 结果为

$$\left.\begin{aligned} C_{Z_m} &= \frac{Z_m}{q_\infty S_{\text{ref}}} = -\frac{52.60}{\sqrt{Re}}\alpha\bar{\omega}_x\left(\frac{L_B}{D}\right)^2 \\ m_{y_m} &= \frac{M_{ym}}{q_\infty S_{\text{ref}} L_{\text{ref}}} = -\frac{31.56}{\sqrt{Re}}\alpha\bar{\omega}_x\left(\frac{L_B}{D}\right)^2 \\ \bar{x}_{pm} &= \frac{x_{pm}}{L_{\text{ref}}} = 0.6 \end{aligned}\right\} \tag{11.2}$$

式中

$Re = \dfrac{\rho V_\infty L_{\text{ref}}}{\mu}$；

$\varpi_x = \dfrac{\omega_x D}{2V_\infty}$；

$S_{\text{ref}} = S_B = \dfrac{\pi}{4}D^2$；

$L_{\text{ref}} = L_B$；

D——弹径；

L_B——弹身长度。

11.3.2 凯利—撒克（Kelly—Thacker）方法

马丁方法的结果表明，马格努斯力和力矩随转速呈线性变化，见式（11.2）。一些在中等转速下测得的马格努斯力和力矩随转速的变化存在显著的非线性。凯利—撒克假定α与$\left(\frac{\omega_x R}{V_\infty}\right)^3$同量级，于是$\frac{\omega_x R}{V_\infty}$为一级近似；$\left(\frac{\omega_x R}{V_\infty}\right)^2$为二级近似；$\alpha$或$\left(\frac{\omega_x R}{V_\infty}\right)^3$为三级近似；$\alpha\left(\frac{\omega_x R}{V_\infty}\right)$为四级近似；$\alpha\left(\frac{\omega_x R}{V_\infty}\right)^2$为五级近似；$\alpha\left(\frac{\omega_x R}{V_\infty}\right)^3$为六级近似，其中$R$为弹身半径。这样一来，在马丁方法对$\alpha$的一级近似中就相当于包含了$\omega_x$的三次方项，即考虑了转速的非线性影响。仍按马丁方法的思路，求解各级近似方程，得到各级近似的速度表达式、位移厚度及总速度、总位移厚度，再用细长体理论求出三维旋转圆柱有效外形的扰动速度位、压力系数，并积分得到马格努斯力、力矩和压心。另外，凯利—撒克还考虑了边界层内径向压力梯度及物面周向切应力对马格努斯力、力矩的贡献，结果为

$$\left.\begin{aligned}
C_{Z_m} &= -\frac{62.677\,6}{\sqrt{Re_L}}\alpha\bar{\omega}_x\left(\frac{L_B}{D}\right)^2\left[1-2.110\,4\bar{\omega}_x^2\left(\frac{L_B}{D}\right)^2\right]\\
m_{y_m} &= -\frac{37.606\,4}{\sqrt{Re_L}}\alpha\bar{\omega}_x\left(\frac{L_B}{D}\right)^2\left[1-2.735\,7\bar{\omega}_x^2\left(\frac{L_B}{D}\right)^2\right]\\
\bar{x}_{pm} &= 0.600-0.375\bar{\omega}_x^2\left(\frac{L_B}{D}\right)^2+\cdots
\end{aligned}\right\} \tag{11.3}$$

计算结果表明，如果转速很高，飞行速度很低，长径比很大，可能会出现转速非线性修正过分的现象。

11.3.3 沃恩—赖斯（Vaughn—Reis）方法

马丁方法的结果虽然简单，但有很大局限性，即要求小攻角、低转速、不可压缩层流边界层，外形为圆柱体，而且只考虑了位移厚度对旋转空气动力效应的贡献。凯利—撒克公式中考虑了转速高阶项及径向压力梯度、周向切应力的贡献，但仍限于小攻角、不可压缩层流边界层，外形仍为圆柱体。沃恩—赖斯采用半经验半解析方法处理了任意母线旋成体的旋转空气动力效应。方法的适用范围较宽，既能用于不可压缩流动，又能用于可压缩流动；既能用于层流，又能用于湍流；既能用于圆柱体，又能用于圆锥体及曲线头部—圆柱体。此外还考虑了边界层转捩及后体背风面涡的影响，攻角范围也较大。

下面介绍沃恩—赖斯方法的思路。

在柱坐标系中给出不可压缩流动的边界层方程。在不可压缩平板层流边界层的布拉修斯解上乘以外形的Mangler转换因子，攻角和转速的Mangler转换因子以考虑外形、攻角和旋转的影响；乘以压缩性修正因子以考虑压缩性影响。周向速度型选择的是经验公式，在物面上，周向速度为物体旋转的线速度；在边界层外缘上，周向速度为位流理论确定的速度。体涡主要影响后体边界层外缘的周向速度，根据油流实验结果对按位流理论确定的边界层外缘速度进行修正，以考虑体涡的影响。不可压缩平板湍流边界层的速度分布采用 1/7 次方规律。假定在旋成体周围，边界层转捩是对称的，物体表面初始转捩位置由边界层转捩点处层流边界层厚度等于湍流边界层厚度的条件来确定，而转捩长度与雷诺数、攻角的关系由经验公式确定。

11.3.4　算例

（1）用马丁方法和凯利—撒克方法计算图 11.7 所示外形的马格努斯力及压心，计算条件为 $Ma_\infty=0.43$，$Re_L=1.26\times10^6$，$\alpha=9.5°$ 。

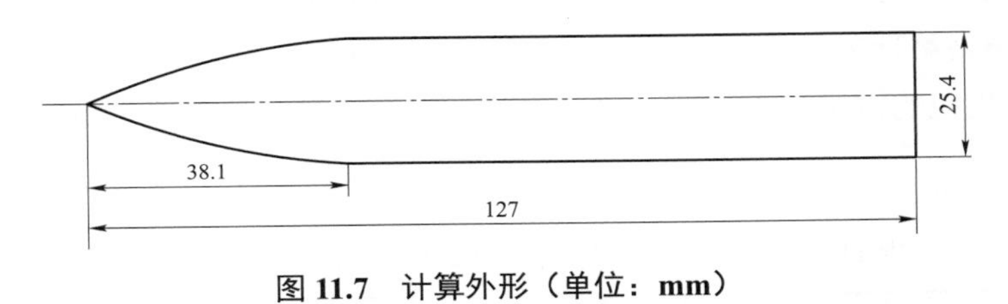

图 11.7　计算外形（单位：mm）

在图 11.8 和图 11.9 中给出了计算结果与实验结果的比较。从图可见，$\bar{\omega}_x<0.07$ 时，凯利—撒克方法的计算结果与实验结果接近；$\bar{\omega}_x>0.07$ 时，由于转速非线性影响修正过大，使得马格努斯力迅速减小，压心迅速前移，与实验结果的偏差越来越大，这意味着凯利—撒克方法不能用于太高转速情况。

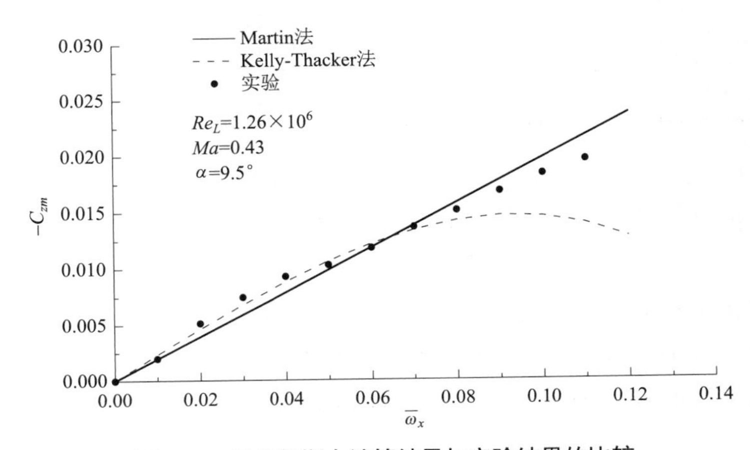

图 11.8　马格努斯力计算结果与实验结果的比较

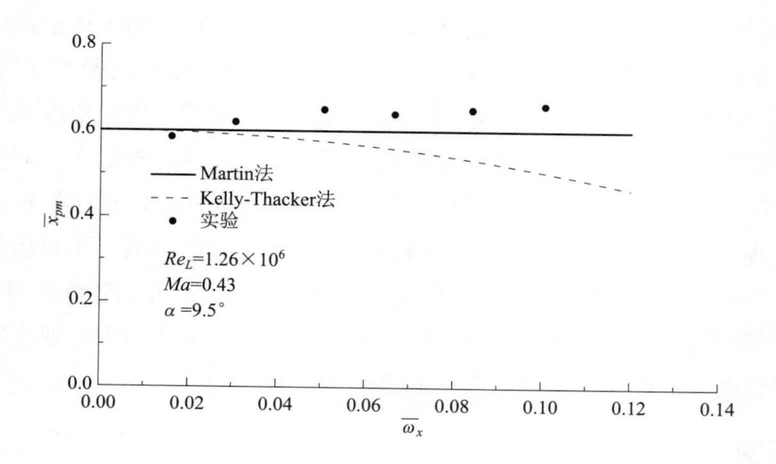

图 11.9 马格努斯压心计算结果与实验结果的比较

（2）用沃恩—赖斯方法计算头部长径比为 1.506，总长径比为 3.026 的正切拱形头部—圆柱体马格努斯力和压心，边界层状态为层流。计算条件为马赫数 Ma_∞=1.57，2.00，2.47，3.02；相应的雷诺数为 Re_L＝2.421×10^6，2.068×10^6。计算结果与实验结果的比较见表 11.1。

表 11.1 计算结果与实验结果的比较（拱形头部—圆柱）

Ma_∞	Re_L×10^{-6}	$C_{zm}^{\alpha\bar{\omega}_x}$ 实验	$C_{zm}^{\alpha\bar{\omega}_x}$ 计算	误差/%	$\frac{x_{pm}}{d}$ 实验	$\frac{x_{pm}}{d}$ 计算	误差/%
1.57	2.421	−0.281	−0.292	+3.9	2.46	2.214	−10
2.00	2.068	−0.276	−0.285	+3.3	2.21	2.214	+0.2
2.47	2.068	−0.321	−0.274	−14.6	1.96	2.214	+13
3.02	2.068	−0.337	−0.271	−19.6	2.21	2.231	+1

从表 11.1 可见，在马赫数较低时，马格努斯力的计算值与实验值很吻合；在马赫数较高时差别较大；在 Ma_∞=1.57～3.02 时，马格努斯压心的计算结果与实验结果吻合较好。

（3）用沃恩—赖斯方法计算头部长径比为 2，总长径比为 7 的正切拱形头部—圆柱体（BS—7 基本模型）的马格努斯力和压心。边界层为自由转捩，马赫数 Ma_∞＝0.52～2.53。计算结果与实验结果的比较见图 11.10 和图 11.11。

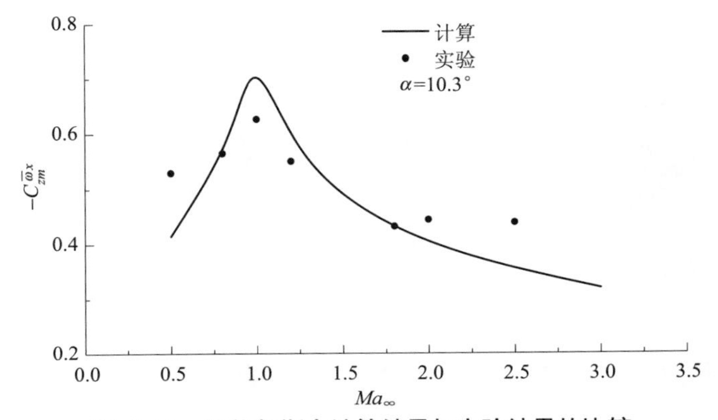

图 11.10　马格努斯力计算结果与实验结果的比较

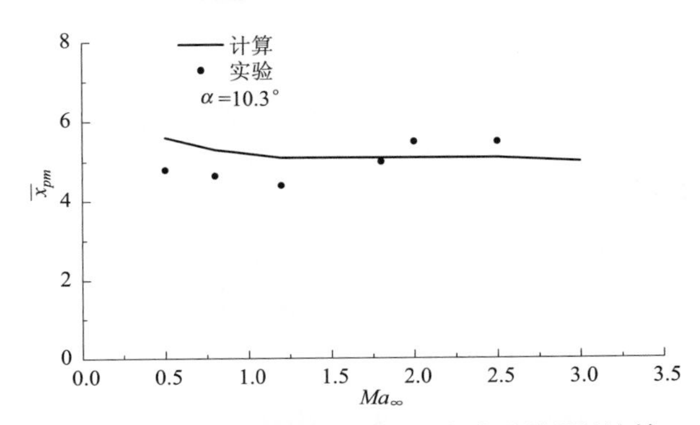

图 11.11　马格努斯压心计算结果与实验结果的比较

11.4　翼面旋转诱导空气动力特性工程计算方法

11.4.1　法向力与轴向力对马格努斯力矩的贡献

1）亚声速翼面的马格努斯力矩系数

研究图 11.12 所示的具有差动安装角 δ 的十字形翼身组合体，按位流理论得到的马格努斯力矩系数公式为

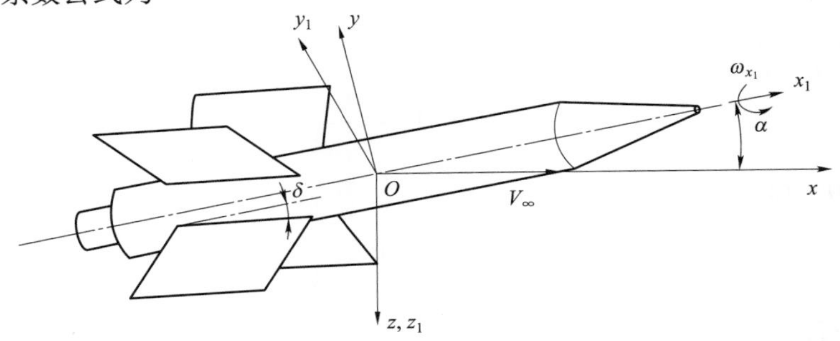

图 11.12　准弹体坐标系和准速度坐标系

$$
\begin{aligned}
m_{ymW(B)} &= \frac{M_{ymW(B)}}{q_\infty S_{\text{ref}} l'_W} \\
&= \frac{b_W(l_W'^3 - D_B^3)}{3S_{\text{ref}} l_W'^2}\left\{\left[\left(\frac{K_{W(B)}C_{NW}^\alpha}{\pi\lambda_W} - \frac{1}{2}\right) - k_{iW}\left(\frac{K_{W(B)}C_{NW}^\alpha}{\pi\lambda_W} - 1\right)\right]\cdot\right. \\
&\left. K_{W(B)}C_{NW}^\alpha - C_{AW}\right\}\alpha\bar{\omega}_x
\end{aligned}
\tag{11.4}
$$

式中，$K_{W(B)}$ 为弹身对弹翼的升力干扰系数；k_{iW} 为自由涡影响修正系数；$S_{\text{ref}} = \frac{\pi}{4}D_B^2$。

$$
k_{iW} = 0.9(0.5 + 0.033\lambda_W) \tag{11.5}
$$

当取 $k_{iW}=1$ 时，式（11.4）成为

$$
m_{ymW(B)} = \frac{b_W(l_W'^3 - D_B^3)}{3S_{\text{ref}} l_W'^2}\left(\frac{1}{2}K_{W(B)}C_{NW}^\alpha - C_{AW}\right)\alpha\bar{\omega}_x \tag{11.6}
$$

当弹翼无安装角时，式（11.4）成为

$$
m_{ymW(B)} = \frac{b_W(l_W'^3 - D_B^3)}{3S_{\text{ref}} l_W'^2}\left[k_{iW}\left(1 - \frac{K_{W(B)}C_{NW}^\alpha}{\pi\lambda_W}\right)K_{W(B)}C_{NW}^\alpha - C_{AW}\right]\alpha\bar{\omega}_x \tag{11.7}
$$

当取 $k_{iW}=1$ 时，式（11.7）成为

$$
m_{ymW(B)} = \frac{b_W(l_W'^3 - D_B^3)}{3S_{\text{ref}} l_W'^2}\left[\left(1 - \frac{K_{W(B)}C_{NW}^\alpha}{\pi\lambda_W}\right)K_{W(B)}C_{NW}^\alpha - C_{AW}\right]\alpha\bar{\omega}_x \tag{11.8}
$$

2）超声速翼面的马格努斯力矩系数

本顿（Benton）研究了差动安装角为δ，具有超声速前缘尾翼稳定的旋转弹，给出了由翼面法向力的轴向分量产生的马格努斯力矩系数公式为

$$
m_{ymW} = \frac{M_{ymW}}{q_\infty S_{\text{ref}} l'_W} = \frac{b_W(l_W'^3 - D_B^3)}{6S_{\text{ref}} l_W'^2}C_{NW}^\alpha \alpha\bar{\omega}_x \tag{11.9}
$$

若在式（11.6）中略去轴向力对马格努斯力矩的贡献，并取 $K_{W(B)}=1$，即不考虑弹身对弹翼的干扰，就得到上式。

对于超声速矩形翼有

$$
C_{NW}^\alpha = \frac{4}{B}\left(1 - \frac{1}{2\lambda_W B}\right) \tag{11.10}
$$

代入式（11.9）得

$$
m_{ymW} = \frac{2}{3B}\frac{b_W(l_W'^3 - D_B^3)}{S_{\text{ref}} l_W'^2}\left(1 - \frac{1}{2\lambda_W B}\right)\alpha\bar{\omega}_x \tag{11.11}
$$

式中　$B = \sqrt{Ma_\infty^2 - 1}$。

3）亚、跨、超声速翼面马格努斯力矩系数的统一计算公式

马格努斯力矩系数公式（11.6）是对亚声速旋转翼—身组合体导出的，公式中考虑了翼面法向力、轴向力的贡献。式（11.9）是对超声速导出的，公式中仅考虑了单独弹翼法向力的贡献。若在式（11.6）中略去轴向力的贡献，并不考虑弹身对弹翼的干扰，即取 $K_{W(B)}=1$，就可得到式（11.9），可见式（11.6）对亚、跨、超声速都适用。由翼面法向力、轴向力产生的马格努斯力矩系数导数为

$$m_{ymW(B)}^{\alpha\bar{\omega}_x}=\frac{b_W(l_W'^3-D_B^3)}{3S_{\text{ref}}l_W'^2}\left(\frac{1}{2}K_{W(B)}C_{NW}^{\alpha}-C_{AW}\right) \tag{11.12}$$

4）算例

AT–3A 反坦克导弹马格努斯力矩系数计算

几何参数及飞行条件如下：$b_W=0.154$ m，$l_W'=0.392$ m，$D_B=0.12$ m，$S_{\text{ref}}=0.011\,3$ m^2，$\lambda_W=1.77$，$\delta=3.25°=0.056\,7$ rad，$Ma_\infty=0.1\sim0.8$。计算结果与实验结果的比较见图 11.13。

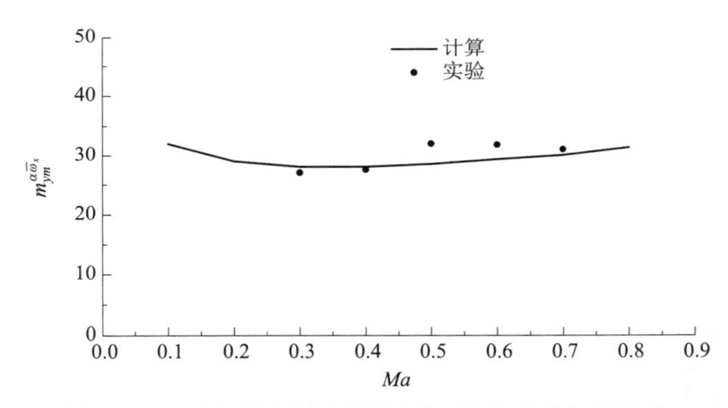

图 11.13　马格努斯力矩系数计算结果与实验结果比较

11.4.2　前缘吸力的贡献

非尖锐亚声速前缘的超声速弹翼能产生前缘吸力。旋转时由于攻角和转速的耦合作用，使得左、右翼前缘吸力不再对称，因而产生马格努斯力和马格努斯力矩。

假定翼的平面形状如图 11.14 所示，前缘为亚声速，后缘为超声速，从两侧翼梢前缘点发出的马赫线不在翼面内相交。采用图 11.15 所示的准弹体坐标系。玛高里斯（Margolis）得到的马格努斯力系数导数公式为

$$C_{zmLe}^{\bar{\omega}_x}=\left[\frac{\partial}{\partial\bar{\omega}_x}\left(\frac{Z_{mLe}}{1/2\rho_\infty V_\infty^2S_{\text{ref}}}\right)\right]_{\bar{\omega}_x=0}=\xi_W\frac{\pi\alpha\lambda_W B}{6m}\frac{I(m)\sqrt{1-m^2}}{E(\sqrt{1-m^2})}\frac{S_W}{S_{\text{ref}}} \tag{11.13}$$

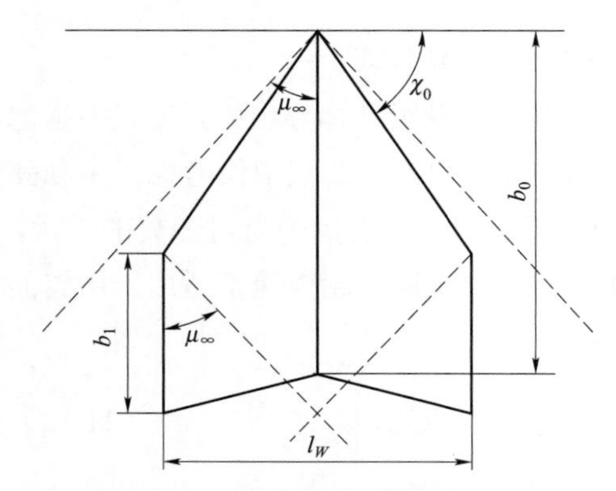

图 11.14　亚声速前缘后掠翼平面形状

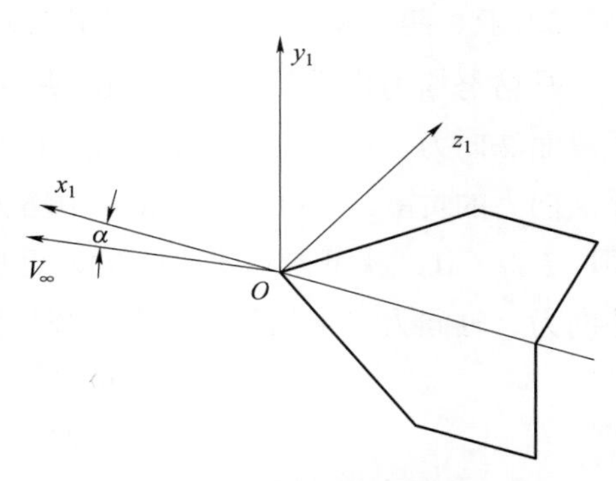

图 11.15　准弹体坐标系 $Ox_1y_1z_1$

或

$$C_{zmLe}^{\alpha\bar{\omega}_x} = \xi_W \frac{\pi\lambda_W B}{6m} J(m) \frac{S_W}{S_{\text{ref}}} \tag{11.14}$$

式中

$\bar{\omega}_x = \dfrac{\omega_x l_W}{2V_\infty}$；

$B = \sqrt{Ma_\infty^2 - 1}$；

$m = B\cot\chi_0$；

$I(m) = \dfrac{2(1-m^2)}{(2-m^2)E(\sqrt{1-m^2}) - m^2 F(\sqrt{1-m^2})}$；

$J(m) = \dfrac{I(m)\sqrt{1-m^2}}{E(\sqrt{1-m^2})}$；

$E(\sqrt{1-m^2})$ 为以 $\sqrt{1-m^2}$ 为模的第二类完全椭圆积分；

$F(\sqrt{1-m^2})$ 为以 $\sqrt{1-m^2}$ 为模的第一类完全椭圆积分；

ξ_W 为弹翼吸力修正系数，与升力系数及前缘形状有关；

λ_W 为弹翼展弦比；

α 取弧度；

下标“Le”表示前缘。

对弹翼顶点的马格努斯力矩系数导数的公式为

$$m_{ymLe}^{\bar{\omega}_x} = \left[\frac{\partial}{\partial\bar{\omega}_x}\left(\frac{M_{ymLe}}{1/2\rho_\infty V_\infty^2 S_{\text{ref}} l_W}\right)\right]_{\bar{\omega}_x=0} = \xi_W \frac{\pi\alpha\lambda_W B}{16}\left(\frac{B}{m^2} + \frac{1}{B}\right)\frac{I(m)\sqrt{1-m^2}}{E(\sqrt{1-m^2})}\frac{S_W}{S_{\text{ref}}} \tag{11.15}$$

或

$$m_{ymLe}^{\alpha\bar{\omega}_x}=\xi_W\frac{\pi\lambda_W B}{16}\left(\frac{B}{m^2}+\frac{1}{B}\right)J(m)\frac{S_W}{S_{\text{ref}}} \tag{11.16}$$

对质心的马格努斯力矩系数导数为

$$m_{ymLe\,g}^{\bar{\omega}_x}=m_{ymLe}^{\bar{\omega}_x}\pm\frac{h_W}{l_W}C_{zmLe}^{\bar{\omega}_x} \tag{11.17}$$

式中，h_W 为弹翼顶点到质心的距离，质心在顶点之前时取“+”号；反之取“–”号。

11.4.3　侧缘吸力的贡献

假定弹翼侧缘沿来流方向，由于攻角和旋转的耦合作用，使得弹翼的左、右侧缘的吸力不再对称，将产生马格努斯力和力矩。对于图 11.14 和图 11.15 所示的翼面形状和坐标系，玛高里斯得到的马格努斯力系数导数的公式为

$$C_{ZmTi}^{\bar{\omega}_x}=\xi_W\frac{64\alpha\eta_W}{9\pi(1+\eta_W)}\cdot\frac{3(3m+1)[\lambda_W B(1+\eta_W)]^2+3\eta_W m(3m-1)[\lambda_W B(1+\eta_W)]-8\eta_W^2 m^2}{[\lambda_W B(1+\eta_W)(1+m)]^2}\frac{S_W}{S_{\text{ref}}} \tag{11.18}$$

或

$$C_{ZmTi}^{\alpha\bar{\omega}_x}=\xi_W\frac{64\eta_W}{9\pi(1+\eta_W)}\cdot\frac{3(3m+1)[\lambda_W B(1+\eta_W)]^2+3\eta_W m(3m-1)[\lambda_W B(1+\eta_W)]-8\eta_W^2 m^2}{[\lambda_W B(1+\eta_W)(1+m)]^2}\frac{S_W}{S_{\text{ref}}} \tag{11.19}$$

式中，η_W 为弹翼梢根比，下标“*Ti*”表示侧缘。

以弹翼顶点为力矩参考点，由侧缘吸力产生的马格努斯力矩系数的导数为

$$m_{ymTi}^{\bar{\omega}_x}=\xi_W\frac{32\alpha\eta_W B}{9\pi m(1+m)^2(1+\eta_W)[\lambda_W B(1+\eta_W)]^3}\{3(3m+1)[\lambda_W B(1+\eta_W)]^3+3\eta m(9m+1)[\lambda_W B(1+\eta_W)]^2+8\eta_W^2 m^2(3m-2)[\lambda_W B(1+\eta_W)]-24\eta_W^3 m^3\}\frac{S_W}{S_{\text{ref}}} \tag{11.20}$$

或

$$m_{ymTi}^{\alpha\bar{\omega}_x}=\xi_W\frac{32\eta_W B}{9\pi m(1+m^2)(1+\eta_W)[\lambda_W B(1+\eta_W)]^3}\{3(3m+1)[\lambda_W B(1+\eta_W)]^3+3\eta_W m(9m+1)[\lambda_W B(1+\eta_W)]^2+8\eta_W^2 m^2(3m-2)[\lambda_W B(1+\eta_W)]-24\eta_W^3 m^3\}\frac{S_W}{S_{\text{ref}}} \tag{11.21}$$

对质心的马格努斯力矩系数的导数为

$$m_{ymTig}^{\bar{\omega}_x} = m_{ymTi}^{\bar{\omega}_x} \pm \frac{h_W}{l_W} C_{zmTi}^{\bar{\omega}_x} \tag{11.22}$$

或

$$m_{ymTig}^{\alpha\bar{\omega}_x} = m_{ymTi}^{\alpha\bar{\omega}_x} \pm \frac{h_W}{l_W} C_{zmTi}^{\alpha\bar{\omega}_x} \tag{11.23}$$

11.5 尾翼旋转诱导空气动力特性工程计算方法

11.5.1 法向力与轴向力对马格努斯力矩的贡献

对于翼身尾或舵身尾组合体，如果不考虑由旋转所引起的前翼后拖涡迹螺旋形畸变影响，由尾翼法向力、轴向力产生的马格努斯力矩系数为

$$m_{ymT(B)} = \frac{M_{ymT(B)}}{\frac{1}{2}\rho_\infty V_\infty^2 S_{\mathrm{ref}} l'_W} = \frac{b_T(l_T'^3 - D_B^3)}{3S_{\mathrm{ref}} l_W'^2}\left\{\left[\left(\frac{K_{T(B)}C_{NT}^{\alpha}}{\pi\lambda_T} - \frac{1}{2}\right) - k_{iT}\left(\frac{K_{T(B)}C_{NT}^{\alpha}}{\pi\lambda_T} - 1\right)\right]K_{T(B)}C_{NT}^{\alpha} - C_{AT}\right\}(\alpha - \varepsilon)k_q\bar{\omega}_x \tag{11.24}$$

式中

$$k_{iT} = 0.9(0.5 + 0.033\lambda_T)$$

$k_q = \dfrac{q_T}{q_\infty} \approx \left(\dfrac{v_T}{v_\infty}\right)^2$，“+—×”布局时，$k_q$ =0.9；“+—+”布局时，k_q =0.85；ε 为下洗角

$$(\varepsilon)_{y\neq 0} = (\varepsilon_{WB}^{\alpha}\alpha + \varepsilon_{WB}^{\delta}\delta)_{y=0}(1 - B\bar{y}) \tag{11.25}$$

$$(\varepsilon_{WB}^{\alpha})_{y=0} = (\varepsilon_{W'}^{\alpha})_{y=0}\frac{C_{NWB}^{\alpha}}{C_{NW'}^{\alpha}} \tag{11.26}$$

$$(\varepsilon_{W'}^{\alpha})_{y=0} = \begin{cases} (k_\varepsilon)_{\eta=\infty} A\dfrac{C_{NW'}^{\alpha}}{\lambda'_W} & (Ma < Ma_{cr}) \\ 36A\dfrac{C_{NW'}^{\alpha}}{\lambda'_W} & (Ma > Ma_{cr}) \end{cases} \tag{11.27}$$

$$(\varepsilon_{WB}^{\delta})_{y=0} = (\varepsilon_{W'}^{\alpha})_{y=0}\frac{k_{W(B)}C_{NW}^{\alpha}}{C_{NW'}^{\alpha}}\frac{1}{1 - \bar{D}_B} \tag{11.28}$$

式中，$\bar{D}_B = \dfrac{D_B}{l_W}$，$D_B$ 为弹翼处的弹身直径，l_W 为弹翼净展长。A 、B 、$(k_\varepsilon)_{\eta=\infty}$ 可由曲

线查得[1]。

C_{AT} 、C_{NT}^{α} 为无安装角悬臂尾翼的轴向力系数、法向力系数导数，参考面积为一对悬臂尾翼面积。攻角 α 的单位为弧度，C_{NT}^{α} 的单位为 1/弧度。带“′”的量为通过弹身翼面的值。

当 $k_{iT}=1$ 时，上式成为

$$m_{ymT(B)} = \frac{b_T(l_T'^3 - D_B^3)}{3S_{\text{ref}}l_W'^2}\left[\frac{1}{2}K_{T(B)}C_{NT}^{\alpha} - C_{AT}\right](\alpha-\varepsilon)k_q\bar{\omega}_x \tag{11.29}$$

当尾翼无安装角时，由旋转产生的马格努斯力矩系数为

$$m_{ymT(B)} = \frac{b_T(l_T'^3 - D_B^3)}{3S_{\text{ref}}l_W'^2}\left[k_{iT}\left(1-\frac{K_{T(B)}C_{NT}^{\alpha}}{\pi\lambda_T}\right)K_{T(B)}C_{NT}^{\alpha} - C_{AT}\right](\alpha-\varepsilon)k_q\bar{\omega}_x \tag{11.30}$$

当 $k_{iT}=1$ 时，上式成为

$$m_{ymT(B)} = \frac{b_T(l_T'^3 - D_B^3)}{3S_{\text{ref}}l_W'^2}\left[\left(1-\frac{K_{T(B)}C_{NT}^{\alpha}}{\pi\lambda_T}\right)K_{T(B)}C_{NT}^{\alpha} - C_{AT}\right](\alpha-\varepsilon)k_q\bar{\omega}_x \tag{11.31}$$

11.5.2　前缘吸力的贡献

由尾翼前缘吸力产生的马格努斯力系数导数为

$$C_{ZmTLe}^{\bar{\omega}_x} = \xi_T\frac{\pi\alpha\lambda_T B}{6m}\frac{I(m)\sqrt{1-m^2}}{E(\sqrt{1-m^2})}\frac{S_T}{S_{\text{ref}}}\frac{l_T}{l_W} \tag{11.32}$$

或

$$C_{ZmTLe}^{\alpha\bar{\omega}_x} = \xi_T\frac{\pi\lambda_T B}{6m}J(m)\frac{S_T}{S_{ref}}\frac{l_T}{l_W} \tag{11.33}$$

对尾翼根弦前缘顶点的马格努斯力矩系数导数为

$$m_{ymTLe}^{\bar{\omega}_x} = \xi_T\frac{\pi\alpha\lambda_T B}{16}\left(\frac{B}{m^2}+\frac{1}{B}\right)\frac{I(m)\sqrt{1-m^2}}{E(\sqrt{1-m^2})}\frac{S_T}{S_{\text{ref}}}\left(\frac{l_T}{l_W}\right)^2 \tag{11.34}$$

或

$$m_{ZmTLe}^{\alpha\bar{\omega}_x} = \xi_T\frac{\pi\lambda_T B}{6m}\left(\frac{B}{m^2}+\frac{1}{B}\right)J(m)\frac{S_T}{S_{\text{ref}}}\left(\frac{l_T}{l_W}\right)^2 \tag{11.35}$$

注意，式中 $m=\cot\chi_{0T}$， χ_{0T} 为尾翼前缘后掠角。

对质心的马格努斯力矩系数导数为

$$m_{ymTLeg}^{\bar{\omega}_x} = m_{ymTLe}^{\bar{\omega}_x} + \frac{h_T}{l_W}C_{zmTLe}^{\bar{\omega}_x} \tag{11.36}$$

或

$$m_{ymTLeg}^{\alpha\bar{\omega}_x} = m_{ymTLe}^{\alpha\bar{\omega}_x} + \frac{h_T}{l_W} C_{zmTLe}^{\alpha\bar{\omega}_x} \tag{11.37}$$

式中，h_T 为尾翼根弦前缘点至质心的距离。

11.5.3 侧缘吸力的贡献

由尾翼侧缘吸力产生的马格努斯力系数导数为

$$C_{ZmTTi}^{\bar{\omega}_x} = \xi_T \frac{64\alpha\eta_T}{9\pi(1+\eta_T)} \frac{3(3m+1)[\lambda_T B(1+\eta_T)]^2 + 3\eta_T m(3m-1)[\lambda_T B(1+\eta_T) - 8\eta_T^2 m^2]}{[\lambda_T B(1+\eta_T)(1+m)]^2} \frac{S_T}{S_{\text{ref}}} \frac{l_T}{l_W} \tag{11.38}$$

或

$$C_{ZmTTi}^{\alpha\bar{\omega}_x} = \xi_T \frac{64\eta_T}{9\pi(1+\eta_T)} \frac{3(3m+1)[\lambda_T B(1+\eta_T)]^2 + 3\eta_T m(3m-1)[\lambda_T B(1+\eta_T) - 8\eta_T^2 m^2]}{[\lambda_T B(1+\eta_T)(1+m)]^2} \frac{S_T}{S_{\text{ref}}} \frac{l_T}{l_W} \tag{11.39}$$

对尾翼根弦前缘顶点的马格努斯力矩系数导数为

$$\begin{aligned} m_{ymTTi}^{\bar{\omega}_x} = \xi_T & \frac{32\eta_T B\alpha}{9\pi m(1+m)^2(1+\eta_T)[\lambda_T B(1+\eta_T)]^3} \{3(3m+1)[\lambda_T B(1+\eta_T)]^3 + \\ & 3\eta_T m(9m+1)[\lambda_T B(1+\eta_T)]^2 + 8\eta_T^2 m^2(3m-2)[\lambda_T B(1+\eta_T)] - \\ & 24m^3\eta_T^3\} \frac{S_T}{S_{\text{ref}}} \left(\frac{l_T}{l_W}\right)^2 \end{aligned} \tag{11.40}$$

或

$$\begin{aligned} m_{ymTTi}^{\alpha\bar{\omega}_x} = \xi_T & \frac{32\eta_T B}{9\pi m(1+m)^2(1+\eta_T)[\lambda_T B(1+\eta_T)]^3} \{3(3m+1)[\lambda_T B(1+\eta_T)]^3 + \\ & 3\eta_T m(9m+1)[\lambda_T B(1+\eta_T)]^2 + 8\eta_T^2 m^2(3m-2)[\lambda_T B(1+\eta_T)] - \\ & 24m^3\eta_T^3\} \frac{S_T}{S_{\text{ref}}} \left(\frac{l_T}{l_W}\right)^2 \end{aligned} \tag{11.41}$$

对质心的马格努斯力矩系数导数为

$$m_{ymTTig}^{\bar{\omega}_x} = m_{ymTTi}^{\bar{\omega}_x} + \frac{h_T}{l_W} C_{zmTTi}^{\bar{\omega}_x} \tag{11.42}$$

或

$$m_{ymTTig}^{\alpha\bar{\omega}_x} = m_{ymTTi}^{\alpha\bar{\omega}_x} + \frac{h_T}{l_W} C_{zmTTi}^{\alpha\bar{\omega}_x} \tag{11.43}$$

式中，h_T 为质心至尾翼根弦前缘点的距离。

11.6　弹翼—弹身—尾翼组合体旋转诱导空气动力特性工程计算方法

弹翼—弹身—尾翼组合体旋转状态的马格努斯力系数 C_{zmBWT} 、马格努斯力系数导数 $C_{zmBWT}^{\bar{\omega}_x}$ 和 $C_{zmBWT}^{\alpha\bar{\omega}_x}$ 、马格努斯力矩系数 m_{ymBWT} 、马格努斯力矩系数导数 $m_{ymBWT}^{\bar{\omega}_x}$ 和 $m_{ymBWT}^{\alpha\bar{\omega}_x}$ 分别由以下各式计算

$$C_{zmBWT} = C_{zmB} + C_{zmW(B)} + C_{zmT(B)} \tag{11.44}$$

$$C_{zmBWT}^{\bar{\omega}_x} = C_{zmB}^{\bar{\omega}_x}\left(\frac{D_B}{l'_W}\right) + C_{zmW(B)}^{\bar{\omega}_x} + C_{zmT(B)}^{\bar{\omega}_x} \tag{11.45}$$

$$C_{zmBWT}^{\alpha\bar{\omega}_x} = C_{zmB}^{\alpha\bar{\omega}_x}\left(\frac{D_B}{l'_W}\right) + C_{zmW(B)}^{\alpha\bar{\omega}_x} + C_{zmT(B)}^{\alpha\bar{\omega}_x} \tag{11.46}$$

$$m_{ymBWT} = m_{ymB}\left(\frac{D_B}{l'_W}\right) + m_{ymW(B)} + m_{ymT(B)} \tag{11.47}$$

$$m_{ymBWT}^{\bar{\omega}_x} = m_{ymB}^{\bar{\omega}_x}\left(\frac{D_B}{l'_W}\right)^2 + m_{ymW(B)}^{\bar{\omega}_x} + m_{ymT(B)}^{\bar{\omega}_x} \tag{11.48}$$

$$m_{ymBWT}^{\alpha\bar{\omega}_x} = m_{ymB}^{\alpha\bar{\omega}_x}\left(\frac{D_B}{l'_W}\right)^2 + m_{ymW(B)}^{\alpha\bar{\omega}_x} + m_{ymT(B)}^{\alpha\bar{\omega}_x} \tag{11.49}$$

其中

$$C_{zmBWT} = \frac{Z_{mBWT}}{q_\infty S_{\text{ref}}}$$

$$m_{ymBWT} = \frac{M_{ymBWT}}{q_\infty S_{\text{ref}} l'_W}$$

$$\bar{\omega}_x = \frac{\omega_x l'_W}{2V_\infty}$$

计算时要注意参考面积、参考长度取一致。

第 12 章　高超声速飞行器气动特性工程计算方法

12.1　引　　言

同亚、跨、超声速飞行器相比，高超声速飞行器的气动外形相对简单，没有复杂的气动布局和复杂的气动部件；高超声速飞行器气动部件之间不像亚、跨、超声速飞行器那样存在复杂的气动干扰，各部件气动特性的简单叠加往往就可以给出整个飞行器的气动特性；在高超声速飞行器中，弹身是重要升力部件，对总体的气动特性有重要影响，对弹身的气动特性要有好的预测方法；高超声速风洞实验费用很高，在初步设计阶段不能像一般亚、跨、超声速飞行器那样用风洞实验确定高超声速飞行器的气动外形；目前的地面实验设备还不能完全模拟航天飞机等高超声速飞行器的飞行条件，发展简捷而有效的气动力工程预测方法尤为重要；在高超声速飞行器气动外形设计中，气动热特性与气动力特性同样重要。

已发展起来的高超声速飞行器气动特性工程预测方法可以预测升力、俯仰力矩、压心等大部分气动特性，它们都是以高超声速无粘流理论为基础发展起来的。这些方法中有牛顿方法（包括修正的牛顿方法）、切楔法和切锥法、激波膨胀波法等，本章仅介绍牛顿流理论方法、牛顿流理论的李斯修正方法及其在高超声速飞行器气动特性预测中的应用。

12.2　高超声速无黏流的激波关系式[17]

对于图 12.1 所示的直线斜激波，可得到通用的斜激波关系式

$$\frac{p_2}{p_1}=1+\frac{2\gamma}{\gamma+1}(Ma_1^2\sin^2\beta-1) \tag{12.1}$$

$$\frac{\rho_2}{\rho_1}=\frac{(\gamma+1)Ma_1^2\sin^2\beta}{(\gamma-1)Ma_1^2\sin^2\beta+2} \tag{12.2}$$

$$\frac{u_2}{V_1}=1-\frac{2(Ma_1^2\sin^2\beta-1)}{(\gamma+1)Ma_1^2} \tag{12.3}$$

$$\frac{v_2}{V_1}=1-\frac{2(Ma_1^2\sin^2\beta-1)}{(\gamma+1)Ma_1^2}\cot\beta \tag{12.4}$$

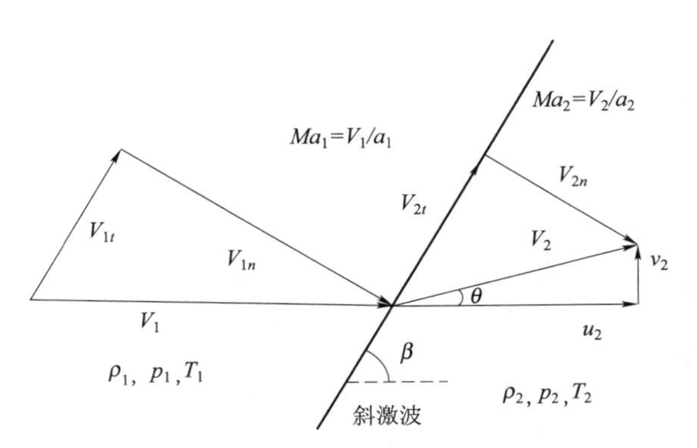

图 12.1　斜激波间断关系示意图

式中，β 为斜激波角，γ 为绝热指数，u_2、v_2 是波后速度的流向和横向分量(见图 12.1)。

对于高超声速，当 $Ma_1^2\sin^2\beta>>1$ 时，上述的斜激波关系式简化为

$$\frac{p_2}{p_1}\to\frac{2\gamma}{\gamma+1}Ma_1^2\sin^2\beta \tag{12.5}$$

$$\frac{\rho_2}{\rho_1}\to\frac{(\gamma+1)}{(\gamma-1)} \tag{12.6}$$

$$\frac{u_2}{V_1}\to 1-\frac{2\sin^2\beta}{\gamma+1} \tag{12.7}$$

$$\frac{v_2}{V_1}\to\frac{\sin 2\beta}{\gamma+1} \tag{12.8}$$

$$\frac{T_2}{T_1}=\frac{\dfrac{p_2}{p_1}}{\dfrac{\rho_2}{\rho_1}}\to\frac{2\gamma(\gamma-1)}{(\gamma+1)^2}Ma_1^2\sin^2\beta \tag{12.9}$$

按上述激波关系式得到的跨过正激波的流动参数变化曲线如图 12.2 所示。

压力系数为

$$C_p=\frac{p_2-p_1}{q_1}$$

式中，$q_1=\dfrac{1}{2}\rho_1V_1^2=\dfrac{\gamma}{2}p_1Ma_1^2$，因此

$$C_p=\frac{2}{\gamma Ma_1^2}\left(\frac{p_2}{p_1}-1\right) \tag{12.10}$$

将斜激波关系式（12.1）代入得

$$C_p=\frac{4}{\gamma+1}\left(\sin^2\beta-\frac{1}{Ma_1^2}\right) \tag{12.11}$$

在 $Ma_1^2\sin^2\beta>>1$ 的极限情况下，上式成为

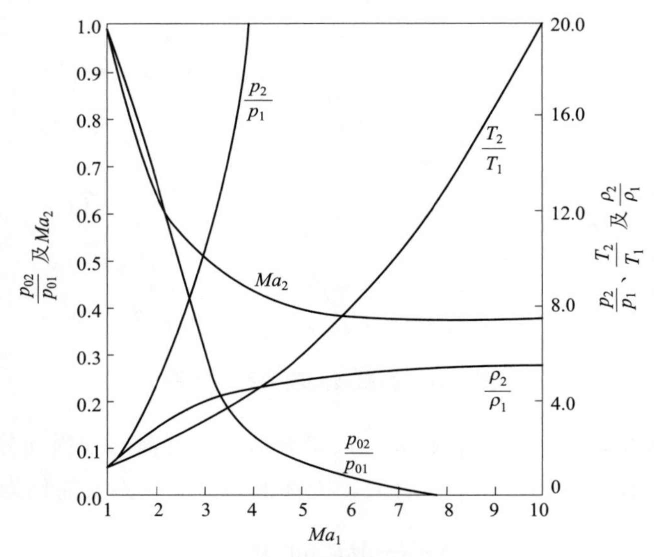

图 12.2 正激波前后流动参数的变化，$\gamma = 1.4$

$$C_p \to \frac{4}{\gamma+1}\sin^2\beta \tag{12.12}$$

12.3 牛顿流理论[17]

高超声速飞行器的弹身头部和升力面的前缘一般都是圆钝的或平顶的，实验证明对于这种头部或前缘上的压力系数使用牛顿流理论可以得到比较理想的结果。

准确地说牛顿流理论应称为牛顿碰撞理论，是高马赫数的极限情况。牛顿假定流体介质由一系列均匀的、彼此无关的质点组成，这些质点与物面碰撞后相对物面的法向动量转换为对物体的作用力，而切向动量不变，这就是牛顿碰撞理论。图 12.3 为牛顿流理论模型示意图，由图可知，

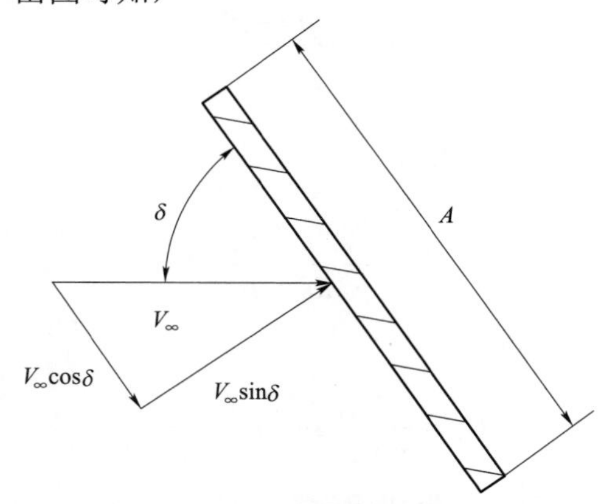

图 12.3 牛顿流理论模型示意图

物面 A 的法向速度改变量为　　　　$V_\infty \sin\delta$

入射到面积 A 上的质量流量为　　　$\rho_\infty V_\infty A\sin\delta$

动量变化率为　　　　　　　　　　$\rho_\infty V_\infty^2 A\sin^2\delta$

按牛顿第二定律得作用在平板 A 上的力 F 为

$$F=\rho_\infty V_\infty^2 A\sin^2\delta \tag{12.13}$$

或

$$\frac{F}{A}=\rho_\infty V_\infty^2 \sin^2\delta \tag{12.13'}$$

按动量关系有

$$\rho v_n^2-\rho_\infty V_\infty^2\sin^2\delta=p_\infty-p \tag{12.14}$$

式中，ρv_n^2 为与单位物面碰撞后的法向动量，p 为压强，按牛顿流假设 $\rho v_n^2=0$，于是有

$$p-p_\infty=\frac{F}{A}=\rho_\infty V_\infty^2\sin^2\delta \tag{12.15}$$

由此得到压力系数为

$$C_p=\frac{p-p_\infty}{\frac{1}{2}\rho_\infty V_\infty^2}=2\sin^2\delta \tag{12.16}$$

这就是牛顿流理论公式，也称为牛顿正弦平方律，式中的 δ 为钝头表面切线与来流速度之间的夹角，由下式确定

$$\delta=\sin^{-1}\left[\sin\phi\cos\alpha-\sin\alpha\cos\theta\cos\phi\right] \tag{12.17}$$

式中 θ、ϕ 见图 12.4。

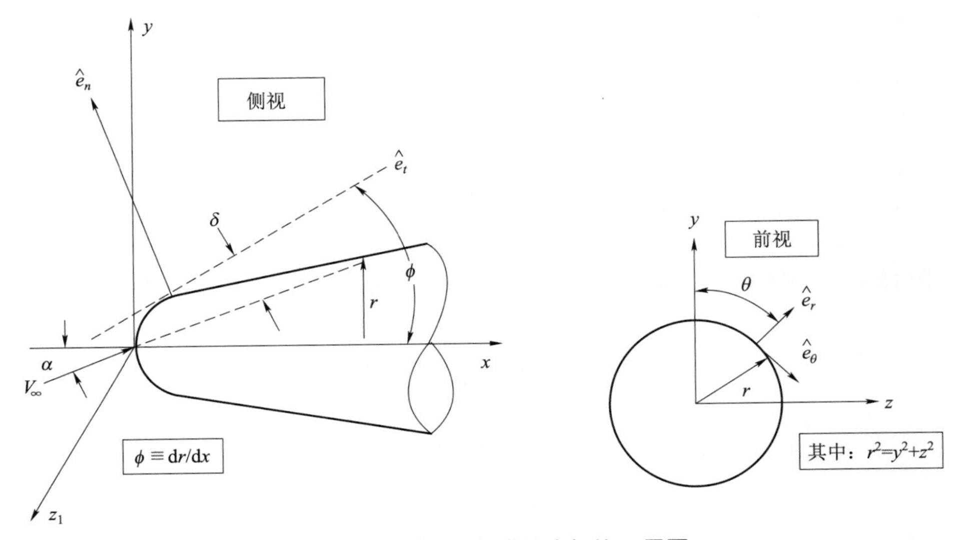

图 12.4　确定钝头旋成体头部的 δ 用图

牛顿流理论在 $Ma_\infty \to \infty$，$\gamma \to 1$ 的极限情况下与真实的物理流动是一致的。为了说明这一点我们回到式（12.12），该式是在 $Ma_1^2 \sin^2 \beta >> 1$ 的极限情况下得到的

$$C_p \to \frac{4}{\gamma+1}\sin^2 \beta$$

如果 $\gamma \to 1$，则式（12.12）成为

$$C_p \to 2\sin^2 \beta \tag{12.18}$$

再看看式（12.6），在 $\gamma \to 1$ 时

$$\frac{\rho_2}{\rho_1} \to \infty \tag{12.19}$$

即激波后的密度趋于无穷大。从质量守恒角度考虑等于要求激波面与物面重合，激波角 β 趋于当地物面斜角 δ，所以在 $Ma_1 \sin\beta \to \infty$，$\gamma \to 1$ 时有

$$C_p = 2\sin^2 \delta \tag{12.20}$$

这正是牛顿流理论的压力系数公式（12.16）。因而在 $Ma_1 \to \infty$，$\gamma \to 1$ 的极限情况下应用牛顿流模型来描述高超声速流动是合适的，牛顿流成为高超声速流的一个特征。

在高超声速绕流物体的背风面，流体粒子撞不到物面，按牛顿流理论背风面的压力系数 $C_p \to 0$，如图 12.5 所示。这也是 $Ma_1 \to \infty$，$\gamma \to 1$ 时的真实结果。

下面介绍牛顿流理论对高超声速平板绕流的应用，参见图 12.6。根据牛顿流理论有

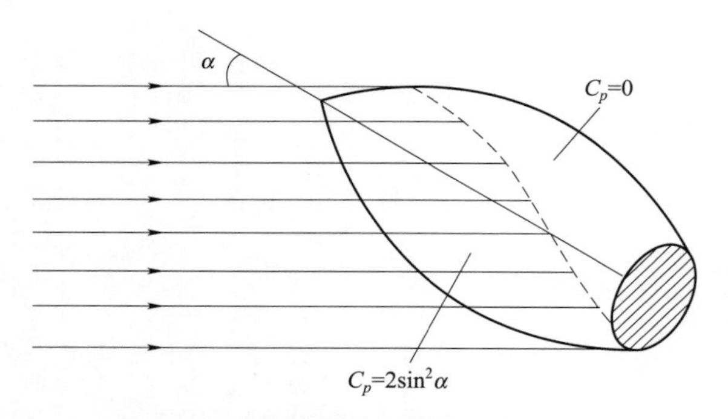

图 12.5　牛顿流的背风面区示意图

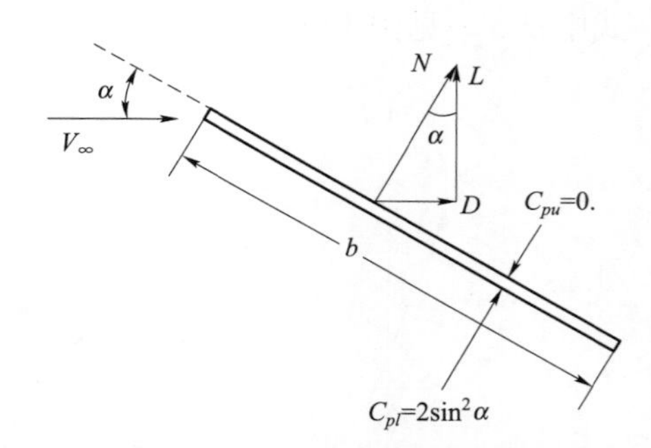

图 12.6　牛顿流理论对平板绕流的应用

$$\begin{aligned}C_N &= \frac{1}{b}\int_0^b (C_{pl} - C_{pu})\mathrm{d}x \\ &= \frac{1}{b}\cdot 2\sin^2\alpha \cdot b \\ &= 2\sin^2 \alpha\end{aligned} \tag{12.21}$$

式中，为 b 弦长，下标 u、l 代表上、下表面，α 为攻角。

升力系数

$$C_L = C_N \cos\alpha = 2\sin^2\alpha\cos\alpha \tag{12.22}$$

阻力系数

$$C_D = C_N \sin\alpha = 2\sin^3\alpha \tag{12.23}$$

升阻比

$$K = \frac{L}{D} = \frac{C_L}{C_D} = \cot\alpha \tag{12.24}$$

式中，L 为升力，D 为阻力。在升力系数及阻力系数计算中没有考虑轴向力，这是因为研究的是平板，认为轴向压差阻力近似为零，同时又忽略了黏性，所以摩擦阻力也为零。

对上述公式要说明两点：

（1）式（12.24）表明，当 $\alpha \to 0$ 时升阻比 $\dfrac{L}{D} \to \infty$，这是不现实的，如果考虑摩擦阻力之后，攻角 $\alpha = 0$ 时，阻力 D 不为零，因此有 $\dfrac{L}{D} = 0$。

（2）牛顿流理论的结果不取决于马赫数，即所谓的马赫数无关原理。

图 12.7 给出了尖圆锥和尖楔体精确的压力系数结果与牛顿压力系数公式计算结果的比较。由图可看出，对于尖圆锥，当 $Ma_\infty > 5.0$ 时就呈现出与马赫数无关的趋势，而对于尖楔体要在更高的马赫数下才呈现出与马赫数无关趋势。

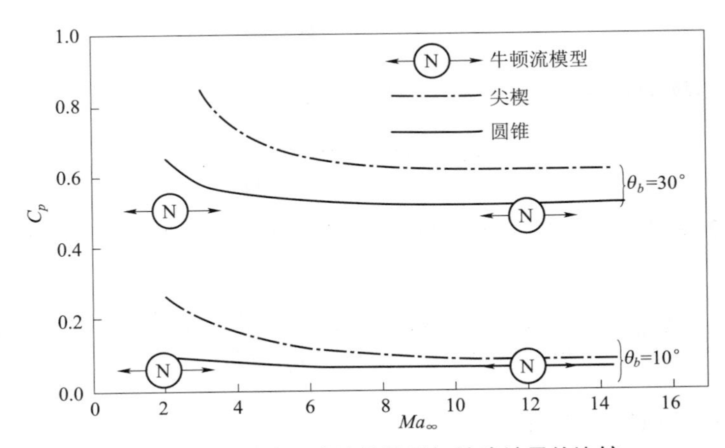

图 12.7　牛顿流理论计算结果与精确结果的比较

12.4　牛顿压力系数公式的李斯修正式

牛顿流理论公式是在 $Ma_\infty \to \infty$，$\gamma \to 1$ 的极限情况下得出的，表面压力系数（见式（12.20））与来流马赫数及气体介质无关，只与物体外形有关，这是不真实的。另外，当 $Ma_\infty \to \infty$，$\gamma \to 1$时，得到$\dfrac{\rho_1}{\rho_2} \to 0$，事实上即使在极高的温度下，对于空气来说$\dfrac{\rho_1}{\rho_2}=\dfrac{\gamma-1}{\gamma+1}$也不可能比17%更小，所以牛顿流理论不能完全代表一般的高超声速流动的真实情况。

为了使高超声速绕流时物面的压力分布与来流马赫数和流体介质有关，李斯（Lees）提出将牛顿流理论公式中的系数“2”用$C_{p\max}$代替，即

$$C_p = C_{p\max}\sin^2\delta \tag{12.25}$$

这就是牛顿压力系数公式的李斯修正式，或称为修正的牛顿流理论公式。式中$C_{p\max}$是压力系数的最大值，对于高超声速飞行的钝头体，$C_{p\max}$按正激波后的驻点压力计算

$$\begin{aligned} C_{p\max} = C_{p0} &= \frac{p_{02}-p_\infty}{\frac{1}{2}\rho_\infty V_\infty^2} = \frac{2}{\gamma Ma_\infty^2}\left(\frac{p_{02}}{p_\infty}-1\right) \\ &= \frac{2}{\gamma Ma_\infty^2}\left(\frac{p_2}{p_\infty}\frac{p_{02}}{p_2}-1\right) \end{aligned} \tag{12.26}$$

式中$\dfrac{p_2}{p_\infty}$为正激波前后的压力比，$\dfrac{p_{02}}{p_2}$为正激波后等熵流中的总静压比，分别由下面公式确定

$$\frac{p_2}{p_\infty} = \frac{2\gamma}{\gamma+1}Ma_\infty^2 - \frac{\gamma-1}{\gamma+1} \tag{12.27}$$

$$\frac{p_{02}}{p_2} = \left(1+\frac{\gamma-1}{2}Ma_2^2\right)^{\frac{\gamma}{\gamma-1}} \tag{12.28}$$

正激波后的马赫数Ma_2与激波前马赫数Ma_∞的关系为

$$Ma_2^2 = \frac{(\gamma-1)Ma_\infty^2+2}{2\gamma Ma_\infty^2-(\gamma-1)} \tag{12.29}$$

将式（12.29）代入式（12.28），再将式（12.28）、式（12.27）代入式（12.26）得到

$$C_{p\max} = C_{p0} = \frac{2}{\gamma Ma_\infty^2}\left\{\left[\frac{2}{\gamma+1}Ma_\infty^2 - \frac{\gamma-1}{\gamma+1}\right]\left[\frac{4\gamma Ma_\infty^2 - 2(\gamma-1)}{(\gamma+1)^2 Ma_\infty^2}\right]^{-\frac{\gamma}{\gamma-1}} - 1\right\} \tag{12.30}$$

$C_{p\max}$随Ma_∞及γ的变化如图12.8所示。

$Ma_\infty \to \infty$时

$$C_{p\max} = C_{p0} \to \left[\frac{(\gamma+1)^2}{4\gamma}\right]^{\frac{\gamma}{\gamma+1}}\frac{4}{\gamma+1} \tag{12.31}$$

当$\gamma=1.4$时，$C_{p\max}=C_{p0}\to 1.839$；当$\gamma=1.0$时，$C_{p\max}=C_{p0}\to 2.0$。于是对于钝头体，牛顿公式的李斯修正公式为

$$C_p = C_{p0} \sin^2 \delta \tag{12.32}$$

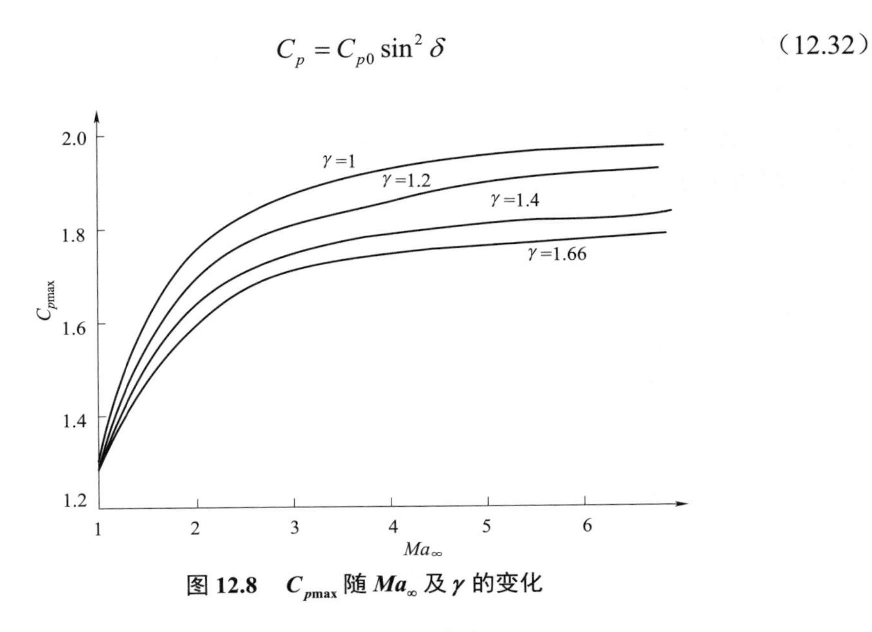

图 12.8　$C_{p\max}$ 随 Ma_∞ 及 γ 的变化

对牛顿公式的李斯修正公式（12.32）需指出[17]：

（1）李斯的修正公式不再与马赫数无关，通过 $C_{p\max}(C_{p0})$ 的计算式（12.30）考虑了马赫数为有限值的影响；

（2）当 $Ma_\infty \to \infty$ 及 $\gamma \to 1$ 同时出现时，李斯的修正公式（12.32）恢复为牛顿流理论公式（12.20）；

（3）对于钝头体的压力分布，李斯修正公式的计算结果与实验结果更吻合，如图 12.9 所示，图中的 C_{p0} 为驻点的压力系数。

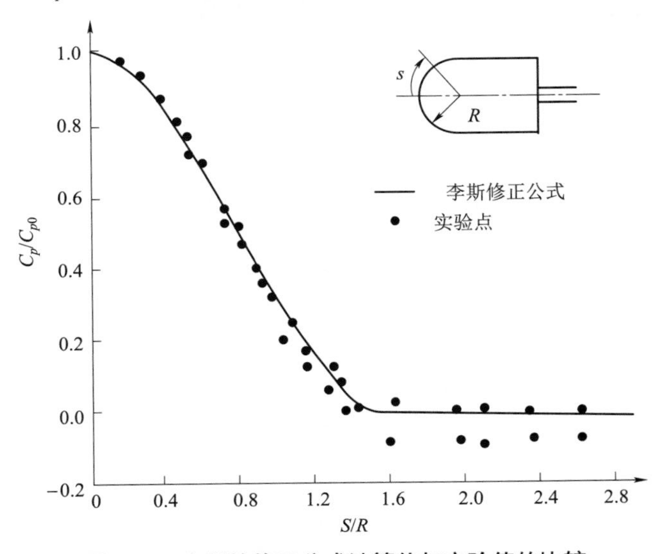

图 12.9　李斯的修正公式计算值与实验值的比较

下面介绍牛顿公式和李斯修正公式对球冠倒锥体气动特性的计算。俄罗斯联盟号飞船的指令舱和阿波罗（Apollo）飞船的指令舱都采用球冠倒锥体外形。图 12.10 给出了表示球冠倒锥体外形的主要几何参数[18]，其中有球冠钝度半径 $\overline{R}_N = R_N / D_m$，大头拐角相对曲率半径 $\overline{R}_C = R_C / D_m$，倒锥体的收缩角 θ_C 和长径比 $f = L / D_m$，D_m 为最大横截

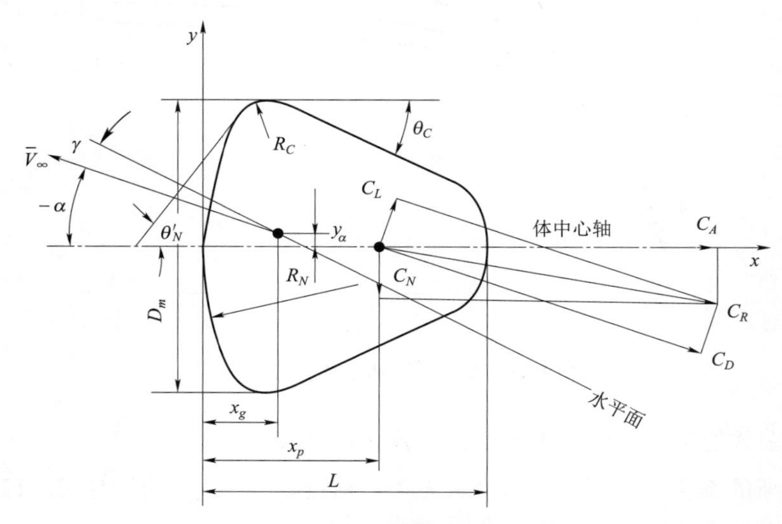

图 12.10 球冠倒锥体的返回舱

面直径，D_m 的选择主要考虑航天员人数。为使重量最小，应尽可能地减小 D_m。当 $f=1$ 时，两名航天员乘坐的返回舱其 D_m 不小于 2 m；三名航天员乘坐时，D_m 不小于 2.25 m。

球冠钝度半径 $\overline{R}_N$ 的确定要综合考虑气动力和气动热因素。在图 12.11 中给出了应用修正牛顿流理论公式（李斯公式）计算的升阻比 L/D 和压心系数 $\overline{x}_p$ 随 $\overline{R}_N$ 的变化。从

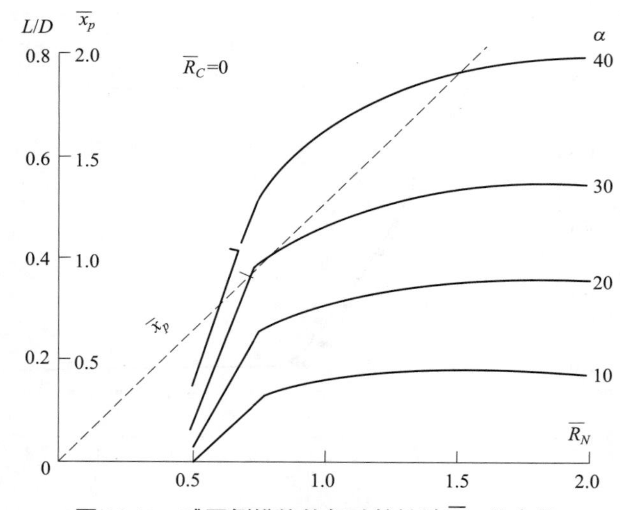

图 12.11 球冠倒锥体的气动特性随 $\overline{R}_N$ 的变化

图可见，当 $\overline{R}_N$ 增加时，升阻比也增加，但当 $\overline{R}_N > 1.5$ 以后，升阻比增大得很平缓。该图还给出了压心系数 $\overline{x}_p = x_p / D_m$ 随 $\overline{R}_N$ 的变化。从图看出，$\overline{x}_p$ 随 $\overline{R}_N$ 增加呈线性增加。若相对质心位置不变，则静稳定性将随 $\overline{R}_N$ 的增加而增加。由于球冠驻点的热流随 $\overline{R}_N$ 的平方根成反比，$\overline{R}_N$ 增大可减小驻点热流，但当 $\overline{R}_N$ 增大时又会使拐角处的热流增大。综合上述因素，研究建议，当 $\theta_N = 50° \sim 65°$ 时 $\overline{R}_N$ 可取 0.8～1.2。球冠角 θ_N 与 $\overline{R}_C$、$\overline{R}_N$ 的关系为

$$\theta_N = \arccos[(0.5 - \overline{R}_C) / (\overline{R}_N - \overline{R}_C)] \tag{12.33}$$

图 12.12 给出了应用修正牛顿公式（李斯公式）计算的返回舱的升阻比和压心系数随 $\overline{R}_C$ 的变化曲线。从图看出，随 $\overline{R}_C$ 增大，升阻比下降，静稳定性降低，因此建议 $\overline{R}_C$ 取适中的值。

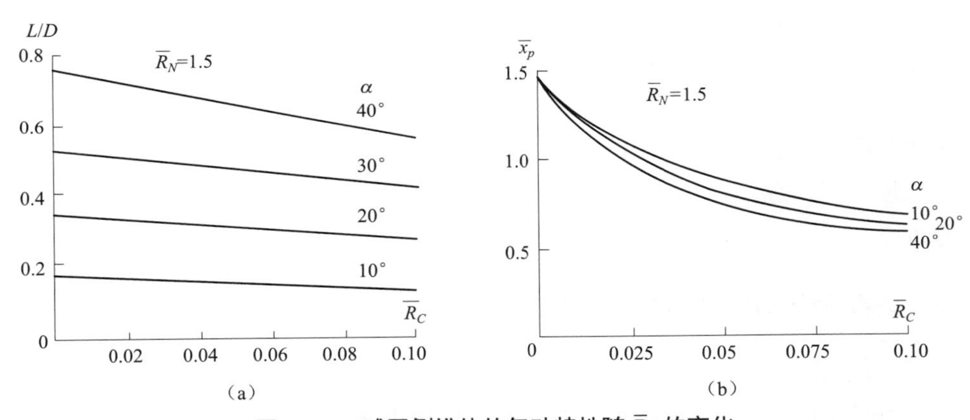

图 12.12　球冠倒锥体的气动特性随 $\overline{R}_C$ 的变化

12.5　高超声速飞行器气动特性工程计算

12.5.1　气动外形及计算条件

1）气动外形

算例气动外形如图 12.13 所示，弹身由尖拱形头部、圆柱段后体和裙尾组成；弹翼为大前缘后掠角，中后缘前掠角三角翼。尖拱形头部长 $L_n = 0.914\,4$ m，内接圆锥半顶角 $\theta_c = 9°28'$，圆柱段直径 $D_B = 0.304\,8$ m，圆柱段长 $L_c = 2.133\,6$ m，弹翼前缘后掠角 $\chi_0 = 74°$，根弦长 $b_0 = 1.834$ m，弹翼面积 $S_W = 0.975\,4$ m^2，弹翼前缘剖面直径 $d =$ 5.486 4 cm，弹翼前缘长度（一对）$l = 1.905$ m。

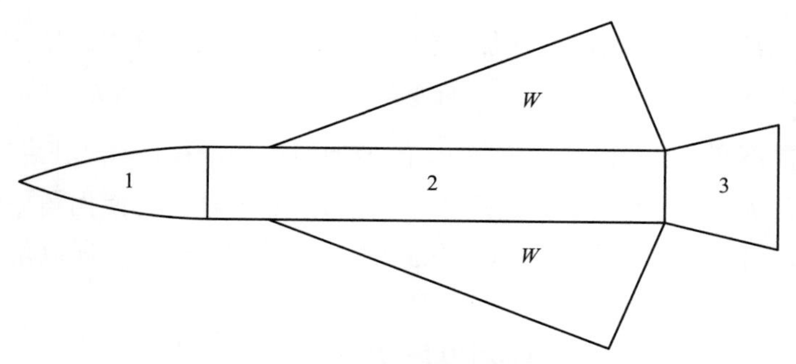

图 12.13 算例气动外形

2）计算条件

海拔高度 $H = 20\,000\ \text{m}$

温度 $T_1 = 216.7\ \text{K}$

密度 $\rho_1 = 0.088\,91\ \text{kg/m}^3$

声速 $a_1 = 295.1\ \text{m/s}$

黏性系数 $\mu_1 = 1.422 \times 10^{-6}$

马赫数 $Ma_\infty=7$

攻角 $\alpha = 0^\circ \sim 12^\circ$

12.5.2 头部空气动力系数的计算

1）升力系数

按牛顿碰撞理论，细长尖拱形头部的升力可用内接圆锥头部（见图 12.14）来计算。图中 θ_C 为内接圆锥半顶角，θ_0 为尖拱形头部的半顶角，α 为攻角。

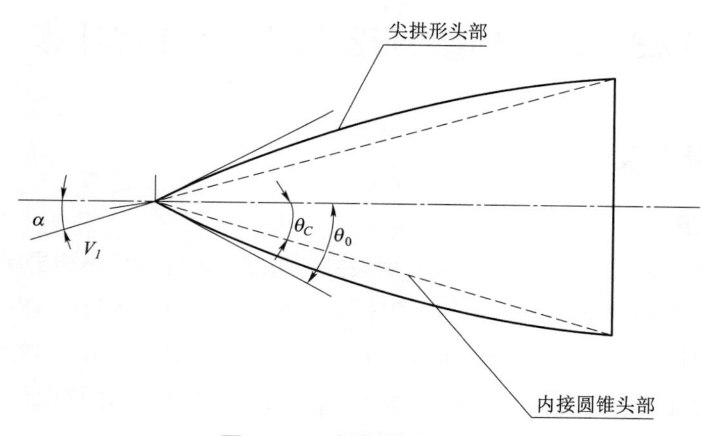

图 12.14 内接圆锥说明图

计算时分为两种情况：$\alpha \leqslant \theta_c$ 和 $\alpha > \theta_C$。当 $\alpha \leqslant \theta_C$ 时，头部的法向力系数为

$$C_N = \cos^2\theta_c \sin 2\alpha \tag{12.34}$$

头部的轴向力系数为

$$C_A = \alpha \sin^2\theta_c + \sin^2\alpha(1 - 3\sin^2\theta_c) \tag{12.35}$$

于是头部的升力系数为

$$\begin{aligned} C_L &= C_N \cos\alpha - C_A \sin\alpha \\ &= \cos^2\theta_c \sin 2\alpha \cos\alpha - [2\sin^2\theta_c + \sin^2\alpha(1 - 3\sin^2\theta_c)]\sin\alpha \end{aligned} \tag{12.36}$$

当 $\alpha > \theta_c$ 时，

$$C_N = \cos^2\theta_c \sin 2\alpha \left[\frac{\beta_c + \dfrac{\pi}{2}}{\pi} + \frac{\cos\beta_c}{3\pi}(\cot\alpha \tan\theta_c + 2\tan\alpha \cot\theta_c) \right] \tag{12.37}$$

$$C_A = \frac{\beta_C + \dfrac{\pi}{2}}{\pi}[2\sin^2\theta_c + \sin^2\alpha(1 - 3\sin^2\theta_c)] + \frac{3}{4\pi}\cos\beta_c \sin 2\alpha \sin 2\theta_c \tag{12.38}$$

$$\begin{aligned} C_L = &\left\{ \cos^2\theta_c \sin 2\alpha \left[\frac{\beta_c + \dfrac{\pi}{2}}{\pi} + \frac{\cos\beta_c}{3\pi}(\cot\alpha \tan\theta_c + 2\tan\alpha \cot\theta_c) \right] \right\} \cos\alpha - \\ &\left\{ \frac{\beta_c + \dfrac{\pi}{2}}{\pi}[2\sin^2\theta_c + \sin^2\alpha(1 - 3\sin^2\theta_c)] + \frac{3}{4\pi}\cos\beta_c \sin 2\alpha \sin 2\theta_c \right\} \sin\alpha \end{aligned} \tag{12.39}$$

式中　$\beta_C = \arcsin\dfrac{\tan\theta_c}{\tan\alpha}$。

式（12.36）和式（12.39）没有考虑离心力修正。经验证明，对长径比 $f_n \geqslant 3.0$ 的尖拱形头部，在计算升力时，即使在大攻角下也可以忽略离心力影响。

对于细长钝头部，例如指数为 n 的幂次形头部，理论结果仅可用于小攻角，此时头部的升力线斜率可表示为

$$(C_L^{\alpha})_{\alpha=0} = K(2k_1 - ck_2) \tag{12.40}$$

式中，$K = 1 + \varepsilon(1+N)/4$；$N = (2f_n / Ma_\infty)^2 / \varepsilon$；$\varepsilon = \dfrac{\gamma - 1}{\gamma + 1}$；$Ma_\infty$ 为来流马赫数；k_1、k_2 与头部长径比 f_n 及幂指数 n 的关系为

$$k_1 = \frac{2n}{f_n^{2n}} \int_0^{f_n} \frac{x\mathrm{d}x}{(n/2f_n^n)^2 + x^{2-2n}} \tag{12.41}$$

$$k_2 = \frac{n^3}{f_n^{4n}} \int_0^{f_n} \frac{x^{2n-1}\mathrm{d}x}{(n/2f_n^n)^2 + x^{2-2n}} \tag{12.42}$$

注意式中 f_n^n 的下标 n 代表头部；上标 n 为幂指数。

式（12.40）中的 c 为考虑离心力影响的修正系数，当 $0.6 \leqslant n < 1$ 时，c=0.32+0.7n。当 $f_n = 3.0$ 时，k_1、k_2 和 ck_2 的数值见表 12.1。

表 12.1　k_1、k_2 和 ck_2 数值表

n	k_1	k_2	ck_2
0.600	0.975	0.054 0	0.040 0
0.667	0.992	0.047 4	0.037 2
0.700	0.997	0.046 4	0.037 4
0.750	0.996	0.045 7	0.039 0
0.800	0.994	0.046 7	0.041 6
0.900	0.990	0.050 3	0.047 8

对于指数为 n 的细长钝头部，仍可用式（12.36）、式（12.39）做第一步的近似计算。

出于气动加热考虑，高超声速飞行器弹身头部都是钝的，其中典型形状是半球形。对于半球形头部，在不考虑离心力影响时，其升力系数为

$$C_L = \frac{L}{q_1 \frac{\pi D^2}{4}} = -\frac{1}{4}\cos^3\left(\frac{\pi}{2} - \alpha\right) \tag{12.43}$$

在图 12.15 上给出了 $C_L \sim \alpha$ 曲线，从图可见，在 $\alpha = 0° \sim 90°$ 范围内 C_L 都是负的。

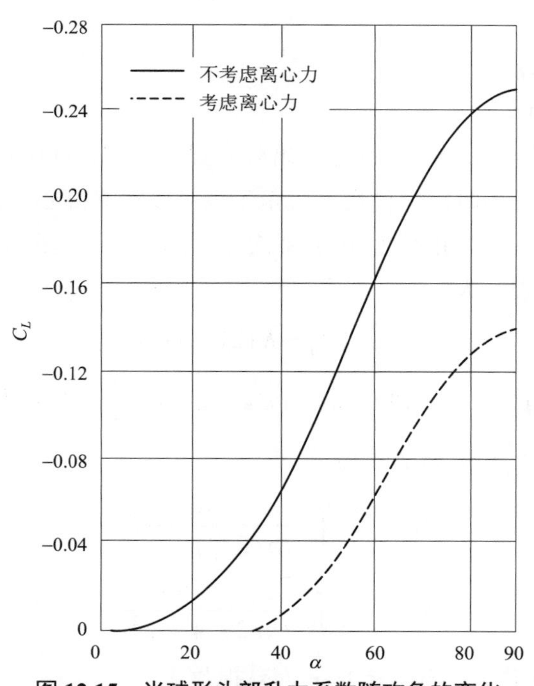

图 12.15　半球形头部升力系数随攻角的变化

考虑离心力影响后头部表面的压力系数为

$$C_p = \frac{p - p_1}{q_1} = 2\cos^2\theta - \frac{2}{3}\sin^2\theta \tag{12.44}$$

在半球形头部完成积分后可求得升力系数，其随攻角的变化在图 12.15 上以虚线给出。

当以弹翼平面面积 S_W 为参考面积时，头部升力系数为

$$C_{Ln} = C_L\left(\frac{S_B}{S_W}\right) \tag{12.45}$$

上述公式适用于极高超声速情况。对于有限马赫数的高超声速最好利用实验结果。一般来说由头部和圆柱后体组成的旋成体的升力系数与头部半顶角 θ_0、圆柱后体的长径比 f_c、马赫数 Ma_∞ 和攻角 α 有关，即

$$C_L = f(\theta_0, f_c, Ma_\infty, \alpha)$$

当 $5° \leqslant \theta_0 \leqslant 15°$ 时，θ_0 对 C_L 影响不大，于是上式可表达为

$$(C_N^\alpha)_{\alpha=0°} \approx (C_L^\alpha)_{\alpha=0} = f(f_c, Ma_\infty) \tag{12.46}$$

图 12.16 为一组实验数据，其中有尖圆锥形头部、尖拱形头部、尖圆锥头部—圆柱体、尖拱形头部—圆柱体。从图看出，单独尖圆锥形头部和尖拱形头部的 C_N^α 有些区别，但加上圆柱后体之后，两外形的 C_N^α 基本相同。

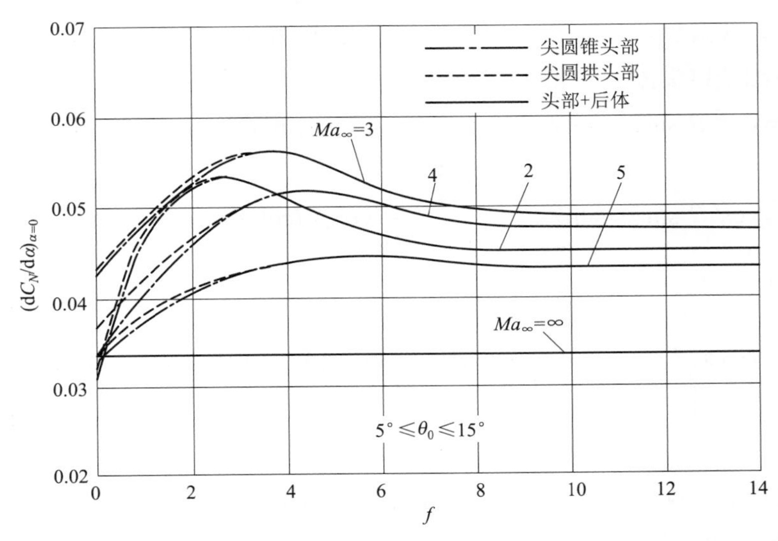

图 12.16　尖圆锥形头部、尖拱形头部的 C_N^α 与马赫数、长径比 f 的实验关系曲线

2）阻力系数

对于内切尖圆锥半顶角为 θ_c 的尖拱形头部，当 $\alpha \leqslant \theta_c$ 时，波阻系数为

$$C_D = C_N\sin\alpha + C_A\cos\alpha \tag{12.47}$$

将 C_N、C_A 的表达式（12.34）、式（12.35）代入后得

$$C_D = \cos^2\theta_c \sin 2\alpha \sin\alpha + [2\sin^2\theta_c + \sin^2\alpha(1-3\sin^2\theta_c)]\cos\alpha \tag{12.48}$$

当 $\alpha > \theta_c$ 时，将 C_N、C_A 的表达式（12.37）、式（12.38）代入得

$$C_D = \cos^2\theta_c \sin 2\alpha \sin\alpha \left[\frac{\beta_c + \frac{\pi}{2}}{\pi} + \frac{1}{3\pi}\cos\beta_c(\cot\alpha\tan\theta_c + 2\tan\alpha\cot\theta_c)\right] + \cos\alpha\left[\frac{\beta_c + \frac{\pi}{2}}{\pi}[2\sin^2\theta_c + \sin^2\alpha(1-3\sin^2\theta_c)] + \frac{3}{4\pi}\cos\beta_c \sin 2\alpha \sin 2\theta_c\right] \tag{12.49}$$

式（12.48）和式（12.49）没有考虑激波—边界层之间的干扰，也没有计入头部的摩擦阻力系数。在大攻角时，如果激波—边界层干扰不强，同压差阻力系数（波阻系数）相比，摩擦阻力系数较小，可以忽略不计。在小攻角时，即使激波—边界层干扰较弱，也不能忽略摩擦阻力系数。

对于指数为 n 的细长钝头体头部，其波阻系数为

$$C_D = Kck_2 \tag{12.50}$$

其中 ck_2 值已在表 12.1 中给出。

式（12.48）、式（12.49）是升致（诱导）阻力与波阻之和。当 $\alpha = 0°$ 时，圆锥头部只有波阻，其系数为 $2\sin^2\theta_c$，此时从式（12.48）中减去 $2\sin^2\theta_c$，再加上式（12.50）就得到计算细长钝头体头部有攻角时压差阻力系数的公式

$$C_D = \cos^2\theta_c \sin 2\alpha \sin\alpha + [Kck_2 + \sin^2\alpha(1-3\sin^2\theta_c)]\cos\alpha, (\alpha < \theta_c) \tag{12.51}$$

$$C_D = \cos^2\theta_c \sin 2\alpha \sin\alpha + \left[\frac{\beta_c + \frac{\pi}{2}}{\pi} + \frac{1}{3\pi}\cos\beta_c(\cot\alpha\tan\theta_c + 2\tan\alpha\cot\theta_c)\right] + \cos\alpha\left[Kck_2 + \frac{\beta_C + \frac{\pi}{2}}{\pi}\sin^2\alpha(1-3\sin^2\theta_c) + \frac{3}{4\pi}\cos\beta_c \sin 2\alpha \sin 2\theta_c\right], (\alpha > \theta_c) \tag{12.52}$$

半球形头部有攻角时的阻力系数（不计离心力影响）按下式计算

$$C_D = 1 - \frac{4}{\pi}\int_{\frac{\pi}{2}-\alpha}^{\frac{\pi}{2}} \cos^3\theta \sin\theta \arccos\left[\cot\theta\tan\left(\frac{\pi}{2}-\alpha\right)\right]\mathrm{d}\theta \tag{12.53}$$

式中角 θ 的定义见图 12.17。通过对式（12.53）进行数值积分可得到 C_D，其结果在图 12.18 中给出，图中也给出了计入离心力影响的结果，可见在整个攻角范围内，离心力影响使阻力系数降低。

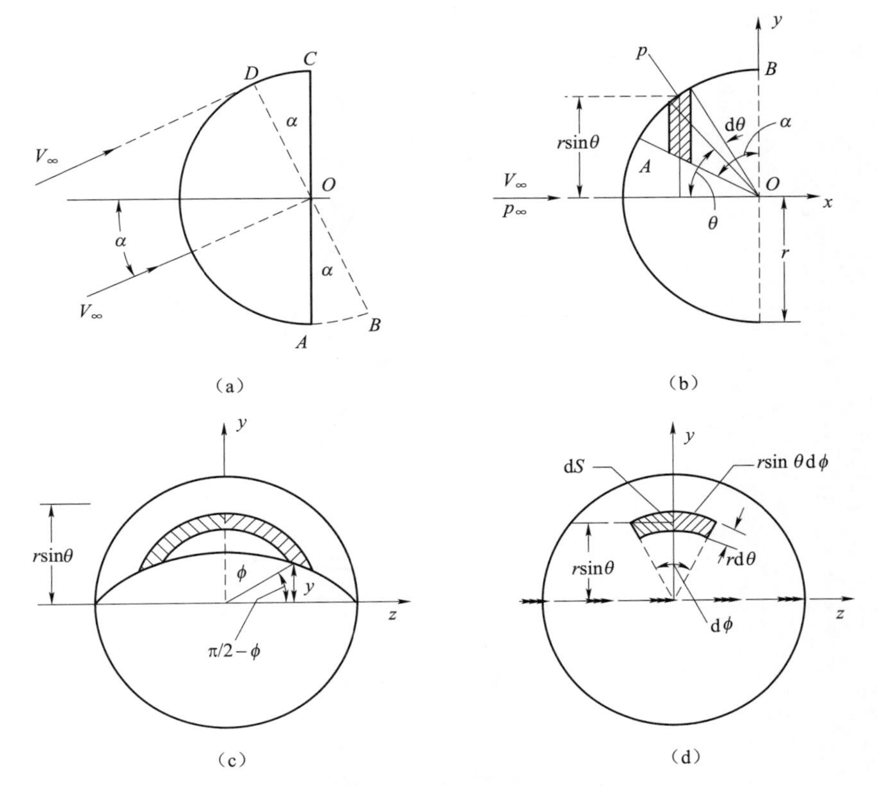

图 12.17　有攻角时的半球形头部

当高超声速飞行器在自由分子流范围内飞行时，可按光滑表面镜反射假设来计算阻力，得到的阻力系数公式（以头部底面积为参考面积）为

$$C_D = \frac{32}{D_B^2}\int_0^{L_n}\frac{zp^3}{1+p^2}\mathrm{d}x \tag{12.54}$$

式中，$p = \mathrm{d}z/\mathrm{d}x$，即头部母线的当地斜率；$D_B$ 为弹体头部底面直径；L_n 为头部长度。如果头部长径比很大，则 $p^2 \ll 1$，此时式（12.54）成为

$$C_D = \frac{32}{D_B^2}\int_0^{L_n} zp^3\mathrm{d}x \tag{12.55}$$

对于指数为 n 的头部，即

$$\frac{z}{D_B/2} = \left(\frac{x}{L_n}\right)^n$$

将其代入式（12.55）完成积分后得到

$$C_D = \frac{2}{f_n}\frac{n^3}{(4n-2)} \tag{12.56}$$

式中，$f_n = \dfrac{L_n}{D_B}$，为头部长径比。在 $0.5 < n \leqslant 1.0$ 范围内，阻力系数数值很大。

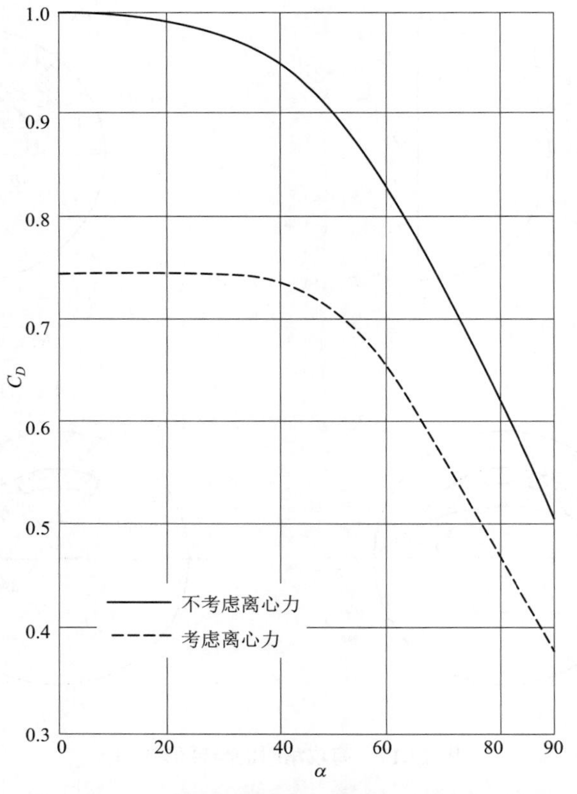

图 12.18　半球形头部阻力系数随攻角的变化曲线

将式（12.56）对 n 求导数，并使其等于零，得 $n=\dfrac{3}{4}$，即指数 $n=\dfrac{3}{4}$ 的头部外形为最小阻力头部外形。

在自由分子流范围内，按随机反射计算更接近实际情况，由此得到 $n=\dfrac{2}{3}$ 的头部外形为最小阻力头部外形。由于在连续流体区计入离心力影响后得到的最小阻力头部外形也是 $n=\dfrac{2}{3}$ 的外形，所以在高超声速下，$n=\dfrac{2}{3}$ 的外形是最小阻力头部外形。

当以弹翼平面面积为参考面积时，头部阻力系数为

$$C_{Dn}=C_D\frac{S_B}{S_W} \tag{12.57}$$

3）压心系数

头部压心系数表达式为

$$\bar{x}_{pn}=\frac{x_{pn}}{L_n}=-\frac{m_{zn}}{C_{Nn}}$$

对于尖圆锥头部

$$\bar{x}_{pn} = 0.67$$

对于尖拱形头部

$$\bar{x}_{pn} = 0.53$$

12.5.3　圆柱后体空气动力系数的计算

1）升力系数

在高超声速飞行器中，圆柱后体是产生升力的重要部件。在极高超声速下，圆柱后体的升力系数可用牛顿流理论加离心力修正的方法得到

$$C_L = \frac{4.8}{\pi} f_c \sin^2 \alpha \cos \alpha \tag{12.58}$$

式中，f_c 为圆柱后体的长径比。当以弹翼平面面积 S_W 为参考面积时，上式成为

$$C_{L2} = C_L \frac{S_B}{S_W} \tag{12.59}$$

当弹翼或尾翼布置在圆柱后体的下半部时，由于弹翼或尾翼的遮蔽作用会使柱体的升力减小，如图 12.19 所示。这时可近似地把圆柱后体分为 L_{c1} 和 L_{c2} 两段计算，即认为中间一段由于下弹翼的遮蔽不产生升力。对于布置在圆柱后体下半部某一位置的弹翼或尾翼，圆柱后体降低的升力可按圆柱体迎风面被遮蔽面积的大小来近似计算。

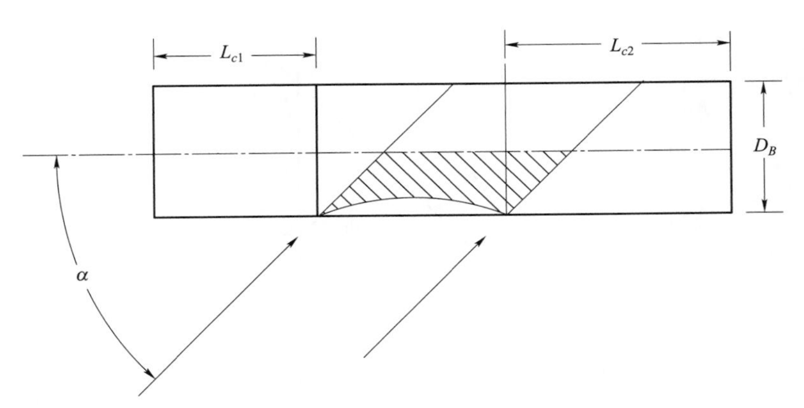

图 12.19　圆柱后体被下弹翼遮蔽示意图

从上面的分析可知，在高超声速飞行器气动设计时，应尽量避免采用下弹翼，上弹翼布置结构简单，升力又大，应多采用。中弹翼在进行倾斜控制时也会由于弹翼对圆柱后体的遮敝使控制效率降低。

在有限马赫数的高超声速时，有圆柱后体的升力系数最好是使用实验数据，见图 12.16。

从图看出，当 $f>3.0$ 时，C_N^α 已与头部形状无关。在 $Ma_\infty=4$ 附近，C_N^α 有极大值；在 $f>9.0$ 时，C_N^α 不再随 f 变化；$Ma_\infty>9.0$ 时 C_N^α 等于牛顿流理论结果，圆柱后体长度不再有影响。图 12.16 还证实，在极高超声速下，尖拱形头部的法向力系数值非常接近其内接圆锥的值。

在高超声速下，头部—圆柱后体的法向力（升力）与攻角有明显的非线性，因此使用图 12.16 所示的 C_N^α 计算大攻角下的法向力（升力）系数会偏低。为此将法向力（升力）系数表达为

$$C_N=(C_N^\alpha)_{\alpha=0}\bullet\alpha+\Delta C_N \tag{12.60}$$

式中，ΔC_N 为法向力系数的非线性量，见图 12.20。实验数据表明 ΔC_N 随 $\sin^2\alpha$ 变化。为此可取 $\Delta C_N/\sin^2\alpha$ 作为附加法向力系数的参数，图 12.21 给出了一些实验结果。由于头部的法向力系数近似地随攻角成线性变化，所以头部的附加法向力参数基本为零，因此 $\Delta C_N/\sin^2\alpha$ 主要随来流马赫数 Ma_∞ 和圆柱后体长径比 f_c 变化，而式（12.58）相当于 $Ma_\infty\to\infty$ 时的附加升力系数 ΔC_L。

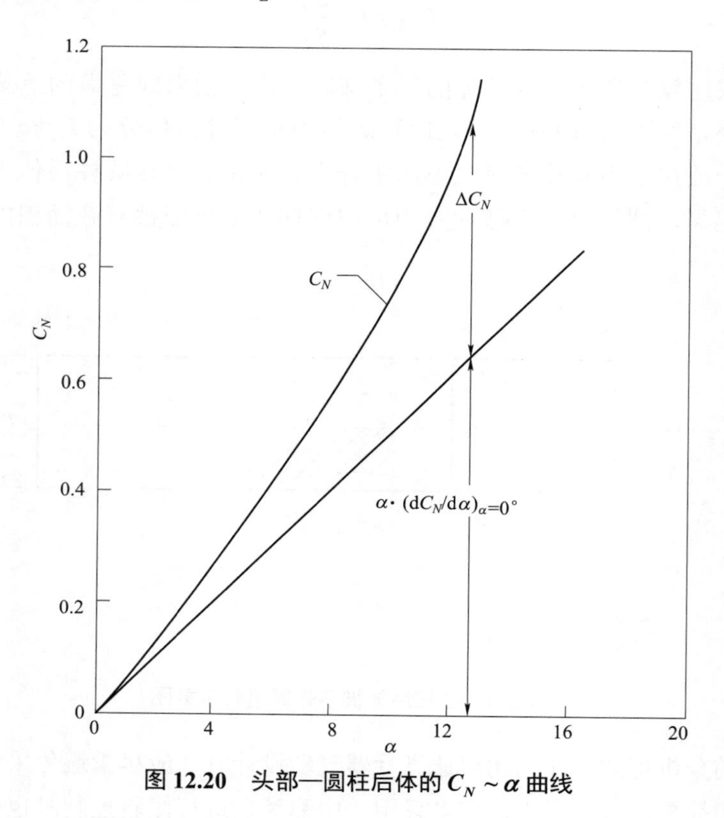

图 12.20 头部—圆柱后体的 $C_N\sim\alpha$ 曲线

经验证明，计算细长圆柱后体在 $Ma_\infty=5\sim7$，$\alpha=8°\sim12°$，横流马赫数 $Ma_n=0.7\sim1.5$ 的空气动力系数时，可将总流动看作纵向流动与横向流动的叠加，而

$Ma_n = 0.7 \sim 1.5$ 的流动特性可由跨声速风洞实验获得，再与摩擦阻力、底部阻力和牛顿流理论一起考虑就可以得到与实验的法向力、轴向力很吻合的结果。

2）阻力系数

圆柱后体的压差阻力系数为

$$C_D = \frac{4.8}{\pi} f_c \sin^3 \alpha \tag{12.61}$$

式（12.61）是在没有考虑黏性作用，即边界层位移厚度比圆柱后体半径 R_B 小得多的情况下由攻角产生的阻力系数。对于半球—圆柱后体，如果位移厚度 δ^* 与后体半径 R_B 之比小于 0.2，则边界层影响可以忽略，此时零攻角的摩阻系数可用平板的摩阻系数关系式来计算。但当边界层位移厚度增大时，圆柱后体的有效外形变化也增大了，这时不但无粘波阻增大了，摩阻也增大了。

利用爆炸波理论求得的圆柱后体的表面压力分布为

$$\frac{p}{p_{02}} = \frac{0.405}{\gamma Ma_\infty^2} + \frac{1.330}{2\gamma} \frac{1}{s/D_B} \tag{12.62}$$

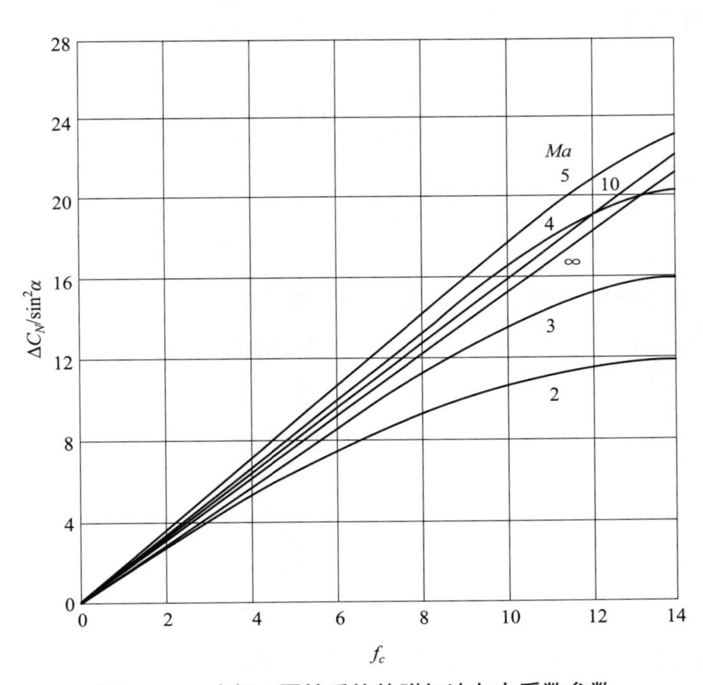

图 12.21　头部—圆柱后体的附加法向力系数参数

式中，p 为圆柱表面任一点的压力，p_{02} 为正激波后的总压，s 是从驻点到圆柱表面压力为 p 点沿表面测量距离。利用式（12.62）可求得沿圆柱后体表面的压力分布。在 $Ma_\infty = 7.7$，绝热的风洞条件下，在半球—圆柱后体前驻点处的边界层位移厚度

δ^* 为

$$\frac{\delta^*}{D_B}\sqrt{Re}=0.265$$

式中 $Re=\dfrac{\rho_\delta u_\delta D_B}{2\mu_\delta}$，其中 ρ_δ、u_δ、μ_δ 分别为边界层外缘的密度、速度和黏性系数。在半球头部—圆柱后体衔接处$\left(\theta=\dfrac{\pi}{2}\right)$，边界层的位移厚度为驻点处的 10 倍，即

$$\theta=\frac{\pi}{2}，\ \frac{\delta^*}{D_B}\sqrt{Re}=2.65$$

在半球头部—圆柱后体衔接处之后约 7 倍弹径处，边界层的位移厚度为驻点处的 100 倍，即

$$\frac{s}{D_B}\approx 7，\ \frac{\delta^*}{D_B}\sqrt{Re}=26.5$$

很显然，如果雷诺数 Re 较低，位移厚度 δ^* 将变得很大，对边界层外的无粘流动将产生重要影响，同时也增大了摩擦阻力。例如，当飞行器以 $Ma_\infty=20$ 飞行时，假定边界层为层流，则有

$$\frac{\delta^*}{D_B}=0.7\text{时，}\ \frac{C_{fc}}{C_{fplate}}=3.32$$

$$\frac{\delta^*}{D_B}=0.82\text{时，}\ \frac{C_{fc}}{C_{fplate}}=4.76$$

式中，C_{fc} 为圆柱的摩擦系数，C_{fplate} 为平板的摩擦系数。

当以弹翼平面面积为参考面积时，圆柱后体的阻力系数为

$$C_{D2}=C_D\frac{S_B}{S_W} \tag{12.63}$$

而摩阻系数为

$$C_{D2f}=C_{Df}\frac{S_B}{S_W} \tag{12.64}$$

3）压心

在不考虑黏性干扰情况下，由攻角产生的升力沿圆柱后体为均匀分布，因此圆柱后体的压心位于

$$x_{pc}=L_n+\frac{L_c}{2} \tag{12.65}$$

式中，L_n 为头部长度，L_c 为圆柱后体长度。黏性干扰将使圆柱段压心后移。

12.5.4　裙尾空气动力系数的计算

1）升力系数

高超声速导弹的弹身常带有裙尾，以起稳定作用。裙尾的空气动力系数可按平顶圆锥头部来计算。

当$\alpha \leqslant \theta_c$（见图 12.22）时，裙尾的升力系数为

$$C_L=\left[\left(\frac{D_b}{D_B}\right)^2-1\right]\{(\cos^2\theta_c\sin 2\alpha\cos\alpha)-[2\sin^2\theta_c+\sin^2\alpha(1-3\sin^2\theta_c)]\sin\alpha\} \tag{12.66}$$

当$\alpha>\theta_c$时，

$$C_L=\left[\left(\frac{D_b}{D_B}\right)^2-1\right]\left\{(\cos^2\theta_c\sin 2\alpha\cos\alpha)\left[\frac{\beta_C+\frac{\pi}{2}}{\pi}+\frac{1}{3\pi}\cos\beta_C(\cot\alpha\tan\theta_c+2\tan\alpha\cot\theta_c)\right]-\left[\frac{\beta_C+\frac{\pi}{2}}{\pi}(2\sin^2\theta_c+\sin^2\alpha(1-3\sin^2\theta_c))+\frac{3}{4\pi}\cos\beta_c\sin 2\alpha\sin 2\theta_c\right]\sin\alpha\right\} \tag{12.67}$$

式中，D_b为裙尾底部直径，D_B为裙尾前端面（圆柱后体）直径，θ_c为虚拟圆锥半顶角，C_L的参考面积为$\frac{\pi}{4}D_B^2$。当以弹翼平面面积为参考面积时，式（12.66）、式（12.67）成为

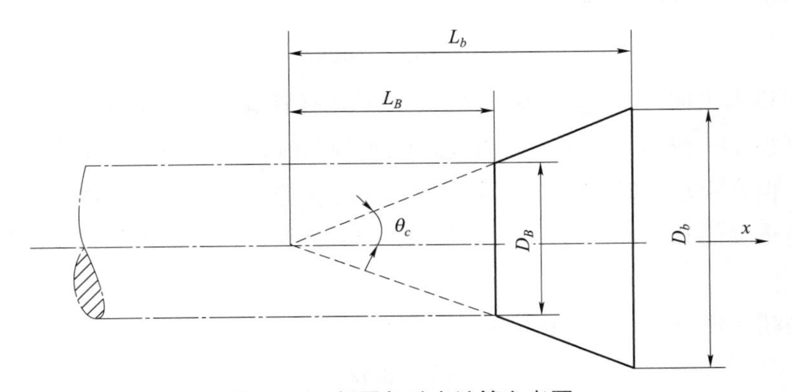

图 12.22　裙尾气动力计算参考图

$$C_{L_2}=C_L\frac{S_B}{S_W} \tag{12.68}$$

2）阻力系数

$\alpha \leqslant \theta_c$时，裙尾的阻力系数为

$$C_D = \left[\left(\frac{D_b}{D_B}\right)^2 - 1\right]\{(\cos^2\theta_c \sin 2\alpha \sin\alpha) + [2\sin^2\theta_c + \sin^2\alpha(1-3\sin^2\theta_c)]\cos\alpha\} \tag{12.69}$$

$\alpha > \theta_c$时，

$$C_D = \left[\left(\frac{D_b}{D_B}\right)^2 - 1\right]\left\{(\cos^2\theta_c \sin 2\alpha \sin\alpha)\left[\frac{\beta_C + \frac{\pi}{2}}{\pi} + \frac{1}{3\pi}\cos\beta_C(\cot\alpha\tan\theta_c + 2\tan\alpha\cot\theta_c)\right] + \left[\frac{\beta_C + \frac{\pi}{2}}{\pi}(2\sin^2\theta_c + \sin^2\alpha(1-3\sin^2\theta_c)) + \frac{3}{4\pi}\cos\beta_c \sin 2\alpha \sin 2\theta_c\right]\cos\alpha\right\} \tag{12.70}$$

3）压心

裙尾的压心为

$$x_{pt} = L_n + L_c + \frac{(L_b - L_B)(R_B + D_b)}{3(R_B + R_b)} \tag{12.71}$$

12.5.5 弹翼和尾翼空气动力系数的计算

1）升力系数

高超声速下平板弹翼的升力系数为

$$C_L = 2\sin^2\alpha\cos\alpha \tag{12.72}$$

式（12.72）以翼平面面积S_W为参考面积。高超声速弹翼和尾翼的前缘可能是钝的，如果翼面厚度很小，或当攻角大于翼剖面前缘半顶角时，在牛顿流理论中前缘形状不起重要作用；但在小攻角时需要考虑翼剖面前缘形状的影响。当高超声速飞行器中弹翼和尾翼不是重要的升力部件时，可用式（12.72）计算任何剖面形状弹翼或尾翼的升力系数。

在极高超声速下，二维尖楔的升力系数为

$$C_L = 8\theta\alpha \tag{12.73}$$

式中θ为尖楔半顶角。

抛物线形翼剖面，在极高超声速下，当攻角小于相对厚度$\bar{c}$时，其升力系数为

$$C_L = \frac{2\sqrt{3}}{9}\left[\frac{(\bar{c}+\alpha)^3}{\bar{c}} - \frac{(\bar{c}-\alpha)^3}{\bar{c}}\right] \tag{12.74}$$

当 $\bar{c} \leqslant \alpha \leqslant \left(\frac{1+\sqrt{3}}{2}\right)\bar{c}$ 时，

$$C_L = \frac{2\sqrt{3}}{9}\left[\frac{(\bar{c}+\alpha)^3}{\bar{c}}\right] \tag{12.75}$$

当 $\alpha \geqslant \left(\frac{1+\sqrt{3}}{2}\right)\bar{c}$ 时，

$$C_L = \bar{c}^2 - 3\bar{c}(\bar{c}+\alpha) + 2(\bar{c}+\alpha)^2 \tag{12.76}$$

上述翼剖面升力系数公式可用来估计有限翼展弹翼或尾翼的升力系数，因为在极高超声速下，三维区很小，在初步近似计算中可以忽略三维区影响。

下面给出一般高超声速下几种常用翼剖面升力系数的计算公式。

双抛物线（对称抛物线）弧形翼剖面

$$\frac{C_L}{\bar{c}^2} = 2\left(\frac{\alpha}{\bar{c}}\right)\left\{\frac{2}{Ma_\infty \bar{c}} + \frac{(\gamma+1)Ma_\infty \bar{c}}{6}\left[4+\left(\frac{\alpha}{\bar{c}}\right)^2\right]\right\} \tag{12.77}$$

对称菱形翼剖面

$$\frac{C_L}{\bar{c}^2} = 2\left(\frac{\alpha}{\bar{c}}\right)\left\{\frac{2}{Ma_\infty \bar{c}} + \frac{(\gamma+1)Ma_\infty \bar{c}}{6}\bar{c}\left[3+\left(\frac{\alpha}{\bar{c}}\right)^2\right]\right\} \tag{12.78}$$

单抛物线（平底抛物线）弧形翼剖面

$$\frac{C_L}{\bar{c}^2} = \frac{4}{Ma_\infty \bar{c}}\left(\frac{\alpha}{\bar{c}}\right) - \frac{8}{3}(\gamma+1) + \frac{\gamma+1}{3}\left(\frac{\alpha}{\bar{c}}\right)Ma_\infty \bar{c}\left[8+\left(\frac{\alpha}{\bar{c}}\right)^2\right] \tag{12.79}$$

对于一般高超声速弹翼的初步设计计算，可用无厚度平板升力系数公式计算其他翼型弹翼的升力系数

$$C_L = 2\alpha^2\left(\frac{2}{Ma_\infty \alpha} + \frac{\gamma+1}{6}Ma_\infty \alpha\right) \tag{12.80}$$

该式适用于小攻角。

当黏性干扰很强时，对上述公式要做相应的修正。

2）阻力系数

弹翼或尾翼的零攻角波阻与翼型有关，极高超声速下薄单楔形翼型弹翼的波阻系数为

$$C_D = 4\theta^3 + 12\theta\alpha^2 \tag{12.81}$$

式中，的第一项为厚度贡献，第二项为厚度与攻角的耦合贡献。式（12.81）以弹翼平面面积为参考面积，适用于小攻角。当 $\alpha \leqslant \theta$ 时，式（12.81）也可用于双楔翼型弹翼

波阻系数的计算。

大攻角时，无论是单楔翼型弹翼还是双楔翼型弹翼，在诱导阻力系数计算时都可采用下面的平板诱导阻力系数的计算公式

$$C_D = 2\sin^3\alpha \tag{12.82}$$

这样，对于单楔翼型弹翼的阻力系数为

$$C_D = 4\sin^3\theta + 2\sin^3\alpha \tag{12.83}$$

最小阻力翼型为 n=0.866 的幂次形，其零攻角波阻系数为

$$C_D = 3.68\delta^3 \tag{12.84}$$

式中，δ 取前缘处相对厚度的一半。这样，当有攻角时最小阻力翼型的波阻系数为

$$C_D = 3.68\delta^3 + 2\sin^3\alpha \tag{12.85}$$

在有限马赫数的高超声速下，平板弹翼由攻角产生的阻力系数为

$$C_D = 2\alpha^3\left[\frac{2}{Ma_\infty\alpha} + \frac{\gamma+1}{6}Ma_\infty\alpha\right] \tag{12.86}$$

式中，α 限于小攻角。这样在有限马赫数的高超声速下最小阻力翼型弹翼的阻力系数为

$$C_D = 3.68\delta^3 + 2\alpha^3\left[\frac{2}{Ma_\infty\alpha} + \frac{\gamma+1}{6}Ma_\infty\alpha\right] \tag{12.87}$$

双抛物线弧形翼型弹翼及双楔形翼型弹翼的阻力系数为

$$C_D = \frac{4\bar{c}^2}{Ma_\infty}\left[\frac{4}{3} + \left(\frac{\alpha}{\bar{c}}\right)^2\right] + \frac{(\gamma+1)Ma_\infty\bar{c}^4}{3}\left[\left(\frac{\alpha}{\bar{c}}\right)^4 + 8\left(\frac{\alpha}{\bar{c}}\right)^2 + \frac{16}{5}\right] \tag{12.88}$$

平底单抛物线弧形翼型弹翼的阻力系数为

$$C_D = \frac{4\bar{c}^2}{Ma_\infty}\left[\frac{8}{3} + \left(\frac{\alpha}{\bar{c}}\right)^2\right] - 8(\gamma+1)\alpha\bar{c}^2 + \frac{(\gamma+1)Ma_\infty\bar{c}^4}{3}\left[\left(\frac{\alpha}{\bar{c}}\right)^4 + 16\left(\frac{\alpha}{\bar{c}}\right)^2 + \frac{128}{5}\right] \tag{12.89}$$

3）压心

在弹翼初步设计计算时，可认为弹翼的压心位于弹翼平面的面心处。

4）钝前缘后掠弹翼

为了减轻气动加热，高超声速飞行器弹翼的前缘都做成圆钝的，如图 12.23 所示。零攻角时钝前缘的阻力系数可用式（12.61）计算，只是需将式中的 f_c 换成 $\frac{l_W}{d}$，将 $\sin^3\alpha$ 换成 $\cos^3\chi$，即

$$C_D = \frac{4.8}{\pi}\frac{l_W}{d}\cos^3\chi \tag{12.90}$$

式（12.90）以 $\frac{\pi}{4}d^2$ 为参考面积。如换成以 S_W 为参考面积，上式成为

$$C_D = 1.2\frac{l_W d}{S_W}\cos^3\chi \tag{12.91}$$

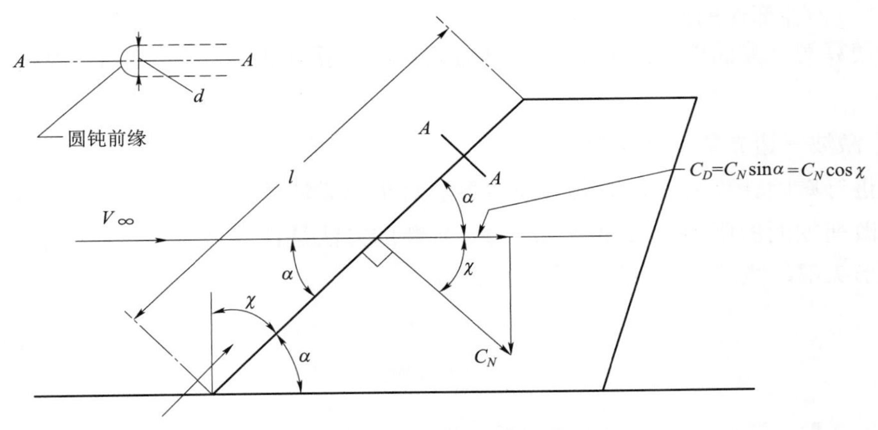

图 12.23　钝前缘后掠翼

12.5.6　组合体纵向气动特性计算

1）总空气动力系数表达式

计算外形如图 12.13 所示。总升力系数为

$$C_L = C_{L_1} + C_{L_2} + C_{L_3} + C_{LW}\frac{S_W}{S_B} \tag{12.92}$$

式中，下标 1、2、3、W 分别代表头部、圆柱后体、裙尾和弹翼，C_L 以 $S_B = \frac{\pi}{4}D_B^2$ 为参考面积。当以弹翼平面面积 S_W 为参考面积时，上式成为

$$C_L = C_{Ln}\frac{S_B}{S_W} + C_{Lc}\frac{S_B}{S_W} + C_{Lt}\frac{S_B}{S_W} + C_{LW} \tag{12.93}$$

以 S_B 为参考面积的总阻力系数为

$$C_D = C_{D_1} + C_{D_2} + C_{D_3} + C_{DW}\frac{S_W}{S_B} \tag{12.94}$$

以 S_W 为参考面积时，上式成为

$$C_D = C_{Dn}\frac{S_B}{S_W} + C_{Dc}\frac{S_B}{S_W} + C_{Dt}\frac{S_B}{S_W} + C_{DW} \tag{12.95}$$

总压心为

$$x_p = \frac{\sum C_{N_i} x_{p_i}}{\sum C_{N_i}} \tag{12.96}$$

式中，C_{N_i}、x_{p_i} 为各部件的法向力系数和压心。

总俯仰力矩系数为

$$m_z = \sum m_{z_i} \tag{12.97}$$

式中，m_{z_i} 为各部件的俯仰力矩系数。

为使算例计算简单，不考虑裙尾。同时为说明计算方法，也只计算两个攻角 $\alpha = 0°$，12°。

2）激波—边界层干扰参数

在进行摩阻计算之前，需要判断边界层对头部激波的影响是否显著，如果影响显著，会改变物面的压力分布和空气动力。判断的方法是计算激波—边界层干扰参数。对于锥形头部，激波—边界层干扰参数 ξ 为

$$\xi = \frac{Ma_\infty}{\theta_c^2 \sqrt{Re}} \tag{12.98}$$

对于弹翼，激波—边界层干扰参数 $\bar{\xi}$ 为

$$\bar{\xi} = \frac{Ma_\infty^3 \sqrt{C}}{\sqrt{Re}} \tag{12.99}$$

式中，$C = \dfrac{\mu_W T_\infty}{\mu_\infty T_W}$，$\mu_W$、$T_W$ 为壁面的黏性系数和温度。

若 ξ、$\bar{\xi} < 1$，可不考虑激波—边界层干扰。

按 $H = 20\,000$ m，$T_1 = 216.9$ K，$\rho_1 = 0.088\,91$ kg/m^3，$a_\infty = 295.1$ m/s，$\mu_\infty = 1.422 \times 10^{-6}$，$Ma_\infty = 7$，得

$$V_\infty = Ma_\infty a_\infty = 2\,065.7 \text{ m/s}$$

头部的雷诺数为

$$Re = \frac{\rho_\infty V_\infty L_n}{\mu_\infty} = 118.1 \times 10^6$$

尖圆锥头部半顶角为

$$\theta_c = 9°28' = 0.165 \text{（弧度）}$$

于是锥形头部的激波—边界层干扰参数 ξ 为

$$\xi = \frac{Ma_\infty}{\theta_c^2 \sqrt{Re}} = 0.023\,7$$

下面计算弹翼的激波—边界层干扰参数 $\bar{\xi}$。

$$\sqrt{C} = \sqrt{\frac{\mu_W}{\mu_\infty} \frac{T_\infty}{T_W}}$$

式中
$$\frac{\mu_W}{\mu_\infty}=\left(\frac{T_W}{T_\infty}\right)^{0.76}$$

于是
$$\sqrt{C}=\left(\frac{T_\infty}{T_W}\right)^{0.12}$$

设温度恢复系数为 1，则
$$\frac{T_W}{T_\infty}=1+\frac{\gamma-1}{2}Ma_\infty^2=10.8$$

得
$$\sqrt{C}=0.752\text{。}$$

弹翼的雷诺数 Re 为
$$Re=\frac{\rho_\infty V_\infty b_0}{\mu_\infty}=236.87\times10^6$$

于是
$$\overline{\xi}=\frac{Ma_\infty^3\sqrt{C}}{\sqrt{Re}}=0.016\,8$$

ξ、$\overline{\xi}$ 的结果说明在计算头部和弹翼的摩阻时可以忽略激波—边界层干扰影响（$0\leqslant\xi\leqslant1$ 为弱干扰，$\xi>>1$ 为强干扰）。

3）边界层外缘的流动参数

为了计算摩阻，需知道边界层外缘处的雷诺数和马赫数。对于尖圆锥头部由
$$\frac{\tan\beta_c}{\tan\theta_c}=1.08+\frac{1}{2Ma_\infty^2\tan^2\theta_c}=1.447\,2 \tag{12.100}$$

得
$$\tan\beta_c=0.241\,2$$
$$\beta_c=13.56°$$

激波后与激波前的压力比为
$$\frac{p_\delta}{p_\infty}=\frac{p_2}{p_1}=1+\frac{2\gamma}{\gamma+1}(Ma_\infty^2\sin^2\beta_c-1)=2.975\,9 \tag{12.101}$$

激波后与激波前的密度比为
$$\frac{\rho_\delta}{\rho_\infty}=\frac{\rho_2}{\rho_1}=\frac{(\gamma+1)Ma_\infty^2\sin^2\beta_c}{(\gamma-1)Ma_\infty^2\sin^2\beta_c+2}=2.100\,7 \tag{12.102}$$

温度比为
$$\frac{T_\delta}{T_\infty}=\frac{p_\delta}{\rho_\delta}\frac{\rho_\infty}{p_\infty}=\frac{p_\delta}{p_\infty}\frac{\rho_\infty}{\rho_\delta}=1.416\,6 \tag{12.103}$$

由
$$\frac{\mu_\delta}{\mu_\infty}=\frac{\mu}{\mu_\infty}=\left(\frac{T}{T_\infty}\right)^{0.76}=1.303$$

得

$$\mu_\delta = 1.8529 \times 10^{-6}$$

$$\rho_\delta = 0.18677$$

$$Re_\delta = \frac{\rho_\delta V_\delta L_n}{\mu_\delta} = 190.396 \times 10^6$$

上式假定了在头部一圆柱衔接处边界层外缘速度 V_δ 为来流速度 V_∞。

激波后的声速为

$$a_\delta = a = a_\infty \sqrt{\frac{T}{T_\infty}} = 351.23\ \text{m/s}$$

所以边界层外缘的马赫数为

$$Ma_\delta = \frac{V_\delta}{a_\delta} = 5.88$$

4）$\alpha = 0°$ 时阻力系数的计算

层流绝热平板摩阻系数和马赫数的关系见图 12.24，当 Ma_δ =5.88 时，查得

$$C_{D平板} = \frac{1.1}{\sqrt{Re_\delta}} = 0.0000797$$

$$C_{Dn} = \frac{2}{\sqrt{3}} C_{D平板} = 0.000092$$

注意，C_{Dn} 的参考面积为圆锥表面积，以 S_W 为参考面积时，

$$C_{Dnf} = 0.0000418$$

在初步设计计算时，认为圆柱后体、弹翼边界层外缘的马赫数与圆锥头部边界层外缘的马赫数相同，亦为 5.88，于是

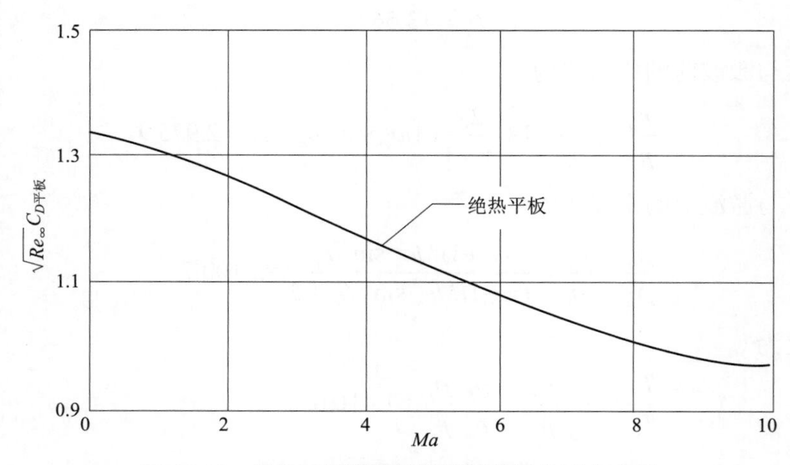

图 12.24　绝热平板摩阻系数随马赫数的变化曲线

$$R_{ec\delta} = 444.257 \times 10^6$$

$$R_{ew\delta} = 381.875 \times 10^6$$

很显然圆柱后体及弹翼的边界层为湍流，于是

$$C_{DCf} = \frac{0.455}{(\log Re_c)^{2.58}} \eta_M \frac{S_C}{S_W} = 0.001\ 35 \qquad (12.104)$$

式中，η_M 为压缩性修正系数，S_C 为圆柱后体表面积。

4 片弹翼的摩阻系数为

$$C_{DWf} = 4\left[2 \times \frac{0.455}{(\log Re_W)^{2.58}} \eta_M\right] = 0.005\ 28 \qquad (12.105)$$

其中 d 为弹翼前缘剖面直径，l 为弹翼前缘长度。

$\alpha = 0^\circ$ 时，弹身头部波阻系数为

$$C_{D1} = 2\sin^2\theta_c \frac{S_B}{S_W} = 0.004\ 05$$

弹翼钝前缘波阻系数为

$$C_{DW} = 1.2\frac{ld}{S_W}\cos^3\chi = 0.002\ 69$$

$\alpha = 0^\circ$ 时，整个飞行器的阻力系数为

$$\begin{aligned} C_D &= C_{Dn} + C_{Dw} + C_{Dnf} + C_{Dcf} + C_{Dwf} \\ &= 0.004\ 05 + 0.002\ 69 + 0.000\ 041\ 8 + 0.001\ 35 + 0.005\ 28 \\ &= 0.013\ 412 \end{aligned}$$

5）$\alpha = 12^\circ$ 时空气动力系数计算

$\alpha = 12^\circ$ 时的升力系数按式（12.36）计算，结果为

$$C_L = 0.370\ 2(1/S_B) = 0.027\ 69(1/S_W)$$

头部的阻力系数按式（12.48）计算，结果为

$$C_{D1} = 0.174\ 1(1/S_B) = 0.013\ 0(1/S_W)$$

头部的压心为

$$x_{pn} = 0.67L_n = 0.612\ 65\ \text{m}$$

对头部顶点的力矩系数为

$$m_{zn} = -0.013\ 3\left(1/(S_W, b_0)\right)$$

圆柱后体的升力系数按式（12.58）和式（12.59）计算，结果为

$$C_{L2} = 0.033\ 85(1/S_W)$$

圆柱后体的阻力系数按式（12.61）和式（12.63）计算，结果为

$$C_{D2}=0.007\,19$$

圆柱后体的压心为

$$x_{p2}=l_n+\frac{l_c}{2}=1.981\,2\text{ m}$$

圆柱后体对头部顶点的力矩系数为

$$m_{z2}=-0.037\,38(1/(S_W,b_0))$$

平板弹翼的升力系数按式（12.80）计算，结果为

$$C_{LW}=0.171\,1$$

弹翼的诱导阻力系数为

$$C_{DWi}=C_{LW}\bullet\alpha=0.035\,83$$

弹翼钝前缘的波阻系数按式（12.91）计算，结果为

$$C_{DWLE}=0.002\,69$$

弹翼的总压差阻力系数为

$$C_{DW}=0.002\,69+0.035\,83=0.038\,52$$

弹翼的压心位于弹翼平面面心处，即

$$x_{pW}=2.438\,4\text{ m}$$

弹翼对弹身头部顶点的仰俯力矩系数为

$$\begin{aligned}m_{zW}&=-C_{NW}\frac{2.438\,4}{1.834}\\&=-0.232\,6\,(1/(S_W,b_0))\end{aligned}$$

飞行器总升力系数、前体阻力系数、升阻比、俯仰力矩系数和压心为

$$C_L=C_{L1}+C_{L2}+C_{LW}=0.027\,69+0.033\,85+0.1711=0.232\,64$$

$$\begin{aligned}C_{DF}&=C_{D1}+C_{D2}+C_{DW}+C_{Dnf}+C_{Dcf}+C_{Dwf}\\&=0.013\,0+0.007\,19+0.038\,52+0.001\,35+0.005\,28+0.000\,041\,8\\&=0.065\,38\,(1/S_W)\end{aligned}$$

$$K=\frac{C_L}{C_{DF}}=\frac{0.232\,64}{0.065\,38}=3.558\,3$$

$$m_z=m_{zn}+m_{zc}+m_{zW}=-0.283\,29$$

$$x_p=-\frac{m_Z}{C_N}b_0=2.083\,7\text{ m}$$

12.5.7　纵向静稳定性

图 12.25 是高超声速飞行器的典型气动外形。对质心的仰俯力矩表达式为

$$M_z = N_1 x_1 + N_2 x_2 - N_3 x_3 - N_W x_W \tag{12.106}$$

式中，N_1 为头部的法向力，N_2 为圆柱后体的法向力，N_3 为裙尾的法向力，N_W 弹翼的法向力；x_1、x_2、x_3、x_W 分别为 N_1、N_2、N_3、N_W 作用点至质心 CG 的距离。抬头力矩为正，低头力矩为负。

当以 S_W 和 b_0 为参考面积和参考长度时，有

$$M_z = m_z q_\infty S_W b_0$$

$$N = C_N q_\infty \frac{S}{S_W}$$

式中 S 为计算 C_N 时所基于的参考面积；计算 C_{N1}、C_{N2}、C_{N3}、C_{NW} 所基于的参考表面积分别以 S_1、S_2、S_3、S_W 表示。

$$\frac{S_1}{S_W} \approx \frac{S_2}{S_W} \approx \frac{S_3}{S_W} \approx k \tag{12.107}$$

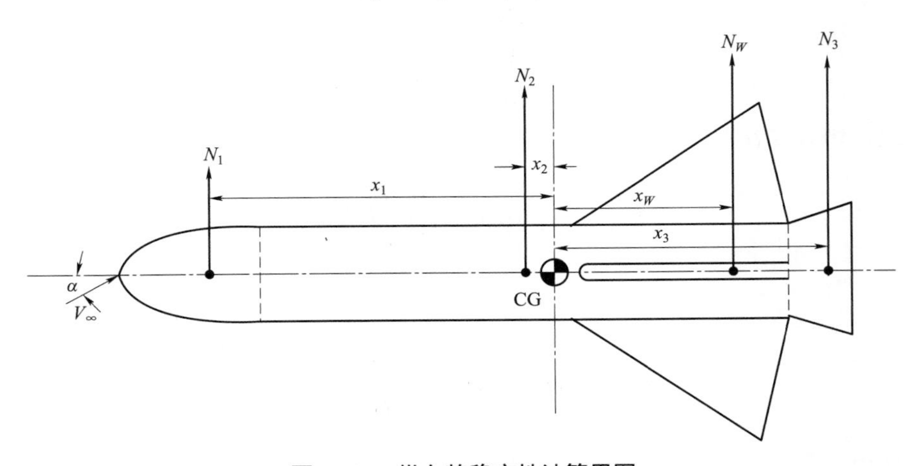

图 12.25　纵向静稳定性计算用图

于是式（12.106）成为

$$m_z = C_{N1} k \frac{x_1}{b_0} + C_{N2} k \frac{x_2}{b_0} - C_{NW} \frac{x_w}{b_0} - C_{N3} k \frac{x_3}{b_0} \tag{12.108}$$

导弹的稳定性要求

$$\frac{\mathrm{d}m_z}{\mathrm{d}\alpha} = m_z^\alpha < 0$$

即

$$m_z^\alpha = C_{N1}^\alpha k\frac{x_1}{b_0} + C_{N2}^\alpha k\frac{x_2}{b_0} - C_{NW}^\alpha\frac{x_w}{b_0} - C_{N3}^\alpha k\frac{x_3}{b_0} < 0 \tag{12.109}$$

下面对经常采用的部件外形给出 C_N^α 的计算式，以便进行稳定性分析计算。

对于 n 次幂曲线形头部

$$C_{N1} = Kk_1\sin 2\alpha \tag{12.110}$$

所以

$$C_{N1}^\alpha = 2Kk_1\cos 2\alpha \tag{12.111}$$

对于圆柱形后体

$$C_{N2} = \frac{4.8}{\pi}f_c\sin^2\alpha \tag{12.112}$$

所以

$$C_{N_2}^\alpha = \frac{9.6}{\pi}f_c\sin\alpha\cos\alpha \tag{12.113}$$

对于平板弹翼

$$C_{NW} = \frac{4\alpha}{Ma_\infty} + \frac{\gamma+1}{3}Ma_\infty\alpha^3$$

所以

$$C_{NW}^\alpha = \frac{4}{Ma_\infty} + (\gamma+1)Ma_\infty\alpha^2 \tag{12.114}$$

对于裙尾，当 $\alpha \leqslant \theta_c$ 时

$$C_{N3} = \cos^2\theta_c\sin 2\alpha\left[\left(\frac{D_b}{D_B}\right)^2 - 1\right] \tag{12.115}$$

所以

$$C_{N3}^\alpha = 2\cos^2\theta_c\cos\alpha\left[\left(\frac{D_b}{D_B}\right)^2 - 1\right] \tag{12.116}$$

当 α 很小时，

$$C_{N1}^\alpha = 2Kk_1$$

$$C_{N2}^\alpha = 0$$

$$C_{N3}^\alpha = 2\cos^2\theta_c\left[\left(\frac{D_b}{D_B}\right)^2 - 1\right]$$

$$C_{NW}^\alpha = \frac{4}{Ma_\infty}$$

这样

$$(m_z^{\alpha})_{\alpha\to 0} = 2Kk_1k\frac{x_1}{b_0} - \frac{4}{Ma_\infty}\frac{x_w}{b_0} - 2k\cos^2\theta_c\left[\left(\frac{D_b}{D_B}\right)^2 - 1\right]\frac{x_3}{b_0} \tag{12.117}$$

稳定性条件成为

$$\frac{4}{Ma_\infty}\frac{x_W}{b_0} + 2k\cos^2\theta_c\left[\left(\frac{D_b}{D_B}\right)^2 - 1\right]\frac{x_3}{b_0} > 2Kk_1k\frac{x_1}{b_0} \tag{12.118}$$

设　$n=2/3$，$f_n=3$，$Ma_\infty=10$，$k_1=0.992$，　$\gamma=1.4$，$\frac{x_1}{b_0}=\frac{x_3}{b_0}=1$，$\frac{x_W}{b_0}=0.7$，　$\theta_c=5°43'$，

$\left(\frac{D_b}{D_B}\right)^2=2$，　$K=1.316$，$k=0.1$，代入上式得

$$0.28+0.198=0.478>0.261$$

表明导弹具有较好的纵向静稳定性。如果没有裙尾，导弹系统虽然也是纵向静稳定的，但静稳定度很低。

12.5.8　舵面效率

当舵面偏转δ角时，按牛顿碰撞理论可得舵面的升力系数为

$$C_L = 2\sin^2(\alpha+\delta)\cos(\alpha+\delta)\frac{S_R}{S_W} \tag{12.119}$$

式中，S_R为舵面平面面积。

$\delta=0°$时

$$C_L = 2\sin^2\alpha\cos\alpha\frac{S_R}{S_W} \tag{12.120}$$

于是由舵面偏转角δ引起的升力系数增量为

$$\Delta C_L = 2\frac{S_R}{S_W}[\sin^2(\alpha+\delta)\cos(\alpha+\delta) - \sin^2\alpha\cos\alpha] \tag{12.121}$$

在有限马赫数的高超声速下，平板舵的升力系数为

$$C_L = \left[\frac{4(\alpha+\delta)}{Ma_\infty} + \frac{(\gamma+1)}{3}Ma_\infty(\alpha+\delta)^3\right]\frac{S_R}{S_W} \tag{12.122}$$

$\delta=0°$时，

$$C_L = \left[\frac{4\alpha}{Ma_\infty} + \frac{(\gamma+1)}{3}Ma_\infty\alpha^3\right]\frac{S_R}{S_W} \tag{12.123}$$

所以

$$\Delta C_L=\left[\frac{4\delta}{Ma_\infty}+(\gamma+1)Ma_\infty\alpha\delta^2+\frac{(\gamma+1)}{3}Ma_\infty\delta^3\right]\frac{S_R}{S_W} \tag{12.124}$$

式（12.122）适用于小攻角、小舵转角情况。

由舵面偏射角 δ 引起的俯仰力矩变化量为

$$\Delta M_z=\Delta m_z q_1 S_W b_0 \tag{12.125}$$

有舵偏角 δ 时，俯仰力矩系数为

$$m_z=2\sin^2(\alpha+\delta)\frac{S_R}{S_W}\frac{x_{pR}}{b_0} \tag{12.126}$$

式中，x_{pR} 为舵面压心至力矩参考点的距离。

$\delta=0°$ 时，

$$m_z=2\sin^2\alpha\frac{S_R}{S_W}\frac{x_{pR}}{b_0} \tag{12.127}$$

于是

$$\Delta m_z=2\frac{S_R}{S_W}\frac{x_{pR}}{b_0}\left[\sin^2(\alpha+\delta)-\sin^2\alpha\right] \tag{12.128}$$

在有限马赫数的高超声速下

$$\Delta m_z=\frac{S_R}{S_W}\frac{x_{pR}}{b_0}\left[\frac{4\delta}{Ma_\infty}+(\gamma+1)Ma_\infty\alpha\delta^2+\frac{(\gamma+1)}{3}Ma_\infty\delta^3\right] \tag{12.129}$$

式（12.129）适用于小攻角、小舵偏角情况。

由式（12.121）、式（12.124）、式（12.128）、式（12.129）得舵面效率分别为

$$C_L^\delta=2\frac{S_R}{S_W}\left[2\sin(\alpha+\delta)\cos^2(\alpha+\delta)-\sin^3(\alpha+\delta)\right] \tag{12.130}$$

$$m_z^\delta=4\frac{S_R}{S_W}\frac{x_{pR}}{b_0}[\sin(\alpha+\delta)\cos(\alpha+\delta)] \tag{12.131}$$

在有限马赫数的高超声速下，舵面效率分别为

$$C_L^\delta=\frac{S_R}{S_W}\left[\frac{4}{Ma_\infty}+2(\gamma+1)Ma_\infty\alpha\delta+(\gamma+1)Ma_\infty\delta^2\right] \tag{12.132}$$

$$m_z^\delta=\frac{S_R}{S_W}\frac{x_{pR}}{b_0}\left[\frac{4}{Ma_\infty}+2(\gamma+1)Ma_\infty\alpha\delta+(\gamma+1)Ma_\infty\delta^2\right] \tag{12.133}$$

12.5.9　舵面铰链力矩

舵面铰链力矩定义为

$$M_h = m_h q_1 S_R b_R$$

式中，S_R 为舵面面积，b_R 为舵面的平均几何弦长。

假定高超声速飞行器舵面的舵轴靠近前缘，而舵面法向力的作用点位于舵面平均几何弦的 $\frac{1}{2}$ 处，则有

$$M_h = m_h q_1 S_R b_R = C_{NR} q_1 S_R \frac{b_R}{2}$$

于是得

$$m_h = \frac{1}{2} C_{NR} \tag{12.134}$$

在极高超声速下

$$m_h = \sin^2(\alpha + \delta) \tag{12.135}$$

在有限高超声速下

$$m_h = \frac{2(\alpha + \delta)}{Ma_\infty} + \frac{(\gamma + 1)}{6} Ma_\infty (\alpha + \delta)^3 \tag{12.136}$$

第 13 章　制导兵器气动外形布局设计

13.1　概　　述

制导兵器气动外形布局设计是总体设计的重要组成部分。气动外形布局设计包括气动外形布局选择、气动外形设计、主要气动性能参数的确定，以及为满足飞行性能要求而需采取的气动措施等。气动外形设计主要有升力面外形设计、操纵面外形设计、弹身外形设计。升力面外形设计包括翼片数、平面形状和剖面形状设计。表征升力面平面形状特征的参数为展弦比 λ，根梢比 η，后掠角 χ_0、$\chi_{0.25}$、$\chi_{0.5}$、χ_1。剖面形状即翼型，有对称翼型和非对称翼型，双弧翼型和平板翼型。表征剖面形状特征的参数为最大厚度 $\bar{c}$、最大厚度位置 $\bar{x}_{\bar{c}}$，最大弯度 $\bar{f}$ 以及最大弯度位置 $\bar{x}_{\bar{f}}$。

操纵面外形设计是在满足所需操纵效率和舵机输出功率的情况下确定操纵面的平面形状、剖面形状和铰链轴的位置。

弹身外形设计包括弹身横截面形状以及沿纵轴方向的分布，弹身上的凸起、沟槽及修形等。对于旋成体弹身，表征外形特征的参数有弹身长径比 f_B，头部长径比 f_n，圆柱段长径比 f_c，尾部长径比 f_t，头部钝度 $\left(\dfrac{R_n}{R_B}\right)^2$，尾部收缩比或扩张比 $\eta_t=\dfrac{D_b}{D_B}$；对于非圆截面弹身，表征外形特征的参数还有头部横截面形状及分布 $S_n(x)$，中段的横截面形状，尾段的横截面形状及分布 $S_t(x)$。

制导兵器的气动外形布局设计是最困难最复杂的系统工程之一，它不但要求设计者在空气动力学方面具有扎实的基础和丰富的实践经验，而且要对相关学科，如飞行力学、热力学、制导与控制、发动机、发射技术、结构、电磁场理论等有较深入的了解。只要注意一下世界上现有的各类制导兵器的外形，就可确信仅由空气动力学家独自决定最后的气动外形是不可能的。大多数制导兵器的外形是各方面综合平衡的结果，而最终要满足的是整个兵器系统的战术技术要求。

13.2　气动外形布局选择

早在 20 世纪 60 年代制导兵器设计师们就总结出常采用的五种气动外形布局形式：正常式（尾翼控制）布局、鸭式（控制）布局、全动弹翼布局、无尾式布局、无翼式布局。同时也总结出了多种气动布局所具有的基本气动特性、飞行特性和控制特性。制导兵器气动设计师的工作是选择满足所设计兵器飞行性能要求的气动外形布局。“选择”气动外形布局的工作并不比“设计”气动外形布局工作容易。一个经验不足的制导兵器气动设计师在选择气动布局时常常由于自信心不足而缺乏主见，只能听从于结构、飞行控制分系统。实际上气动布局设计是一项独立的工作，与其他分系统是平等、协调、平衡的关系。

气动外形布局选择的主要依据是目标特性，在研制任务书中有明确描述。新研制的兵器系统要依据目标特性确定制导兵器的飞行方案和应具有的主要飞行特性以及确保实现飞行方案、飞行特性的控制方案和主要控制特性。气动外形布局选择的目的是为实现控制方案、飞行方案提供所需的气动特性。发射平台要适合于所选择的气动外形布局，要与气动外形相容并能提供实现飞行方案的初始飞行条件。

为已有发射平台研制新型制导兵器，在气动外形布局选择时首先要考虑与发射平台的相容性问题，即外形参数要满足发射平台的几何约束，制导兵器发射时不能对发射平台造成不允许的气动干扰。比如为固定翼飞机研制新型远程无动力制导航弹时，从滑翔增程能力看，应该选择具有一字形弹翼的正常式布局。无论是上弹翼还是下弹翼，在挂机飞行和离机初期飞行中，弹翼需处于折叠状态，由于尾翼/舵的折叠张开机构复杂，所以一般不要求折叠。这样在选择一字形弹翼的正常式布局时，首先弹长、尾翼/舵展长、弹翼折叠状态弹翼的展长及弹体高度要满足外挂时的限制，即满足几何相容。其次要考虑兵器挂机飞行时对载机的气动性能和飞行性能会不会造成不允许的影响，载机对投放兵器的干扰区有多大，折叠弹翼应在什么时间张开，兵器在干扰区内飞行时会对载机的气动性能和飞行性能造成什么样的影响等。这些都需要在兵器的气动外形布局选择及外形设计时考虑和解决。

为已有的 155 mm 火炮研制新型末制导炮弹选择气动外形布局时，首先要考虑到无控炮弹都是旋转稳定的，飞行轨迹为抛物线形，弹体是轴对称的。制导炮弹是尾翼稳定的，控制段的飞行轨迹与抛物线形有些差别，但总体上仍是抛物线弹道。最适宜于制导炮弹采用的气动布局型式是鸭式布局。在炮膛内稳定尾翼向前折叠插入后弹体内或向后折叠插入发射药筒内；鸭舵向前折叠插入控制舱段内。制导炮弹不宜采用正常式布局，因为弹翼在质心附近，弹翼折叠时必然影响战斗部装药。有些采用正常式布局的制导炮弹，弹翼的折叠过程是先由水平绕自身横轴转 90°，与弹身轴线呈垂直状态，然后再向后折叠贴附于弹身表面，张开过程刚好相反。两自由度的折叠—张开机构本身就比较复杂，另外弹翼转轴和折叠轴的强度问题难以解决。弹翼的这种折叠—张开方式，低速飞行的制导炮弹还可以采用，高速飞行的制导炮弹无法采用。为 155 mm 火炮研制制导炮弹另一个必须解决的问题是炮口的减旋，无控炮弹的转速为 10 000 r/min 以上，该转速是由炮管内表面螺旋形膛线提供的。滑动弹带可使制导炮弹炮口转速降低至 15 r/s 左右，炮射远程制导炮弹滑翔增程效果普遍不佳。

为多管火箭炮研制远程制导火箭弹，在气动外形布局选择与外形设计时也需解决弹炮相容性问题。适宜于火箭炮发射的制导火箭气动外形布局为鸭式布局，在炮管内稳定尾翼一般采用周向折叠方式。飞行试验表明采用低速旋转飞行方式时周向折叠—展开的卷弧翼会导致火箭在飞行过程中较大锥角的锥形运动，使射程损失严重。采用周向折叠—展开的平板翼可使火箭锥形运动的锥角小得多。当火箭采用鸭舵不折叠的鸭式布局方案时，需将鸭舵布局在火箭弹的头部，且鸭舵的全展长小于炮管的内径。鸭舵的滚转控制效率很低，所以一般采用低速旋转飞行方式。将鸭舵布局在质心之前的圆柱段上，鸭舵的展长可以大些，但在炮管内鸭舵必须折插在弹体内，或采用前折后张方式或采用后折前张方式。鸭舵不能进行滚转控制，必须采用自旋尾翼。制导火箭的飞行轨迹也基本是抛物线，动能增程和势能增程是制导火箭的主要增程方式，滑翔增程效果不大。

13.3 稳定性—操纵性协调匹配设计

静不稳定的炮弹和无翼火箭弹（涡轮火箭弹）可以通过高速旋转的陀螺效应实现稳定飞行，在气动外形设计和结构设计中既要保证陀螺稳定性又要保证动稳定性，即要求满足下列关系式：

$$\frac{1}{S_g}<1 \tag{13.1}$$

$$\frac{1}{S_g}<1-S_d^2 \tag{13.2}$$

式中，S_g 为陀螺稳定性因子，S_d 为动稳定性因子。此外还需要满足追随稳定性。

尾翼稳定的无控或横向喷流控制火箭弹，在主动段终点要具有较高的静稳定度以保证飞行稳定，一般要求$\left|m_{zg}^{C_L}\right|$=10%～20%，卷弧形尾翼稳定远程火箭弹，最好是$\left|m_{zg}^{C_L}\right|\geqslant$18%。

对于制导兵器，除了要求有好的静稳定性 m_{zg}^{α}，还要求有好的控制特性，两者是密切相关的。一个飞行性能好的制导兵器，稳定性和操纵性是协调匹配的。根据多年制导兵器气动设计实践经验，对不同气动外形布局的制导兵器按表 13.1 所示要求进行设计，基本上可做到稳定性与操纵性的协调匹配。

表 13.1　稳定性与操纵性的匹配设计

气动布局形式	静稳定度 $m_{zg}^{C_L}$ 要求	平衡比 $\left(\frac{\alpha}{\delta}\right)_{bal}$ 要求
正常式布局	–0.02～–0.08	–0.6～–1.2
鸭式布局	–0.02～–0.12	0.8～1.2
无尾式布局	–0.02～–0.06	–0.5～–0.8
旋转弹翼式布局	–0.12～–0.2	± 0.1～ ± 0.25

对于机动性要求较高的制导兵器，静稳定度不宜大，比如反坦克导弹、反坦克/反直升机两用导弹，一般要求$\left|m_{zg}^{C_L}\right|$=2%～5%。对付静止地面目标的滑翔增程型制导兵器，静稳定度不宜太低，而且δ_z、α_{bal}要合理匹配，比如机载布撒器，一般要求$\left|m_{zg}^{C_L}\right|$=3%～8%，$\delta_z$=5 时，$\alpha_{bal}$=3°～6°。远程制导炮弹，在鸭舵张开之前，$\left|m_{zg}^{C_L}\right|$应大些，一般要求$\left|m_{zg}^{C_L}\right|$≥10%；鸭舵张开之后，$\left|m_{zg}^{C_L}\right|$应小些，一般要求$\left|m_{zg}^{C_L}\right|$=2%～6%。对于无动力滑翔型机载布撒器，为防止速度降低过快，应避免在较大攻角和舵偏角下飞行。对于制导火箭弹、远程制导炮弹，由于 90%以上时间为无动力飞行，减阻是实现增程的重要措施，在气动设计中要想方设法降低零攻角阻力，弹道设计时也应避免大攻角和大舵偏角飞行。

13.4　弹身外形设计

13.4.1　弹身外形选择

弹身的功用是装有效载荷、各种设备及推进装置等，并将各部件连接在一起。要求有足够的长度、容积、强度和刚度。弹身通常由头部、中部和尾部组成。弹身外形设计实际上就是头部、中部和尾部的外形选择和几何参数的确定。

制导兵器的弹身一般为旋转体，头部外形通常有：圆锥形、抛物线形、尖拱形、平顶锥形、平顶拱形、球钝锥形、球钝拱形。选择头部外形要综合考虑空气动力性能（主要是零攻角阻力，即轴向力）、容积、结构及制导—控制系统要求，特别是制导要求往往成为决定因素。

从空气动力性能看，当头部长径比大于 2.5 时，在不同马赫数下尖拱形、抛物线形零攻角阻力最小，球钝头部和平顶头部零攻角阻力最大。

从容积和结构要求来看，球钝头部和平顶头部比较好，圆锥形头部较差。

从制导系统要求看，球钝头部比较适合于红外或电视导引头，抛物线头部与尖拱形头部较适合于无线电导引头。

尾部形状通常有不收缩的平直圆柱形、收缩的锥形船尾、收缩的抛物线形船尾，也有为满足特殊需要的扩张形尾部——裙尾。

尾部外形选择主要考虑内部设备安排和轴向力特性。在满足设备安排的前提下，应尽可能选择零攻角阻力小、加工简单的尾部外形。当尾部收缩比、长径比一定时，曲线形船尾的压差阻力要比锥形船尾的小，尾部压差阻力随收缩比增大而降低，而底部阻力却随收缩比增大而增大，因此要通过选择合适的尾部收缩比和长径比来获得最小阻力。

弹身中部一般为圆柱形，远程制导航空炸弹和布撒器的弹身中部常采用矩形、梯形等非圆截面形，以提高升阻比，增大滑翔能力。

13.4.2　弹身几何参数的确定

弹身几何参数主要有：弹身长径比 f_B、头部长径比 f_n、尾部长径比 f_t 和尾部收缩比 η_t。

1）头部长径比的确定

制导兵器的头部外形及几何参数，往往与其制导方式和制导器件有关。对于具有激光、图像或红外导引头的制导武器，其头部外形取决于导引头的外形；对于采用GPS/INS 组合导航的制导兵器，由于没有导引头，其头部可以采用最小阻力外形。在亚声速条件下，弹体头部长径比对阻力影响不大；超声速条件下，弹体头部长径比对阻力影响很大，在不受导引头影响的条件下，一般选取最小阻力外形。

超声速最小阻力头部形状有卡门形（Karman Ogive）、西尔斯–哈克（Sears-Haack）形和 3/4 幂次形。其母线方程分别为

（1）卡门形

$$\overline{R}=\frac{R}{R_m}=\sqrt{\frac{1}{\pi}\arccos\left(1-\frac{2x}{L_n}\right)-\frac{2}{\pi}\left[\frac{x}{L_n}\left(1-\frac{x}{L_n}\right)\right]^{1/2}\left(1-\frac{2x}{L_n}\right)} \tag{13.3}$$

式中，R 为母线的当地半径；R_m 为头部底截面（即最大横截面）的半径；L_n 为头部长度。在给定头部长度和底部半径情况下，卡门形的波阻系数最小。

（2）西尔斯–哈克形

$$\overline{R}=\frac{R}{R_m}=\left[\frac{x}{L_n}\left(2-\frac{x}{L_n}\right)\right]^{3/4} \tag{13.4}$$

西尔斯–哈克形的两端都是尖的，中部截面为对称面，其前半部与后半部外形相同，在给定弹长和容积的情况下，这种外形波阻最小，所以很适合战斗部外形设计。

（3）3/4 幂次形

$$\overline{R}=\frac{R}{R_m}=\left(\frac{x}{L_n}\right)^{3/4} \tag{13.5}$$

图 13.1 是三种头部母线形状的比较，从图可以看出西尔斯–哈克形比卡门形“胖”些，其阻力比卡门形的大 3%～8%（Ma=2～4）。3/4 幂次形比卡门形“瘦”得多，在 Ma =2.0～2.5 时，两者的阻力差很小；Ma=3～4 时，3/4 幂次形的阻力约比卡门形低 5%。

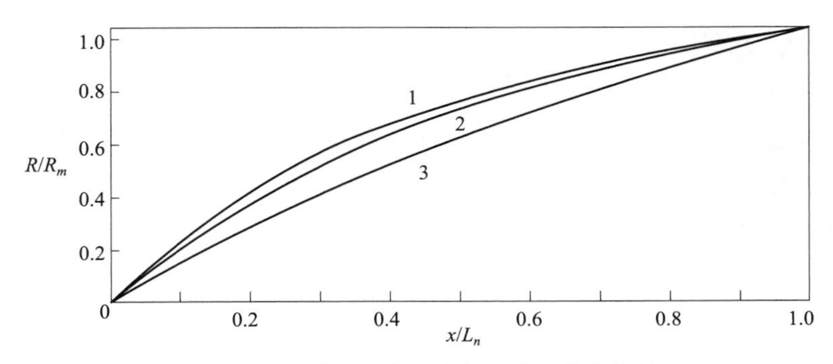

图 13.1　三种最小阻力头部母线形状的比较

1—西尔斯–哈克形；2—卡门形；3—3/4 幂次形

图 13.2 为老式榴弹外形与低阻榴弹外形图，图 13.3 给出了 155 mm 低阻榴弹外形（枣核形）、155 mm 老式榴弹外形及卡门头部榴弹外形零攻角阻力系数风洞实验结果的比较，从图可以看出在亚、跨声速范围内，三种外形的零攻角阻力相差很小，枣核形及卡门形优越性不大。进入超声速后，枣核形及卡门形的减阻效果变得十分明显。大口径榴弹的炮口速度一般为 1 000 m/s 左右，在全弹道上都为超声速飞行，所以可以采用最小阻力外形来降低头部压差阻力。另外，在确保引信正常工作的前提下，减小引信平头直径，将尖角适当修圆也可起到一定的减阻增程效果。

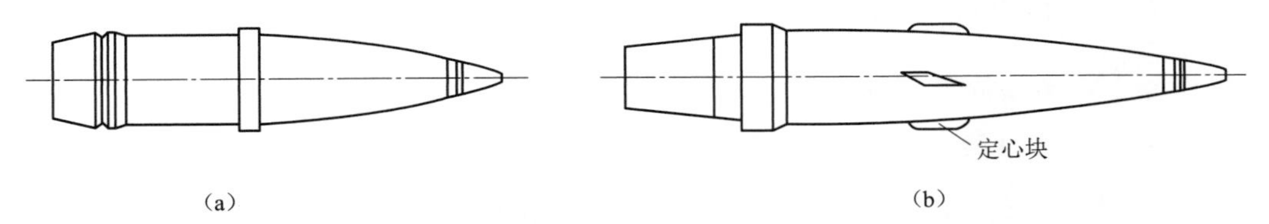

图 13.2　老式榴弹与低阻榴弹外形

（a）老式外形；（b）低阻外形

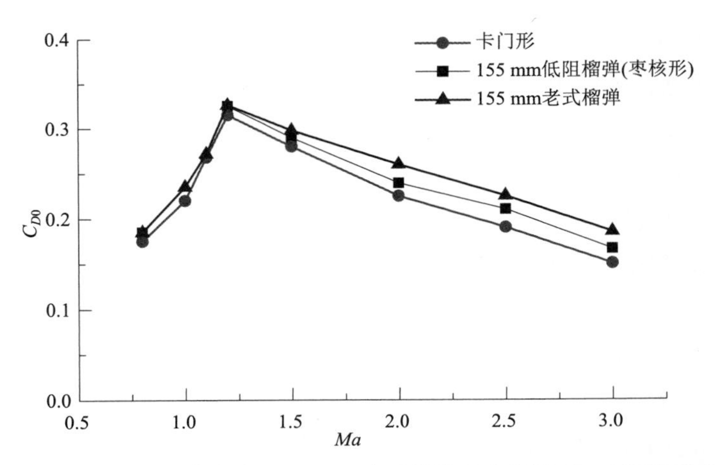

图 13.3　155 mm 低阻榴弹外形、155 mm 老式榴弹及卡门形 C_{D0} 风洞实验结果比较

头部长径比 f_n 变化对头部压差阻力影响较大，而头部压差阻力又占弹身压差阻力的很大一部分，由图 4.4～图 4.6 头部轴向力系数曲线可见：头部长径比越大，头部压差阻力系数越小，f_n>5 后，头部压差阻力减小不明显；头部顶端越尖，在同一马赫数下，头部激波强度越弱，故头部压差阻力系数越小。考虑到 f_n 增加，会引起头部容积的减小，不利于头部内设备的安置，所以在超声速飞行条件下，通常 f_n 为 3～5。

2）尾部长径比和收缩比的确定

尾部长径比 f_t 和收缩比 η_t 的确定，也是在弹体内部设备安置允许的条件下，按阻力最小的要求来确定。

随着 f_t 和 η_t 的增加，尾部收缩越少，气流分离和膨胀波强度越弱，尾部轴向力就越小，其零攻角轴向力系数随马赫数的变化曲线如图 4.12 所示。但随着 f_t 和 η_t 的增加，底部轴向力也增加。零攻角底部轴向力系数可表示为

$$(C_{Ab})_{\eta_t<1} = -(C_{Ab})_{\eta_t=1} \cdot K_\eta \cdot \frac{S_b}{S_B}$$

式中 $(C_{Ab})_{\eta_t=1}$——尾部无收缩时的底部轴向力系数，$(C_{Ab})_{\eta_t=1} = -(C_{pb})_{\eta_t=1}$，$(C_{pb})_{\eta_t=1}$ 为无收缩时弹身底部压强系数；

K_η——修正系数，$K_\eta = \dfrac{(C_{pb})_{\eta_t\neq1}}{(C_{pb})_{\eta_t=1}}$；

S_b——弹身底部面积；

S_B——弹身最大截面积（参考面积）。

$(C_{pb})_{\eta_t=1}$、K_η 的变化曲线分别见弹身底部阻力曲线图 4.14 和图 4.15。由图 4.15 可见当 η_t 和 f_t 增加时，K_η 随着增加，因而阻力系数也相应增加。

由此可见，当采用收缩尾部时，增加了一部分尾部阻力，但减小了一部分底部阻力，同时尾部收缩又将产生负升力和抬头力矩，所以，如何采用尾部收缩参数，要综合考虑各方面因素。实际上，往往是根据结构上安排要求决定。对于锥形船尾，船尾角一般取 6°～8°，这样可基本上做到使（$C_{At}+C_{Ab}$）最小。

3）弹身长径比的确定

弹身头部长径比 f_n 越大，总长径比 f_B 越大，压差阻力系数 C_{DBp} 越小，而 f_B 越大，摩擦阻力系数 C_{DBf} 越大，故从总阻力角度看，一定有一个最优长径比 f_{Bop}，此时对应的阻力最小。弹身阻力系数随 f_B 变化曲线见图 13.4。

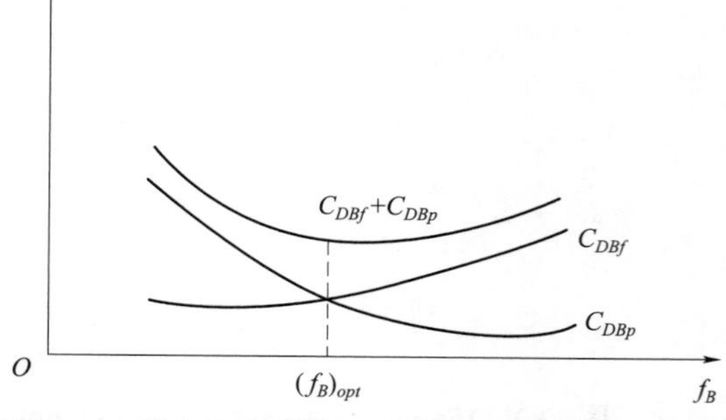

图 13.4　弹身阻力系数 C_{DB} 随长径比 f_B 变化曲线

一般在某一特定马赫数下有一个最优长径比$(f_B)_{opt}$，随着马赫数的增加，$(f_B)_{opt}$也有所增长，通常$(f_B)_{opt}$在 20～30 之间，而实际上，确定f_B时，气动阻力只是一个方面，更要考虑弹身内各种设备的安排及某些结构的需要。

4）弹身直径的确定

弹身直径的确定往往受发动机直径、导引头、战斗部直径影响，另外还与现有的生产工艺和设备等有关。直径的选定一方面要考虑气动性能，另一方面要考虑实际条件。

13.5 弹翼外形设计

弹翼外形设计，对全弹空气动力特性和总体性能有重要影响，而且还直接影响翼面结构强度与刚度等性能。

13.5.1 弹翼的主要几何参数

确定弹翼外形的主要几何参数有：

（1）翼弦，以b表示；根部翼弦为根弦，以b_0表示；梢部为梢弦，以b_1表示；展向压心处翼弦为平均气动弦，以b_A表示；

（2）相对厚度，以$\bar{c}$表示。

（3）翼展，以l表示；不包括弹身直径时为净翼展，包括弹身直径为毛翼展或全展长；

（4）后掠角，前缘后掠角以χ_0表示，相应的有 1/4 弦线后掠角$\chi_{0.25}$，1/2 弦线后掠角$\chi_{0.5}$，最大厚度线后掠角χ_c与后缘后掠角χ_1；

（5）展弦比，以λ表示，$\lambda=\dfrac{l^2}{S}$，S为翼面积；

（6）根梢比，以η表示，$\eta=\dfrac{b_0}{b_1}$。

13.5.2 主要几何参数对气动特性的影响

弹翼的平面形状由前缘后掠角、展弦比、根梢比和翼面积决定，这里将研究翼面几何参数和翼型几何参数对翼面空气动力特性的影响。

1）展弦比影响

（1）展弦比对法向力特性的影响。

展弦比对翼面法向力特性的影响见图 13.5。

由图可见，增大展弦比λ，翼面法向力曲线斜率增加。低速时（如$Ma<0.6$）这种影响更为明显；高速时，展弦比λ对法向力影响比较小，且随Ma数增加，越来越不明显，这是由于小展弦比“翼端效应”作用引起的。

（2）展弦比对压差轴向力特性的影响。

对一定根弦长度，展弦比增加会使翼展增加，这往往会受到使用上的限制。展弦比λ增加也会使压差轴向力增加，特别是在低超声速时更为明显。如图 13.6 所示为菱形翼型弹翼的压差轴向力系数C_{AWp}随其展弦比λ的变化曲线。

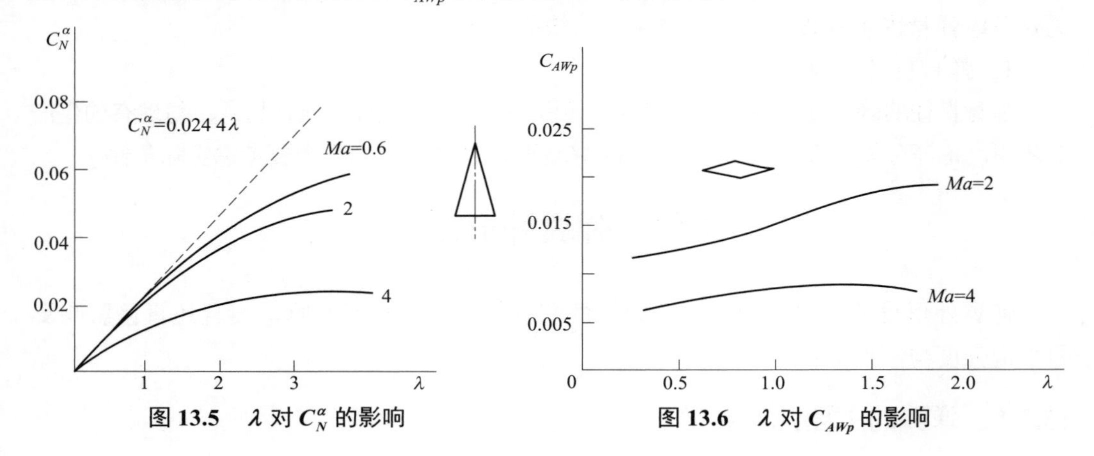

图 13.5　λ对C_N^α的影响　　**图 13.6　λ对C_{AWp}的影响**

（3）展弦比综合影响。

由图 13.5 和图 13.6 可以看出，随着λ增加，法向力系数有所提高，零攻角轴向力系数也有所增加。展弦比提高意味着翼展的加大，这在实际使用中往往受到限制，特别是受发射装置的限制。因此存在着一个性能折中，即λ的选择既要照顾法向力特性、轴向力特性，又要满足实际使用的需要。

2）后掠角的影响

翼面后掠角主要对轴向力特性有影响。采用后掠翼主要作用有两个，一是提高弹翼的临界马赫数，以延缓激波的出现，使零攻角轴向力系数随马赫数 Ma 提高而变化平缓；二是降低轴向力系数的峰值，两者的合成影响如图 13.7 所示。

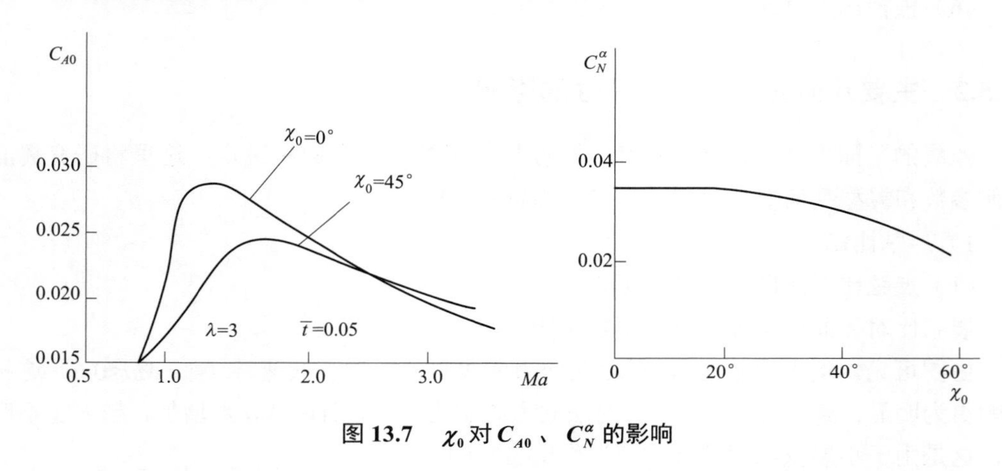

图 13.7　χ_0对C_{A0}、C_N^α的影响

大多数低超声速制导兵器均采用后掠弹翼。高超声速时延缓激波出现已对降低波阻无实际意义，故高速制导兵器往往不需要采用大后掠角弹翼。

3）根梢比影响

在其他几何参数不变的情况下，翼面根梢比对空气动力特性影响较小，但三角翼（$\eta=\infty$）的升阻比要较梯形翼（$\eta<\infty$）稍高些。

4）相对厚度影响

随着 $\bar{c}$ 的增加，阻力也相应增加，因此要求在满足刚度的前提下，相对厚度要尽量小些。在高速时，相对厚度影响要比低速时严重，所以低速翼面一般相对厚度大些。

5）翼型影响

制导兵器为一次性使用的战术兵器，多采用加工性能好的对称翼型。如图 13.8 所示。

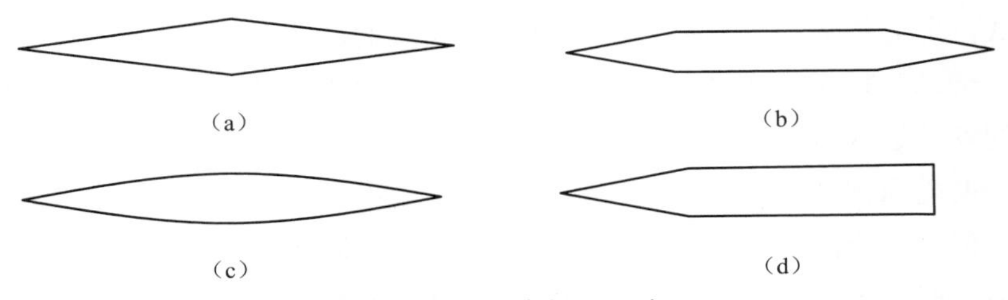

图 13.8　四种常用翼型

（a）菱形；（b）六边形；（c）双弧形；（d）钝后缘形

但对于具有大展弦比上弹翼或下弹翼正常式布局的远程滑翔增程制导兵器，如远程布撒器和远程制导航弹主要在亚声速飞行，应选用低阻层流翼型。图 13.8 所示的四种翼型中，菱形波阻最小，但结构工艺与刚度要差；六边形波阻稍大，但生产工艺要好些；双弧形从阻力观点和质量角度来看，均与六边形接近，但加工比较复杂；钝后缘形用于强度、刚度有特殊要求的小弹翼上。

翼的几何参数除影响升阻力特性之外，还对压心位置有影响，见图 13.9 和图 13.10，其中 $\bar{x}_{pW}$ 为翼面压心到平均气动弦前缘的相对距离，$\bar{x}_{pW}=\dfrac{x_{pW}}{b_A}$。

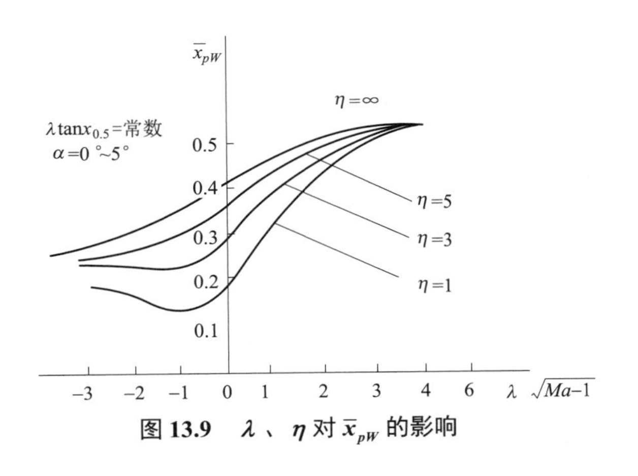

图 13.9　λ、η 对 $\bar{x}_{pW}$ 的影响

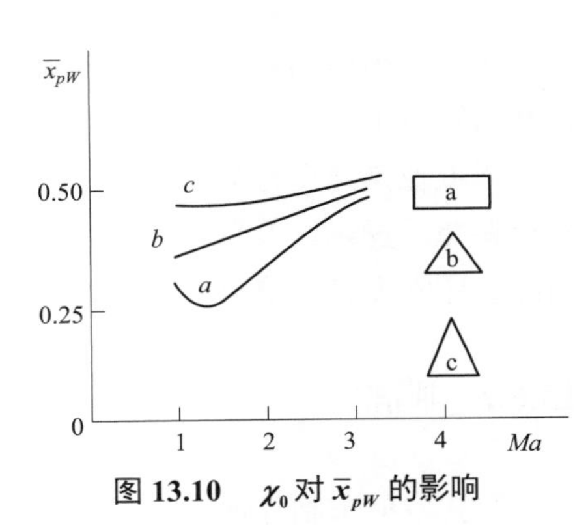

图 13.10　χ_0 对 $\bar{x}_{pW}$ 的影响

在确定弹翼参数及配置翼面位置时，要综合考虑确定。

13.6 操纵面外形设计

操纵面又称为舵面，是保证制导兵器具有良好操纵性和机动性，准确命中目标的重要气动部件。舵面工作环境中的介质是燃气的叫燃气舵，介质为空气的叫空气舵，制导兵器多使用空气舵。

13.6.1 全动尾舵/后缘舵

正常式，即为尾翼控制布局，舵面可为全动式的，即全动舵，也可为后缘式的，即后缘舵。全动舵控制效率高，但当发动机出口在弹体底部时，尾段内部空间的限制会给舵机的安装造成困难。对于以低亚声速飞行为主的制导兵器，位于尾翼后缘的后缘舵可以借助舵面偏转时在其前的安定面上产生的附加载荷大幅度地提高俯仰和偏航控制效率，但是由于滚转控制力臂太小，使得滚转控制效率很低。为提高后缘舵的滚转控制效率可将局部后缘舵（图 13.11（a））改为全后缘舵（图 13.11（b））。

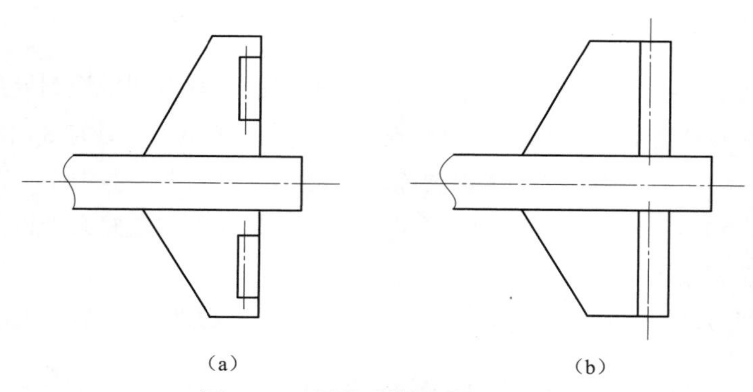

图 13.11 尾翼后缘舵外形示意图

（a）局部后缘舵；（b）全后缘舵

由于舵偏角与攻角方向相反，尾舵处的合成攻角较小，所以即使是全动尾舵，其铰链力矩也不大。

以低亚声速飞行为主的全动尾舵将舵轴取在根弦前缘后根弦长的 25%～30%处，既可避免反操纵，又可使铰链力矩较小。无后掠角时取下限，后掠角较大时取上限。后缘舵通常没有后掠角，取 25%舵弦长为宜。

13.6.2 鸭舵

管式发射末制导炮弹和制导火箭弹多采用鸭式布局，前折后张鸭舵的展弦比较大，弹体抬头控制时，鸭舵的实际攻角为弹体攻角 α_B 与舵偏角 δ 之和，即 $\alpha_e=\alpha_B+\delta$，舵面弦长小，绕舵面上表面的流动很容易分离，往往造成 $\delta>5°$ 后，弹体的姿态不再变化，即 $\delta>5°$ 后，俯仰或偏航控制效率很低。为提高鸭舵的使用攻角，可以采用双鸭舵，即在鸭舵前装一副固定翼面，借助其后的下洗来提高鸭舵的使用攻角，$\alpha_e=(\alpha_B-\varepsilon)+\delta$。为简化控制执行机构的结构设计，鸭舵舵轴的选取要尽量避免反操纵。

布置在弹体头部不折叠的鸭舵，尽管展长受到限制，但弦长可以大些。弦长大，即展弦比小的鸭舵可以提高使用攻角。侵彻制导火箭弹在飞行末端需要大的法向过载来增大对地着角，弦长大的鸭舵可以满足飞行这一特殊要求。制导火箭的飞行速度范围大，飞行高度空域大，铰链力矩变化很大，前缘后掠、后缘前掠的鸭舵平面形可以减轻舵轴位置选择的困难。

13.7　减 阻 措 施

13.7.1　低亚声速下弹体头部的钝化

低亚声速来流绕钝头体头部时，流动沿头部表面加速，当地压强 p_i 低于来流压强 p_∞，压力系数 $C_{p_i}=\dfrac{p_i-p_\infty}{\frac{1}{2}S_\infty V_\infty^2}<0$，沿钝头部表面积分会得到与来流方向相反的吸力。吸力随头部钝度 $\left(\dfrac{D_n}{D_B}\right)^2$ 的增大而增大。根据此原理使弹体头部做一定程度的钝化，可获得一定的减阻效果。图 13.12 是尖头 $\left(\dfrac{D_n}{D_B}\right)^2=0$ 和钝头 $\left(\dfrac{D_n}{D_B}\right)^2=0.159\,2$ 两个头部旋成

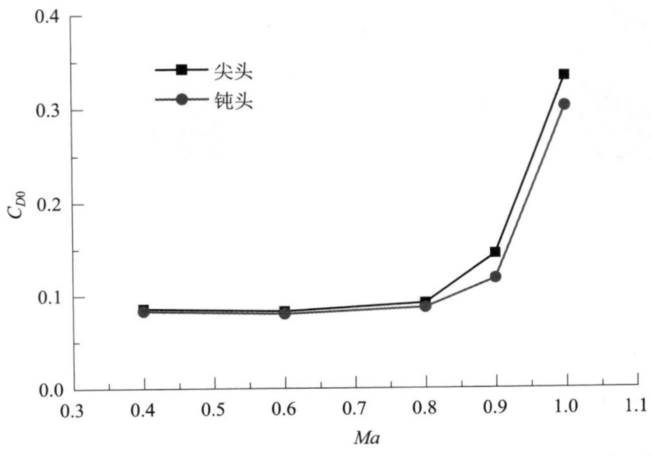

图 13.12　尖头、钝头零攻角阻力系数 C_{D0} 随马赫数 Ma 变化对比曲线

体零攻角阻力系数 C_{D0} 实验结果的对比曲线。从图可见，在 Ma=0.4～1.0 范围内，$\left(\dfrac{D_n}{D_B}\right)^2=$ 0.159 2 的钝度头部比尖头部可使阻力减小（3～10）%。

13.7.2　弹翼前缘钝化

火箭发动机增程型布撒器采用大展弦比弹翼的正常式布局，弹翼的前缘长度较长，如果使前缘钝化会得到可观的前缘吸力，获得可观的减阻效果。对于低亚声速远程滑翔飞行兵器，气动设计人员仅需设计弹翼的平面形，剖面形状是选取的，一般选取低速层流翼型。

低速层流翼型是钝头尖尾的，弯度越大，头部内切圆半径越大，比如NACA65-206 翼型，弯度 $\bar{f}$=–0.011，头部半径 R_n=0.240，（弦长 100）；NACA65-410 翼型，弯度 $\bar{f}$=–0.022，头部半径 R_n=0.687，（弦长 100）。根据相对厚度 $\bar{c}$ 和相对弯度 $\bar{f}$ 选择翼型，头部钝度半径 R_n 是与之匹配的。飞行时自然存在前缘吸力，获得应有的减阻效果。

13.7.3　头部整形

图 13.13 是某增程布撒器风洞实验模型在风洞内的照片。图 13.13（a）在弹体头部和外挂发动机头部之间未加整形罩，图 13.13（b）加了整形罩。图 13.14 是头部有、无整形罩的阻力系数 C_D 随攻角 α 的变化曲线，马赫数 Ma=0.8，0.9，1.0。头部整形罩可使 $C_{A0}(C_{D0})$ 减小（12～20）%，随攻角增大，减阻效果减小。

图 13.13　某增程布撒器风洞试验模型在风洞中的照片

（a）带发动机无整形头罩；（b）带发动机有整形头罩

13.7.4　弹身表面的纵向空穴

有些外挂抛弃件采用半埋方式卧入到弹体表面，外挂件被抛弃后在弹体表面留下很大的纵向长穴。比如某动力增程型布撒器，外挂的火箭发动机半埋在弹体腹部，发

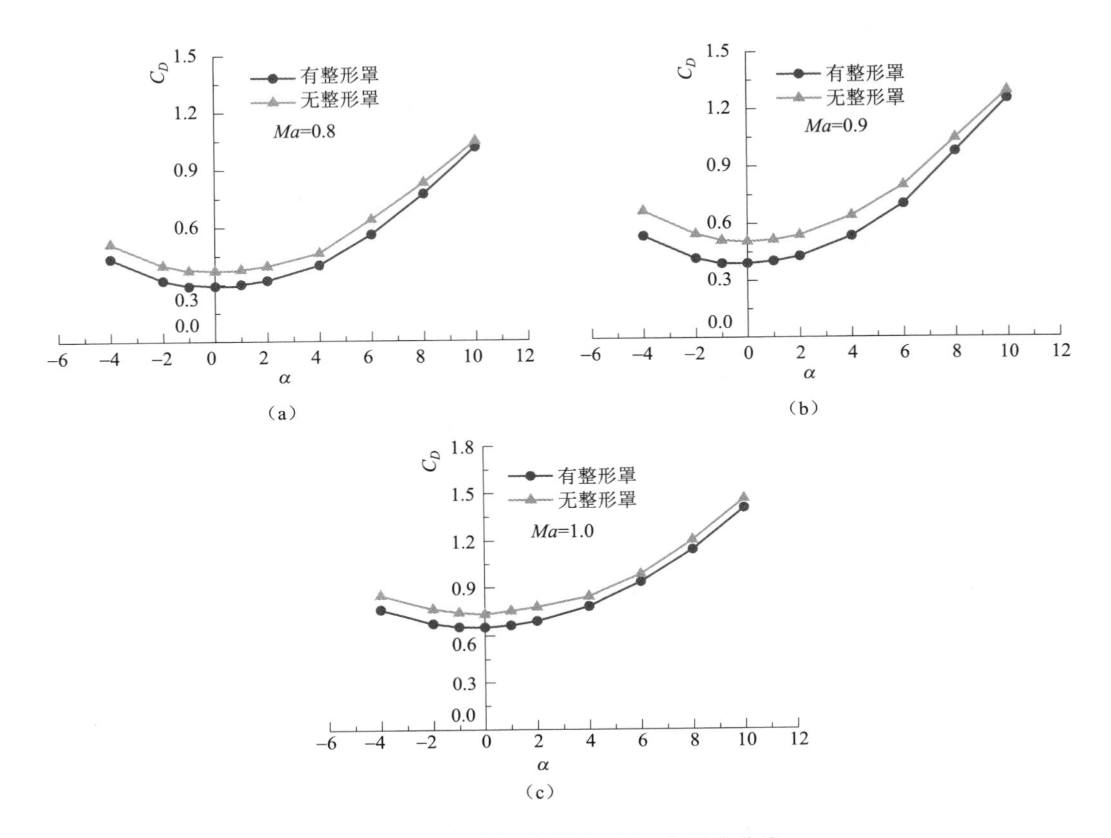

图 13.14　头部整形罩对阻力的影响曲线

（a）Ma=0.8；（b）Ma=0.9；（c）Ma=1.0

动机工作完被抛弃后，在腹部留下 2 398 mm×283 mm×85 mm（长×宽×深）的长方形空穴。绕该空穴的流动为闭式空穴流动$\left(\dfrac{L}{D}\geqslant 13\text{为闭式空穴流动}\right)$。闭式空穴流动的特点是前沿后为流动分离形成的低压区，后沿前为流动撞击形成的高压区，即前沿有由吸力产生的阻力，后沿有由压力产生的阻力。因此闭式空穴绕流将使阻力增大。图 13.15 是闭式空穴流动实验研究模型上的空穴几何参数及测压孔分布，图 13.16 是测压实验结果。图 13.17 是 Ma=0.4、0.6、0.8、0.9、1.0 时腹部有无空穴流动时阻力系数 C_D 随攻角 α 的变化曲线，从图可见用盖板将空穴封住有明显的减阻效果，在 Ma=0.4～1.0 范围内，盖板可使 C_{A0} 减小 9%～20%。

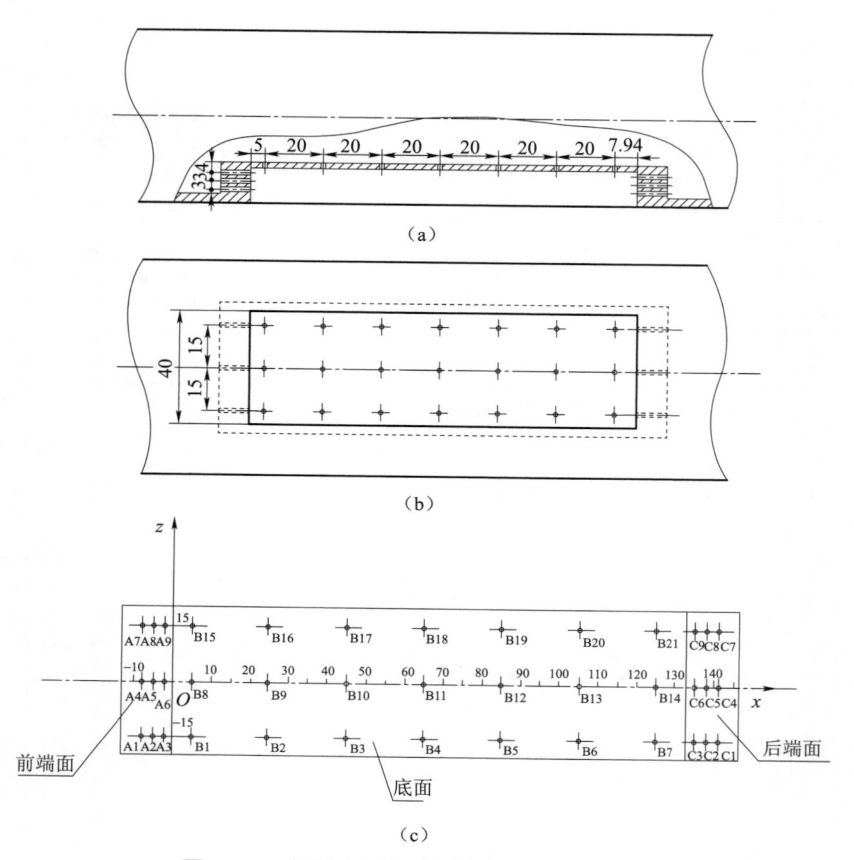

图 13.15　弹舱内测压孔分布图（单位：mm）

（a）弹体局部（弹舱）剖面图；（b）弹舱仰视图；

（c）弹舱前、后端面展开及测压孔编号图

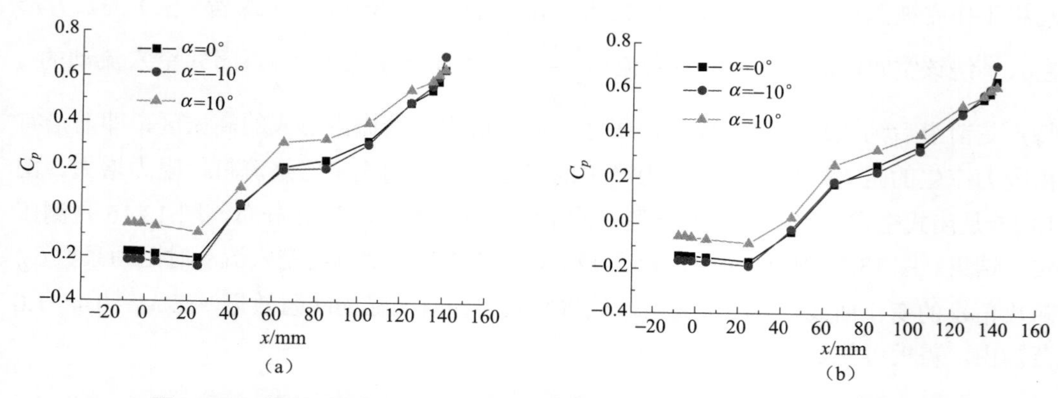

图 13.16　弹舱对称面处表面各点的压力系数 C_p 随轴向位置 x 的变化曲线

（a）Ma=0.4；（b）Ma=0.6

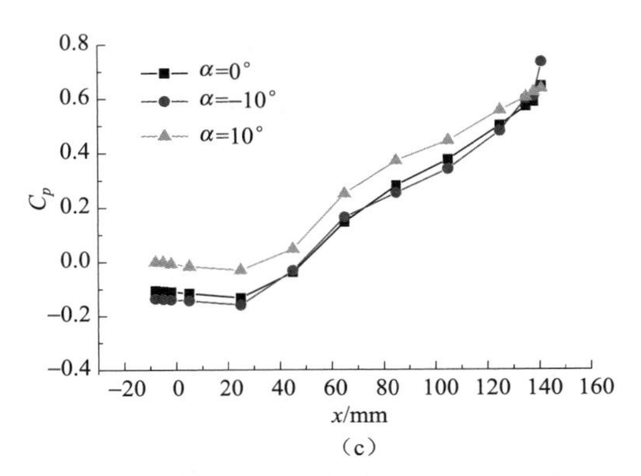

（c）

图 13.16　弹舱对称面处表面各点的压力系数 C_p 随轴向位置 x 的变化曲线（续）

（c）Ma=0.8

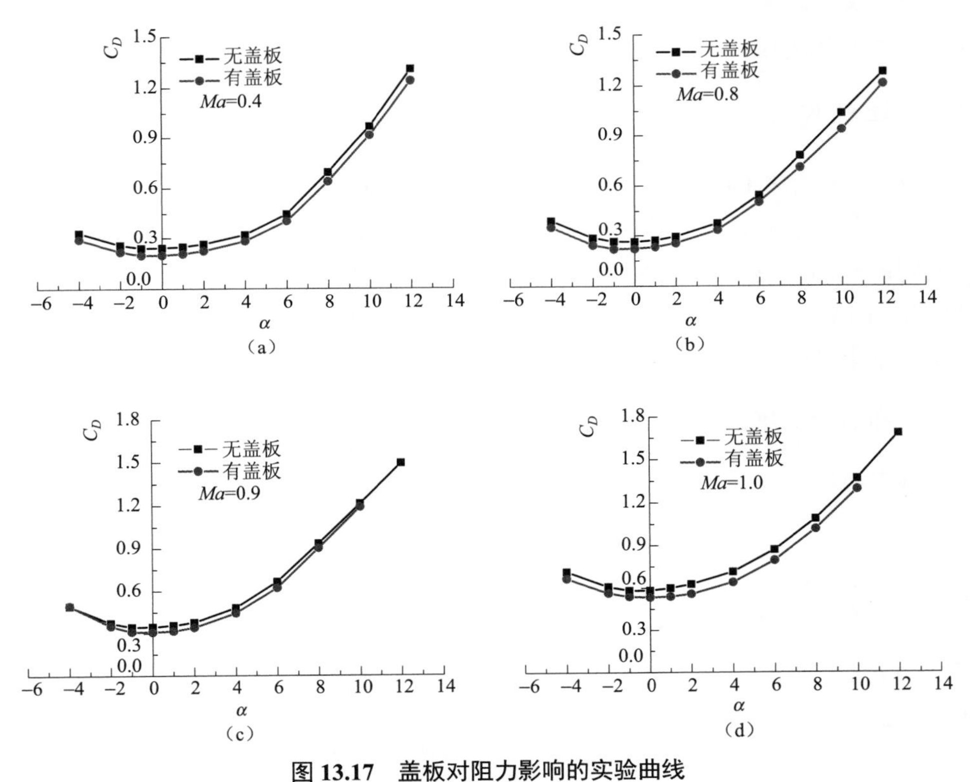

（a）（b）（c）（d）

图 13.17　盖板对阻力影响的实验曲线

（a）Ma=0.4；（b）Ma=0.8；（c）Ma=0.9；（d）Ma=1.0

13.7.5　弹身尾部的周向凹环槽

管式发射的制导火箭，受到发射管的径向约束，稳定尾翼一般采用周向折叠方式，在炮管内尾翼周向折叠包在尾翼筒上。在尾翼区弹体上加工形成凹环形状，用于放置折叠尾翼，尾翼厚度越大，所需凹环越深。凹环形状使阻力增大，原因与空穴流动类似，即前沿是低压形成的阻力，后沿是高压形成的阻力。有两个措施可减小凹环阻力，一是尽量减小尾翼厚度，从而减小凹环的深度；二是尽量取消后凸台，即将凹环设计成无后凸台的后台阶形。凹环的后凸台会带来两份阻力增量。

在 152 mm 末制导炮弹改为 155 mm 火炮发射时曾遇到下面情况。最初设计师仅将弹带从 152 mm 改为 155 mm 以适应 155 mm 火炮发射。发射是成功了，但是射程损失严重。后询问气动设计师，得到的回答很简单，仅增高弹带会使阻力增加很多，尤其是在超声速情况下，弹带前沿是脱体激波，弹带越高，强度越大，阻力增大得越多；弹带后沿是膨胀波，弹带越高，膨胀得越厉害，压力越低，阻力增大得越多。另外，弹带从 152 mm 增加到 155 mm 外环面积增加很多，必然会使阻力增加很多，射程损失严重。建议保留原来的 152 mm 末制导炮弹的弹带高度，而增加弹体直径，可以减少射程损失。按照气动设计师的意见修改后，155 mm 末制导炮弹的射程达到了指标要求。

13.7.6 尾部吸气

受炮弹底排增程的启发，在动力增程型布撒器弹体尾部之前开了 8 个进气孔，目的是将外部气流引进弹体尾部内，再流入底部。图 13.18 为弹体尾部有无进气孔时风洞实验测得的底部压力系数 C_{pb} 随马赫数变化曲线。弹体底部轴向力系数 C_{Ab} 随马赫数变化曲线见图 13.19。风洞实验结果表明，尾部吸气增加了底部压力、减小了底部阻力。风洞实验结果同时表明，对所实验的动力布撒器，弹体尾部吸气起不到减阻作用。原因是动力布撒器的尾部收缩得比较厉害$\left(\dfrac{S_b}{S_B}=0.244\,5\right)$。如果 $\dfrac{S_b}{S_B}>0.5$，尾部吸气会有明显的减阻效果。

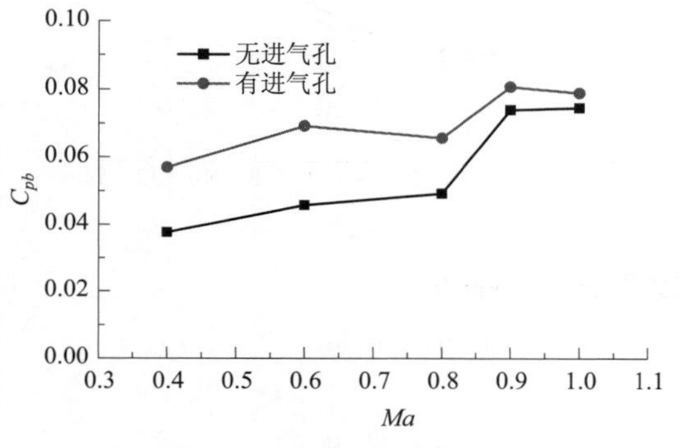

图 13.18 弹体尾部有无进气孔时的 C_{pb}～Ma 曲线

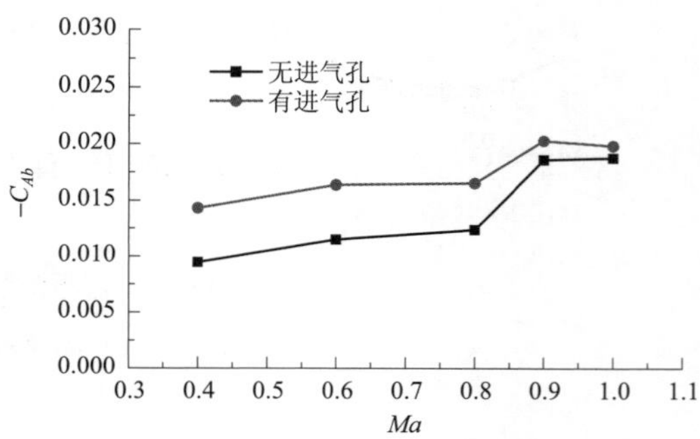

图 13.19 弹体尾部有无进气孔时的 C_{Ab}～Ma 曲线

参考文献

[1] 列别捷夫，等. 无人驾驶飞行器的飞行动力学［M］. 张炳暄，等，译. 北京：国防工业出版社，1964.

[2] А. А. Лебедев, Л. С. Чернобровкин. Динамика полета беспилотных летательных аппаратов［M］. Москва, “МАШИНОСТРОЕНИЕ”, 1973.

[3] 纪楚群，等. 有翼飞行器气动力计算手册［M］. 北京：国防工业出版社，1979.

[4] 张维全，等. 箭弹气动力特性分析与计算［M］. 北京：国防工业出版社，1979.

[5]《航空气动力手册》编写组. 航空气动力手册（二、三册）［M］. 北京：国防工业出版社，1983.

[6] 严恒元. 飞行器气动特性分析与工程计算［M］. 西安：西北工业大学出版社，1990.

[7] F. G. Moore. Approximate Methods for Weapon Aerodynamics［M］. American Institute of Aeronautics and Astronautics, Inc, 2002.

[8] 徐敏，安效民. 飞行器空气动力特性分析与计算方法［M］. 西安：西北工业大学出版社，2012.

[9] 吴甲生，雷娟棉. 制导兵器气动布局与气动特性［M］. 北京：国防工业出版社，2008.

[10] 苗瑞生，居贤铭，吴甲生. 导弹空气动力学［M］. 北京：国防工业出版社，2006.

[11] 纪楚群. 导弹空气动力学［M］. 北京：宇航出版社，1996.

[12] 苗瑞生，吴甲生. 旋转弹空气动力学［J］. 力学进展，Vol.17, No.4. 1987.

[13] 吴甲生，居贤铭，苗瑞生. 卷弧翼气动特性研究进展［J］. 力学进展，Vol.25, No.1. 1995.

[14] Martin J C. On Magnus Effects Caused by the Boundary Layer Displacement Thickness on Bodies of Revolution at Small Angles of Attack［R］. BRL R870, 1955.

[15] Kelly H R, Thacker C R. The Effect of High Spin on the Magnus Force on the Cylinder at Small Angles of Attack［R］. NAVORD R5036, 1956.

[16] Vaughn H R, Reis G E. A Magnus Theory［J］. AIAA Journal, Vol.11(4), 1973.

[17] 瞿章华. 高超声速空气动力学［M］. 长沙：国防科技大学出版社，2001.

[18] 黄志澄. 高超声速飞行器空气动力学［M］. 北京：国防工业出版社，1995.

[19] 沈青. 稀薄气体动力学［M］. 北京：国防工业出版社，2003.

[20] Truitt R W. Hypersonic aerodynamics［M］. The Ronald Press Company, 1959.

［21］ 杨岫生，俞守勤. 飞行器部件空气动力学［M］. 北京：国防工业出版社，1981.
［22］ 袁伟. 非圆截面弹体布撒器气动特性工程计算方法研究［D］. 北京：北京理工大学硕士学位论文，2003.
［23］ C. M. Белоцерковский. Решетчатые kрылья［M］. МОСКВА: МАШИНОСТРОЕНИЕ, 1985.
［24］ Nielsen J N. Missile aerodynamics［M］. New York, McGraw-Hill Book Company, 1960.
［25］ Pitts W C, Nielsen J N, Kaattari G E. Lift and center of pressure of wing-body-tail combinations at subsonic, transonic, and supersonic speeds［R］. Washington D C: National Advisory Committee for Aeronautics, 1959.
［26］ Moore F G. Body Alone Aerodynamics of guided and unguided projectiles at subsonic, transonic and supersonic Mach number[R]. NWL TR-2976, 1972.
［27］ Moore F G. Aerodynamics of guided and unguided weapons: Part I—Theory and application[R]. NWL TR-3018, 1973.
［28］ Moore F G, Swanson R C. Aerodynamics of tactical weapons to Mach number 3 and angle of attack 15 degrees: Part I—Theory and application[R]. NSWCDL TR-3584, 1977.
［29］ Vukelich S R, Jenkins J E. Missile DATCOM: Aerodynamic prediction on conventional missiles using component build-up techniques[C]. AIAA Paper 84-0388, 1984
［30］ Nielsen J N，Hemesh M J, Smith C A. A preliminary method for calculating the aerodynamic characteristics of cruciform missiles to high angles of attack including effects of roll angle and control deflections[R]. ONR-CR215-216, 1977.
［31］ Jorgensen L H. Prediction of static aerodynamic characteristics for slender body alone and with lifting surface to very high angles of attack[R]. NASA TR 474, 1977.
［32］ Baker W B, Jr. Static Aerodynamic characteristics of a series of generalized slender bodies with and without fins at Mach numbers from 0.6 to 3.0 and angles of attack from 0 to 180°[R]. AEDC-TR-75-124, Vol.1 and Vol.2, 1976.
［33］ Maynes R D, Gebert G A. An investigation of high angle of attack aerodynamics on a finned and finless body with a fineness ratio of 20.0[C]. AIAA Paper 94-0724, 1994.
［34］ Moore F G, McInville R M. A new method for calculating wing alone aerodynamics to angles of attack 180°[R]. NSWCDD/TR-94/3, 1994.
［35］ Lesieutre D J, Mendenhall M R, Nazario S M. Aerodynamic characteristics of cruciform missiles at high angles of attack[C]. AIAA Paper 87-0212, 1987.

[36] Malvestuto F S, Hoover D M. Lift and pitching derivatives of thin sweptback tapered wings with streamwise tips and subsonic leading edges at supersonic speeds[R]. NACA TN 2294,1951.

[37] Mendenhall M R, Nielsen J N. Effect of symmetrical vortex shedding on the longitudinal aerodynamic characteristics of wing-tail-body combinations[R]. NASA CR-2473, 1975

[38] Shivanauda T P, Oberkampf W L. Prediction of the compressible vortex wake for bodies at high incidence[C]. AIAA 81-360, 1981

[39] Almosnino D. High angle-of-attack calculations of the subsonic vortex flow on slender bodies[J]. AIAA Journal, Vol.23(8), 1985

[40] Ericsson L E, Reding J P. Symmetric vortex shedding from bodies of revolution[J]. Tactical Missile Aerodynamics, Vol.104, pp.243-296, 1986.

[41] Nielsen J N, Goodwin F K. Preliminary method for estimating hinge moments of all-movable controls[R]. NEAR TR 268, 1982.

[42] Michael J. Hemsch. 战术导弹空气动力学（上）基本论题. [M]. 洪金森，等，译. 北京：宇航出版社，1999.

[43] Michael R. Mendenhall. 战术导弹空气动力学（下）预估方法 [M]. 洪金森，等，译. 北京：宇航出版社，1999.

[44] 苗瑞生, 贾斯斗. 旋转弹体大攻角非对称涡效应的分析[J]. 气动实验与测量控制, 1988, 2(1).

[45] 戴斌, 苗瑞生. 低阻远程弹空气动力特性研究[J]. 兵工学报, 1988(1).

[46] 吴甲生，徐文熙，等. 旋转弧翼身组合体空气动力特性实验研究[J]. 气动实验与测量控制，1988, 2(1).

[47] 吴甲生,徐文熙,居贤铭. 低阻增程弹风洞实验研究[J]. 北京理工大学学报, 1989, 9(2).

[48] 徐文熙，吴甲生，居贤铭. 大长径比旋转弹俯仰动导数风洞实验技术[J]. 北京理工大学学报, 1989, 9(2).

[49] 戴斌, 苗瑞生. 旋转翼身组合体超音速空气动力特性数值计算[J]. 弹道学报, 1993 (2).

[50] 吴甲生，居贤铭，徐文熙. 卷弧翼身组合体的自滚转特性[J]. 北京理工大学学报, 1993, 13(2).

[51] 吴甲生，雷娟棉. 制导兵器气动布局发展趋势及有关气动力技术[J]. 北京理工大学学报， 2003, 23(6): 665-670.

[52] Hao Lu, Wu Jiasheng. Wind tunnel experimental investigation on the aerodynamic

characteristics of the multifin rockes and missiles[J]. Journal of Beijing Institute of Technology, 2005, 14(3): 293-296.

[53] 雷娟棉，居贤铭，苗瑞生. 多片尾翼布局弹箭气动特性数值计算[J]. 北京理工大学，2003, 23(6): 686-689.

[54] 雷娟棉，吴甲生. 多片弹翼反坦克导弹气动特性实验研究[J]. 兵工学报，2005, 26(5): 709-711.

[55] 郝璐，雷娟棉，吴甲生. 外形参数对矩形截面弹体气动和隐身特性的影响[J]. 北京理工大学学报，2005, 25(4): 289-293.

[56] 雷娟棉，吴小胜，吴甲生.格栅尾翼(舵)外形参数对气动特性影响研究[J]. 北京理工大学学报，2007, 27(8),675-679.

[57] 信永生，雷娟棉，吴甲生. 格栅翼空气动力特性的三维数值计算[J]. 弹箭与制导学报, Vol.25(Supp), 2005.

[58] 雷娟棉. 复杂流动数值模拟与特殊气动问题研究[D]. 北京：北京理工大学博士学位论文，2001.

[59] Benton E R. Supersonic Magnus effect on a finned missile[J]. AIAA Journal, Vol.3.(1), 1965.

[60] Margolis K. Theoretical calculations of the lateral-force and yawing moment due to rolling at supersonic speeds for swept back tapered wings with streamwise tips subsonic leading edges[R]. NACA TN2122, 1950.

[61] Platou A S. The influence of wind tunnel flow distribution and turbulence on the measurement of Magnus forces[R]. AD 688601, 1969.

[62] Platou A S, et al. The design and dynamic balancing of spinning model and a testing technique for obtaining Magnus data in wind tunnels[R]. AD 699803, 1969.

[63] Uselton J C, Carman J B. A study of the Magnus effects on a sounding rockets at supersonic speeds[R].AIAA 70-207, 1970.

[64] Homes J E. Wrap-Around-Fin Pressure Distribution[R]. AD 773441, 1973

[65] Dahlke C W, Craft J C. Static aerodynamic stability characteristics of body of revolution with wrap-around-fins at Mach number from 0.5 to 1.3[R]. AD 772683, 1972.

[66] Dahlke C W, Craft J C. Static aerodynamic stability characteristics of body of revolution with wrap-around-fins at Mach number from 1.6 to 2.86[R]. AD 772661, 1972.

[67] Brandeis J, Gill J. Experimental investigation of side-jet steering for supersonic and hypersonic missiles[J]. JSR, Vol.33, No.3, 1996.

［68］ Auman L M. Aerodynamic characteristics of a canard-controlled missile with a free-spinning tail[R]. AIAA98-0410, 1998.

［69］ Blait A B. Wind tunnel investigation at supersonic speeds of a controlled canard missile with fixed and free-rolling tail fins[R]. NASA 78-32067, 1978.

［70］ Burt J R. The effectiveness of canards for roll control[R]. AD/A037077, 1976.

［71］ Burt J R. An experimental investigation of the aerodynamic characteristics of several nose-mounted canard configurations at transonic Mach numbers[R]. AD/A006484, 1974.

［72］ Burt J R. An experimental investigation of the aerodynamic characteristics of several nose-mounted canard configurations at supersonic Mach numbers[R]. AD/A007793, 1975.

［73］ Burt J R. An experimental investigation of the aerodynamic characteristics of several nose-mounted canard configurations at supersonic Mach numbers(1.5 through 4.5)[R]. AD/A033783, 1976.

［74］ Moore F G, McInville R M, Robinson D I. A Simplified Method for Predicating Aerodynamics of Multi-Fin Weapons[R]. NSWCDD/TR-99/19, 1999.

[66] Ahmad I V. A [illegible] characteristics of [illegible] -based controlled missile with [illegible] [R]. AD-A[illegible]0410, 199[illegible].

[67] Datta A [illegible] method [illegible] [R]. AD-A[illegible], 1978.

[70] Bull [illegible] [R]. AD-A[illegible], 1976.

[7[illegible]] Bull [illegible] of several base-mounted [illegible] [R]. AD-A[illegible], 1974.

[[illegible]] Bull R. [illegible] characteristics of several base-mounted [illegible] [R]. AD-A[illegible], 1975.

[[illegible]] Bull R. [illegible] characteristics of several base-mounted [illegible] 2008.

[7[illegible]] Moore F G. [illegible] method [illegible] aerodynamics of [illegible] weapons [R]. [illegible] R [illegible] 1999.